DIE DEUTSCHE EISENBAHN

DATEN • FAKTEN • GESCHICHTE

DIE DEUTSCHE EISENBAHN

DIE ENTWICKLUNG DES DEUTSCHEN SCHIENENVERKEHRS VON 1835 BIS HEUTE

Carl Asmus

Parragon

Bath • New York • Singapore • Hong Kong • Cologne • Delhi
Melbourne • Amsterdam • Johannesburg • Auckland • Shenzhen

Text: Carl Asmus
Lektorat: Margit Bachfischer
Layout: Reinhard Jarczok
Bildredaktion: Carl Asmus, Reinhard Jarczok

Parragon
Queen Street House
4 Queen Street
Bath BA1 1HE, UK
www.parragon.com

Satz und Projektmanagement: Reinhard Jarczok, Prittriching/Winkl

ISBN 978-1-4454-7746-6

Printed in China

Bildnachweis: Wenn nicht anderweitig angegeben, stammen sämtliche Bilder von C. Asmus bzw. aus dessen Archiv. Seiten 14, 18, 50 TIM Archiv; Seiten 15, 16 Deutsches Museum, München; Seiten 21, 22 Beamisch Museum, Stanley; Seiten 46, 47 Roland Fengler; Seite 48 R. Kurzendörfer, Seiten 69, 71 Klaus Holzborn; Seite 85 Deutsches Technikmuseum, Berlin; Seiten 85, 244, 245 Dr. A. Gottwaldt; Seite 179 f/Sandro Götze, Seite 181 f/Juan Pelota, Seite 187 f/schmozzi; Seite 199 G. Thoenes, Sammlung H. Dörschel; Seite 223 Otto Zell; Seite 232 M. Karell; Seite 232 B. Gruber; Seite 243 Christian Huml; Seite 280 Wolfgang Staiger; Seiten 266, 267 Sammlung R. Garn; Seite 287 DB AG; Seiten 290, 291 Sammlung M. Hehl;Seite 295 Krauss-Maffei; Seite 300 Christian Grabert; Seite 301 Siemens AG;
Seiten 114/115, 154/155, 161, 211, 246/247, 262/263, 270/271, 278/279, 296/297 (Zeichnungen) Werner Reiche;
Abkürzung: f= www.fotolia.com. Da einige Vorlagen nicht eindeutig zugeordnet werden konnten, werden berechtigte Honoraransprüche selbstverständlich abgegolten.

Inhalt

13
ADLER

Vorwort

Mehr als 175 Jahre sind vergangen, seit die erste Eisenbahn in Deutschland zwischen Nürnberg und Fürth ihren Betrieb aufnahm. Es entstand ein leistungsfähiges Verkehrsmittel, das über Generationen hinweg die gesamte wirtschaftliche, gesellschaftliche und kulturelle Entwicklung prägte.

Die Eisenbahn erfasste alle Bereiche des täglichen Lebens und bildete die Voraussetzung für eine transporttechnische Revolution. Sie erweiterte in einem bis dahin nicht bekannten Maße die Lebensräume der Menschen und ermöglichte den Transport von Personen und Gütern. Sie begünstigte das Wachsen und die Entwicklung der Industriezentren und wurde zum verbindenden Glied zwischen Land und Stadt.

Eine besondere Entwicklung erfuhr die deutsche Eisenbahn in den 1930er-Jahren, als erstmals das Auto als ernstzunehmende Konkurrenz auftrat. Die Antwort der damaligen Deutschen Reichsbahn war die Entwicklung und der Einsatz von schnellen Dampf- und Dieselzügen, die in aller Welt Beachtung fanden.

Die Folge des unseligen Zweiten Weltkrieges war die Teilung in zwei von einander unabhängige Eisenbahnverwaltungen in der DDR und der BRD. In der BRD nahm das Eisenbahnwesen nach dem Krieg ab der Mitte der 1950er-Jahre einen technisch rasanten Aufschwung. Als besondere Maßnahme ist die schon früh erfolgte Elektrifizierung der Hauptstrecken zu nennen. In der DDR verzögerte sich diese Entwicklung wegen der über viele Jahre hinweg fehlenden Finanzmittel.

Eine besondere Bedeutung erlangte die Einrichtung des Hochgeschwindigkeitsverkehrs in Deutschland. Der Bau neuer Strecken und Triebzüge eröffneten neue Dimensionen des Reisens. Noch heute ist Deutschland neben Frankreich und Japan auf diesem Gebiet weltweit führend.

Links: Der „Adler" im Jahr 1985 vor dem Lokschuppen des Bahnbetriebswerkes Nürnberg Hauptbahnhof.

DIE ANFÄNGE: VON DER DAMPFMASCHINE ZUR LOKOMOTIVE

Vorhergehende Seiten: 1814 baute William Headly die Dampflokomotive „Puffing Billy". Im Jahr 1906 ließ das Deutsche Museum in München einen funktionsfähigen Nachbau anfertigen.

Oben: Der Briefmarkenblock aus dem Jahr 2008, herausgegeben von den ehemaligen portugiesischen Inseln St. Thomas & Prince, zeigt sechs der wichtigsten Erfinder, Samuel Finley Breese Morse (Morseapparart), Blaise Pascal (mechanische Rechenmaschine), Nicolas Cugnot (Dampfwagen), Emile Berliner (Schallplatte und Grammophon), Rudolf Diesel (Dieselmotor) und Iwan Petrowitsch Kulibin (Personenaufzug).

Unten: Lange Jahre war im Verkehrsmuseum in Nürnberg ein Nachbau des Dampfwagens von Cugnot zu sehen.

Cugnot und sein Dampfwagen

Am 25. September 1725 wurde in Void im westlichen Lothringen Nicolas Joseph Cugnot geboren. Aufgewachsen ist er in Deutschland, wo er auch das Studium des Ingenieurwesens absolvierte. Anschließend trat er in den französischen Militärdienst ein. Es ist anzunehmen, dass sich Cugnot bereits früh mit dem Bau eines Dampfwagens (französich: „Fardier de Cugnot" = der Schlepper des Herrn Cugnot) beschäftigte. Das französische Militär zeigte an dieser Erfindung nachhaltiges Interesse, da man sich damit verbesserte Transportmöglichkeiten schwerer Geschütze erhoffte. Auf Kosten des französischen Königs Ludwig XV. erbaute Cugnot einen Dampfwagen, den er 1769 in Gegenwart des Herzogs von Choiseul, des obersten Befehlshabers der französischen Artillerie, und weiteren hohen Militärs in den Straßen von Paris vorführte.

Aufgrund dieses Erfolgs und der weiteren Unterstützung des Militärs konstruierte Cugnot einen zweiten, leistungsfähigeren Dampfwagen, der im November 1770 fertiggestellt werden konnte. Die anfallenden Kosten übernahm der Staat. Die vergrößerten Zylinder und Kolben stammten aus der staatlichen Gießerei in Straßburg.

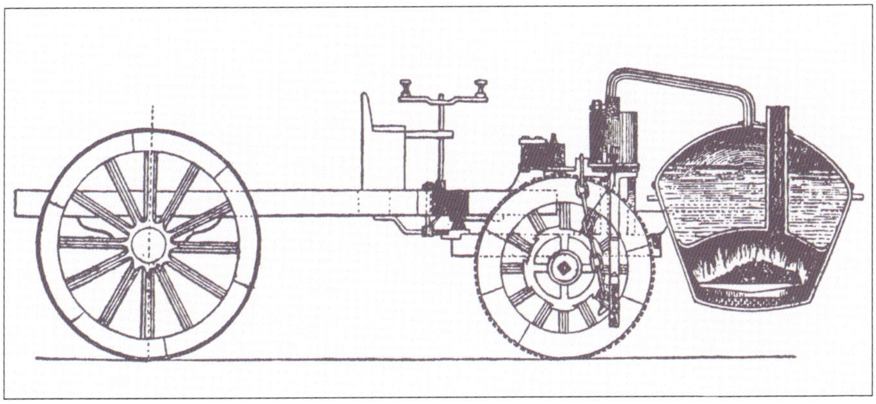

Mit vier Personen besetzt, erreichte der fünf Tonnen schwere und rund sieben Meter lange Dampfwagen eine Geschwindigkeit von knapp fünf Stundenkilometern. Zwei stehende einfach wirkende Zylinder, deren Kolben abwechselnd auf die Räder wirkten, lagen über der Vorderachse. Nach den Angaben des Konstrukteurs war dieser Wagen in der Lage, eine Last von fünf Tonnen zu schleppen. Die Betriebsdauer betrug etwas mehr als eine Stunde. Wegen des hohen Gewichts des über der Vorderachse hängenden Kessels jedoch war der Dampfwagen nur schwer zu lenken. Bei einer der Vorführungsfahrten im Jahr 1771 geriet der Wagen außer Kontrolle, durchbrach eine Mauer, fiel um und zerbrach. Um Unheil zu verhindern, wurden weitere Versuche verboten. Aufgrund politischer Veränderungen wurde der Bau eines dampfbetriebenen „Fardiers" nicht weiterverfolgt, das Projekt geriet in Vergessenheit.

Im Jahr 1801 kam der Dampfwagen in das Museum „Conservatoire National des Arts et Métiers" in Paris, wo er auch heute noch zu besichtigen ist. Er befindet sich größtenteils noch in seinem Originalzustand.

Cugnots Dampfwagen kann man als eine Erfindung bezeichnen, auf deren Erkenntnissen in den späteren Jahrzehnten die Konstruktionen der Lokomotiven für die Eisenbahnen basierten. In Anerkennung seiner Verdienste gewährte ihm der französische König Ludwig XV. eine Pension von 600 Livres pro Jahr. Als in Frankreich die Revolution ausbrach, wurde die Pension gestrichen. Cugnot ging nach Brüssel ins Exil und starb nach seiner Rückkehr nach Paris am 2. Oktober 1804.

Die Konstruktion des Dampfwagens

Der Wagen bestand aus zwei Bauteilen: einem vorderen Rahmen aus Stahl, der den Dampfkessel und die Maschinenanlage mit den Steuerungsteilen trug und sich auf die Vorderachse abstützte, und dem zweiten Rahmen, bestehend aus schweren Holzbalken, der die Nutzlast trug und auf den beiden Hinterrädern ruhte. Die beiden Längsbalken waren durch starke Querhölzer miteinander verbunden. Der vordere Querbalken bildete eine Brücke, um dem schwenkbaren Vorderrad den erforderlichen Spielraum für den Einschlag zu lassen. Auch trug er die Lagerung für den ver-

Dampfwagen von Cugnot

Baujahr:	1769
Geschwindigkeit:	4,8 km/h
Betriebsdauer:	12 bis 15 Minuten
Antrieb:	zwei stehende einfach wirkende Zylinder
Gesamtgewicht:	ca. 5 Tonnen
Nutzlast:	ca. 3-4 Tonnen

Dieser Dampfwagen wurde von Nicolas Joseph Cugnot (geboren 25. September 1725 in Void/Lothringen, gestorben am 2. Oktober 1804 in Paris) mit finanzieller Unterstützung des französischen Königs Ludwig XV. gebaut.

Das Originalfahrzeug steht im Museum „Conservatoire des Arts et Métiers" in Paris, eine Nachbildung befindet sich im DB-Museum in Nürnberg.

Die Front- (unten) und Seitenansicht (oben) des Dampfwagens von Cugnot in einer schematischen Darstellung.

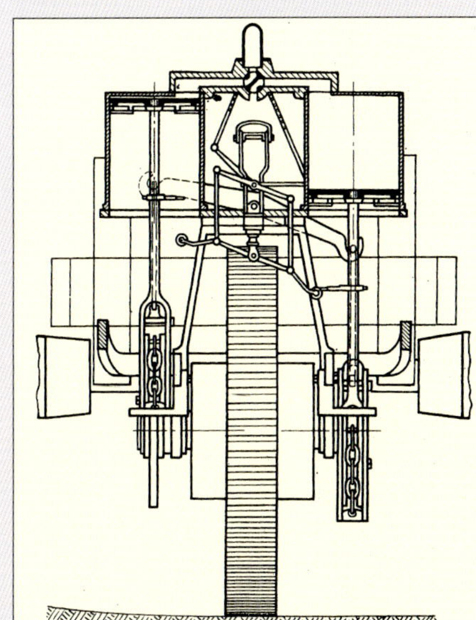

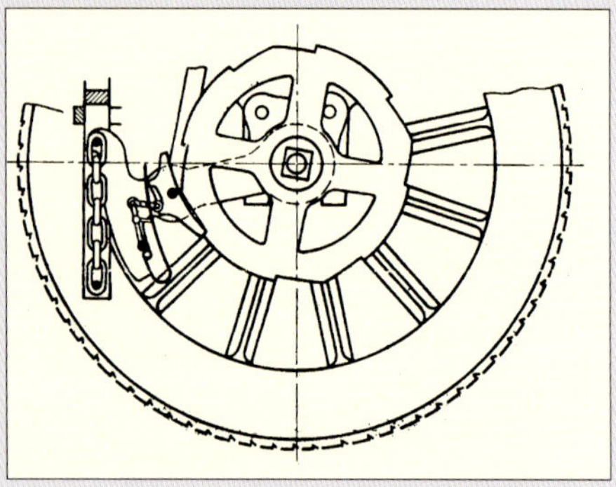

Oben: Antrieb des Vorderrads von Cugnots Gefährt. Der Wagen kann vorwärts und rückwärts fahren.

Unten: Durch den Bau eines Straßendampfwagens bewies der französische Artillerieleutnant Cugnot bereits im Jahr 1769, dass Dampf zum Antrieb von Fahrzeugen verwendet werden kann.

tikalen Stützzapfen, der fest und sicher mit dem Stahlhilfsrahmen verbunden war. Dieser war an seinem vorderen Ende zangenförmig erweitert und trug die Kesselanlage. Das hintere Ende stützte sich mit Rollen gegen den darüberliegenden Holzrahmen. Unmittelbar hinter dem Stützzapfen lagen beiderseits die Lager für die Vorderradachse. Das vordere Stützrahmengestell konnte vom Führersitz aus durch eine Handkurbel gedreht und der Wagen damit gelenkt werden.

Über dem Vorderrad standen auf beiden Seiten etwas nach vorne verschoben die beiden Dampfzylinder. Ihre Kolbenstangen griffen mithilfe zweier starker Ketten an zwei Sektorhebel. Das Vorderrad wurde dabei bei jedem Hub um eine achtel Umdrehung weitergedreht, sodass jeweils vier Hübe notwendig waren, um eine ganze Umdrehung des Rades auszuführen. Diese Konstruktion erklärt auch die relativ geringe Geschwindigkeit des Wagens und die hohe Hubzahl der Kolben.

Auf der Vorderachse saß eine um einen kräftigen Zapfen schwingende Sperrklinke, die bei jeder Achtelumdrehung des Vorderrads mit einem Arm in den Einschnitt eines Sperrrads eingriff, das mit dem Vorderrad beiderseits fest verbunden war. Ein Arm der Sperrklinke wurde durch eine Feder und eine an einem Hebelarm befindliche Rolle gegen den Rand des Sperrrads gedrückt. Die Rolle konnte in einer Aussparung der Sperrklinke so verschoben werden, dass der Eingriff der Klinke ein Mal oberhalb, zum anderen unterhalb ihres Drehpunkts erfolgte. Das hieß, das Rad wurde zum einen nach vorne, das andere Mal rückwärts gedreht. Der Wagen konnte also vor- und rückwärts fahren. Unmittelbar unter dem Dampfeinströmrohr, das vom Führersitz aus durch einen Hahn abgesperrt werden konnte, befand sich ein durch eine Kette betätigter Rundschieber, ähnlich einem Vierwegehahn, der abwechselnd die Verbindung vom Dampfkessel zu den beiden Zylindern und von den Zylindern nach außen herstellte. Beiderseits auf halbem Kolbenweg wurde der

Oben: Bei einer seiner Probefahrten soll der Dampfwagen außer Kontrolle geraten sein. Wie berichtet wird, soll er dabei eine Mauer durchbrochen haben.

Unten: In den Straßen von Paris war im Jahr 1769 gelegentlich ein fauchendes und zischendes Ungetüm zu sehen. Es war der Dampfwagen von Cugnot.

Rundschieber durch einen an der Kolbenstange befindlichen einstellbaren Anschlag umgelegt, der gegen eine Rolle und das mit ihm verbundene Hebelwerk stieß. Die Dampfmaschine Cugnots war also einfach wirkend, wobei der nach abwärts geschobene Kolben wieder gehoben werden musste. Das geschah durch ein Gestänge in Verbindung mit einem Schwinghebel in der Weise, dass der abwärtsgehende Kolben des linken Zylinders den Kolben des rechten Zylinders in seine Ausgangsstellung zurückdrückte und umgekehrt.

Der Nachbau des Dampfwagens von Cugnot

Im Zusammenhang mit der Produktion des noch heute weithin bekannten Spielfilms „Das Stahltier" entstand 1934 ein Nachbau des Dampfwagens von Cugnot im Ausbesserungswerk München-Freimann der Deutschen Reichsbahn. Der unter Leitung von Willy Zielke anlässlich des Jubiläums „100

Rechts: Auf der in Frankreich stattgefundenen „Rétromobile" im Februar 2011 konnte eine Replika des Fardier von Cugnot bestaunt werden, die von Museumsgründer Alain Cerf des Tampa Bay Automobile Museum in Florida in Auftrag gegeben wurde.

Das Stahltier

Filmdaten:

Originaltitel:	Das Stahltier
Produktionsland:	Deutschland
Originalsprache:	Deutsch
Erscheinungsjahr:	1934
Länge:	ca. 70 Minuten

Stab:

Regie:	Willy Zielke
Produktion:	Deutsche Reichsbahn
Musik:	Peter Kreuder
Besetzung:	Aribert Mog, Werkstudent Claaßen

Der Industriefilm „Das Stahltier" wurde im Jahr 1934 anlässlich der 100-Jahr-Feier der ersten deutschen Eisenbahn von der Deutschen Reichsbahn in Auftrag gegeben.

Jahre Deutsche Eisenbahnen" entstandene Film schildert die Entwicklung des Bahnwesens in Deutschland. Dabei hat auch der Dampfwagen Cugnots seinen Auftritt. Nach dem Ende der Dreharbeiten wurde dieser Nachbau ins Verkehrsmuseum Nürnberg verbracht, wo er auch die nächsten 70 Jahre verblieb.

Im Jahr 2005 meldete sich beim Verkehrsmuseum in Nürnberg ein Herr Alain Cerf aus St. Petersburg an der Westküste von Florida. Herr Cerf beschäftigte sich schon seit Langem mit der Konstruktion und Funktionsweise dieses frühen dampfgetriebenen Fahrzeugs. Nach eingehenden Verhandlungen erklärte sich das Verkehrsmuseum bereit, den Nachbau des Cugnot-Dampfwagens zu eingehenden Studien leihweise an Herrn Cerf zu übergeben, und so trat dieses ungewöhnliche Fahrzeug 2005 seine Reise nach Florida an. Nach eingehenden Studien gelang es Herrn Cerf, für sich selbst einen funktionsfähigen Nachbau-Dampfwagen anfertigen zu lassen. Diese in sechsjähriger Arbeit entstandene Rekonstruktion wurde im Februar 2011 auf dem Pariser „Salon Retromobile" voll funktionsfähig dem staunenden Publikum vorgeführt. 2011 kehrte der Nachbau des Cugnot-Dampfwagens nach Nürnberg zurück.

Thomas Newcomen und James Watt, die Väter der Dampfmaschine

In der Mitte des 18. Jahrhunderts begann in England das Zeitalter der Industrialisierung. Die Folge war, dass in vielen Bereichen über Jahrhunderte hinweg verwendete Techniken keine Verwendung mehr fand. Ein damit verbundener Schritt war der teilweise Ersatz des Brennmaterials Holz durch Kohle. Die Nachfrage nach Kohle nahm immer weiter zu und die Fördermengen dieses bergmännisch abgebauten Heizmaterials stiegen rapide an. Ein gravierendes, mit dieser Entwicklung verbundenes Problem war die Wasserhaltung in den Bergwerken.

Die Erfindung der ersten funktionsfähigen Kolbendampfmaschine im Jahr 1712 durch Thomas Newcomen (geboren am 26. Februar 1663 in Dartmouth, gestorben am 5. August

1729 in London) löste diese Schwierigkeiten. Verwendet wurde die erste Dampfmaschine in einem Kohlebergwerk in Staffordshire. Newcomens Maschine stellte zweifelsohne die Schlüsselerfindung des Industriezeitalters dar. Sie schuf Unabhängigkeit von den natürlichen Gegebenheiten, konnte überall aufgestellt und betrieben werden. Hinzu kam noch, dass die Dampfmaschine über eine bis dahin unbekannte Leistungsfähigkeit verfügte.

Die Maschine von Thomas Newcomen war eine indirekt wirkende, atmosphärisch Dampfmaschine. Die Arbeitsleistung erfolgte nicht unmittelbar durch den Dampfdruck, sondern durch den natürlichen Luftdruck. Der Dampf diente lediglich dazu, den Kolben im senkrecht stehenden Zylinder anzuheben, unterstützt durch das Gewicht des Pumpengestänges, das über einen Waagbalken mit dem Kolben verbunden war. Dann wurde kaltes Wasser in den Zylinder eingespritzt und damit der Dampf kondensiert. Im Zylinder bildete sich dadurch ein Unterdruck, und der auf die Oberseite des Kolbens wirkende Luftdruck schob den Kolben in den Zylinder zurück. Dabei wurde das Pumpengestänge angehoben und die Arbeit verrichtet. Diese primitiv anmutende Technik arbeitete äußerst zuverlässig. Hunderte dieser Maschinen wurde in den englischen Bergwerken, speziell in den Kohlerevieren, bis zum Endes des 18. Jahrhunderts eingesetzt.

Wesentliche technische Verbesserungen dieser Maschinen gelangen James Watt (geboren am 19. Januar 1736 im schottischen Greenock, gestorben am 19. August 1819 in Heathfield bei Birmingham). Er lernte in Glasgow und in London den Beruf eines Feinmechanikers. Mit 21 Jahren machte er sich in Glasgow als Mechaniker selbstständig. Im Jahr 1759 lernte Watt John Robinson kennen, der ihn für die technische Neuheit „Dampfmaschine" begeisterte. Der geniale James Watt erdachte die Grundlagen für eine sogenannte Niederdruckdampfmaschine. Bei den bis dahin im

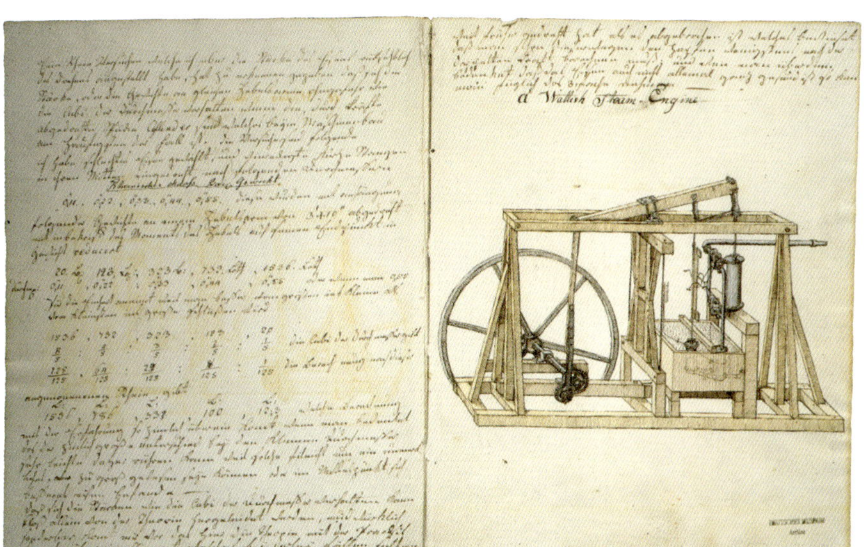

Oben: Liebig's Fleisch-Extrakt, Sammelkarten „Zur Geschichte der Dampfmaschine":
Bild 1: Heron's Versuche mit Dampf um 120 v. Chr.
Bild 2: Denis Papin führt Freunden Versuche mit einem Dampfzylinder um 1690 vor.
Bild 3: Newcomen's atmosphärische Dampfmaschine um 1712.
Bild 4: James Watt's doppelwirkende Niederdruckdampfmaschine um 1784.
Bild 5: Robert Fultons erste Dampffähre zwischen New-York und Albany im Jahr 1807.
Bild 6: Abfahrt der ersten Eisenbahn 1825 zwischen Stockton und Darlington in England.

Links: Kopie einer Watt'schen Dampfmaschine aus dem Spionage-Tagebuch Georg von Reichenbachs, 1791.

James Watt (1736-1819)

19.01.1736	James Watt wird in Greenock bei Glasgow geboren.
1754	Watt lässt sich in Glasgow nieder und erlernt den Beruf des Optikers, damals eine Art „Allerweltsmechaniker".
1762	Watt unternimmt Versuche mit Wasserdampf und hat 1765 die Idee, die Kondensation des Dampfes vom Dampfzylinder räumlich zu trennen.
05.01.1769	Watt erhält das Patent Nr. 913 für seine (Kolben-)Dampfmaschine.
1781	Zusammen mit Matthew Boulton gründet Watt in Soho bei Birmingham die erste Dampfmaschinenfabrik der Welt.
28.04.1784	Patent auf Verbesserungen der „Feuer- und Dampfmaschine"
19.08.1819	James Watt stirbt in Heathfield bei Birmingham.

Rechts: Nachbau der doppelwirkenden Balancier-Dampfmaschine von James Watt im Deutschen Museum.

Betrieb stehenden atmosphärischen Maschinen traten erhebliche Wärmeverluste auf. Der zur Erzeugung des luftverdünnten Raumes unter dem Kolben abgekühlte Zylinder führte beim Einströmen des frischen Dampfes zur unmittelbaren Kondensation an den Zylinderwänden. Um aber ausreichend Dampf in den Zylinder zu bringen, mussten die Zylinderwände erst wieder aufgeheizt werden. Dies beanspruchte nicht nur Zeit, sondern auch erhebliche Mengen an Energie in Form großer Mengen an Dampf. Um diese Wärmeverluste zu vermeiden, erfand James Watt einen Kondensator, ein Gefäß, in dem der Dampf außerhalb des Zylinders kondensierte. Durch diese Lösung blieb der Zylinder weiterhin heiß, der Kondensator hingegen immer kalt. Zusätzlich ließ Watt nicht mehr den Luftdruck, sondern den Dampfdruck direkt auf den Kolben wirken, wobei er den Zylinder vollkommen gegenüber der Atmosphäre abschloss. Mit dieser Bauweise nutzte Watt allerdings nur das Druckgefälle aus, das sich aus der Dampfspannung von etwas mehr als einem Bar Druck und dem im Kondensator erzeugten luftverdünntem Raum ergab. In der Praxis jedoch traten immer wieder erhebliche Schwierigkeiten auf. Um diese Probleme zu beseitigen, musste es gelingen den Kolben an der Zylinderwand vollkommen dicht anliegen zu lassen, damit die beiden unterschiedlichen Temperaturbereiche ober- und unterhalb des Kolbens getrennt werden konnten. Um eine nachhaltige Einsparung an Energie zu erreichen, mussten Kolben und Kolbenstange möglichst genau in den Zylinder eingepasst werden, was natürlich einen hohen technischen und finanziellen Aufwand erforderte. So sah sich Watt gezwungen, sich nach einer finanziellen Unterstützung umzusehen. In der Person von Matthew Boulton fand er den richtigen Mann, der von den Erfindungen Watts begeistert und überzeugt war. Boulton stammte aus Birmingham. Er war Ingenieur und erfolgreicher Unternehmer. Gemeinsam gründeten sie in Soho, bei Birmingham, die Firma Boulton & Watt. Boulton verstand es, die Ideen Watts kaufmännisch und wirtschaftlich umzusetzen. Seine Erfindungen für diese Form der Dampfmaschine ließ sich die Firma Boulton &

Watt patentieren und legte damit den Grundstock für ihre weiterhin wirtschaftlich erfolgreiche Entwicklung. Eine weitere technische Entwicklung, die im Zusammenhang mit der Dampfmaschine entstand, war von nachhaltiger Bedeutung. Watt und der bei ihm tätige Ingenieur William Murdock entwickelten das sogenannte Planetengetriebe (spezielle Bauform eines Zahnradgetriebes), das zum Antrieb des Schwungrads einer Dampfmaschine diente. Allerdings war anfänglich der Lauf des Schwungrads noch ungleichmäßig. Erst mit der Erfindung des doppelwirkenden Dampfzylinders, bei dem sowohl bei der Abwärts- wie der Aufwärtsbewegung des Kolbens Arbeit geleistet wird, war eine zufriedenstellende Lösung geschaffen.

Richard Trevithick erfindet die Dampflokomotive

In der englischen Grafschaft Cornwall wurde in dem kleinen Dorf Illogan am 13. April 1771 Richard Trevithick als jüngstes von sechs Kindern geboren. Schon sehr früh galt seine Begeisterung den dort in den Kupfer- und Zinnminen verwendeten Dampfmaschinen. Bald zeichnete er sich als geschickter und ideenreicher Techniker aus. Im jungen Alter von 19 Jahren wurde ihm eine leitende Stelle in einer Schachtanlage übertragen. Um 1794 begann er Dampfmaschinen nach eigenen Ideen zu reparieren, zu konstruieren und zu bauen. Wenige Jahre später sind in vielen Bergwerken Cornwalls Dampfmaschinen von Richard Trevithick in Betrieb.
Wegen seines großen Könnens wurde er ein echter Konkurrent für die damals erfolgreiche Firma Boulton & Watt. Während in dieser Zeit die meisten Dampfmaschinen noch mit Unterdruck arbeiteten, baute Trevithick Kessel mit bis zu zehn Bar Überdruck, die damit den herkömmlichen Maschinen in ihrer Leistung weit überlegen waren. So kam es, dass bereits 1805 mehrere Fabriken in England Hochdruckmaschinen nach den Plänen Trevithicks bauten. Neben der Entwicklung der Dampfmaschine befasste sich der geniale Trevithick mit dem Bau von Walzwerken, Wasserhaltungs- und Fördermaschinen. Er betätigte sich beim Bau eines Tunnels unter der Themse, machte Vorschläge zum Bau von Schwimmdocks und eisernen Schiffen und erhielt sogar ein Patent auf eine Schiffsschraube. Ein wahrhaft allseits begabter Techniker.
Nach dem Bau einer transportablen Hochdruck-Dampfmaschine für ein Bergwerk in Cornwall widmete sich Trevithick im Jahr 1800 dem Bau einer Straßenlokomotive mit Dampfantrieb. Ein Jahr später ratterte das „Ungetüm" aus Eisen durch London und erregte das Entzücken und Erstaunen, aber auch das Entsetzen des Publikums. Eng verbunden mit dem Bau der Straßenlokomotive war die Entwicklung der Dampflokomotive.

Die erste Dampflok entsteht

1803 baute Trevithick eine Maschine nach seinen Kriterien für das Eisenwerk Penydarren in Wales. Dabei erhielt die Dampfmaschine ein Fahrwerk, wobei die Laufräder über große Zahnräder und ein Schwungrad angetrieben wurden. Der Eigentümer des Eisenwerks kaufte Trevithick diese Maschine ab und erwarb damit die erste Dampflokomotive der Welt. Um die Leistungsfähigkeit dieser neuen Erfindung zu

Richard Trevithick (1771–1833)

13.03.1771	Trevithick wird in Illogan, Cornwall geboren.
1797	Der Erfinder baut sein erstes Dampfwagenmodell.
1803	Er baut ein weiteres selbstfahrendes Fahrzeug, die „London Steam Carriage".
21.02.1804	Er gewinnt eine Wette, bei der er eine Lokomotive mit fünf Wagen, 70 Männern und einem Eisengewicht von zehn Tonnen über eine Strecke von 15,7 Kilometern zieht und dabei vier Stunden und fünf Minuten benötigt.
1808	Trevithick baut einen vereinfachten Typ einer Dampflok und brachte sie nach London. Die „Catch Me Who Can" lief dann auf einer Kreisbahn in Euston.
22.04.1833	Richard Trevithick stirbt in Dartford.

Rechts: Richard Trevithicks „Straßenlokomotive“ als Ölgemälde des englischen Eisenbahnmalers Terence Cuneo aus dem Jahr 1962.

Oben: Schematische Darstellung einer Dampfkutsche von Richard Trevithick, die über 30 Jahre nach Cugnots Dampfwagen im Jahr 1803 in England gebaut wurde.

erproben, fand am 21. Februar 1804 auf der Strecke nach Abercynon über eine Entfernung von 15,7 Kilometern eine Testfahrt statt. Die Lokomotive übertraf alle Erwartungen. Sie schleppte ohne Probleme eine Last von zehn Tonnen Eisen, verladen auf fünf Wagen, sowie 70 Männer. Die Fahrstrecke wurde in vier Stunden und fünf Minuten gemeistert. Bei der Lastfahrt erreichte die Lok eine Geschwindigkeit von rund sechs und bei Leerfahrt sogar knapp 25 Stundenkilometern.

Die Lokomotive selbst bewährte sich gut, doch die gusseisernen Schienen, auf denen sie fuhr, waren dem Gewicht von etwa fünf Tonnen nicht gewachsen. Da dieser Oberbau, der für den Verkehr mit Pferdewagen konzipiert war, auf Dauer nicht standhielt, wurde der Betrieb mit der ersten Dampflokomotive der Welt schon nach fünf Monaten eingestellt. Die Lok wurde zu einer stationären Dampfmaschine umgebaut. In das Licht der Öffentlichkeit trat Richard Trevithick erneut im Juli 1808. Auf einem freien Feld in der Nähe des heutigen Bahnhofes Euston lief als „Jahrmarktsattraktion“ auf einer Kreisbahn seine Lokomotive „Catch Me Who Can“ als Schaustück. Der Schienenkreis, auf dem die Lok fuhr, war mit einer Bretterwand umzäunt. Der Zutritt kostete fünf Shillinge. Bei der Zahlung eines weiteren Shillings konnte das Publikum auf einem angehängten Wagen mitfahren. Die Lokomotive besaß gegenüber der ersten Dampflok Trevithicks bereits einige interessante Verbesserungen. Sie hatte kein Schwungrad mehr, sondern einen stehenden Zylinder, der über eine Kurbelstange direkt auf die Treibräder wirkte. Bei einem Dampfdruck von 3,5 Bar leistet die Lok bis zu 8 PS. Die maximale Geschwindigkeit lag bei etwa 20 Stundenkilometern. Nur etwa zwei Monate verkehrte die Lok auf dem Rundkurs. Bei ihren Fahrten entgleiste sie mehrmals. Die Schau wurde abgebrochen; die Lok geriet in Vergessenheit. Richard Trevithick hatte durch die Erfindung der Dampflok den Grundstein für die grandiose Entwicklung

Unten: Die erste Dampflok Richard Trevithicks ist ein beliebtes Briefmarkenmotiv, wie hier aus St. Vincent und Guyana.

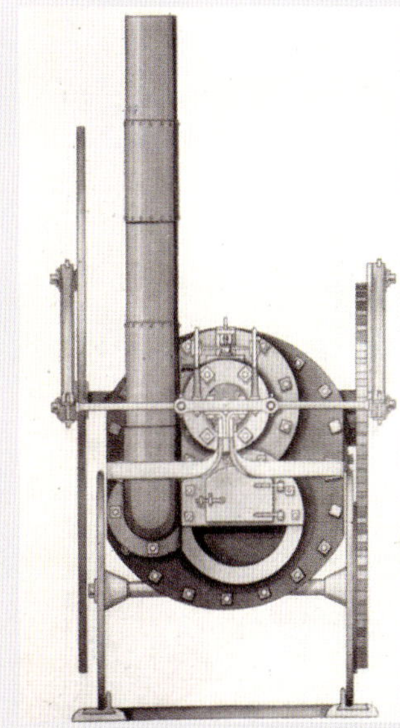

Oben und links: Trevithicks Lokomotive konnte zehn Tonnen Eisen, fünf Waggons und 70 Männer über eine Strecke von 15,7 Kilometern ziehen und benötigte dafür vier Stunden und fünf Minuten, was einer durchschnittlichen Geschwindigkeit von ca. 3,8 km/h entsprach. Ohne Last soll die Maschine 25 km/h erreicht haben.

des Verkehrsmittels Eisenbahn gelegt. Da Trevithick zwar ein genialer Techniker, aber kein versierter Kaufmann war, hatte er lebenslang mit finanziellen Schwierigkeiten zu kämpfen. Auch ein langjähriger Aufenthalt in Südamerika, wo er Dampfpumpen zur Entwässerung von Silberminen baute, brachte keinen geschäftlichen Erfolg. Im Oktober 1827 kehrte er völlig mittellos nach England zurück. In der Ortschaft Dartford in der Grafschaft Kent starb er am 22. April 1833 im Alter von 62 Jahren. Er gilt als „Erfinder" der Dampflokomotive.

Oben: Die bulgarische Briefmarke aus dem Jahr 1983 zeigt, das die Lokomotive von Trevithick auch weltweit Anerkennung fand.

Links: Richard Trevithick präsentierte am 19. Juli 1808 auf einer im Kreis verlaufenden Strecke dem staunenden Publikum seine Dampflokomotive „Catch Me Who Can".

Rechts: Aus dem Jahr 1812 stammt diese von John Blenkinsop für eine Kohlenbahn bei Leeds gebaute „Zahnradlokomotive". Zwischen den Laufrädern war ein Zahnrad angeordnet, das in eine neben dem Gleis liegende Zahnstange eingriff.

William Bruntons „Dampfpferd"

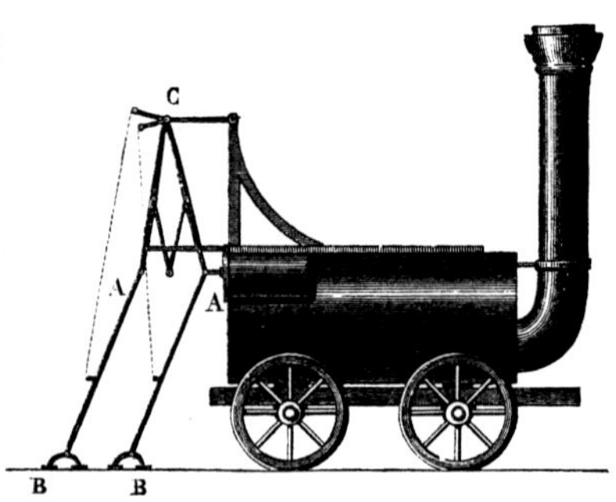

Da man in der Frühzeit der Dampflokomotiven den Reibungswert zwischen Rad und Schiene nicht zufriedenstellend ermitteln konnte, entstanden in diesen Jahren die seltsamsten Erfindungen und Konstruktionen.
Um alle Unwägbarkeiten auszuschließen, stattete William Brunton 1813 sein „Dampfpferd" mit zwei Beinen aus, die mit Hilfe eines Dampfkolbens diese anhob und senkte und damit für die Fortbewegung sorgten. Durch eine Kesselexplosion wurde die Maschine 1815 zerstört.

John Blenkinsops Zahnradlokomotive

Schon die Konstrukteure der frühen Dampflokomotiven waren der Meinung, dass der Betrieb von Maschinen mit glatten Rädern auf glatten Schienen nur bei nahezu horizontal verlaufenden Bahnen möglich sei. Für das Befahren geneigter Bahnen erachteten sie den Einsatz spezieller Konstruktionen für notwendig. Dieser Ansicht folgend hatte bereits Trevithick bei einer seiner Lokomotiven die Räder gefurcht und die Felgen mit starken Nägeln beschlagen, deren hervorstehende Köpfe in die hölzernen Langschwellen eingriffen und damit für einen festen Halt sorgen sollten. Diese Konstruktion hatte allerdings den gravierenden Nachteil, dass nicht nur ein beachtlicher Reibungswiderstand zu überwinden war, sondern auch, dass die Schwellen in kürzester Zeit zugrundegerichtet und zerstört waren.
John Blenkinsop (geboren 1783 in Felling, County Durham, gestorben am 22. Januar 1831 in Leeds) war der Besitzer des Middleton-Steinkohlebergwerks in Leeds. Er entwickelte die Idee, dass ein wirkliches Zahnrad in eine hierfür verlegte Zahnstange eingreifen sollte.
Blenkinsop ließ sich 1811 auf seine Idee ein Patent erteilen. Er beauftragte den Maschineningenieur Matthew Murray in Leeds, eine derartige Lokomotive zu konstruieren. Die erste Zahnradlok wurde am 24. Juli 1812 ausgeliefert und auf der hier-

zu technisch ausgerüsteten Bahn des Middleton-Bergwerks in Betrieb genommen.

Die Maschine bestand im Wesentlichen aus einem zylindrischen Kessel, durch den eine einziges zylindrisches Heizrohr führte. Auf der einen Seite war der Rost postiert, während sich auf der anderen Seite der Kamin befand. Im Kessel waren halb versenkt zwei senkrecht stehende doppelt wirkende Zylinder eingebaut. Die Kolben dieser Zylinder wirkten über Gestänge auf die Kurbeln der beiden Achsen. Diese Kurbeln standen rechtwinklig gegeneinander, um den Totpunkt überwinden zu können. Die beiden Transmissionswellen waren im Rahmen gelagert. Jede dieser Wellen trug ein Zahnrad , das in ein doppelt so großes Zahnrad eingriff. Die Achse dieses letzten Rades ragte an einem Ende frei über die Maschine hinaus und trug das Haupttriebzahnrad, das in die Zähne der Zahnstange eingriff. Die Zahnstange war außerhalb der Schienen angeordnet. Die Abschitte der Zahnstange waren kurz und gegossen. Sie hatten fünf bis sieben Zentimeter hohe Zacken.

Die Dampfmaschine wog vier bis fünf Tonnen. Sie war in der Lage, 30 mit Kohle beladene Wagen mit einem Gesamtgewicht von 94 Tonnen auf einer Steigung von 66 Promille zu befördern. Die Geschwindigkeit lag dabei bei knapp sechs Kilometern.

Diesem ersten Exemplar, das den Namen „Salamanca" trug, folgten in den Jahren von 1812 bis 1816 weitere derartige Maschinen, die sich gut bewährten und zum Teil bis 1835 in Betrieb standen.

„Puffing Billy"

Hersteller:	Wylam Colliery
Baujahr:	1813
Bauart:	B n2
Spurweite:	1524 Millimeter
Dienstmasse mit Tender:	13,32 Tonnen
Reibungsmasse:	9,19 Tonnen
Radsatzfahrmasse:	4,6 Tonnen
Kuppelraddurchmesser:	970 Millimeter
Zylinderdurchmesser:	220 Millimeter
Kesselüberdruck:	ca. 34,5 N/cm^2
Rostfläche:	0,48 m^2
Verdampfungsheizfläche:	8,10 m^2

William Hedley baut die erste Lokomotive für den reinen Reibungsbetrieb

Der von William Hedley konstruierte „Puffing Billy" war ein bedeutender Schritt in der Entwicklung der Dampflokomotive.

Die relativ guten Betriebsergebnisse mit Blenkinsops Zahnradlokomotive „Salamanca" veranlasste den Besitzer der Wylam-Kohlengrube westlich von Newcastle, Mr. Blackett, eine ähnliche Dampflokomotive in Dienst zu stellen. Doch diese Lok erfüllte in keiner Weise die an sie gestellten Erwartungen. Schon bei der ersten Probefahrt flog der Kessel in die Luft. Auch eine zweite Maschine entsprach nicht den Erwartungen.

Aufgrund dieser Vorkommnisse veranlasste der Oberingenieur der Wylam-Gruben, William Hedley (geboren am 13. Juli 1779 in Newburn, gestorben am 9. Januar 1843 bei Durham), erste ernsthafte Untersuchungen, um festzustellen, ob es möglich sei, allein unter Ausnutzung der Reibung zwischen Rad und Schiene einen Einsatz von Lokomotiven zu betreiben. Sollte dies gelingen, konnte man auf die Unzulänglichkeiten des Zahnradbetriebs nach dem System von Blenkinsop verzichten. Als Versuche die Richtigkeit seiner Annahmen bestätigten, baute er 1813 zusammen mit Timothy Hackworth, dem späteren Ingenieur der Stockton and Darlington Railway, in der Werkstätte der Wylam-Kohlengrube die Lokomotive „Puffing Billy". Bei dieser Lok wirkten die beiden senkrecht stehenden Zylinder über ein Hebelwerk

Unten: Die Rekonstruktion des „Puffing Billy" des Beamish Museum in der Nähe von Stanley in England fuhr im Jahr 2006 das erste Mal.

Oben: Im Beamish Open Air Museum erwacht nicht nur der Nachbau der „Puffing Billy" aus dem Jahr 1813 wieder zum Leben.

Mitte: Schon als junger Mann begann George Stephenson erste Dampflokomotiven in Ton als Modelle zu bauen.
Unten: Später gab er dann sein Wissen über Lokomotiven an seinen Sohn Robert weiter.

ebenfalls auf ein Zahnradgetriebe, wobei aber im Unterschied zur Blenkinsop-Maschine die Räder der Lok direkt angetrieben wurden.
Der Kessel ist aus einer Vielzahl einzelner, schmiedeeiserner Platten zusammengenietet. Auch das sichtbare Äußere der Zylinder ist Teil des Kessels – die Zylinder selbst bestehen aus Gusseisen und sind in den Kesselmantel eingehängt. Dadurch werden sie von heißem Kesselwasser umspült und geheizt, was eine Dampfkondensation in den Zylindern verhindert. Der Kessel ist zur Wärmeisolation größtenteils mit Holz verkleidet. Lokomotivführer und Heizer arbeiten nicht nebeneinander, sondern stehen sich an beiden Kesselenden gegenüber. Das Feuerloch und der Rost befinden sich neben dem Kamin, die heißen Feuerungsgase streichen durch ein U-förmiges Flammrohr durch den Kessel. Der Abdampf der Zylinder strömt nicht unmittelbar ins Freie. Er wird über einen Sammelkasten auf dem Rücken des Kessels zu einem Blasrohr geleitet, das sich im Schornstein befindet. Der ausströmende Dampf erzeugt einen Unterdruck im Flammrohr und facht das Feuer an.
Die „Puffing Billy" war in der Lage, allein durch die Reibungskraft zwischen Rad und Schiene auf der acht Kilometer langen Bahn von der Wylam-Grube zur Verladestelle am Fluss Tyne einen Zug mit einem Gesamtgewicht von 60 Tonnen zu befördern. Die Lok hatte ein Gewicht von circa acht Tonnen, der Tender wog etwa vier Tonnen. Als 1808 diese Bahn mit Schienen aus Gusseisen ausgestattet wurde, erwies sich die Lokomotive für diesen Schienentyp als zu schwer. Im Winter 1814/15 erhielt sie ein Fahrwerk mit vier Treibachsen, die die Loklast besser verteilten. Als dann aber 1828 stabile gusseiserne Fischbauchschienen verlegt wurden, erhielt die „Puffing Billy" wieder vier Treibräder und ihr heutiges Aussehen. Bis 1862 stand sie in Betrieb. Heute steht das Originalstück im Science Museum in London. Im Verkehrszentrum des Deutschen Museums in München auf der Theresienhöhe steht ein Nachbau der „Puffing Billy" aus dem Jahr 1925.

George Stephenson, der geniale Eisenbahnpionier

George Stephenson war sicherlich einer der genialsten Eisenbahnpioniere des 19. Jahrhunderts. Geboren wurde er am 9. Juni 1781 als zweites Kind der Eheleute Mabel und Robert Stephenson in Wylam. Dieses kleine Bergwerksdorf liegt im Nordosten Englands in der Grafschaft Northumberland. Die Entfernung nach Newcastle upon Tyne beträgt etwa 16 Kilometer. George stammte aus einfachen Verhältnissen. Der Vater war gebürtiger Schotte. Im Bergwerk in Wylam arbeitete er als Heizer an den Wasserpumpen, die dafür sorgten, dass das eindringende Wasser aus den Stollen abgepumpt wurde. Das Geburtshaus von George Stephenson lag an der Bahnlinie der Wylam-Kohlegruben zu den Verladestellen am Fluss Tyne, auf der die von William Hedley gebauten Lokomotiven fuhren. So war es kein Wunder, dass sich der kleine George schon früh für die Eisenbahn begeisterte.
Die ersten Jahre in seinem Leben waren von Armut gekennzeichnet, da sein Vater mit seinem kargen Einkommen acht Personen zu ernähren hatte. Eine schulische Ausbildung war für ihn aus finanziellen Gründen nicht möglich. Hinzu kam noch,

Links: Die 1825 von George Stephenson konstruierte und gebaute „Locomotion" verkehrte auf der „Stockton and Darlington Railway".

George Stephenson (1781-1848)

09.06.1781	Stephenson wird in Wylam bei Newcastle upon Tyne geboren.
1814	Er baut eine erste Dampflokomotive für die Anbindung an ein Kohlenwerk.
27.09.1825	Unter der Leitung von Stephenson wird zwischen Stockton und Darlington die erste öffentliche Eisenbahn der Welt eingeweiht.
1829	Der Bau der Liverpool-Manchester-Eisenbahn begründete schließlich seinen Ruf als bedeutender Lokomotivpionier für immer.
14.10.1829	Beim berühmten „Eisenbahnrennen von Rainhill" erringt Stephensons „The Rocket" den ersten Preis.
12. 8. 1848	George Stephenson stirbt in Tapton House bei Chesterfield.

dass die Familie immer wieder umziehen musste, sobald die Kohlenvorräte der oft wenig ergiebigen Kohlenminen erschöpft waren. Schon als kleiner Junge musste er zum Unterhalt der Familie durch einfache Arbeiten wie Kühe hüten, Rüben hacken oder in der Kohlegrube taubes Gestein aussortieren beitragen. All seine Tätigkeiten betrieb er mit großer Zuverlässigkeit und mit viel Ehrgeiz. Schon mit 14 Jahren arbeitete er zusammen mit seinem Vater als Heizer an den Pumpen in einer der Kohlegruben. Sein technisches Interesse war ungebrochen. Mit 17 Jahren hatte er sich bereits in einem der Bergwerke zum Maschinenführer an den Pumpen emporgearbeitet. Aufgrund seiner Geschicklichkeit und seines Könnens war er in der Lage, auftretende Probleme und Schäden an den Förderpumpen ohne Hilfe von Fachleuten zu reparieren. In diesen Jahren lernte er in einer Abendschule schreiben, lesen und rechnen.

Im November 1802, im Alter von 21 Jahren, heiratete er und gründete in Willington Quay einen eigenen Hausstand. Am 16. Oktober 1803 kam sein Sohn Robert zur Welt. 1804 zog er mit seiner Familie nach Killingworth in der Nähe von Newcastle und fand im dortigen Bergwerk eine gut bezahlte Stelle. 1806 wurde ihm eine Tochter geboren. Kurz nach der Geburt starb seine Frau. Nach einem kurzen beruflichen Aufenthalt in Schottland kehrte er an seine alte Arbeitsstätte zurück und entwickelte sich dort zu einem unentbehrlichen Mitarbeiter. 1812 stieg er zum Maschinenmeister der Killingworth-Gruben auf.

Die Dampflokomotiven, die zu dieser Zeit in England in Betrieb standen, beeindruckten George Stephenson tief. Die Folge war, dass er mit finanzieller Unterstützung des Besitzers der Killingworth-Gruben, Lord Ravensworth, eine eigene Lokomotive baute, die im Juli 1814 in Betrieb ging. Sie trug den Namen „My Lord". In ihrer Erscheinung ähnelte sie den Loks von Blenkinsop. Allerdings fuhr sie im reinen Reibungsbetrieb. Den Abdampf führte Stephenson in den Kamin, was zu einer enormen Verbesserung der Feueranfachung führte und die Leistung der Lokomotive verdoppelte. Im Februar 1815 ging eine weitere Lok in Betrieb, bei der die Kraft der Zylinder ohne Zwischenschaltung von Zahnrädern über Pleuelstangen direkt auf

Oben: Ausgabe einer Briefmarke der britischen Post zum 150. Jubiläum der Dampflokomotive mit dem Motiv „Stephenson's Locomotion, 1825 Stockton and Darlington Railway".

Unten: 1925 konnte in England das Jubiläum „100 Jahre Eisenbahn" begangen werden. Dazu verkehrte auch ein Nachbau der „Locomotion".

die Treibräder wirkte. Zur gleichen Zeit entwickelte Stephenson im Rahmen all seiner technischen Aktivitäten eine explosionssichere Grubenlampe, die vielfache Anerkennung fand.

Unterstützung vom jüngeren Bruder

In der hügeligen Grafschaft von Durham sollte 1819 auf der Strecke zwischen Hetton und Sunderland für den Kohlentransport eine Eisenbahn gebaut werden. Mit der Abwicklung dieses Projekts wurde George Stephenson beauftragt. Beim Bau wurde er von seinem jüngeren Bruder Robert unterstützt. Schon im November 1822 konnte der Betrieb aufgenommen werden. Die Strecke hatte eine Länge von 13 Kilometer. Für die Betriebsabwicklung wurden fünf Seilzüge mit stationären Dampfmaschinen sowie fünf Lokomotiven beschafft. Die verwendeten Lokomotiven verfügten über eine technische Einrichtung, die uns noch heute höchste Bewunderung abnötigt. Schon 1815 erkannte Stephenson, dass gefederte Radsätze die Zugkraft der Maschinen wesentlich erhöhen konnten. Die für die Bahn Hetton–Sunderland gebauten Dampflokomotiven verfügten über eine hydropneumatische Federung. Über beiden Achsen lagen Federzylinder, die mit dem Kesselraum verbunden waren. So wurden alle vier Räder mit dem gleichen Gewicht belastet, wobei das eigentliche Federelement der Dampf war. Ein System, das erst im heutigen Automobilbau wieder aufgegriffen wurde.

Oben: Die „Stockton and Darlington Railway“ war die erste Eisenbahnstrecke, auf der Personenbeförderung stattfand.

War der Kohlezug auf ebener Strecke am Fuß der Steigung angekommen, kuppelte die Lokomotive vom Zug ab. Die Wagen wurden dann mithilfe der ortsfesten Dampfmaschinen an einem Seil über die Steigungen gezogen. Mit dem Bau dieser Bahn begann für Stephenson ein steiler beruflicher Aufstieg. Er verließ seinen Arbeitgeber, die Killingworth-Gruben, und wurde selbstständiger Eisenbahningenieur.

Stockton–Darlington, die erste öffentliche Dampfeisenbahn

Unten: Grundriss und Schnitt der Stockton & Darlington Railway entlang des Flusses Tees aus dem Jahr 1827.

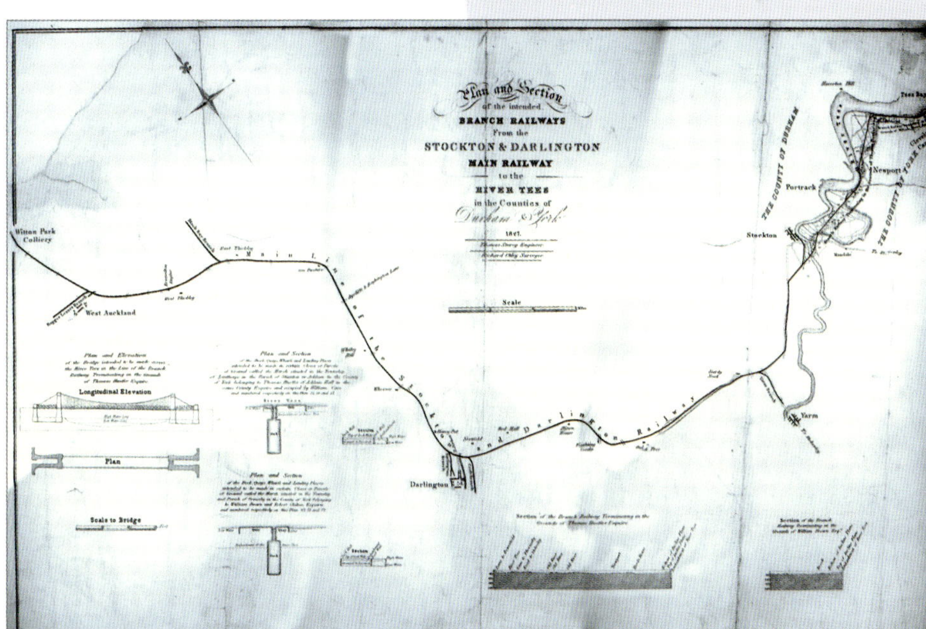

Als ein wesentlicher Eckpunkt in der beruflichen Laufbahn Stephensons gilt ohne Zweifel der Bau der Bahnstrecke Stockton–Darlington. Das Ziel war, das rund 40 Kilometer südlich von Newcastle gelegene Bergbaugebiet um Bishop Auckland mit seinen reichen Kohlevorkommen besser zu erschließen. Betrieben wurde der Bahnbau von dem reichen Geschäftsmann und Landbesitzer Edward Pease. Ihm gelang es, 1821 von der englischen Regierung für dieses Vorhaben eine offizielle Baugenehmigung zu erhalten. Diese Genehmigung beinhaltete auch die Konzession für einen Personenverkehr. George Stephenson gelang es Pease zu überzeugen, diese Bahn mit Dampflokomotiven zu betrei-

Vorgaben für das „Eisenbahnrennen von Rainhill", 1829

1. Die Lokomotive sollte bei einem Kesseldruck von rund 3,5 Bar das Dreifache ihres eigenen Gewichts befördern können, dabei sollte eine Geschwindigkeit von 16 km/h erreicht werden.
2. Die Lokomotive sollte über eine gut funktionierende Federung verfügen, um ihr Reibungsgewicht voll ausnützen zu können.
3. Die Höhe der Maschine sollte maximal 4,5 Meter betragen.
4. Das Gewicht der Lok durfte sechs Tonnen nicht überschreiten.
5. Zur Kesselausrüstung waren zwei Sicherheitsventile vorgeschrieben.

ben. Im Frühjahr 1821 begann die Vermessung der Strecke. Ein Jahr später konnten die ersten Schienen verlegt werden. Um den Bau neuer Lokomotiven effizient abwickeln zu können, gründeten 1823 George Stephenson, sein Sohn Robert, Edward Pease und Michael Longride in Newcastle on Tyne die „Robert Stephenson Company", die erste Lokomotivfabrik der Welt.

Am 27. September 1825 konnte die Strecke Stockton–Darlington ihren Betrieb aufnehmen. Der Eröffnungszug wurde mit der Maschine „Locomotion" bespannt, die bis 1841 in Dienst stand. Sie blieb erhalten und ist seit 1975 im Darlington Railway Museum ausgestellt. Noch drei weitere Maschinen aus der Stephenson'schen Lokfabrik fuhren auf dieser Strecke. Auf George Stephenson warteten jedoch schon neue, weit größere Eisenbahnprojekte. Es war dies zum einen das Lokomotivrennen von Rainhill, wo es galt, die Güte und Qualität der von Stephenson gebauten Loks zu beweisen. Das weit umfangreichere Projekt war jedoch der Bau der „Liverpool and Manchester Railway".

Aufgrund seiner großartigen Leistungen, seines Könnens und Wissens erhielt er in den Folgejahren aus aller Welt Aufträge zum Bau von Eisenbahnen bzw. zum Bau von Wagen und Lokomotiven. So wurde er zum „Geburtshelfer" der ersten Eisenbahnen in Belgien, Deutschland, Holland, Frankreich, Italien und Spanien.

Sein beruflich so erfolgreiches Leben, das einst in ärmlichen Verhältnissen begonnen hatte, beendete er als vermögender und höchst angesehener Mann. Am 12. August 1848 starb George Stephenson im Alter von 67 Jahren in Tapton House, einem herrschaftlichen Landsitz in gregorianischem Stil bei Chesterfield.

Stephensons „Rocket" und das Lokomotivrennen von Rainhill

Im Oktober 1829 fand auf einem Teilstück der Bahnlinie von Liverpool nach Manchester ein Lokomotivwettbewerb statt. Das „Rennen von Rainhill" wurde veranstaltet, um eine passende Lokomotive für die Bahnstrecke von Liverpool nach Manchester zu finden. Die geplante Veranstaltung sorgte in ganz England für Aufsehen. Obwohl die Bauarbeiten an der 50 Kilometer langen Bahnstrecke von Liverpool nach Manchester sich dem Ende näherten, war man sich noch immer

Unten: Zwar gibt es vom Lokomotivwettrennen bei Rainhill mehrere Berichte, zeitgenössische Bilder jedoch sind nicht bekannt. 1898 erschien diese Darstellung in „Geschichte der österreichisch-ungarischen Monarchie". Links die „Novelty", in der Mitte die „Sans Pareil", rechts als Gewinnerin des Wettbewerbs die „Rocket".

Ganz links: Am Wettbewerb von Rainhill nahm auch die „Novelty" teil, die von Ericson konstruiert und in der Werkstatt des Fabrikanten Braithwaite in London gebaut wurde. Sie nahm auch an der Endausscheidung teil, musste aber wegen eines Kesselschadens vorzeitig ausscheiden. Zwei senkrecht stehende Zylinder trieben die „Novelty" an. Das Gewicht der Lok betrug 3,91 Tonnen.

Links: Als weitere Wettbewerbsmaschine von Rainhill trat die „Sans Pareil" an, die Timothy Hackworth aus Darlington gebaut hatte. Auch sie war in die Endausscheidung gekommen, musste aber schon vorzeitig wegen eines Zylinderschadens aufgeben. Das Gewicht dieser Maschine belief sich auf 4,81 Tonnen.

nicht klar, wie der Betrieb abgewickelt werden sollte. Man dachte noch immer an die Verwendung von ortsfesten Dampfmaschinen mit Seilwinden oder aber auch an einen Betrieb mit Pferden. Ob der Einsatz von Dampflokomotiven die passende Lösung war, wusste niemand. Um Klarheit zu schaffen, wurde ein Wettbewerb für einen eventuellen Betrieb mit Dampflokomotiven ausgeschrieben, der mit folgenden Vorgaben verbunden war (s. Tabelle S. 26).

Nachdem die Liverpool & Manchester Railway die Teilnahmebedingungen für den Wettbewerb veröffentlicht hatte, wurde der 25. April 1829 als Termin festgelegt. Auf einer 2,8 Kilometer langen Strecke in der Nähe von Rainhill sollte der Wettstreit ausgetragen werden. Zum genannten Termin erschienen folgende Lokomotiven: die „Novelty": Sie stammte vom schwedischen Ingenieur Ericson und war beim Londoner Fabrikanten Braithwaite gebaut worden. Des Weiteren nahmen teil die „Perseverance" von Burstall aus Edinburgh, die „Sans Pareil" von Timothey Hackworth und die „Rocket" aus Stephensons Lokomotivfabrik. Auch noch eine fünfte Lok sollte an dem Wettbewerb teilnehmen. Es war die „Cycloped", die durch zwei Pferde bewegt wurde, die auf einem Band liefen und damit für den Antrieb sorgten. Da dies aber den Bedingungen des Wettbewerbs nicht entsprach, wurde dieses „Fahrzeug" nicht zugelassen. Auch die in Edinburgh gebaute „Perseverance" konnte nicht teilnehmen, da sich herausstellt, dass sie die vorgeschriebene Geschwindigkeit nicht erreichen würde. So starteten in die „Endausscheidung" nur drei Maschinen. Es waren dies die „Novelty", die „Sans Pareil" und die „Rocket". Der Wettbewerb zwischen den einzelnen Lokomotiven zog sich vom 6. bis zum 14. Oktober 1829 hin. Das heißt, dass an den meisten Tagen Testfahrten unternommen wurden, damit sich die drei Preisrichter von der Leistungsfähigkeit der einzelnen Kandidaten ein eindrückliches Bild machen konnten.

Die „Novelty" schied während der Testphase wegen eines Kesselschadens aus. Auch die „Sans Pareil" musste aufgeben, da bei ihr ein Zylinderschaden aufgetreten war. Allein die „Rocket" von Stephenson blieb im Rennen. Sie konnte als einzige in sechs Stunden insgesamt 70 Meilen (112 Kilometer) zurücklegen. Dabei wurde nicht einmal eine halbe Tonne Koks verbraucht. Die maximale durchschnittliche Geschwindigkeit, die sie bei den Testfahrten erreichte, lag bei 38,6 Stundenkilometern. Damit errangen Vater und Sohn Stephenson mit ihrer „Rocket" den unangefochtenen Sieg und das Preisgeld von 500 Pfund.

Nach dem Sieg lieferte die Lokfabrik von Stephenson acht Dampflokomotiven vom Typ Rocket an die Liverpool-Manchester-Eisenbahn. Auch die „Sans Pareil" wurde übernommen.

„Rocket"

Hersteller:	Robert Stephenson & Co., Newcastle
Baujahr:	1829
Bauart:	A1 n2
Spurweite:	1435 Millimeter
Dienstmasse mit Tender:	7,4 Tonnen
Treibraddurchmesser:	1435 Millimeter
Laufraddurchmesser:	830 Millimeter
Zylinderdurchmesser:	2 x 203 Millimeter
Kolbenhub:	432 Millimeter
Kesselüberdruck:	ca. 2,5 Bar
Rostfläche:	3 x 3 x 2 Fuß
Strahlungsheizfläche:	12,8 m²

Rechts: Nahezu geradlinig verläuft die Eisenbahnstrecke zwischen Liverpool und Manchester.

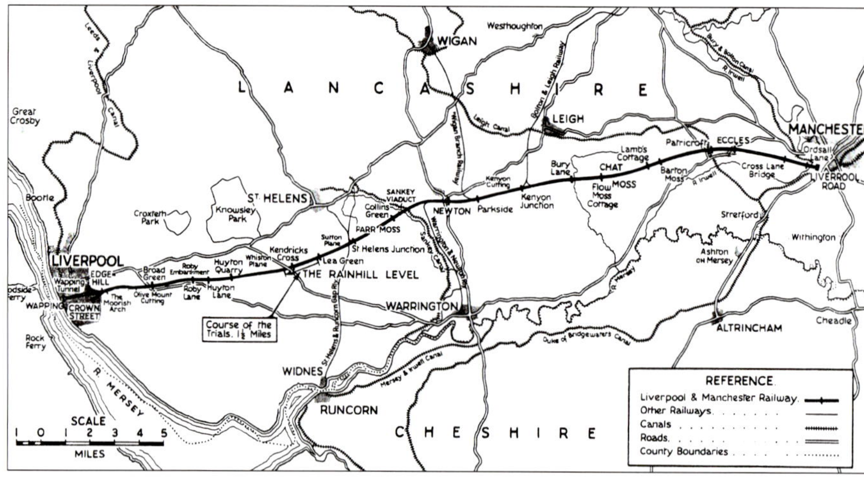

Zahlen und Fakten „Liverpool and Manchester Railway"

Streckenlänge:	rund 49,9 km
Baugenehmigung des Parlaments:	April 1826, anschließend Baubeginn
Eröffnung:	15. September 1830
Ausführung:	Normalspur, zweigleisig
Länge der einzelnen Eisenschienen:	4,57 Meter
Größte Steigung bei Rainhill:	10,4 Promille
Anzahl der Brückenbauwerke:	63
Oberbau:	Auf einer Länge von 29 Kilometern sind die Schienen auf Steinquadern verlegt; auf den restlichen knapp 21 Kilometern wurden Holzschwellen verwendet.

Oben: Die Hafenanlagen von Liverpool konnten nur durch ein Tunnel erreicht werden.

Die erste „moderne" Eisenbahnlinie der Welt die „Liverpool and Manchester Railway"

Seit Anfang des 19. Jahrhunderts war England bei der Entwicklung des Eisenbahnwesens weltweit führend und setzte diesbezüglich Maßstäbe. Von besonderer Bedeutung waren der Bau und die Inbetriebnahme der „Liverpool and Manchester Railway" mit einer Eisenbahnstrecke, die von vornherein für den Reise- und Güterverkehr mit Dampflokomotiven konzipiert war. Bis sie ihren Betrieb aufnehmen konnte, galt es eine Vielzahl von Schwierigkeiten und Problemen zu überwinden. Verlief doch in gleicher Relation ein Kanal, dessen Aktionäre mit aller Kraft den Bau dieser Eisenbahnlinie verhindern wollten. Das Bahnprojekt wurde mit allen nur denkbaren Mitteln hintertrieben. Doch die Visionäre der „Liverpool and Manchester Railway" unter Leitung des Eisenbahnpioniers George Stephenson ließen sich nicht entmutigen. So wurde am 15. Mai 1826 die Bahngesellschaft gegründet, nachdem die Baukonzession von der englischen Regierung erteilt worden war. Die Strecke begann am Hafen von Liverpool.

Sie wies alle Merkmale einer neuzeitlichen Eisenbahnlinie auf: Lokomotivbetrieb, Beförderung von Personen und Gütern, zweigleisigen Ausbau, Bahnhöfe mit Ausweich- und Rangiergleisen, einen Tunnel, aufwendig gebaute Viadukte, eine Vielzahl unterschiedlicher Wagen und einen Fahrplan.

Die Bauarbeiten begannen 1826. Es war vorgesehen, dass selbst die langsamen Güterzüge die fast 50 Kilometer lange Distanz zwischen Liverpool und Manchester in rund vier Stunden bewältigen sollten. Ein Transport auf dem Kanal benötigte für die gleiche Entfernung 36 Stunden.

Als herausragende Leistung galt der Bau von 64 Brücken und Viadukten, speziell des Sankey Viaducts, der mit einer Höhe von mehr als 21 Metern und neun Bögen von jeweils rund 15 Metern Spannweite das Tal überquerte. Als weitere Schwierigkeit galt die Durchquerung des nahezu acht Kilometer langen, berüchtigten und wie es damals hieß grundlosen Katzenmoores. Durch einen auf Tausenden von Pfählen und Holzgeflechten ruhenden Erddamm konnte das Hindernis bezwungen werden. Nicht weniger kompliziert war der Bau eines knapp 2,5 Kilometer langen Tunnels nahe der Einfahrt von Liverpool. Den Mount Olive galt es mit einem mehr als drei Kilometer langen und bis zu 21 Meter tiefen Einschnitt zu bewältigen. Am 15. September 1830 wurde nach vierjähriger Bauzeit die „Liverpool and Manchester Railway" eröffnet. Die Eröffnungsfahrt startete um 10.30 Uhr in Liverpool. Insgesamt verkehrten acht Züge mit rund 600 Fahrgästen. Entlang der Strecke hatten sich Tausende von Zuschauern eingefunden. Der erste Zug, der offiziell die Strecke befuhr, war mit der Lokomotive „Northhumbrian" bespannt. Hochgestellte Persönlichkeiten der königlichen Regierung und geladene Festgäste saßen in den Wagen. Durch eine Unachtsamkeit eines der Ehrengäste kam es zu einem tödlichen Unfall. Der Unterhausabgeordnete William Huskisson wurde von einer Lokomotive überfahren und starb. Die Fahrzeit der Personenzüge lag bei rund einer Stunde, 50 Minuten.

Oben: Die hier gezeigten Bilder schildern die Betriebssituation auf der „Liverpool and Manchester Railway" in den frühen Betriebsjahren. Obwohl die Bahn ihren Betrieb 1831 aufgenommen hatte, waren die Bauarbeiten an der Watersteet in Manchester noch nicht abgeschlossen (großes Bild). Ein mächtiges und imponierendes Bauwerk war die große Eisenbahnbrücke über das Sankey Tal und den dortigen Kanal.

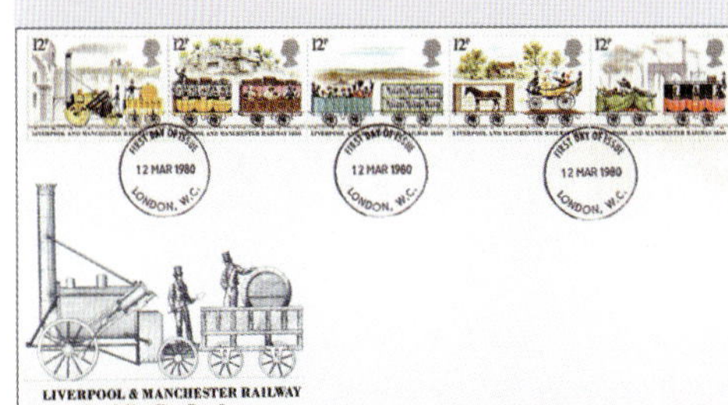

Oben: Ersttagsbrief vom März 1980 zum 150. Jahrestag der Liverpool & Manchester Eisenbahn.

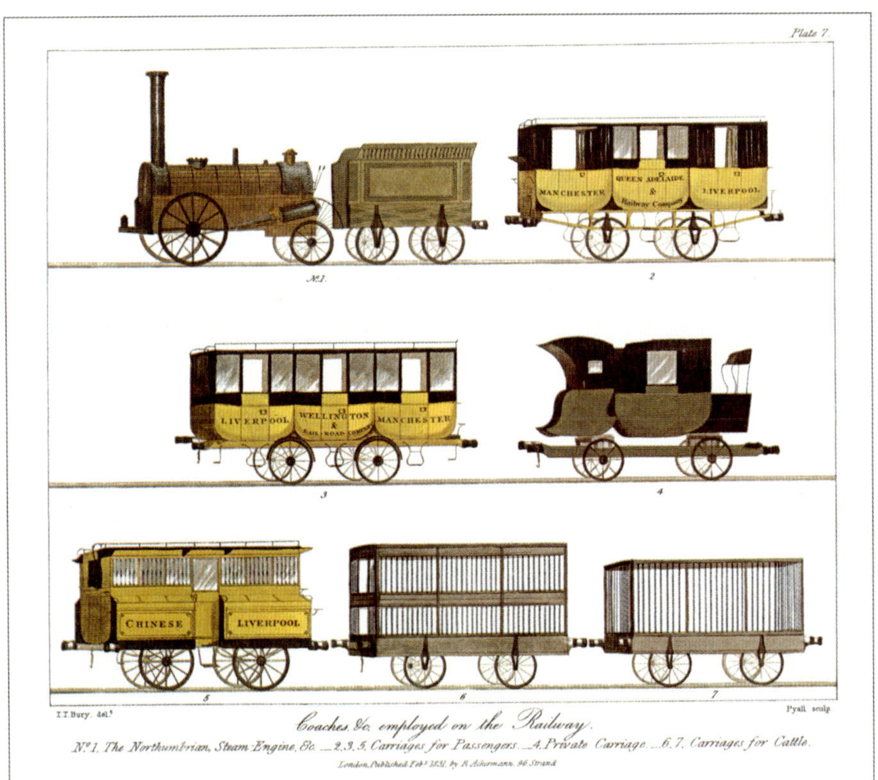

Links: Eine Darstellung des Lok- und Wagenmaterials, das auf der Liverpool-Manchester-Bahn in den frühen Jahren des Bahnverkehrs eingesetzt wurde.

ERSTE BESTELLUNGEN IN ENGLAND: ENTWICKLUNG DER EISENBAHN IN DEUTSCHLAND

Joseph v. Baader (1763-1835)

30.09.1763	Er wird in München geboren.
1794	Eintritt in den bayerischen Staatsdienst
1811	Erste Pläne für den Bau von Eisenbahnen
1812/13	Erstes Eisenbahnmodell
1814	Erste Eisenbahn-Publikation
1818/19	Probebahn im Maßstab 1 : 2
1820	Bestellung eines Eisenbahnmodells durch Kronprinz Ludwig
1822	Baaders Hauptwerk „Neues System der fortschaffenden Mechanik" erscheint
1826	Probebahn im Maßstab 1 : 1 im Nymphenburger Schlosspark zu München
20.11.1835	Von Baader stirbt in München.

Die Ludwigs-Eisenbahn Nürnberg–Fürth

Schon in den ersten beiden Jahrzehnten des beginnenden 19. Jahrhunderts machten sich, angeregt von den technischen Entwicklungen in England, auch in Deutschland die ersten Ideen für den Bau von Eisenbahnen breit. Die treibenden Kräfte, die sich zu dieser Zeit für die Entwicklung des Eisenbahnwesens in Deutschland mit Nachdruck einsetzten, waren die Eisenbahnpioniere Friedrich List (geboren am 6. August 1789 in Reutlingen, gestorben am 30. November 1846 in Kufstein) und der bayrisch-königliche Oberbergrat Josef von Baader (geboren am 30. September 1763 in München, gestorben am 20. November 1835 in München). Sie waren der Überzeugung, dass nur ein funktionierendes Eisenbahnwesen einen wirtschaftlichen Aufschwung Deutschlands ermöglichen könnte.

Schon 1814 lag ein von Josef von Baader ausgearbeiteter Plan zum Bau einer Pferdeeisenbahn von Nürnberg nach Fürth vor, der jedoch bei der bayerischen Regierung auf wenig Interesse stieß. In Nürnberg selbst aber standen die Voraussetzungen zum Bau einer Bahnverbindung aufgrund des äußerst regen Verkehrs zwischen den beiden Städten unter einem guten Zeichen.

Zur Umsetzung dieser Idee gründeten am 18. November 1833 der Nürnberger Unternehmer Georg Zacharias Platner (geboren am 27. Juli 1781, gestorben am 9. Juli 1862). und der Direktor der Polytechnischen Schule, Johannes Scharrer (geboren am 30. Mai 1785, gestorben am 30. März 1844), eine Aktiengesellschaft, die den Namen „Ludwigs-Eisenbahn-Gesellschaft" trug. Nach der Gründung der Gesellschaft widmeten sich Platner und Scharrer mit allem Nachdruck den nötigen Vorarbeiten für das Bahnprojekt Nürnberg–Fürth. Für den Bahnbau gelang es ihnen, den Fachmann Paul Camille von Denis (geboren am 26. Juni 1795, gestorben am 2. September 1872) zu gewinnen, der ab Juli 1834 in kompetenter Weise die Detailplanung des Bahnbaus übernahm. Er war einer der wenigen Eisenbahnfachleute, die über

Unten: Ein Gespann auf einer nach den Ideen von Joseph von Baader ersonnenem Pferdeeisenbahn im Nymphenburger Schlosspark.

das notwendige Fachwissen verfügte. Dieses Wissen hatte sich von Denis auf seinen Reisen nach Belgien, Frankreich, England und Nordamerika erworben.

Die erste große Aufgabe, die sich dem Kremium der „Ludwigs-Eisenbahn-Gesellschaft" stellte, war die Beschaffung des erforderlichen Schienenmaterials. Man war sich klar, dass hierfür nur das beste Material infrage kam. Die Verwendung von gusseisernen Schienen kam nicht infrage. Es sollten gewalzte Schienen sein, die in einer Länge von 15 Fuß herzustellen waren. Man bemühte sich, die benötigten Eisenteile aus Bayern oder aus Deutschland zu beziehen. Eine Vielzahl von Eisenwerken bot sich an, diesen Auftrag zu übernehmen. Da man sich aber über die Qualität der heimischen Produkte nicht im Klaren war, bestellte man schon im März 1833 bei Stephenson in England Proben von Schienen sowie von den notwendigen Eisenteilen. Die Lieferung verzögerte sich, da zum einen von den Engländern für diese Einzelstücke höhere Preise gefordert wurden als bei einer größeren Liefermenge, und zum anderen vom Zollamt die gewünschte zollfreie Einfuhr nicht zu erreichen war. Da aber die Eröffnung der Ludwigseisenbahn immer näher rückte, entschloss sich das Direktorium, sich die in England bestellten Proben schikken zu lassen. Nachdem die Stücke eingetroffen waren, wurden diese den Eisenwerken als Muster übergeben. Wie sich jedoch schon bald herausstellte, war die Mehrzahl der Betriebe nicht in der Lage, die gewünschten Schienen zu fertigen. Die Folge war, dass sich das Eisenbahndirektorium entschloss, eine öffentliche Ausschreibung im Deutschen Zollvereinsgebiet durchzuführen. Die Ausschreibung umfasste 3000 Zentner gewalzte Eisenschienen, 1200 Zentner gusseiserne Träger, 130 Zentner Nägel und Schließen von Schmiedeeisen. Diese Stücke waren nach den englischen Mustern anzufertigen. Die Ausschreibung stieß auf großes Interesse. Zahlreiche Unternehmer aus ganz Deutschland legten ihre Angebote vor, wobei die Herstellung der Schienen für die meisten Unternehmen unlösbare Schwierigkeiten bereitete.

Denis drängte das Direktorium zu einem baldigen Vertragsabschluss mit einem der Eisenwerke. Eine Lieferung aus England verbot der hohe Lieferpreis. Man war also gezwungen, die Schienen innerhalb Deutschlands zu beschaffen. Daher besuchten die Herren Platner und Mainberger im April 1835 die Eisenwerke Remy & Co. in Neuwied bei Köln, die sich zu einer kurzfristigen Lieferung bereit erklärt hatten. Der Preis für die Schienen betrug 8 1/8 Gulden pro Zentner frei bis an die Schiffslände bei Neuwied. Die Transportkosten per Schiff bis nach Kitzingen und auf dem Landweg weiter bis nach Nürnberg übernahm die Eisenbahngesellschaft. Bis Ende Juni sollten 600 bis 800 Zentner Schienen versandfertig sein.

Vorhergehende Seiten: Als in Nürnberg 1935 das Bahnjubiläum „ 100 Jahre Deutsche Eisenbahn" begangen wurde, verkehrte auf einem zwei Kilometer langen Rundkurs ein Nachbau des „Adlers" mit seinem Zug.

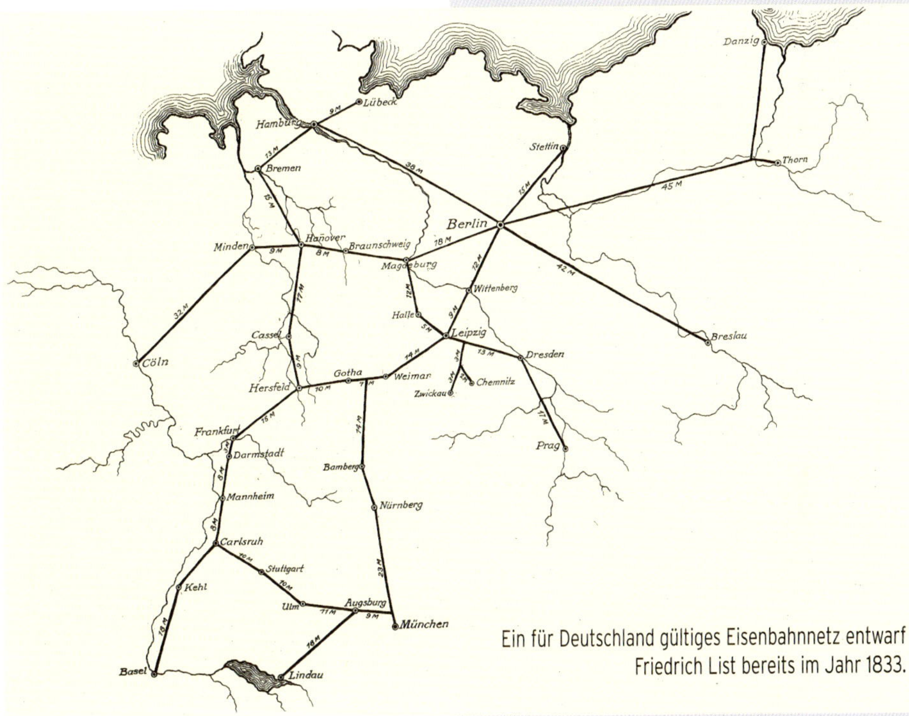

Ein für Deutschland gültiges Eisenbahnnetz entwarf Friedrich List bereits im Jahr 1833.

Oben: Das Gleis der ersten deutschen Eisenbahn mit Steinquadern und darauf befestigten „Chairs", in die die Schienen eingekeilt sind. Auf einigen Abschnitten wurden auch Holzschwellen verwendet.

Oben: In den ersten Jahren verkehrten auf der Ludwigsbahn auch von Pferden gezogene Züge. Eben verlassen zwei Züge den Fürther Bahnhof.

Unten: Die Rechnung des „Adlers" vom 27. August 1835 der Robert Stephenson'schen Lokomotivfabrik.

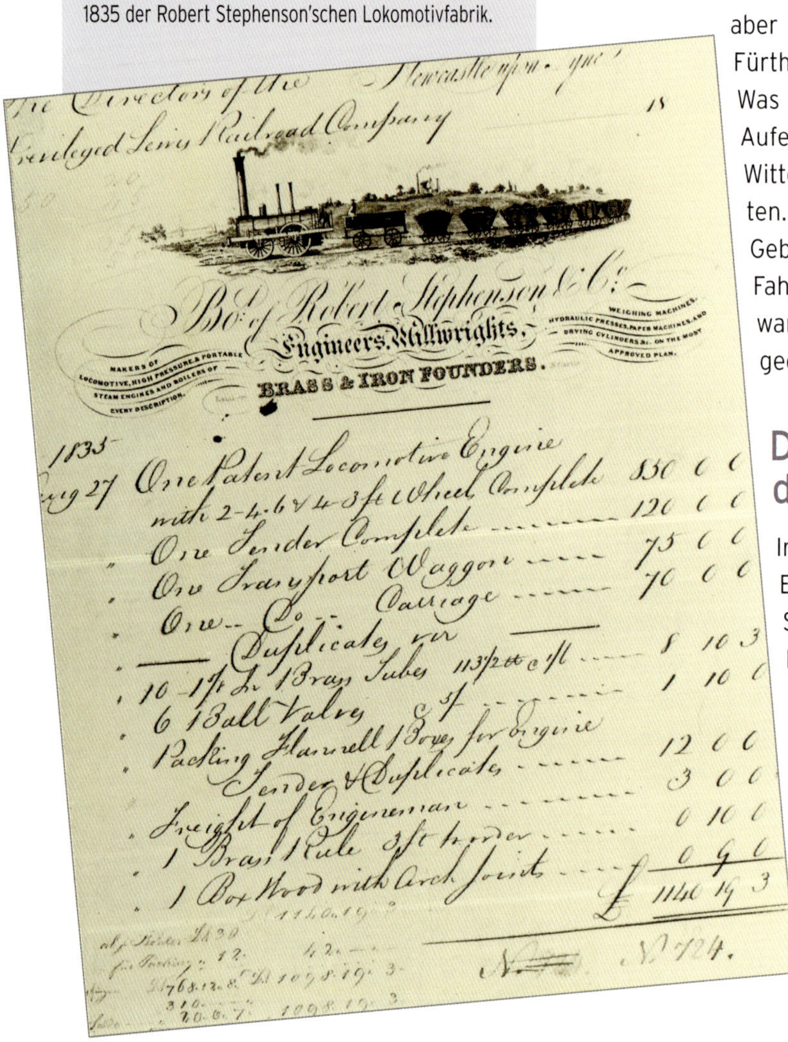

Bo.t of Robert Stephenson & Co.
Engineers, Millwrights,
Brass & Iron Founders.
Makers of Locomotive, High Pressure & Portable Steam Engines and Boilers of every description.
Weighing Machines, Hydraulic Presses, Paper Machines and Drying Cylinders &c. on the most approved plan.

1835 Aug 27 One Patent Locomotive Engine with 2-4.6 & 4-3 ft Wheel Complete ... 830 0 0 / 120 0 0
One Tender Complete ... 75 0 0
One Transport Waggon ... 70 0 0
One Do. Carriage
Duplicates viz
10 1ft Brass Tubes ... 8 10 3
6 Ball Valves ... 1 10 0
Packing Flannell, Boxes for Engine ... 12 0 0
Tender & Duplicates ... 3 0 0
Freight of Engineman ... 0 10 0
1 Brass Rule 3ft ... 0 9 0
1 Box Wood with Arch Joint
£ 1140 19 3
No 724.

Am 29. Mai 1835 trafen die ersten Schienen in Nürnberg ein. Bis Ende Juli sollte der Rest geliefert sein. Man musste jedoch feststellen, dass ein Teil der gelieferten Schienen verbogen war. In der Werkstätte von Johann W. Späth am Dutzendteich in Nürnberg wurden sämtliche Schienen überprüft und bei Bedarf überarbeitet. Die Lieferung der übrigen Eisenteile verlief im Wesentlichen ohne Probleme. Die bei der Aschaffenburger Firma Gemeiner georderten 5900 gusseisernen Schienenstühle (Chairs) trafen in 30 Transporten bis Ende August in Nürnberg ein. Weitere Eisenwaren lieferte das Traidendorfer Eisenwerk des Baron von Stachelhausen.

Nachdem alles Material in Nürnberg angekommen war, konnte mit der Verlegung der Gleise begonnen werden. Die Arbeiten kamen gut voran. Pro Tag konnten bis zu 80 Schienenstücke verlegt werden, sodass man bis Ende Oktober 1835 fertig war.

Der Ankauf von Grundstücken, auf denen die Bahnhöfe, Remisen, Bahnwärterhäuser, Pferdeställe, Speicher und Werkstätten errichtet werden sollten, zögerte sich länger hin als erwartet. Der Grund für diese Verzögerungen lag darin, dass die Eigentümer dieser Immobilien erst nach langwierigen Verhandlungen bereit waren, ihre Flächen zu veräußern.

Die Bauarbeiten wurden von einheimischen Handwerkern durchgeführt, konnten aber erst knapp vor der Eröffnung der Bahnstrecke Nürnberg–Fürth abgeschlossen werden.

Was auffällt ist die Tatsache, dass keine Räumlichkeiten für den Aufenthalt von Reisenden vorgesehen waren. Auch bei schlechter Witterung mussten sie im Freien auf die Abfahrt des Zuges warten. Erst im April 1836 wurde eine Wartehalle errichtet. Die Gebäude waren einfach, aber solide gebaut. Dadurch, dass die Fahrzeuge und speziell die Lokomotiven aus England stammten, war die Spurweite der Ludwigs-Eisenbahn Nürnberg–Fürth vorgegeben.

Der „Adler", die erste Lokomotive der Ludwigs-Eisenbahn

Im Mai 1835 bestellte das Direktoriums der Nürnberg-Fürther-Eisenbahn bei der englischen Lokomotivfabrik Robert Stephenson die erste deutsche Dampflok, den „Adler". Schon bald stellte sich heraus, dass die anfänglich vereinbarte Lieferfrist, Juli 1835, nicht eingehalten werden konnte. Erst am 3. September 1835 konnte die Fracht von England aus nach Nürnberg auf den Weg gebracht werden. Die Lokomotive trug die Fabriknummer 118. Der Kaufpreis inklusive Transport betrug 13 930 Gulden, was einem heutigen Preis von etwa 435 000 Euro entspricht. Seine Leistung betrug circa 40 PS.

Den Transport von England nach Holland besorgte das Schiff „Zoar". Nachdem der „Adler" in Rotterdam angekom-

Oben: Ähnlich wie bei der Wiederinbetriebnahme des „Adler"-Nachbaus im Herbst 1999 durch das Dampflokwerk Meiningen mag es auch beim Zusammenbau im November 1835 zugegangen sein.

men war, musste die Ladung, die aus 19 einzelnen Stücken mit einem Gesamtgewicht von mehr als 13 Tonnen bestand, auf ein Rheinschiff verladen werden. Am 23. September 1835 verließ das Schiff „van Hees", das von dem Dampfboot „Hercules" rheinaufwärts geschleppt wurde, Rotterdam. Da in diesen Tagen der Wasserstand des Rheins ungewöhnlich niedrig war, musste der Schleppkahn bei Emmerich vom Dampfboot abgehängt werden. Weiterbefördert wurde der Kahn von Pferden. Nach einer 15-tägigen Reise auf dem Rhein war am 17. Oktober Köln erreicht. Nun galt es die Fracht auf Pferdewagen umzuladen, was wegen des geringen Wasserstands des Rheins, schwerer Regengüsse und Stürme viel Mühe bereitete. Acht Wagen waren für den Transport über Land erforderlich.

Am 13. Oktober konnte sich der Tross Richtung Offenbach in Bewegung setzen. Da die Kölner Fuhrleute von Offenbach aus den Transport nicht weiter durchführen wollten, musste neuerlich umgeladen werden, was wiederum zwei Tage in Anspruch nahm. Auf vier schweren Wagen ging es dann weiter über Kitzingen nach Nürnberg, das am 26. Oktober erreicht wurde. So hatte nach nahezu acht Wochen der Transport sein Ziel erreicht.

Für den Zusammenbau des „Adler" verblieben nur noch wenige Wochen. Bevor mit dem Werk begonnen wurde, hatte die Bevölkerung von Nürnberg die Gelegenheit – vermutlich in der Polytechnischen Schule – die

Unten: Briefmarke „Adler" aus der Serie „Steam Locomotives" aus Laos mit dem Postwert von 400 Laotischen Kips aus dem Jahr 1997.

„Adler"

Hersteller:	Robert Stephenson & Co.
Baujahr:	1835
Bauart:	1A1 n2
Spurweite:	1435 Millimeter
Länge über Puffer:	7150 Millimeter
Dienstmasse (Lok):	14,22 Tonnen
Treibraddurchmesser:	1372 Millimeter
Laufraddurchmesser:	915 Millimeter
Zylinderdurchmesser:	229 Millimeter
Kesselüberdruck:	3,3 bar
Rostfläche:	0,48 m^2
Verdampfungsheizfläche:	18,25 m^2
Höchstgeschwindigkeit:	40 km/h

Maschinenteile zu besichtigen. Anschließend wurden am 30. Oktober die Teile zum Zusammenbau in die Maschinenfabrik von Wilhelm Spaeth nach Dutzendteich überführt. Dort wurden sie gereinigt und soweit nötig repariert. Die Arbeiten standen unter der Aufsicht des inzwischen aus England in Nürnberg eingetroffenen Lokführers Wilson sowie des Lehrers Bauer der Polytechnischen Lehranstalt. Wegen der bereits Mitte November 1835 unerwartet früh hereinbrechenden Kälte verzögerte sich der Zusammenbau. Die ursprünglich beabsichtigte Eröffnung der Bahn am 24. November konnte nicht eingehalten werden. Als Mitte November der Dampfwagen, der den Namen „Adler" erhielt, zusammengebaut war, ging man daran, die ersten Probefahrten durchzuführen.

Nachdem diese erste Fahrt zur Zufriedenheit verlaufen war, wagte man drei Tage später einen weiteren Versuch. Hierbei zog die Lokomotive fünf vollbesetzte Wagen über die gesamte Strecke in zwölf bis 13 Minuten. Während der Rückfahrt wurden wiederholt Bremsproben durchgeführt. Auch das Ein- und Aussteigen der Passagiere wurde geübt. In den folgenden Tagen wurden weitere Fahrten unternommen. Der Andrang des Publikums war so groß, dass die öffentlichen Probefahrten in den Tageszeitungen ausgeschrieben wurden. Eine Fahrt kostete 36 Kreuzer. Täglich versammelten sich Scharen von Zuschauern auf der Nürnberg-Fürther Chaussee, um das imposante Schauspiel des vorbeieilenden Dampfwagens zu bewundern.

Neben der Lokomotive galt es auch entsprechendes Wagenmaterial zu beschaffen. Als Baumuster kamen zwei Wagengestelle aus England nach Nürnberg. Die weiteren Wagen entstanden in einer leichteren Bauweise vor Ort. Von den Firmen Spaeth, Gemeiner und Mannhardt stammten die Untergestelle, Räder und Achsen. Die hölzernen Wagenkasten lieferte der Nürnberger Wagnermeister Stahl. Von der Firma Stein in Lohr bei Aschaffenburg kamen drei Wagengestelle und 16 Räder. Ende August 1835, zwei Monate bevor die Dampflokomotive aus England eintraf, waren die ersten Personenwagen schon fertig. Insgesamt baute man neun Wagen, die alle in der Postfarbe Gelb lackiert waren.

Unten: Ein Guckkasten aus dem Jahr 1835, ermöglicht dem Betrachter ein dreidimensionales Bild einer Eisenbahnfahrt mit dem Adler.

Der Lokführer William Wilson

Gemeinsam mit der Lokomotive „Adler" wurde aus England auch der Lokomotivführer William Wilson mitgeliefert, war doch damals in Deutschland niemand in der Lage, eine solche Maschine zu bedienen.

Der Lokfachmann Wilson wurde am 18. Mai 1809 in Wallbottle bei Aberdeen als Sohn eines Mechanikers geboren. Als junger Mann trat er in die Dienste des Eisenbahnpioniers George Stephenson ein.

Bereits bei der Bestellung der Lokomotive forderte das Gremium der Ludwigsbahn einen entsprechenden Spezialisten an: „Sie werden zugleich auch die Güte haben, uns mit dem Dampfwagen einen Mann zu senden, der mit der Leitung, Beheizung und Behandlung desselben völlig vertraut ist, und der solange hier bleibt und besoldet wird, bis er einen anderen hierin unterrichtet hat, der als dann an seine Stelle treten kann."

Dieses Ölgemälde eines unbekannten Künstlers zeigt den „Adler" und seinen Zug vor der Kulisse der Stadt Nürnberg. Rechts neben dem hohen Turm des Spittlertors sind die Bahnhofsgebäude zu erkennen.

Einige Tage vor dem „Adler" war Mister Wilson am 17. Oktober 1835 in Nürnberg angekommen. Er bezog im Gasthaus „Zum Wilden Mann" Quartier. Anfänglich wurde er bei der Ludwigsbahn für acht Monate angestellt. Sein jährlicher Verdienst von 1500 Gulden war stattlich. Neben dem Zusammenbau des „Adler" oblag es ihm, entsprechendes Personal für die Bedienung und Wartung der Lokomotive auszubilden. Das absolute „Highlight" seiner beruflichen Tätigkeit war sicherlich die Eröffnung der ersten deutschen Eisenbahn Nürnberg–Fürth. Tausende von Menschen bewunderten nicht nur die Technik des geheimnisvollen Dampfwagens, sondern auch dessen Meister, der mit Geschick und Können die Maschine bediente. Unterstützt wurde er dabei von seinem Heizer, dem Nürnberger Johann Georg Hieronymus.

Das Direktorium schätzte das Wissen und Können seines „Remorqueurmeisters", wie der Lokführer damals genannt wurde, sehr. So verwundert es nicht, dass sein Arbeitsvertrag immer wieder verlängert wurde. William Wilson führte in Nürnberg ein bescheidenes Leben. Im Jahr 1842 erkrankte er schwer und konnte für drei Monate seinen Dienst nicht versehen. Anschließend reiste er zu seiner Genesung, erstmals nach seinem Dienstantritt in Nürnberg, für sechs Wochen in seine Heimat nach England. Aus seinem Urlaub brachte er seine Schwester mit, die sich nunmehr

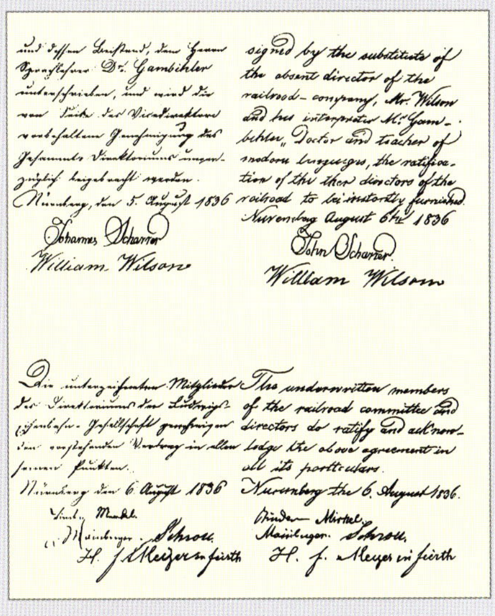

[illegible] Dr. Gambihler [illegible]
Nürnberg, den 5. August 1836
Johannes Scharrer
William Wilson

signed by the substitute of the absent director of the railroad-company, Mr. Wilson and his interpreter Mr. Gambihler, Doctor and teacher of modern languages, the ratification of the then directors of the railroad to be instantly furnished.
Nurenberg August 6th 1836
John Scharrer.
William Wilson

[illegible]
Nürnberg den 6. August 1836

The underwritten members of the railroad committee and directors do ratify and acknowledge the above agreement in all its particulars.
Nurenberg the 6. August 1836.
Binder Mirkel.
Mainberger. Schroll.
H. J. Meyer in Fürth

Oben: Der in deutscher und englischer Sprache zwischen der Ludwigs-Eisenbahn-Gesellschaft und William Wilson abgefasste Vertrag vom 6. August 1836.

um den Haushalt kümmerte. 1859 erkrankte er wiederum. Sein Gesundheitszustand blieb trotz eines Kuraufenthalts in Bad Reichenhall angeschlagen. Es ist bekannt, dass Wilson in der Zeit seines Aufenthalts in Nürnberg geheiratet hat. Wann er heiratete und wer seine Frau wurde, ist nicht bekannt. Allein über seine Tochter Anna ist bekannt, dass diese in die alteingesessene Nürnberger Familie Nudinger eingeheiratet hat.
Am 17. April 1862 starb William Wilson in Nürnberg. Begraben wurde er unter großer Anteilnahme der Bevölkerung im Grab der Familie Nudinger auf dem Johannisfriedhof. Zu finden ist das Grab des ersten Lokomotivführers Deutschlands in der Nähe der Arkaden unter der Grabnummer B170/40.

Rechts: An der Grabstätte der Familie Nudinger auf dem Johannisfriedhof in Nürnberg ist diese Grabplatte zur Erinnerung an Deutschlands ersten Lokomotivführer angebracht.

Die Eröffnung von Deutschlands erster Eisenbahn

Nach den anfänglichen Planungen sollte die Eröffnung der ersten deutschen Eisenbahn am 25. August 1835, am Geburtstag des bayerischen Königs Ludwig I., stattfinden. Dieser Termin konnte nicht eingehalten werden, da es eine Vielzahl von Problemen bei der Beschaffung der notwendigen Grundstücke gab. Aber auch der Liefertermin für Lokomotive und Wagen konnte nicht eingehalten werden. Als neuer Termin wurde der 24. November des gleichen Jahres festgelegt. Aber das Wetter machte einen Strich durch die Rechnung. Plötzlich einbrechende Kälte unterbrach die Bauarbeiten. Letztendlich wurde dann der 7. Dezember 1835 als Eröffnungstag bestimmt.
Schon am Morgen dieses Tages hatte sich entlang der Bahnstrecke Nürnberg–Fürth eine gewaltige Menschenmenge eingefunden. Polizei und Militär sorgten für Ordnung. Unter den Ehrengästen befanden sich der Präsident der königlichen Regierung von Mittelfranken, Abgeordnete der Universität Erlangen, die Bürgermeister der Städte Fürth, Ansbach, Erlangen und Schwabach. Kurz vor 8.00 Uhr versammelten sich in Nürnberg auf der Tribüne vor dem Verwaltungsgebäude der Ludwigs-Eisenbahn die Mitglieder des Direktoriums der Bahngesellschaft, die königlichen Militär- und Zivilbehörden, die städtischen Beamten, der Baumeister und das Baupersonal der Bahn, die Aktionäre und die geladenen Gäste. Ebenso waren erschienen ein Musikregiment und ein Sängerchor.
Um 8.30 Uhr hielt der Nürnberger Bürgermeister Binder eine Ansprache und enthüllte einen Gedenkstein, der an diesen ehrwürdigen Tag erinnern sollte. Unter Musik und Kanonendonner bestiegen die Festgäste den Zug, der sich kurz darauf Richtung Fürth in Bewegung setzte.
Bei der Ankunft in Fürth wurde der Zug von den dortigen Honorationen festlich empfangen. Die Festgäste nahmen im Gasthof „Zum Kronprinzen von Preußen" ein Frühstück ein, um dann gegen 10.00 Uhr die Rückfahrt nach Nürnberg anzutreten. Um 11.00 und 13.00 Uhr schlossen sich zwei weitere Fahrten an. Um 15.00 Uhr fand ein weiteres Festessen statt, an dem unter anderem auch Paul von Denis, der Erbauer der Bahn, und eine große Zahl von Ehrengästen teilnahmen. Damit ging

William Wilson

18.05.1809	William Wilson wird in Wallbottle bei Aberdeen geboren.
1829	Ingenieur von George Stephenson
1835	Lokführer in Nürnberg, Zusammenbau des „Adler", Eröffnungszüge zwischen Nürnberg und Fürth
1836/43	Wilson wird zur Ausbildung seiner Nachfolger verpflichtet.
1842	Wilson erkrankt ernstlich. Erstmals geht er im August nach England in Urlaub
1844	Neuer Vertrag mit Wilson
1859	Gesundheitszustand Wilsons wird immer schlechter.
28.01.1860	Wilson nimmt seinen Dienst wieder auf.
17.04.1862	Wilson stirbt in Nürnberg.

dieser denkwürdige Tag zu Ende. Einer Zeitung ist folgender Bericht zu entnehmen: „Der Wagenlenker läßt die Kraft des Dampfes nach und nach in Wirksamkeit treten. Aus dem Schlot fahren nun die Dampfwolken in gewaltigen Stößen, die sich mit dem schnaufenden Ausatmen eines riesenhaften antediluvianischen Stieres vergleichen lassen. Die Wagen sind dicht aneinander gekettet und fangen an sich langsam zu bewegen; bald aber wiederholt sich die Ausatmung des Schlotes immer schneller und die Wagen rollen dahin, dass sie in wenigen Augenblicken den Augen der Nachschauenden entschwunden sind. Auch die Dampfwolke sinkt immer tiefer, bis sie auf dem Boden zu ruhen scheint; die erste Testfahrt ist in neun Minuten vollendet, und somit die Strecke von 20 000 Fuß zurückgelegt."

In diesem Zusammenhang sei angemerkt, dass auf der Ludwigs-Eisenbahn sowohl pferde- als auch dampfbespannte Züge verkehrten. Bei den Zügen waren allein die um 13.00 und 14.00 Uhr verkehrenden Züge mit dem „Adler" bzw. „Pfeil" bespannt. Die sonstigen Züge waren mit Pferden bespannt. Erst im Jahr 1863 wurde der Pferdebetrieb auf der Ludwigs-Eisenbahn aufgegeben.

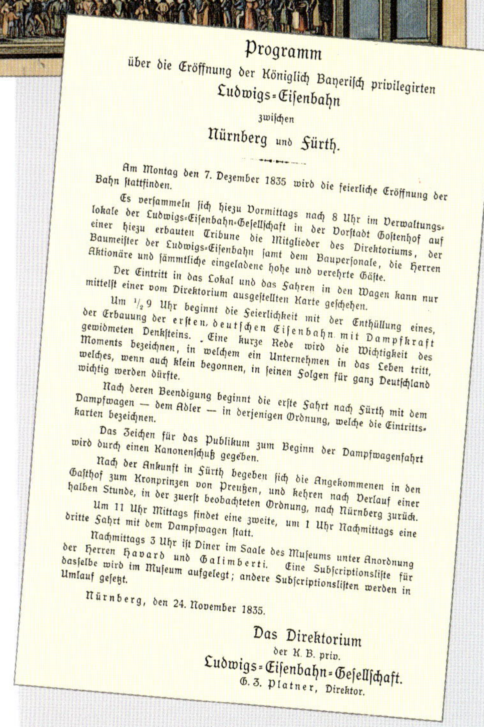

Programm
über die Eröffnung der Königlich Bayerisch privilegirten
Ludwigs-Eisenbahn
zwischen
Nürnberg und Fürth.

Am Montag den 7. Dezember 1835 wird die feierliche Eröffnung der Bahn stattfinden.

Es versammeln sich hiezu Vormittags nach 8 Uhr im Verwaltungslokale der Ludwigs-Eisenbahn-Gesellschaft in der Vorstadt Gostenhof auf einer hiezu erbauten Tribune die Mitglieder des Direktoriums, der Baumeister der Ludwigs-Eisenbahn samt dem Baupersonale, die Herren Aktionäre und sämmtliche eingeladene hohe und verehrte Gäste.

Der Eintritt in das Lokal und das Fahren in den Wagen kann nur mittelst einer vom Direktorium ausgestellten Karte geschehen.

Um 1/2 9 Uhr beginnt die Feierlichkeit mit der Enthüllung eines, der Erbauung der ersten, deutschen Eisenbahn mit Dampfkraft gewidmeten Denksteins. Eine kurze Rede wird die Wichtigkeit des Moments bezeichnen, in welchem ein Unternehmen in das Leben tritt, welches, wenn auch klein begonnen, in seinen Folgen für ganz Deutschland wichtig werden dürfte.

Nach deren Beendigung beginnt die erste Fahrt nach Fürth mit dem Dampfwagen — dem Adler — in derjenigen Ordnung, welche die Eintrittskarten bezeichnen.

Das Zeichen für das Publikum zum Beginn der Dampfwagenfahrt wird durch einen Kanonenschuß gegeben.

Nach der Ankunft in Fürth begeben sich die Angekommenen in den Gasthof zum Kronprinzen von Preußen, und kehren nach Verlauf einer halben Stunde, in der zuerst beobachteten Ordnung, nach Nürnberg zurück.

Um 11 Uhr Mittags findet eine zweite, um 1 Uhr Nachmittags eine dritte Fahrt mit dem Dampfwagen statt.

Nachmittags 3 Uhr ist Diner im Saale des Museums unter Anordnung der Herren Havard und Galimberti. Eine Subscriptionsliste für dasselbe wird im Museum aufgelegt; andere Subscriptionslisten werden in Umlauf gesetzt.

Nürnberg, den 24. November 1835.

Das Direktorium
der K. B. priv.
Ludwigs-Eisenbahn-Gesellschaft.
G. Z. Platner, Direktor.

Oben: Erinnerungsblatt zur Eröffnung der Ludwigs-Eisenbahn von Nürnberg nach Fürth am 7. Dezember 1835. Dieses Blatt erhielten die geladenen Festgäste.

Unten: Programm zur Eröffnung der Ludwigs-Eisenbahn, herausgegeben am 24. November 1835.

Was ist aus dem „Adler" geworden?

Zuverlässig versah der „Adler" 22 Jahre lang seinen Dienst auf der Ludwigs-Eisenbahn zwischen Nürnberg und Fürth. Im Jahr 1857 war sein Ende gekommen. Er wurde abgestellt und ausgemustert. An einen Erhalt dieser historisch wertvollen Maschine dachte niemand. Es wird berichtet, dass er in Nürnberg vorübergehend als stationäre Dampfmaschine diente. Gemäß dem Bericht des Direktoriums der Ludwigs-Eisenbahngesellschaft sei er 1858 dann samt Tender, aber ohne Räder und andere Teile nach Augsburg an die Firma Riedinger für 1050 Gulden verkauft worden. Die Firma Riedinger baute in Augsburg Gasapparate sowie komplette Gaswerke. Nach dem Verkauf nach Augsburg verlor sich jegliche Spur des weiteren Verbleibs.

Der Nachbau des „Adler"

Als im Jahr 1935 das 100-jährigen Bestehen der Eisenbahn in Deutschland feierlich begangen werden sollte, entschloss sich die damalige Deutsche Reichsbahn, eine betriebsfähige Nachbildung des „Adler" bauen zu lassen. Dieses schwierige Vorhaben wurde dem Reichsbahnausbesserungswerk Kaiserslautern übertragen, das von Reichsbahnoberrat Carl Klensch geleitet wurde.

Schon bei den frühen Eisenbahnen in Deutschland kam es immer wieder zu Unfällen. Auf der Strecke Berlin - Potsdam stürzte die Lokomotive „Jupiter" (oben) wegen eines Schienenschadens von einer Brücke in die Havel. In Leipzig explodierte am 21 Mai 1846 der Kessel der „Windsbraut" (unten).

Die wenigen erhaltenen Unterlagen gaben nur lückenhaft die Konstruktion des „Adler" wieder. Auch den zeitgenössischen Beschreibungen und den ihnen beigefügten Zeichnungen konnten keine exakten Angaben entnommen werden. Große Unklarheit herrschte über die Bau- und Funktionsweise der Steuerung sowie der dazugehörigen Hilfseinrichtungen. Lange Zeit war unklar, ob eine betriebsfähige Nachbildung des „Adler" überhaupt gelingen würde.

Da der Nachbau den bei der Reichsbahn gültigen Betriebsvorschriften entsprechen musste, sollten diese beim Neubau des „Adler" eingehalten werden. So entsprach zum Beispiel das bei der Lieferung des „Adler" verwendete Kesselblech von acht Millimetern Stärke nicht den im Jahr 1935 gültigen Bestimmungen. Der Langkessel mit einem Durchmesser von 711 Millimetern war so klein, dass die geforderte Festsetzung des niedrigsten Wasserstands auf zehn Zentimeter über der Feuer-

Rechts: Stolz präsentierten sich im Ausbesserungswerk Kaiserslautern während des Baus des „Adler" im März 1935 die leitenden Herren des Werkes: links der Erbauer des „Adler", Reichsbahnoberrat Klensch.

Oben: Aus Anlass der 100-Jahr-Feier der westdeutschen Eisenbahnen am 18. Dezember 1938 war der „Adler" mit fünf seiner Wagen in Wuppertal-Elberfeld ausgestellt.

büchsendecke den Dampfraum zu sehr einschränken würde und die Gefahr bestand, dass die Maschine zu sehr Wasser überreißen könnte. Zur Behebung und Beseitigung all dieser Schwierigkeiten wurde der Kessel des Nachbaus mit einer Wandstärke von zwölf Millimetern ausgeführt, wobei der Langkessel nur einen einzigen Schuss anstelle der von Stephenson verwendeten zwei oder drei Schüsse erhielt. So war es möglich, einen kleinen Spielraum für den Wasserstand über der Zehn-Zentimeter-Grenze und einem zulässigen Betriebsdruck von 6,3 Bar zu gewinnen. Um das Aussehen der Maschine nicht zu verändern, wurden die Nietköpfe des Kessels in die Holzverkleidung eingelassen. Durch diese Maßnahme erreichte man, dass der äußere Durchmesser des Kessels inklusive der Verkleidung entsprechend dem Original hergestellt werden konnte.

Hilfreich für den Neubau des Triebwerks waren einige im Nürnberger Museum vorhandene Teile einer älteren Stephenson-Lokomotive, die angeblich vom „Adler" stammen sollten. Es handelte sich dabei um zwei Dampfzylinder, deren Auffindung nach einem historischen Zeitungsbericht merkwürdig vor sich ging: Als im Jahr 1903 das am Englischen Garten in München betriebene Kupferhammerwerk geschlossen wurde, hatte dessen Besitzer, Lismann, die Dampfmaschine des Werkes dem Bayerischen Eisenbahnmuseum angeboten. Bei näherer Besichtigung erkannte man, dass die beiden Zylinder von einer Lokomotive stammen müssten. Weitere Nachforschungen ergaben, dass Lismann diese Zylinder von dem Alteisenhändler Adler kaufte, der diese in Nürnberg von der zerlegten Lokomotive „Adler" als

Oben: Ein Laufrad nach dem Guss im Jahr 1935.

Oben: Vorbei an den Besuchertribünen rollte der „Adler" am 8. Dezember 1935 bei der große Fahrzeugparade.

Unten: Dicht gedrängt standen Tausende von Menschen entlang der Fürther Straße, als der „Adlerzug" am 7. Dezember 1960 auf seiner alten Trasse – damals noch als Straßenbahn genutzt – von Nürnberg nach Fürth dampfte.

Schrott erwarb. Wie weit diese Angaben zutreffen, ist heute nicht mehr nachvollziehbar.

Alte Stiche waren ebenfalls von großem Wert. Eine im Deutschen Museum gefundene Skizze zeigte wesentliche Bauteile von Stephenson-Lokomotiven, die auch für den „Adler" zutrafen. Auch konnten diese Zeichnungen nähere Angaben über die Bauweise des Tenders vermitteln.

Von dem Kessel mit einer Rostfläche von 0,48 m^2 und einer Heizfläche von 18,2 m^2 bei einem Wasserinhalt von 200 Litern und der großen Verdampfungsoberfläche über dem Feuer konnte davon ausgegangen werden, dass er ein guter Dampferzeuger sein müsste. Diese Annahme wurde dadurch bestärkt, dass beim „Adler" im Wesentlichen nur Einrichtungen zur Dämpfung des Feuers und nicht zur Belebung vorhanden waren.

Wegen der dickeren Kesselbleche, die bei dem Nachbau verwendet wurden, wurde die Schraubverbindung der Innenrahmen in ein Langloch gelegt, wobei die Verbindung erst vorgenommen wurde nachdem der Kessel mit 80 Grad heißem Wasser gefüllt war. Keinerlei Verschiebungen an der Verbindungsstelle wurden weder in kaltem noch in betriebsfähigem Zustand festgestellt. Beim „Adler" lagen die Zylinder und die Schieberkästen in dem über 200 Grad warmen Teil der Rauchkammer. Durch diese Positionierung wurden die Zylinder vor dem Dampfeintritt vorgeheizt. Der Dampfkessel trug vorne den Dampfdom, der wie damals üblich an den Verbindungsstellen geschrägt und hartgelötet war. Im Kessel unterhalb des Domes saßen der Regler in der Form eines Kegels aus Gusseisen. Der Regler des Nachbaus wurde genau nach den Stephenson'schen Zeichnungen ausgeführt. Außerdem saßen auf dem Langkessel noch die beiden Sicherheitsventile, deren Konstruktionen schon bei der „Rocket" Verwendung fanden. In der Mitte des Stehkessels war das sogenannte Mannloch aufgeschraubt. Es war oval, mehr breit als lang und wurde aus Schmiedeeisen hergestellt. Außer den für den „Adler" nachgewiesenen Längsverankerungen und Deckenbarren im Kessel wurden beim Nachbau übliche Quer- und Deckenverankerungen und sonstige Versteifungen angebracht. Wie bei der ursprünglichen Lokomotive wurden auch beim Nachbau Schlammbolzen und am Bauch des Langkessels eine Waschluke eingebaut.

Besondere Sorgfalt erforderte beim Nachbau die Befestigung der vier Innenrahmen, die das Fundament der Maschine bildeten. Hierbei wurde so verfahren, dass zunächst anstelle der Kropfachse eine Hilfswelle ohne Kröpfung in die Innenrahmen eingebaut wurde. Dann wurden die ganze Maschine, Kreuzköpfe und die Pumpen mit ihrem gesamten Antrieb vom Kreuzkopf und die Umkehrwellen in die Innenrahmen eingebaut und genau ausgerichtet. Über das Ganze wurde dann der von der Dampfprobe noch warme Kessel herabgelassen und die Verbindung mit der Rauchkammerrohrwand und der Vorderwand des Stehkessels hergestellt. Nach dem Zusammenbau wurde die Hilfswelle entfernt und der Kessel samt Maschine auf das bereits auf die Räder gestellte Fahrwerk

Oben: Ab dem Jahr 1952 gab es einen zweiten, allerdings nicht betriebsfähigen „Adler". Im Juni 1953 stand dieser Nachbau im Ausbesserungswerk Freimann.

aufgebracht und die Kesselträger befestigt. Mit zum Schönsten am „Adler" zählten die Räder, deren Konstruktion und Guss höchstes Können erforderten. Die Felgen wurden alle aus Stahl gefertigt, wobei die Speichen schräg und über Kreuz gestellt in die Nabe stramm eingeschraubt wurden. Dem Schwinden der Nabe nach dem Guss wurde durch vorherige Erwärmung der Felge Rechnung getragen. Durch vier Keile wurden die Räder auf die Achsen aufgepresst. Bei der Steuerung handelte es sich um eine sogenannte Zweiexzenter-Steuerung. Der Nachbau bereitete den Fachleute immer wieder Probleme. Am Tender fällt das hölzerne Rahmengestell auf, das höher gebaut ist als der Lokrahmen. Mit dieser Konstruktion wurde sichergestellt, dass den in der Lokomotive angeordneten Pumpen das Wasser immer unter entsprechendem Druck zugeführt werden konnte. Auch konnte der Vorratsraum für Kohle und Wasser größer ausgeführt werden. Die Vorräte des Tenders belaufen sich auf 2000 Liter Wasser und eine Tonne Kohlen. Das Gewicht des Tenders beträgt 6,2 Tonnen. Die durchaus gut funktionierende Bremse für die gesamte Maschine ist auf der linken Seite des Tenders zwischen den beiden Rädern angeordnet.

Erste erfolgreiche Probefahrten

Nach dem Abschluss der Arbeiten am „Adler" wurden ab April 1935 erste Probefahrten durchgeführt. Bei den ersten Fahrten war der „Adler" mit einem alten zweiachsigen preußischen Tender gekuppelt, dessen Gewicht von etwa 23 Tonnen dem Gewicht des Wagenzugs entsprach. Problemlos konnte mit dieser Belastung eine Geschwindigkeit von 40 Stundenkilometern erreicht werden. Mit dem eigenen Tender gekuppelt lag die Höchstgeschwindigkeit des „Adler" auf ebener Strecke bei 75 Stundenkilometern. Anfang Juli 1935 erfolgte dann die Überführung nach Nürnberg. Bei der drei Monate dauernden 100-Jahr-Feier in Nürnberg legte der „Adler" auf einem Rundkurs, der sich auf dem Ausstellungsgelände befand, rund 5400

Oben: Langsam rollte an einem kalten Dezembertag des Jahres 1960 der Zug aus dem Nürnberger Hauptbahnhof in Richtung Fürth.

125 Jahre Eisenbahn

Dem Lokführer und Heizer des „Adler" über die Schulter geschaut, als er bei trübem und regnerischem Wetter am 7. Dezember 1960 durch die Fürther Straße von Nürnberg nach Fürth fuhr.

Kilometer ohne jegliche technische Probleme zurück. Mehr als 200 000 Personen wurden befördert.

Weitere Auftritte hatte der „Adler"-Nachbau 1936 beim Cannstatter Wasen in Stuttgart und bei den im gleichen Jahr stattfindenden Olympischen Spielen in Berlin. Als die preußischen Eisenbahnen 1938 ihr 100-jähriges Jubiläum feierten, verkehrte er zwischen Berlin und Potsdam.

Der Adler und die Bahnjubiläen 1960 und 1985

Für das im Jahr 1960 stattfindende 125-jährige Jubiläum der Deutschen Eisenbahn wurde der „Adler"-Nachbau wieder in Betrieb genommen.

Um die Maschine präsentieren zu können, waren umfangreiche Instandsetzungsarbeiten notwendig, die im DB-Ausbesserungswerk Ingolstadt vorgenommen wurden. Geleitet wurden diese Arbeiten von Oberamtmann Siegmund Betzl. In den zurückliegenden 25 Jahren hatte die Lokomotive stark gelitten. Der „Adler" wurde völlig zerlegt. Der Kessel erhielt neue Rohre. Der Stehkessel musste grundlegend in Stand gesetzt werden, wobei der untere Teil neu angefertigt wurde. Mitte 1960 waren die Arbeiten abgeschlossen. Die notwendigen Probefahrten fanden in der Nähe des Ausbesserungswerks auf der Strecke Ingolstadt–München statt.

Im Juli 1960 wurde die Maschine nach Nürnberg gebracht, wo sie im Straßenbahndepot an der Maximilianstraße untergebracht wurde. In der Nacht des 21. Juli 1960 fand eine Probefahrt nach Fürth statt. Trotz regnerischen Wetters hatten sich am Festtag, dem 7. Dezember 1960, Tausende von Menschen entlang der Fürtherstraße eingefunden, um die Fahrt des „Adler" auf seiner alten Stammstrecke zu bewundern. Die Fahrt auf der historischen Strecke war nur möglich, da

Rechts: Bevor der „Adler" bei den Feierlichkeiten im Jahr 1960 seinen großen Auftritt hatte, war er im Ausbesserungswerk Ingolstadt einer gründlichen Aufarbeitung unterzogen worden. Bei einer seiner Probefahrten war er im Bahnhof von Ingolstadt zu sehen. Die Kanten des Tenders waren abgeklebt, um jegliche Beschädigungen zu vermeiden.

Oben: Unter Dampf stand der „Adler" am 13. Juli 1985 vor den Toren des Bahnbetriebswerks Nürnberg Hauptbahnhof.

zu dieser Zeit noch eine Straßenbahnlinie die beiden Städte verband. Um jedoch diesen Einsatz zu ermöglichen, mussten die Räder des „Adler" überarbeitet und dem Schienenprofil der Straßenbahn angepasst werden. Die Fahrt nach Fürth dauerte 20 Minuten.

Als dann 1985 das Jubiläum „150 Jahre Eisenbahnen in Deutschland" anstand, entschloss sich die Deutsche Bundesbahn, den im Nürnberger Verkehrsmuseum aufbewahrten „Adler" und seine Wagen wieder zu aktivieren. Dazu wurde der „Adler" 1984 für die erforderlichen Arbeiten an Kessel und Fahrwerk ins DB-Ausbesserungswerk Offenburg gebracht. Anfang Juli 1984 war er wieder einsatzbereit. Die Wagen wurden in Nürnberg überholt. Am 28. September 1984 fand eine Pressefahrt des Vorstands der DB zwischen Appenweier und Oppenau statt. Es folgten weitere Einsätze in ganz Westdeutschland. Damit sollte das Interesse der Bevölkerung für die Eisenbahn geweckt werden. Am Jubiläumstag selbst, dem 7. Dezember 1985, war bei einer großen Festgala im ZDF mit Hans Rosenthal der „Adler" der große Star. Fahrten wie 1960 auf der Stammstrecke zwischen Nürnberg und Fürth kamen 1985 nicht mehr infrage, da zu dieser Zeit die Straßenbahnstrecke abgebaut war.

Als Höhepunkt zu den 150-Jahr-Feiern fanden in Nürnberg-Langwasser großartig organisierte Fahrzeugparaden statt, wobei die Geschichte der Deutschen Eisenbahn in verschiedenen Themengruppen dargestellt wurde. In der Themengruppe „150 Jahre Deutsche Eisenbahnen" hatten der „Adler" und sein Zug ihren großen Auftritt. Die nächsten Jahre stand die Lok wiederum im Nürnberger Verkehrsmuseum.

Oben: Das vordere Sicherheitsventil des „Adler"-Nachbaus.

Oben: Bis zum Brand im Jahr 2005 war der „Adler"-Nachbau an vielen Jubiläen und Sonderfahrten anzutreffen.

Unten: In der Nacht vom 17. auf den 18. Oktober 2005 wurde der Lokschuppen des Bahnbetriebswerkes Nürnberg Hauptbahnhof zusammen mit einer stattlichen Zahl von musealen Eisenbahnfahrzeugen ein Raub der Flammen. Darunter befand sich auch der „Adler" mit vier Wagen.

Zur 100-Jahr-Feier des Verkehrsmuseums Nürnberg im Oktober 1999 verkehrte der „Adler"-Zug an drei Sonntagen auf dem Gelände des Rangierbahnhofs Nürnberg. Erstmals trafen bei dieser Veranstaltung die Nachbauten des „Adler" und der „Saxonia", der ersten in Deutschland gebauten Dampflokomotiven, zusammen.

Der Brand im Nürnberger Museumsdepot und die Aufarbeitung

Das ehemalige Bahnbetriebswerk Nürnberg Hauptbahnhof diente ab 1985 dem Verkehrsmuseum als Depot für seine historischen Fahrzeuge. In diesem Depot hatte der „Adler"-Zug nach seinem Einsatz beim Jubiläum des Verkehrsmuseums Unterkunft gefunden.

In der Nacht vom 17. auf den 18. Oktober 2005 wurde der Adler in diesem Depot durch einen verheerenden Brand schwer beschädigt. Die vier Wagen verbrannten völlig. Allein ein Wagen des „Adler"-Zuges blieb übrig, da er sich zum Zeitpunkt des Brandes nicht im Depot befand. Auch die weiteren dort untergebrachten Fahrzeuge wurden durch die Flammen schwer beschädigt oder gar völlig zerstört. Als Beispiele seien nur die Loks 01 150, 23 105, 45 010, V 200 002 und V 80 002 genannt.

Als die Aufräumungsarbeiten begonnen hatten, wurde am 8. November 2005 der „Adler" als erstes der zerstörten Fahrzeuge aus der Brandruine geborgen und auf einem Tieflader in das Dampflokwerk nach Meiningen gebracht.

Nachdem die Finanzierung zur Wiederaufarbeitung des „Adler" geklärt war, begannen im April 2007 die Restaurierungsarbeiten. Der Holzrahmen der Lokomotive war stark beschädigt worden, sodass er völlig erneuert werden musste. Der Kessel hatte den Brand relativ gut überstanden, da er mit Wasser gefüllt war. Viele Bauteile waren in der Hitze geschmolzen. Auch die gekröpfte Antriebsachse musste neu

Oben: Die traurigen Reste des „Adlers" nach der Brandkatastrophe. Links von der Lok die Reste der vier hölzernen Wagen des Adlerzuges.

gefertigt werden. Der Tender bedurfte einer aufwendigen Aufarbeitung. Zwei Wagen wurden neu aufgebaut, wobei eine in Meiningen ansässige Schreinerei die hölzernen Aufbauten fertigte.

Am 30. August 2007 wurde der instand gesetzte Kessel erfolgreich geprüft. Die Detailarbeiten für den Zusammenbau des „Adler" konnten beginnen. Am 11. November 2007, nach nur acht Monaten, war der Wiederaufbau abgeschlossen. Der Zug kehrte in den Tagen darauf nach Nürnberg zurück. Die Kosten der Instandsetzung beliefen sich auf rund eine Million Euro. Am 26. April 2008 fuhr der „Adler"-Zug erstmalig wieder zwischen Nürnberg und Fürth.

Als 2010 das 175-jährige Jubiläum der Deutschen Eisenbahnen begangen wurde, war auch der „Adler" mit seinem Zug an den Festlichkeiten beteiligt. Am 21. August 2010 veranstaltete das DB Museum auf dem Gelände des abgebrannten Museumsdepots in Nürnberg-Gostenhof ein Dampfloktreffen, bei dem der „Adler"-Zug nicht fehlen durfte. Abschließend sei noch angemerkt, dass es neben dem betriebsfähigen „Adler" aus dem Jahr 1935 noch einen weiteren, in seinem Aussehen nahezu identischen, aber nicht betriebsfähigen „Adler" gibt. Diese Lokomotive wurde 1952 im Auftrag der Deutschen Bundesbahn als Ausstellungs- und Werbestück beschafft.

Oben: Aus der Brandruine wurde am 8. November 2005 der „Adler" geborgen und zur Instandsetzung in das Dampflokwerk nach Meiningen gebracht.

Eine rätselhafte Lokomotive

Bei Bauarbeiten kam im Grundstein des Münchener Maximilianeums, dem Sitz des bayerischen Landtags, am 24. Februar 1998 ein sensationeller Fund ans Tageslicht. Gefunden wurde eine gläserne Vitrine, in der sich ein Modell einer Dampflokomotive befand, die in ihrer Erscheinung dem „Adler" gleicht. Die Maße dieser Lok sind in der Länge 57,5, in der Breite 20 und in der Höhe bis zur Oberkante des Kamins 47 Zentimeter. Hinter der Lok hängt der teilweise aus Holz gefertigte Tender.

Seit dem Tag der Grundsteinlegung am 6. Oktober 1857 stand das Fundstück 140 Jahre lang im Fundament des Gebäudes. Die kleine Lok ist voller Geheimnisse. Niemand weiß, wer das herrliche Stück in Auftrag gegeben hat und für welchen Zweck es einmal gebaut wurde. Sicher ist, dass die Maschine voll betriebsfähig war und mit Spiritus beheizt wurde.

Bei der mühevollen Restaurierung, die von zwei Spezialisten aus den Werkstätten des Deutschen Museums vorgenommen wurde, konnte man Folgendes feststellen: Am Fuß des Dampfdoms ist der Schriftzug „Blochmann Dresden 1838" eingeschlagen. Der 1784 geborene Blochmann war ab 1818 in Dresden Inspektor des „Königlichen Mathematisch-Physikalischen Salons". Heute kann man dieses Wunderwerk in einem der Räume des Münchener Maximilianeums bestaunen.

Oben: Ein Blick unter die Lokomotive zeigt den komplizierten Antriebs- und Steuerungsmechanismus der Maschine.
Mitte: Der mit Spiritus beheizte und mit 14 Dochten versehene Brenner der Modelllok.

Rechts: Am 24. Februar 1998 findet der bosnische Arbeiter Jovan Popovic bei Bauarbeiten den Grundstein des Bayerischen Landtags in München. Im Grundstein befindet sich das Modell einer Dampflokomotive.

Die erste elektrische Lokomotive der Welt

Im Jahr 1879 trat eine Erfindung an die Öffentlichkeit, die in den folgenden Jahrzehnten das Eisenbahnwesen grundsätzlich revolutionieren sollte.
Auf der Gewerbeausstellung in Berlin-Moabit verkehrte auf einem 300 Meter langen Rundkurs mit einer Spurweite von 480 Millimetern die erste elektrische Bahn der Welt.
Werner von Siemens, der Erbauer der kleinen Ausstellungsbahn, hatte 1866 das elektrodynamische Prinzip entdeckt, das die Grundlage für die Herstellung elektrischer Maschinen – vom Generator bis zum Motor – bildete.
Die Lokomotive war mit einem Gleichstrommotor ausgerüstet, der über ein Stirnrad- und ein Kegelradgetriebe die beiden Achsen des Fahrzeugs antreibt. Das Anfahren und die Regelung der Geschwindigkeit erfolgten über einen Flüssigkeitsanlasser. Die Fahrtrichtung konnte nur durch Umschalten des Kegelradgetriebes geändert werden. Die Stromversorgung erfolgte über eine Flachschiene in der Mitte des Gleises und über die beiden geerdeten Fahrschienen. Der elektrische Strom wurde von einer in der Nähe der Anlage stehenden kleinen Dampfmaschine erzeugt, die mit einem Generator verbunden war. Der Generator war mit dem Motor der Lokomotive weitgehend baugleich.
Vom Tag der Eröffnung der Gewerbeausstellung am 31. Mai bis zu deren Schließung am 30. September 1879 fuhren mit dieser Bahn mehr als 86 000 Besucher. Der Einsatz der kleinen Lok verlief problemlos zur vollen Zufriedenheit ihres Erfinders. In den folgenden Jahren war die Bahn noch auf weiteren Ausstellungen wie zum Beispiel 1880 in Brüssel und London zu sehen. Die Nachfrage nach der Bahn war 1880 schon so groß, dass Siemens sich zum Nachbau einiger gleichartiger Bahnen entschloss. Für den Kopenhagener Tivolipark und für die Allrussische Industrieausstellung in Moskau 1882 wurden ebenfalls elektrische Bahnen nach dem Berliner

Links: Im Jahr 1881 meldete Siemens während der Musterschutzausstellung das Patent für seine kleine Elektrolokomotive beim Deutschen Patentamt an.

Siemens E-Lok

Hersteller:	Siemens & Halske, Berlin
Baujahr:	1879
Stromsystem:	Gleichstrom mit 120 bis 150 Volt Spannung, Energiezuführung über Flachschiene in der Gleismitte und über geerdeten Fahrschienen
Spurweite:	480 Millimeter
Masse (Lok):	1954 Kilogramm
Fahrmotor:	einer
Leistung:	2,2 kW
Zugkraft:	75 kN
Höchstgeschwindigkeit:	ca. 7 km/h

Oben: Parallel zu seinem elektisch betriebenen Schienenfahrzeug experimentierte Siemens im Jahr 1882 in Berlin mit dem ersten Bus mit Oberleitung, dem ersten Trolleybus.

FAHRPLAN
der
Electrischen Eisenbahn
in Groß-Lichterfelde
zwischen dem Bahnhof der Anhaltischen Eisenbahn
und der Haupt-Kadetten-Anstalt.

Vom 16. Mai 1881 ab täglich bis auf Weiteres.

Abfahrt von der Haupt-Kadetten-Anstalt:	Abfahrt vom Bahnhof Gross-Lichterfelde:
6,00 Morgens.	6,20 Morgens.
7,15 „	7,40 „
7,50 „	8,35 „
9,20 „	12,18 Mittags.
12,20 Mittags.	1,10 Nachmittags.
2,15 Nachmittags.	2,30 „
3,30 „	3,45 „
4,00 „	4,50 „
5,00 „	5,55 „
6,34 „	7,25 Abends.
8,35 Abends.	8,45 „
10,10 „	11,25 „

Fahrzeit für die ganze Strecke 10 Minuten.

Siemens & Halske, Berlin.

Unten: Diese Aufnahme stammt aus dem Eröffungsjahr 1881. Stolz präsentieren sich die Fahrgäste und das Personal.

Vorbild gebaut. Carl Siemens (1829 bis 1906), der seit den 1850er-Jahren das russische Siemens-Geschäft leitete, berichtete in einem Brief vom 24. September 1882 aus Moskau nach Berlin: „Als der Zug sich in Bewegung setzte, brach das Publikum in ein furchtbares Hurra aus. Es war ein wahrer Triumphzug. Unseren Pavillon besuchte der Kaiser, Zar Alexander III., erst gestern Nachmittag. Wir bekommen den Kaiserlichen Doppeladler, die höchste Auszeichnung."
Im Mai 1905 wurde dieses einmalige Fahrzeug dem Deutschen Museum in München, übergeben, wo es noch heute besichtigt werden kann.

Die erste elektrische Straßenbahn der Welt

Ab Mitte des 19. Jahrhunderts wuchs die Bevölkerung in den deutschen Großstädten wegen der beginnenden Industrialisierung rapide an. Die traditionellen Beförderungsmittel wie Pferdedroschke und Pferdebahn konnten den ständig zunehmenden Massenverkehr nicht mehr bewältigen.
Von Anfang an versuchte man, den elektrischen Motor bei den Beförderungsmitteln einzusetzen. Doch erst nachdem Werner von Siemens 1879 die erste elektrische Bahn vorstellte, konnten weitere Pläne verwirklicht werden.
Am 16. Mai 1881 wurde auf Kosten der Firma Siemens & Halske die erste elektrische Straßenbahn der Welt eröffnet. Sie verband den Bahnhof Lichterfelde der Anhaltischen Eisenbahn mit der Haupt-Kadetten-Anstalt in Berlin. Insgesamt war sie 2,5 Kilometer lang. Die Spurweite betrug 1000 Millimeter. Dieses neue Transportmittel hatte einen durchschlagenden Erfolg und stand bis 1890 in seiner ursprünglichen Ausführung in Betrieb. Dann verlängerte man die Strecke um weitere 1,4 Kilometer.
Auf dieser Bahn wurde 1890 erstmals statt der Stromversorgung durch die Schienen ein Bügelstromabnehmer verwendet. Der Strom wurde über einen Schleifbügel von einer über der Gleismitte in 4,5 Meter Höhe gespannten Oberleitung entnommen. Den elektrischen Antrieb bildete eine zweipolige Gleichstrom-Dynamomaschine. Die Betriebsspannung betrug 180 Volt.

Die erste elektrische Grubenlokomotive

Auf der Basis der bisherigen Erfolge bekam die Firma Siemens & Halske von der Verwaltung des Königlichen Steinkohlenbergwerks Zaukerode bei Dresden den Auftrag, eine elektrische Grubenlokomotive zu konstruieren. Am 25. August 1882 konnte die Gleichstromlokomotive „Dorothea" in Betrieb genommen werden. Für den Betrieb der Grubenbahn waren zwei Lokführer sowie zwei Maschinenwärter zuständig. Dabei mussten sich die Maschinenwärter um den Generator zur Stromerzeugung sowie um die zum Antrieb notwendige Dampfmaschine kümmern. Der Hauptschlussmotor lag in der Mitte der Lokomotive. Er war mit der Lokomotivachse durch zwei Stirnräderpaare verbunden. Der Motor selbst konnte für die Vor- oder Rückwärtsfahrt in seiner Drehrichtung umgesteuert werden.
Die Stromzuführung erfolgte mithilfe von zwei an der Decke des Stollens isoliert befestigten T-Eisen, von denen das eine für die Hin- und das andere für die Rückleitung bestimmt war. Auf den T-Eisen lagen Kontaktschlitten, die man später mit Laufrollen versah. Diese Schlitten und die daran befestigten Zuleitungen zur Lokomotive wurden mit einem Seil hinter der Lok hergezogen. Um die Leistung der Lokomotive zu steigern, erhöhte man die Betriebsspannung auf bis zu 145 Volt.

Grubenlok „Dorothea"

Länge:	2,70 Meter
Breite:	0,80 Meter
Höhe:	1,70 Meter
Spurweite:	566 Millimeter
Masse (Lok):	1,5 Tonnen
Leistung:	6 PS bei 900 U/min

DIE EISENBAHN ENTWICKELT SICH WEITER: DIE ERSTEN FERNBAHNEN

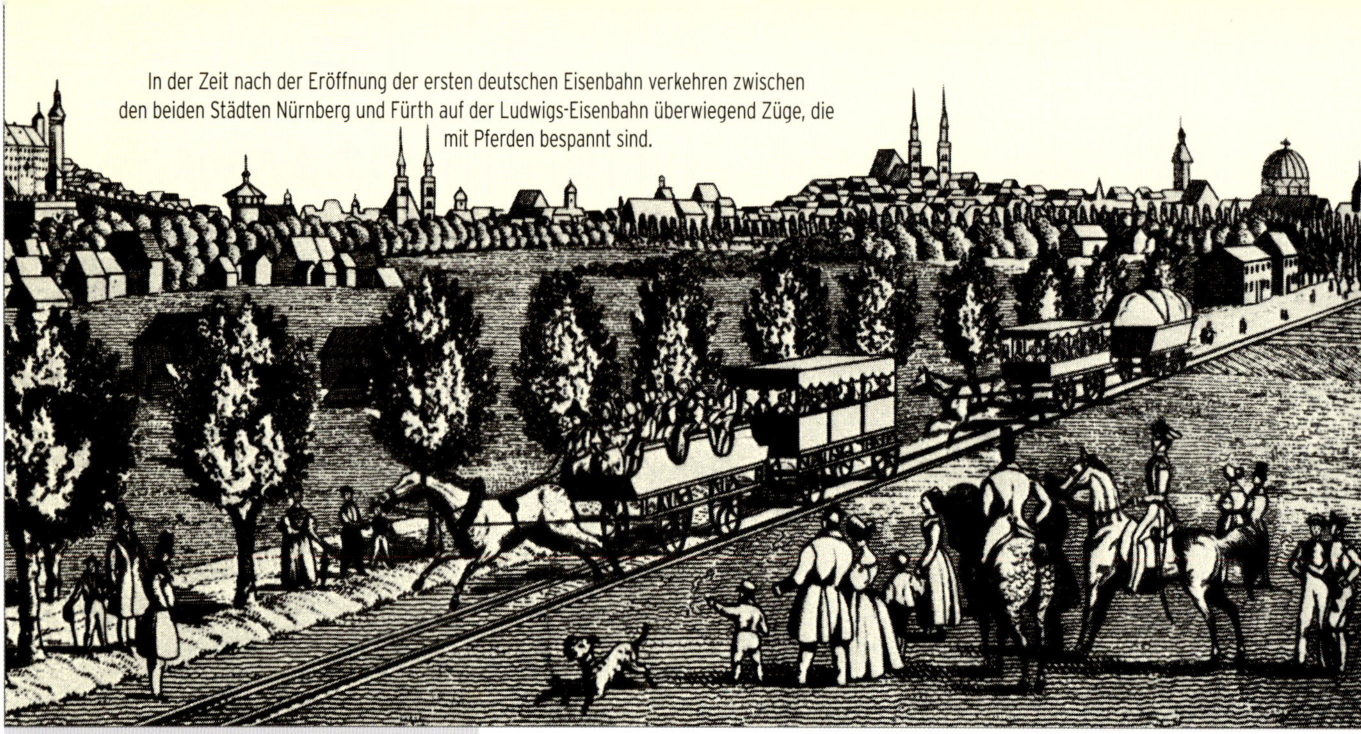

In der Zeit nach der Eröffnung der ersten deutschen Eisenbahn verkehren zwischen den beiden Städten Nürnberg und Fürth auf der Ludwigs-Eisenbahn überwiegend Züge, die mit Pferden bespannt sind.

Vorhergehende Seiten: Die Eisenbahnbrücke der Ludwig-Süd-Nord-Bahn über die Wertach zwischen 1900 und 1910. Der Reisezug wird von der torfgefeuerten Lokomotive „Herder" gezogen.

König Ludwig I. (1786-1868)

Als Deutschlands erste Eisenbahn ihren Betrieb aufnahm, herrschte in Bayern König Ludwig I (geboren1786, gestorben 1868). Nach seinem Namen wurde die Strecke Nürnberg - Fürth als „Ludwigsbahn" bezeichnet.

Die weitere Geschichte der Ludwigs-Bahn, Deutschlands erster Eisenbahn

Das erste Betriebsjahr 1836 brachte für die Ludwigs-Eisenbahn ein bedeutendes Ereignis. Auf der Rückreise von einem Badeaufenthalt in Bad Brückenau traf der bayerische König Ludwig I. am Abend des 16. August in Nürnberg ein. Tags darauf besuchte er die Bahn und vor allem natürlich den „Adler". Mit dem Besuch war natürlich auch eine Bahnfahrt verbunden. Der festlich geschmückte Zug setzte sich mit seinen sieben Wagen gemächlich in Bewegung und verließ den Nürnberger Bahnhof durch eine zu Ehren König Ludwigs errichtete Ehrenpforte. Nach wenigen Minuten war Fürth erreicht.

König Ludwig I. schien von der neuen Erfindung „Eisenbahn" tief beeindruckt gewesen zu sein. Er ließ es bei dieser einen Fahrten nicht bewenden, sondern äußerte den Wunsch, den Zug von außen in rascher Fahrt an sich vorbeiziehen zu sehen.

Übersicht über die frühesten deutschen Eisenbahnstrecken

Gesamtstrecke	Datum der Eröffnung	Länge in Kilometern
Nürnberg–Fürth	07. Dezember 1835	6
Berlin–Potsdam	29. Oktober 1838	26
Braunschweig–Wolfenbüttel	01. Dezember 1838	12
Düsseldorf–Erkrath	20. Dezember 1838	8
Leipzig–Dresden	07. April 1839	115
Frankfurt/M.–Wiesbaden	19. Mai 1840	42
Magdeburg–Halle–Leipzig	18. August 1840	119
Mannheim–Heidelberg	12. September 1840	18
München–Augsburg	04. Oktober 1840	60
Köln–Aachen	01. September 1841	71

Oben: Am 17. August 1836 fährt der bayerische König Ludwig I. erstmals mit der Eisenbahn Nürnberg–Fürth. In den Bahnhöfen von Nürnberg und Fürth ist eine sogenannte Ehrenpforte für ihn errichtet.

Von einem Aussichtsplatz aus beobachtet er den Zug, wie er an ihm vorbeirollte. Im Jahr 1836 wurden weitere Wagen für die Bahn angeschafft. Das Betriebsjahr 1838 brachte einen leichten Rückgang an Reisenden. Der Bahnbetrieb wurde bald zu einer alltäglichen Selbstverständlichkeit.

Das erste Betriebsjahr 1836 brachte den Aktionären eine Dividende von 20 Prozent. Auch in den folgenden Jahren waren ansehnliche Dividendenzahlungen möglich. Später nahmen allerdings die Gewinnausschüttungen merklich ab. Die Nürnberger Bahnhofsanlagen wurden 1870 und 1871 grundlegend modernisiert. Mit dem Wachsen der beiden Städte konnte die Ludwigs-Eisenbahn die ständig steigenden Erfordernisse nicht mehr erfüllen. Besonders hinderlich für die weitere Entwicklung der Bahn war der Umstand, dass nur zwei Haltestellen zwischen Nürnberg und Fürth bestanden. Es waren dies die Stationen Muggendorf und Doos. Hinzu kam noch, dass als Konkurrenz 1881 eine parallel zur Ludwigs-Bahn verlaufende Pferdestraßenbahn ihren Dienst aufnahm. Die Folge war, dass die Abwanderung des Publikums von der Eisenbahn zur Straßenbahn nicht mehr aufzuhalten war. Im Jahr 1904 wurde das Städtische Gaswerk verlegt. Die Ludwigs-Eisenbahn, die über Jahre hinweg für das Gaswerk die notwendigen Kohlentransporte durchgeführt hatte, verlor damit eine wichtige Einnahmequelle. Die Auswirkungen der Inflationszeit nach dem Ersten Weltkrieg führten zur Schließung des Betriebs am 31. Oktober 1922. Das rollende Material sowie die Liegenschaften in Nürnberg und Fürth wurden verkauft. Der Gleiskörper selbst wurde ab 1927 an die Städtische Straßenbahnverwaltung verpachtet.

Unten: Vor einem langen, aus neun Wagen bestehenden Zug setzt sich der „Adler" in Bewegung. Die Darstellung entstand während der Betriebsjahre des „Adlers", die 22 Jahre andauerte.

Oben: Unter der Fabriknummer 127 liefert die Lokomotivfabrik Maffei im Jahr 1853 die Lok „Phoenix" an die Ludwigsbahn.

Mitte: Als letzte Maschine beschafft die Ludwigs-Eisenbahn im Jahr 1906 die Lokomotive „Ludwig" ebenfalls von Maffei.

Die Lokomotiven der Ludwigs-Eisenbahn

Die positive Entwicklung der Bahn führte dazu, dass sich das Direktorium entschloss, eine zweite Lokomotive zu kaufen. Der entsprechende Auftrag wurde am 20. Februar 1836 erteilt.

Der neue Dampfwagen „Pfeil" entsprach in seiner Ausführung dem „Adler". Doch seine bauliche Qualität entsprach, wie sich herausstellte, bei Weitem nicht der Vorgängerlok. In den Jahren 1845 und 1846 wurden die beiden Lokomotiven „Adler" und „Pfeil" in den Nürnberger Werkstätten gründlich überholt und wieder instand gesetzt. Schon 1852 stellte man am „Pfeil" so große technische Mängel fest, dass diese Maschine nicht weiter eingesetzt werden konnte und an die Firma Maffei in München verkauft wurde. Der „Adler" hingegen versah seinen Dienst noch bis zum Jahr 1856.

Am 16. März 1852 nahm eine weitere Maschine, die „Nürnberg-Fürth" ihren Dienst auf. Sie stammte von Henschel in Kassel. Es handelte sich dabei um eine Lokomotive mit der Achsfolge 1A1. Sie hatte Innenzylinder und einen überhängenden Stehkessel. Bis zum Jahr 1889 versah sie auf der Ludwigs-Eisenbahn ihren Dienst. Bereits ein Jahr später, nachdem die „Nürnberg-Fürth" in Betrieb gegangen war, lieferte im Mai 1853 die Lokomotivfabrik Maffei aus München die Lokomotive „Phoenix". Sie hatte die gleiche Achsfolge wie ihre Vorgängerin und verfügte ebenfalls über Innenzylinder. Beide Maschinen waren von kurzer und gedrungener Bauweise, da die vorhandenen Drehscheiben einen größeren Achsstand nicht zuließen. Der Achsstand der „Phoenix" betrug nur 2,59 Meter.

Da das Frachtaufkommen zwischen Nürnberg und Fürth stetig anwuchs, entschloss sich 1857 die Generalversammlung der Ludwigs-Eisenbahn, eine weitere Maschine zu kaufen. Bereits am 28. Mai des gleichen Jahres konnte sie in Dienst gestellt wer-

Oben: Diese Aufnahme vom 31. Oktober 1922 entstand bei der letzten Fahrt der Ludwigs-Eisenbahn zwischen Nürnberg und Fürth.

Oben: Einladungskarte zum 50-jährigen Bestehen der ersten deutschen Eisenbahn.

Gegenüber: Ein Zug der Ludwigs-Eisenbahn steht abfahrbereit im Bahnhof von Nürnberg. Die Anlagen und das Bahnhofsgebäude entstanden 1870.

den. Auch sie stammte von Maffei. In der Zweitbesetzung erhielt sie den traditionsreichen Namen „Adler". Diese Namensgebung war möglich, da der „Original-Adler" zu dieser Zeit bereits ausgemustert war. In der Konstruktion entsprach sie der Lok „Phoenix".

Im Dezember 1865, also 30 Jahre nach Eröffnung der Bahn, erwarb die Ludwigs-Eisenbahn ihre sechste Lokomotive. Die „Scharrer" stammte von Henschel. Im März 1872 konnte von der Bayerischen Staatsbahn eine gebrauchte Lokomotive der Gattung A I erworben werden, die den Namen „Faust" erhielt. Diese Maschine bewährte sich gut, so dass im Oktober 1873 von der Bayerischen Staatsbahn zwei weitere A I gekauft wurden. Sie erhielten die Namen „Henlein" und „Wallenstein". Alle drei A I stammen aus dem Jahr 1845. Gebaut hatten sie Maffei (Faust und Henlein) und Keßler (Wallenstein).

Mit der Lieferung der Lokomotive „Bavaria" am 6. Juni 1879 wurde erstmals eine Tenderlokomotive angeschafft. Diese und auch alle künftigen Maschinen stammten aus dem Hause Maffei in München.

Das Jahr 1880 brachte die Ausmusterung der „Henlein". Neu hinzu kam im gleichen Jahr die „Pegnitz". Die „Faust" wurde 1881 aus dem aktiven Dienst abgezogen. An ihre Stelle trat ab dem 15. September 1881 die „Frankonia". Ende Juli 1885 schied die „Wallenstein" aus, die im Juni des gleichen Jahres von der neuen „Daniel Ley" ersetzt wurde.

Die alte „Scharrer" wurde durch die Ende Juli 1887 eintreffende neue Maschine „Johannes Scharrer" ersetzt. Im Jahr 1888 zeigten die drei ältesten noch im Betrieb stehenden Lokomotiven so starke Schäden, dass ein weiterer Einsatz nicht mehr möglich war. Ein umgehender Ersatz durch neue Lokomotiven aus München war notwendig geworden. Die „Nürnberg-Fürth II" wurde der Ludwigs-Eisenbahn im

Oben: Das Empfangsgebäude des Potsdamer Bahnhofes in Berlin in einer Ansicht aus dem Jahre 1876. Dieses Gebäude entstand, nachdem die Anlagen des ersten Bahnhofes aus dem Jahr 1838 (siehe unten) schon bald zu klein geworden waren.

Oben: Der ursprüngliche Bahnhof der Berlin-Potsdamer Eisenbahn in Berlin aus dem Jahr 1838. Die über der Bahnsteighalle befindliche Dachterrasse gehörte zur Bahnhofswirtschaft. Die Bahnstrecke Berlin–Potsdam war Preußens erste Eisenbahn.

September 1889 geliefert. 1906 kamen noch die „Germania“ und die „Ludwig“ als letzte Lokomotiven für die Ludwigs-Eisenbahn hinzu.
Das Geschäftsjahr 1920 registrierte noch acht aktive Dampflokomotiven: „Bavaria“, „Pegnitz“, „Frankonia“, „Daniel-Ley“, „Johannes Scharrer“, „Nürnberg-Fürth“, „Germania“ und „Ludwig“.
Nachdem am 31. Oktober 1922, 87 Jahre nach der Eröffnung der Bahn, die letzte Fahrt der Ludwigs-Eisenbahn stattgefunden hatte, wurde das gesamte rollende Material bei der „Eisenverwertungs-Gesellschaft Nürnberg-Dutzendteich“ verschrottet. Allein die Lok „Pegnitz“ tat noch weitere zehn Jahre Dienst als Werklokomotive beim Walzwerk Tafel in Nürnberg, wo 1985 die große Eisenbahnausstellung „Zug der Zeit, Zeit der Züge“ stattfand.

Die erste Eisenbahn Preußens von Berlin nach Potsdam und weiter nach Magdeburg

Nur wenige Jahre nachdem die Ludwigs-Eisenbahn in Nürnberg ihren Betrieb aufgenommen hatte, wurde am 29. Oktober 1838 auch die erste preußische Eisenbahnlinie zwischen Berlin und Potsdam dem Verkehr übergeben. Obwohl bereits ab 1833 verschiedene Institutionen Gesuche an den preußischen König und dessen Staatsregierung richteten, um eine Genehmigung für einen Bahnbau zwi-

schen Berlin und Potsdam zu erhalten, sollten noch vier Jahre vergehen, bis endlich am 23. September 1837 die Konzession erteilt wurde.
Am 10. August 1837 wurde mit den Arbeiten für den Eisenbahnbau begonnen. Nach einer Bauzeit von 14 Monaten konnte der Betrieb am 22. September 1838 auf der Strecke Zehlendorf–Potsdam und am 29. Oktober 1838 auf der gesamten Strecke Berlin– Potsdam aufgenommen werden.
Die eingesetzten sechs Lokomotiven stammten von Stephenson aus England. Sie wurden wie der „Adler" der Ludwigs-Eisenbahn in eine Vielzahl von Kisten verpackt in Einzelteilen aus England geliefert und mussten vor Ort zusammengebaut werden. Der Engländer William Turner leitete den Zusammenbau der Loks, unterstützt von Fachleuten aus seinem Heimatland und aus Amerika. Ein Jahr nach der Bahneröffnung wurde der Lokbestand um weitere sieben Maschinen aufgestockt. Von diesen neuen Lokomotiven stammten zwei aus Amerika von Norris, eine englische von Tayleur und vier von Stephenson.
Ein Weiterbau der Eisenbahn von der preußischen Residenzstadt Potsdam aus Richtung Magdeburg sollte sich jedoch noch einige Jahre hinziehen. Um den Bahnbau zu verwirklichen, wurde 1845 die Potsdam-Magdeburger-Eisenbahngesellschaft gegründet, der im August des gleichen Jahres von der preußischen

Oben: Borsig-Dampflokomotive Nr. 3581 „Wannsee" aus dem Jahr 1877 für die Berlin-Potsdam-Magdeburger Eisenbahn.

Unten: Von einem provisorisch in Potsdam errichtetem Bahnhof aus nahm am 2. August 1846 die Eisenbahn Potsdam - Magdeburg ihren Betrieb auf. Die Lokomotive des Eröffnungszuges war festlich geschmückt.

Oben: Der Bahnhof der Potsdam-Magdeburger Eisenbahn in Magdeburg im Jahr 1845.

Englische Personenzuglok

Hersteller:	Rothwell, Bolton
Erstes Baujahr:	1835
Bauart:	Bn2
Treibdurchmesser:	1372 Millimeter
Kuppelraddurchmesser:	1372 Millimeter
Kesselüberdruck:	4 kp/cm^2
Zylinderdurchmesser:	279 Millimeter
Kolbenhub:	406 Millimeter

Die Leipzig-Dresdener Eisenbahn beschaffte in den Jahren 1837/38 noch vor den ersten 1A1-Loks zehn B-gekuppelte Loks. Unter diesen Loks befanden sich auch exotische Typen. Die ersten beiden Loks „Comet" und „Faust" wurden von der englischen Firma Rothwell aus Bolton geliefert. Der Stehkessel war zylindrisch, der Langkessel zylindrisch genietet, der Eichenholzrahmen mit Blech beschlagen, die innen liegende Steuerung an der Rauchkammer befestigt.

Regierung die Genehmigung zum Bahnbau erteilt wurde. Der Bahnbau Richtung Magdeburg gestaltete sich schwierig. Waren doch in Potsdam im Bereich der Neustädter Havelbucht mehrere aufwendige Brückenbauwerke zu errichten. Außerdem musste in diesem Bereich ein Damm aufgeschüttet werden. Erst nachdem diese Bauwerke fertiggestellt waren, konnte am 12. September 1846 der durchgehende Verkehr auf der 116 Kilometer langen Strecke Berlin–Potsdam–Magdeburg aufgenommen werden. Zu den Eröffnungsfeierlichkeiten der Bahnstrecke Berlin–Potsdam im Oktober 1838 brachte eine Berliner Zeitung folgenden Bericht:
„Diesen Morgen um 12 Uhr fand die Eröffnung der ganzen Bahn zwischen hier und Potsdam in so feierlicher Weise als man es nur wünschen könnte statt. Demgemäß befand sich eine Auswahl der angesehensten Männer Berlins zugegen. Die noch nicht ganz vollendeten Gebäude des Bahnhofs waren mit Blumen und Grün festlich geschmückt, auf dem Balcon am Ende der Gallerie befand sich ein Musikkorps. Punkt 12 Uhr ertönte das Signal zum Einsteigen, und wenige Minuten darauf setzte sich der Zug, durch die Lokomotiven ‚Pegasus' und ‚Iris' geführt, in Bewegung.
Die freudigste Theilnahme war auf allen Zügen zu lesen. Mit der Uhr in der Hand beobachtete man die Schnelligkeit der Bewegung. Nach der Beobachtung des Referenten wurden die einzelnen Stationen in folgender Weise erreicht. Die ersten Häuser Schönebergs in fünf, die letzten in zweieinhalb Minuten. Der dort befindliche große Bergdurchstich wurde in 80 Sekunden zurückgelegt. Hinter demselben wurde die Bewegung deutlich schneller, Steglitz war in fünf, Zehlendorf in siebeneinhalb Minuten erreicht. Dort wurde die Thätigkeit der Bewegung gehemmt, welches eine Minute wegnahm; Kohlhasenbrück wurde demnächst in zwölf, die Grenze des Bahnhofes zu Potsdam in drei Minuten erreicht, und noch etwa zwei Minuten (nicht ganz) verstrichen bis der Zug hielt. So war denn die eigentliche Fahrt in vierzig Minuten zurückgelegt worden, und zweiundvierzig Minuten dauerte es, bis die Maschine feststand.
Die Rückfahrt wurde einige Minuten vor drei Viertel auf zwei Uhr angetreten, und die einzelnen Stationen auf derselben fast alle in der gleichen Schnelligkeit erreicht, die letzte jedoch noch ansehnlich rascher zurückgelegt, sodass bis zum Haltpunkt noch nicht volle vierzig Minuten verstrichen.

Deutschlands erste Ferneisenbahn, Leipzig–Dresden

Im März 1836 begann der Bahnbau für die 115 Kilometer lange Fernbahn Leipzig–Dresden. Schon 1833 hatte Friedrich List, der Vordenker des deutschen Eisenbahnwesens, die Idee zum Bau dieser Strecke als Kern eines gesamtdeutschen Eisenbahnnetzes vorangetrieben. Im Mai 1835 hatte dann die sächsische Regierung die erforderliche Bau- und Betriebskonzession erteilt. Für den Bau wurde eine Aktiengesellschaft gegründet, die mit weitreichenden Vollmachten wie zum Beispiel mit einem Enteignungsrecht für den Grunderwerb ausgestattet wurde. Außerdem erhielt sie von der Regierung eine Zinsgarantie für die Aktionäre.
Zur Leipziger Frühjahrsmesse 1837 konnten bereits die ersten Kilometer der Bahn zwischen Leipzig und Althen eröffnet werden. Entgegen der ursprünglichen Kostenplanung war schon bald eine merkliche Steigerung zu verzeichnen. Die Kosten beim

Bau der großen Elbbrücke bei Riesa und der Bau des 500 Meter langen Tunnels bei Oberau waren falsch eingeschätzt worden. So musste das ursprüngliche Aktienkapital verdoppelt werden, was allerdings keine Probleme bereitete, da sich die Aktionäre mit der Fernbahn Leipzig–Dresden gute wirtschaftliche Gewinne versprachen.
In den Wintermonaten 1838/39 sowie im Frühjahr des Jahres 1839 wurden die letzten großen Bauarbeiten durchgeführt. So entstanden die Elbbrücke bei Riesa, der Viadukt bei Röderau und der imposante Eisenbahntunnel bei Oberau. In den Monaten zuvor konnten bereits einzelne Teilabschnitte dem Verkehr übergeben werden.
An Fahrzeugen waren vorhanden: 16 Dampflokomotiven, gebaut in England, 14 Wagen der ersten Klasse, 26 Wagen der zweiten Klasse, 47 Wagen der dritten Klasse sowie 47 Transportwagen. Die Eröffnung der Bahn war auf die beiden Tage 7. und 8. April 1839 festgelegt.
Das Leipziger Tagblatt vom 8. April 1839 berichtete: „Der erste Wagenzug bestand aus 14 Wagen zu je 24 Personen und zwei Wagen zu 18 Personen. In einem der letzteren, der besonders reich mit Kronen und Fahnen geschmückt war, nahm die königliche Familie Platz. Der zweite Wagenzug bestand aus 4 Wagen zu 18 und aus 10 Wagen zu 24 Personen. Der dritte Zug hatte 2 Wagen mit 18 und 1 Wagen mit 24 sowie 13 Wagen mit 36 Plätzen. Somit nahmen mehr als 1200 geladene Gäste an den Eröffnungsfahrten teil.
Jeder Zug wurde von zwei Lokomotiven geführt, wobei dem letzten Zug eine Reservelokomotive folgte. Überall an der Strecke versammelte sich eine große Anzahl von Menschen, wobei es an Fest- und Fahnenschmuck nicht fehlte. Beim ersten Halt in Wurzen wurde der Festzug von einer großen Menschenmenge mit Jubel und Hochrufen begrüßt. Geladene Gäste stiegen zu und weiter ging die Fahrt bis Oschatz. Hier wurde Wasser genommen, was zu einem viel bestaunten Ereignis wurde. Es folgte Riesa mit seiner imposanten Elbbrücke sowie der viel bewunderte Viadukt bei Röderau. In allen weiteren Stationen wiederholte sich der festliche Empfang.

Oben: In Leipzig entsteht ein repräsentatives Empfangsgebäude mit Uhrenturm und Portierhaus.

Mitte: In Panik stürzen die vor einen Pflug gespannten Pferde eines Bauern über den Acker, als sich das Ungetüm einer Dampflokomotive der München-Augsburger Eisenbahn näherte. Im Hintergrund der Bahnhof zu München.

Unten: Zu den beeindruckendsten Bauwerken der Leipzig-Dresdener Ferneisenbahn zählt die Brücke über die Elbe bei Riesa.

Besonders beeindruckend war die Fahrt durch den Oberauer Tunnel, der festlich beleuchtet war. Die Freiberger Bergleute, die Erbauer dieses technischen Meisterwerkes, hatten mit Grubenlampen und Fackeln Aufstellung genommen und begrüßten den Zug mit einem kräftigen ‚Glück auf'. In der Nähe von Oberau musste eine der Lokomotiven des zweiten Zuges wegen eines technischen Defektes gegen die Reservelokomotive getauscht werden. Dresden war nach einer Fahrtdauer von drei Stunden vierzig Minuten erreicht. In dieser Reisezeit waren allerdings eine Stunde und 32 Minuten Aufenthalte an den verschiedenen Stationen beinhaltet." Die Rückfahrt am nächsten Tag, dem 8. April 1839, verlief ohne Probleme.

Weiter wurde berichtet, dass den Eröffnungszügen des 7. April 1839 zur Überraschung aller Teilnehmer noch eine weitere Lok folgte. Es handelte sich dabei um die „Saxonia". Sie war die erste in Deutschland gebaute gebrauchsfähige Dampflokomotive. Gebaut wurde sie unter der Anleitung von Professor Johann Andreas Schubert in der Übigauer Maschinenfabrik. Leider war es Schubert nicht vergönnt, mit seiner Maschine einen der Eröffnungszüge zu bespannen. Die Vertreter der englischen Lokomotivlieferanten hatten dies verhindert.

Oben: Auf einer Holzbrücke überquert die Bahnlinie Leipzig–Dresden bei Riesa die Elbe. Sie ist die erste große Eisenbahnbrücke Deutschlands.

Unten: Aus der Zeit, als die München-Augsburger Eisenbahn bereits von der Bayerischen Staatsbahn übernommen worden war, stammt diese Darstellung. Sie zeigt den Streckenverlauf der Bahn von München über Augsburg bis nach Donauwörth.

Bayerns erste Fernbahn von München nach Augsburg

Die ersten großen Bahnstrecken Deutschlands waren durch die Initiative privater Unternehmer entstanden. Durch das Eisenbahnwesen erhoffte man sich bis dahin

ungeahnte Impulse und Wachstumsmöglichkeiten der Wirtschaft. Dabei war klar, dass diese neue Technik kostengünstige Transporte großer Gütermengen über weite Entfernungen ermöglichte und damit zur Industrialisierung weiter Landstriche wesentlich beitragen würde. Die privaten Investoren bauten natürlich nur dort Eisenbahnstrecken, wo auch ein entsprechender wirtschaftlicher Erfolg zu erwarten war.

Zu diesen Strecken zählte auch eine Eisenbahnverbindung zwischen München, der Haupt- und Residenzstadt Bayerns, und Augsburg, der alten und bedeutenden Wirtschafts- und Handelsmetropole. Konkrete Aktivitäten unternahm der damalige Augsburger Bürgermeister Dr. Carron du Val, der am 21. Mai 1835 gegenüber dem bayerischen König Ludwig I. mit Nachdruck die Wichtigkeit eines Bahnanschlusses für die Handelsmetropole Augsburg betonte. Noch im gleichen Jahr entstanden in München und in Augsburg Vereine, die sich eine Eisenbahnverbindung zwischen beiden Städten zum Ziel setzten. Ebenso wurde für den Bahnbau eine Aktiengesellschaft gegründet, in der Dr. du Val und der Münchner Unternehmer Joseph Anton von Maffei die führenden Rollen übernahmen.

Mit dem Bahnbau wurde Paul von Denis beauftragt, der sich schon beim Bau der Strecke Nürnberg–Fürth einen Namen gemacht hatte. Schon im Februar 1837 waren die Planungsarbeiten abgeschlossen. Sechs Bauabschnitte mit einer Länge von jeweils circa zehn Kilometern wurden festgelegt. Die wesentlichen Schwierigkeiten, die es zu meistern galt, waren die Durchquerung des Haspelmoores bei Hattenhofen sowie der Bau einer Brücke über den Lech bei Augsburg.

Oben: Die Inbetriebnahme der München-Augsburger Eisenbahn erfolgte in den beiden Jahren 1839 und 1840 in vier Etappen. Die offizielle Eröffnung der gesamten Strecke war am Sonntag, dem 4. Oktober 1840. Die hier dargestellte Szene zeigt den Eröffnungszug für die Teilstrecke München–Lochhausen am 1. September 1839 bei der Ausfahrt aus München. Zeitgenössische Lithografie von Gustav Kraus.

Unten: Erst vor kurzem hat ein Zug München auf dem Weg nach Augsburg verlassen. Im Hintergrund ist noch die Silhouette Münchens zu sehen.

Bild 1: Die erste von der Lokomotivfabrik Maffei gebaute Lok war der „Münchner", sie unternahm im Oktober 1841 ihre ersten Fahrten.
Bild 2: Ein Personenwagen der zweiten Klasse der München-Augsburger Eisenbahn. Die sechs Wagen dieser Klasse hatten einen Gepäckträger auf dem Dach sowie einen Sitz für den Bremser.
Bild 3: Einer von vier Personenwagen der ersten Klasse der Eisenbahn München–Augsburg.
Bild 4: In der dritten Klasse saßen die Reisenden im Freien.

Begonnen wurde mit den Erdarbeiten von München aus am 9. Februar 1838 in der Nähe von Lochhausen. In Augsburg waren die Arbeiten am 2. April des gleichen Jahres vor dem „Roten Tor" in Angriff genommen worden. Auf beiden Seiten kamen die Arbeiten rasch voran. Am 7. Dezember 1839 war der Bau der München-Augsburger-Eisenbahn bereits bis nach Maisach vorangekommen. Von Anfang an war die Bahnverbindung München–Augsburg als zweigleisiger Betrieb geplant worden, wobei anfänglich nur ein Gleis verlegt wurde. Erst 1862 wurde dann die Strecke zweigleisig ausgebaut. Bis zu maximal 2800 Arbeiter waren auf der Baustelle tätig. Da es zum Zeitpunkt des Bahnbaus in Bayern noch kein Unternehmen gab, das Eisenbahnschienen herstellen konnte, wandte man sich an das Eisenwerk Remy & Co. in Rasselstein bei Neuwied nahe Köln. Dieses Unternehmen hatte bereits die Ludwigs-Eisenbahn mit Schienenmaterial versorgt. Remy & Co. war aber nicht in der Lage die benötigten 50 000 Zentner Schienen zu liefern. Daraufhin wurde das erforderliche Schienenmaterial in England in Auftrag gegeben. Auf Schiffe verladen kamen die Schienen über den Kanal nach Rotterdam. Weiter ging der Transport auf dem Rhein nach Ludwigshafen und auf dem Neckar nach Cannstatt. Der weitere Transport erfolgte auf dem Landweg. Im Mai 1838 trafen die ersten Transporte ein. Insgesamt kamen aus England 27 000 Stück Schienen, jedes 4,64 Meter lang. Die gusseisernen 133 000 Schienenstühle (Chairs) konnten in Deutschland gefertigt werden. Sie kamen aus der Eisenhütte in Traidendorf bei Regensburg und aus dem Werk in Schellneck bei Kelheim. Die 170 000 schmiedeeisernen Nägel wurden in München, Ebersberg und Hohenaschau im Chiemgau angefertigt.

Die Lokomotiven und Wagen

Schon unmittelbar nach der Gründung der Eisenbahngesellschaft wurden in England sechs Lokomotiven und drei Tender bestellt. Je zwei Maschinen stammten von Robert Stephenson & Co. in Newcastel, Sharp & Roberts in Manchester und Fenton, Murray & Jackson in Leeds.

Die beiden von Stephenson gebauten Lokomotiven trafen in Kisten verpackt bereits am 29. November 1837 in München ein. Wenig später folgten die weiteren Maschinen sowie die drei Tender. Die zur Bedienung der Lokomotiven erforderlichen Fachleute kamen aus England.

Im März 1839 kamen sie in München an und begannen mit dem Zusammenbau der Lokomotiven. Es handelte sich dabei um Joseph Hall, der die Oberleitung des Maschinenwesens übernahm, sowie um die Gebrüder John und James Smith, die als „Wagenlenker" tätig waren. In München wurden unter Leitung der Engländer noch vier Tender gebaut. Von den sechs englischen Lokomotiven bewährten sich die aus der Lokomotivfabrik Robert Stephenson & Co. stammenden Maschinen am besten. Als im Jahr 1840 der Betrieb auf der Gesamtstrecke aufgenommen wurde, kamen noch zwei weitere Lokomotiven aus der Fabrik von Robert Stephenson & Co. hinzu.

Im Gegensatz zu den Lokomotiven konnten die ersten 24 Personenwagen in München, Augsburg und Nürnberg gebaut werden. Die schmiedeeisernen Räder kamen von der Gutehoffnungs-Hütte in Oberhausen. Als die Bahn eröffnet wurde,

gab es vier Wagen der ersten Klasse, sechs Wagen der zweiten Klasse, 18 Wagen der dritten und neun Wagen der vierten Klasse. Hinzu kamen zwölf Güterwagen.

Die Bahnhöfe in München und Augsburg

Der erste Bahnhof in München bestand aus einem hölzernen Empfangsgebäude mit einer sich anschließenden Perronhalle, die zwei Gleise überspannte. Daneben gab es noch einige Schuppen und ein Maschinenhaus. Diese Gebäude befanden sich am Rand der Stadt, dort, wo heute die Hackerbrücke steht. In Betrieb genommen wurde der Münchener Bahnhof am 1. September 1839. Am Ostersonntag, dem 4. April 1847, brannte er ab.

Der Augsburger Bahnhof war ein repräsentativer Bau, der unweit des „Roten Tores" lag. Gebaut wurde er in den Jahren 1839 und 1840. Das gemauerte Bauwerk bestand aus einer frei stehenden 260 Meter langen und 65 Meter breiten Wagen- und Abfahrtshalle. In einem Nebengebäude, das 100 Meter lang und 30 Meter breit war, gab es einen Wartesaal, Büros, eine Lokomotivremise mit Werkstatt und ein Kohlen- und Holzmagazin. Dieser Bahnhof war nur wenige Jahre in Betrieb. Der Grund dafür war zum einen, dass ein direkter Zugang zur Altstadt nicht möglich war, und zum anderen konnte wegen der beengten Platzverhältnisse kein Güter-

Oben: Auf dieser aus dem Jahr 1838 stammenden Lithografie von Gustav Kraus ist die Baustelle der München-Augsburger Eisenbahn in der Nähe von Lochhausen zu sehen.

Unten: Eine besondere Rarität stellt diese aus dem Jahr 1842 stammende Zeichnung des Münchener Bahnhofes dar. Diese Zeichnung konnte erst vor wenigen Jahren vom Autor in Leipzig erworben werden.

Oben: Vom Augsburger Bahnhof fährt eben ein Zug Richtung München ab. Nur wenige Jahre, das heißt bis 1846, war dieser Bahnhof in Betrieb.

Mitte: Keine besondere Zierde für die Haupt- und Residenzstadt München war der hölzerne Bahnhof, der in der Nähe der heutigen Hackerbrücke lag. Im April 1847 brannte er ab.

Oben: Ein Bahnwärter der München-Augsburger Eisenbahngesellschaft aus dem Jahr 1840 mit Signalhorn.

bahnhof angelegt werden. Im Jahr 1843 war mit dem Bau eines neuen Bahnhofs am Rosenauberg begonnen worden, der dann 1846 seinen Betrieb aufnahm. Ab etwa 1880 diente der alte Bahnhof als Militär-Reitschule. 1920 wurde der erste Bahnhof Augsburgs ein Teil des städtischen Straßenbahndepots. Bis heute ist dieses Bauwerk erhalten. Besonders beeindruckend ist seine Dachkonstruktion.

Der Betrieb

Schon vor der offiziellen Eröffnung der Gesamtstrecke waren ab dem Jahr 1839 erste Teilstrecken in Betrieb genommen worden. Die Probefahrten, die ab dem 1. Oktober aufgenommen wurden, erregten großes Aufsehen. Die Eröffnungsfeierlichkeiten fanden am Sonntag, dem 4. Oktober 1840 statt. Um 8.00 Uhr verabschiedete sich in München der Zug, der aus zwei Lokomotiven und 27 Wagen bestand und mit circa 600 Personen besetzt war. Entlang der Bahn waren alle Stationsgebäude festlich geschmückt. Der Zug wurde an den Bahnhöfen mit Böllerschüssen, Musik und Freudenrufen empfangen. An der Lechbrücke in Augsburg war eine Ehrenpforte aufgebaut. Gegen 10.30 Uhr kam der Eröffnungszug im Augsburger Bahnhof an, wo er von der Bevölkerung, dem Stadtrat und dem Oberbürgermeister Dr. Carron du Val empfangen wurde. Am 13. November 1839 unternahmen der bayerische König Ludwig I., Königin Therese und Prinz Luitpold eine Zugfahrt von München nach Olching.

Die Stationen auf der rund 60 Kilometer langen Strecke waren Pasing, Lochhausen, Olching, Maisach, Nannhofen, Althegnenberg, Mering und am Stierhof bei Augsburg. Zunächst verkehrten täglich in beide Richtungen zwei Züge, die an den Endstationen um 8.00 und um 15.00 Uhr abfuhren. In den Sommermonaten verkehrten je nach Bedarf drei oder vier Züge. Die Fahrtdauer betrug auf der Gesamtstrecke zwei Stunden und 30 Minuten. Die durchschnittliche Geschwindigkeit bei den Lokomotivfahrten lag unter der Berücksichtigung der Aufenthalte in den einzelnen Stationen bei etwa 24 Stundenkilometern. Neben dem Lokomotivbetrieb gab es anfangs auch noch nächtliche Fahrten mit Pferden. Diese vorrangig für den Güterverkehr bestimmten Züge fuhren an beiden Endpunkten um 22.00 Uhr ab und erreichten bei fünfmaligem Wechsel der Pferde nach acht Stunden ihr Ziel.

Obwohl sich die wirtschaftliche Situation der München-Augsburger-Eisenbahn für die privaten Investoren anfängliche positiv entwickelte, war es schon bald klar, dass nur eine bescheidene jährliche Rendite von 2,5 Prozent ausgeschüttet werden konnte. Die Folge war, dass die München-Augsburger-Bahn zum 1. Oktober 1844 an den bayerischen Staat überging.

Die Pionierlokomotiven

Hier soll an einigen Beispielen die frühe Entwicklung des Lokomotivwesens in Deutschland aufgezeigt werden. Noch immer waren die Maschinen in ihrer Entwicklung und ihrem Bau vom Ausland, speziell von England und Amerika beeinflusst.

Die „Beuth", eine Maschine aus der Frühzeit der Lokomotivfabrik Borsig

Die ersten von Johann Carl Friedrich August Borsig (1804 bis 1854) gebauten Lokomotiven lehnten sich in ihrer Konstruktion an in Amerika gebaute Maschinen an. Es dauerte aber nur wenige Jahre, bis August Borsig im Jahr 1844 auf der Gewerbeausstellung in Berlin eine eigene dreiachsige Konstruktion unter der Fabriknummer 24 vorstellte. Sie trug den Namen „Beuth". Der preußische Handelsbeamte, Freund und Lehrer von August Borsig, Christian Peter Wilhelm Beuth (1781 bis 1853), spielte bei der Industrialisierung Preußens eine bedeutende Rolle und wurde zum Namenspatron für die genannte Lokomotive. Hinsichtlich der Anordnung der Achsen glich sie den Konstruktionen aus dem Hause Stephenson. Die Bauart der Maschine und des Kessels lehnte sich jedoch an amerikanische Vorbilder an. Geliefert wurde sie an die Berlin-Anhaltische Eisenbahn.

Die Bauweise der Lok mit der Achsfolge 1A1 war damals weit verbreitet. Auch Borsig baute von diesem Typ 71 Maschinen, die auf Bahnen in Norddeutschland, Schlesien, im Rheinland und in Mecklenburg verkehrten. Vier Loks dieser Bauart kamen zur Krakauer Eisenbahn. Von der amerikanischen Lokomotivfabrik Norris waren typi-

„Beuth"

Hersteller:	Borsig, Berlin
Baujahr:	1844
Bauart:	1 A 1 n2
Spurweite:	1435 Millimeter
Länge über Puffer:	11530 Millimeter
Dienstgewicht:	18,2 Tonnen
Treibraddurchmesser:	1524 Millimeter
Zylinderdurchmesser:	330 Millimeter
Kesselüberdruck:	5,5 bar
Rostfläche:	0,83 m²
Verdampfungsheizfläche:	46,50 m²
Höchstgeschwindigkeit:	42 km/h
Tender:	6 m³ Wasser 2 Tonnen Kohle

Links: Typisch für den Lokomotivtyp der „Beuth" war der kuppelartige Stehkessel.

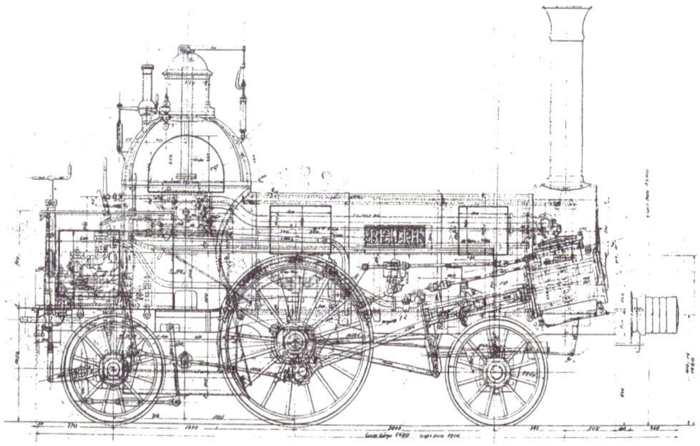

Oben: Schnittzeichnung der Borsig-Lok „Beuth".

Oben: Eines der beiden seitlichen Typenschild der „Saxonia".

sche Bauteile übernommen. Es waren dies der Kessel mit Regler, das Modell der Zylinder mit den Schieberkästen, die schräge Lage und die Befestigung der Zylinder an der Rauchkammer. Das Zylindergussstück war auf die Oberkante der Rahmen aufgesetzt und gegen ein Verschieben in der Längsrichtung in diese eingelassen. Der Rahmen war als Blechrahmen in einer Gabelform gebaut. Die Federaufhängung mit sechs über den Lagern angeordneten Langfedern ohne Ausgleichshebel entsprach einer althergebrachten Konstruktionsweise und bot nichts Neues. Das Triebwerk mit den Kreuzköpfen und ihren viergleisigen Führungen war nach englischem Vorbild entstanden. Die Räder waren als besonderes Merkmal des Hauses Borsig in den Speichen und Felgen sehr gut geschmiedet und anschließend zusammengeschweißt. Nur die Naben waren aus Gusseisen hergestellt, wie dies in der Mitte des 19. Jahrhunderts im Lokomotivbau üblich war.

Die Saxonia, die erste in Deutschland gebaute Dampflok

Die auf der ersten deutschen Ferneisenbahn eingesetzten Lokomotiven stammten aus England. Die damals in Deutschland ansässige Industrie sah sich noch nicht in der Lage, solche „Dampfwagen" zu bauen. Der erste Ingenieur, der sich an diese Aufgabe heranwagte, war Johann Andreas Schubert. Er wurde am 19. März 1803 in Wernesgrün im Vogtland geboren und lehrte als Professor am Polytechnikum in Dresden. Im Juni 1836 gründete er den „Dresdner-Actien-Maschinenbau-Verein", der sich zum Ziel setzte, eine Dampflok selbst zu konstruieren und zu bauen, um damit von den Lieferungen aus dem Ausland unabhängig zu werden. Am 1. Januar 1837 wurde in Übigau bei Dresden mit der Arbeit begonnen. Der Anfang des jungen Unternehmens war nicht leicht, da keinerlei Werkzeugmaschinen zur Verfügung standen, wie sie bei den englischen Lokfabriken seit Langem gebräuchlich waren.
Anfang des Sommers 1838 stellte die Leipzig-Dresdner Eisenbahn der Maschinenfabrik Übigau ihre englische Lokomotive Kome zu Studienzwecken zur Verfügung. Schubert und seine Mitarbeiter vermaßen alle Teile der „Komet" und entwickelten daraus eine neue eigene Lok.
Ende des Jahres 1838 war die „Fabriknummer 1" der Maschinenfabrik Übigau fertig. Es war eine B1-Lok mit innen liegenden Zylindern. Stolz trug sie den Namen „Saxonia". Professor Schubert äußerte sich hierzu: „Ich habe für das erste in Deutschland gebaute Lokomotiv alle nötigen Teile selbst anfertigen lassen, was mir bis jetzt in Deutschland noch niemand nachzutun gewagt hat." Bis März 1839 absolvierte die „Saxonia" einige „sehr befriedigende Probefahrten" auf den bereits fertiggestellten Teilstücken der Leipzig-Dresdner Eisenbahn. An der Eröffnung der Leipzig-Dresdner Eisenbahn war die „Saxonia", wie schon berichtet, nur am Rande beteiligt.
Anfänglich wurde die Lok von der Bahngesellschaft nur angemietet. Später jedoch erfolgte der Ankauf der ersten deutschen Dampflokomotive. Es ist anzunehmen, dass die „Saxonia" bis 1856 im Einsatz stand und dann verschrottet wurde.

Johann Andreas Schubert

Johann Andreas Schubert (geboren am 19. März 1808, gestorben am 6. Oktober 1870) konstruierte und baute die „Saxonia". Er machte sich als Universal-Ingenieur, Konstrukteur und Hochschullehrer einen Namen.

Nachbau der „Saxonia"

Aus Anlass des 150-jährigen Bestehens der ersten deutschen Ferneisenbahn zwischen Leipzig und Dresden im Jahr 1989 entschloss sich die Deutsche Reichsbahn der DDR zum betriebsfähigen Nachbau der legendären „Saxonia". Zur Verwirklichung dieses Vorhabens wurde im Oktober 1985 eine Arbeitsgruppe gebildet, der leitende Mitarbeiter der Reichsbahndirektion, der Hauptverwaltung der Maschinenwirtschaft, des Ausbesserungswerks „Ernst Thälmann" in Halle und des Verkehrsmuseums Dresden sowie Mitarbeiter des Ministeriums für Verkehrswesen angehörten. Dieser Arbeitskreis legte fest, dass für den Nachbau auch moderne Fertigungstechniken Verwendung finden sollten, soweit das äußere Erscheinungsbild nicht beeinträchtigt wird. So wurde der Kessel im Dampfkesselbau Dresden-Übigau als Schweißkonstruktion hergestellt. Rauchkammer und Feuerloch entstanden in einer Nietausführung. Nach dem Vorbild wurde der Rahmen der Lokomotive aus Holz gefertigt und mit Blech beschlagen. Alle Ausrüstungsteile für den Kessel wie zum Beispiel die Sicherheitsventile, die Lokpfeife, die Pumpen, der Regler wurden in Handarbeit angefertigt. Große Probleme bereitete die Steuerung für die Dampfmaschine. Letztendlich entschied man sich für eine Stephenson-Steuerung, die schon bei den englischen Loks der Leipzig-Dresdner Eisenbahn Verwendung fand. Die Dampfmaschine einschließlich Triebwerk und Radsatzgruppe wurde als Originalnachbildung gebaut.
Der von der Hochschule für Verkehrswesen in Dresden konstruierte Tender sollte zunächst, dem Original entsprechend, als Holzrahmen sowie als Profilrahmen mit Holzverkleidung gebaut werden. Da aber die zur damaligen Zeit verwendeten, lange Jahre gelagerten überseeischen Harthölzer nicht zur Verfügung standen, wurde eine holzverkleidete Konstruktion aus Stahlprofilen bevorzugt. Der Wasserkasten des

„Saxonia"

Hersteller:	Maschinenfabrik Übigau
Baujahr:	1839
Bauart:	B 1 n2
Spurweite:	1435 Millimeter
Länge über Puffer:	8700 Millimeter
Dienstgewicht:	15 Tonnen
Treibraddurchmesser:	1524 Millimeter
Laufraddurchmesser:	990 Millimeter
Zylinderdurchmesser:	279 Millimeter
Kolbenhub:	406 Millimeter
Kesselüberdruck:	4,2 Bar
Rostfläche:	0,56 m^2
Verdampfungsheizfläche:	24,20 m^2
Höchstgeschwindigkeit:	60 km/h

Links: Beim Jubiläum „ 100 Jahre Verkehrsmuseum Nürnberg" im Jahr 1999 trafen erstmals die Nachbauten der „Saxonia" und des „Adlers" zusammen.

„Die Pfalz"

Hersteller:	J. A. Maffei München
Baujahr:	1853
Bauart:	2 A n2
Spurweite:	1435 Millimeter
Länge über Puffer:	7150 Millimeter
Dienstgewicht (Lok):	24,2 Tonnen
Treibraddurchmesser:	1220 Millimeter
Laufraddurchmesser:	990 Millimeter
Zylinderdurchmesser:	356 Millimeter
Kolbenhub:	610 Millimeter
Kesselüberdruck:	6,3 Bar
Rostfläche:	0,98 m²
Verdampfungsheizfläche:	68,6 m²
Höchstgeschwindigkeit:	50 km/h
Tender:	6 m³ Wasser 3 Tonnen Kohle

Tenders wurde geschweißt, wobei Nietreihen als Imitation aufgesetzt wurden. Gebaut wurde der Tender in den Bahnbetriebswerken Waren/Müritz und Neustrelitz. Alle diese Arbeiten waren sehr aufwendig und kompliziert, da das Wissen um die alten Fertigungstechniken längst verloren gegangen war. Die Lokomotive selbst konnte nur durch den Einsatz erfahrener und handwerklich besonders qualifizierter Mitarbeiter gebaut werden. Beteiligt am Nachbau waren das Reichsausbesserungswerk Halle, die Bahnbetriebswerke Dresden, Oebisfelde, Berlin-Pankow, Weißenfels sowie die Werkstatt in Wilsdruff. Als Vater des Nachbaus der „Saxonia" gilt Heinz Schnabel.

In Halle wurde am 1. Oktober 1988 der Kessel erstmals angeheizt. Am 15. Oktober ging dann die „Saxonia" auf der Strecke von Halle nach Eisleben auf Probefahrt und konnte dabei ihre volle Betriebstauglichkeit beweisen. Ihren großen Auftritt hatte sie dann am 8. und 9. April 1989 bei der Fahrzeugparade im Bahnhof Riesa anlässlich des 150-jährigen Bestehens der ersten deutschen Ferneisenbahn Leipzig-Dresden.

Die Crampton-Loks der Pfalzbahn von Maffei und Kessler

Die Bauart Crampton geht auf den englischen Ingenieur Thomas Russell Crampton (1816 bis 1888) zurück. Ihr Kennzeichen war die Bauart 2A mit tiefer Schwerpunktlage des Kessels und ein besonders großes Treibrad, das hinter der Feuerbüchse lag. Mit diesen Maschinen war es möglich, erstmals Geschwindigkeiten von bis zu 120 Stundenkilometern zu erreichen, Dimensionen, die bis dahin unvorstellbar waren. Dieser Maschinentyp war in England, Frankreich, aber auch in Süddeutschland, das heißt bei den Pfalzbahnen oder bei den Badischen Staatsbahnen verbreitet. Das Manko, das all diese Lokomotiven kennzeichnete, war das geringe Gewicht, das auf

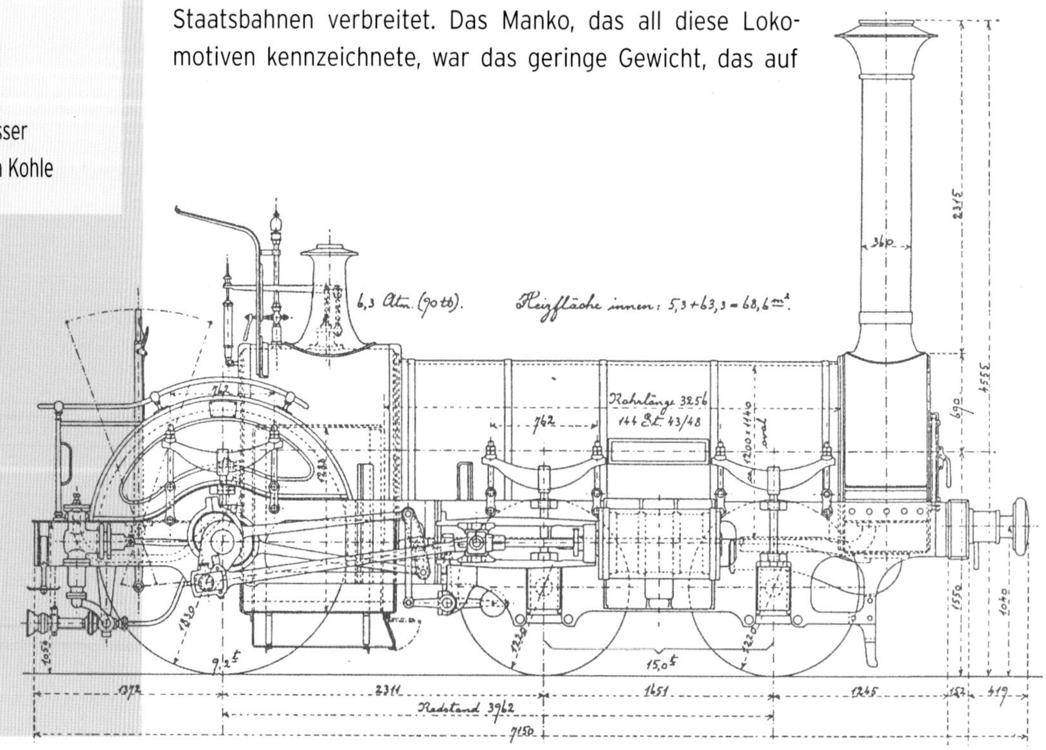

Rechts: Schnittzeichnung der Crampton-Lok „Die Pfalz".

Links: Die rekonstruierte „Pfalz" im Bahnbetriebswerk Ehrwang (oben) und auf Probefahrt (unten) am 7. August 1985.

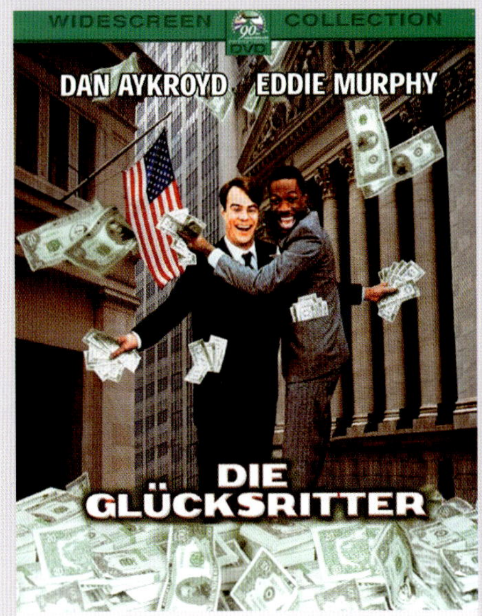

Die Glücksritter

Filmdaten:

Originaltitel:	Trading Places
Produktionsland:	USA
Originalsprache:	Englisch
Erscheinungsjahr:	1983
Länge:	111 Minuten

Stab:

Regie:	John Landis
Produktion:	Aaron Russo
Musik:	Elmer Bernstein
Besetzung:	Dan Aykroyd, Eddie Murphy u. a.

Der Nachbau der Lokomotive „Die Pfalz" wird 1983 zu Fernsehaufnahmen zum Film „Die Glücksritter" in Breitenstein im Elmsteiner Tal auf dem „Kuckucksbähnel" verwendet und trägt dort den Namen „CURWICH".

der Antriebsachse lastete und somit das Anfahren schwerer Züge zum Problem werden ließ.

Die Lokomotivfabrik Maffei in München baute im Jahr 1853 für die bayerische Pfalzbahn die ersten vier Crampton-Lokomotiven. Weitere 14 Maschinen dieser Bauart wurden von der Maschinenfabrik Esslingen gebaut. Diese Maschinen bildeten etwa zwei Jahrzehnte das Rückgrat des pfälzischen Personen- und Schnellzugdienstes. Nachdem sie Ende der 1870er-Jahre von leistungsstärkeren Lokomotiven abgelöst wurden, verdienten sie ihr Brot vor leichten Personenzügen in der Vorderpfalz, vor allem auf der Rheintalstrecke Ludwigshafen–Lauterburg. In den Jahren 1891 und 1896 wurden sie abgestellt.

1925/26 wurde die „Pfalz" (Original gebaut 1853 von Maffei, Fabrik-Nr. 134) unter Verwendung von originalen Teilen einer Lok der bayerischen Ostbahn in den beiden Ausbesserungswerken Kaiserslautern und Weiden in der Oberpfalz rekonstruiert und als betriebsfähige Maschine nachgebaut. Heute gehört die Lok zum Bestand des Nürnberger DB-Museums und ist im Museum der Deutschen Gesellschaft für Eisenbahngeschichte in Neustadt an der Weinstraße ausgestellt.

Hundert Jahre deutsche Eisenbahnen
Verlag: Verkehrswissenschaftliche Lehrmittelgesellschaft m.b.H. bei der deutschen Reichsbahn
Die Eisenbahnen im
DEUTSCHEN REICH
1885
1885 vorhandene verkehrswichtige Bahnen
1885 vorhandene Bahnen untergeordneter Bedeutung
Der Schwarzdruck zeigt die im Jahre 1914 betriebenen Eisenbahnen; hierzu Zeichenerklärung unten rechts.
Kartenstelle der Hauptverwaltung der Deutschen Reichsbahn

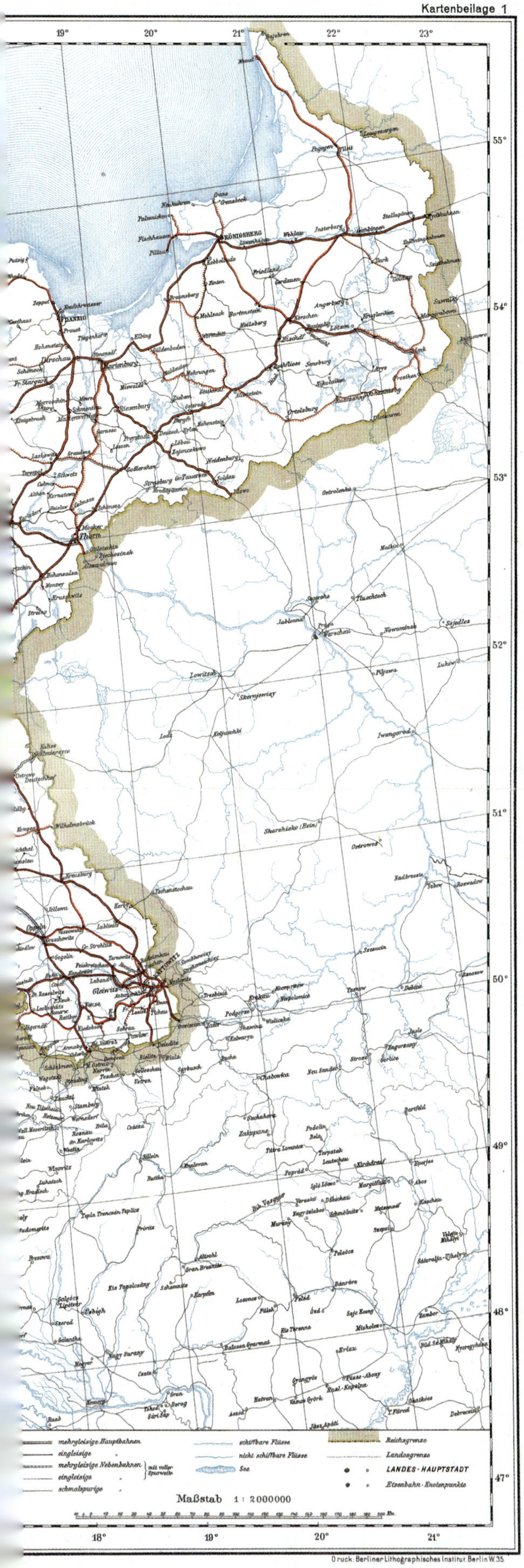

Eisenbahnen im Deutschen Reich bis 1885

Schon 1870 war das Eisenbahnnetz in Deutschland auf nahezu 20 000 Kilometer angewachsen. Alle größeren Städte und die aufstrebenden Industriezentren waren mit Eisenbahnlinien untereinander verbunden. Der militärische Sieg im Krieg 1870/71 über Frankreich gab der Entwicklung der Eisenbahn in Deutschland einen merklichen Aufschwung, da dem Deutschen Reich erhebliche finanzielle Mittel aus den Reparationsleistungen, die Frankreich zu erbringen hatte, zur Verfügung standen. Immer mehr kamen die großen Vorteile dieses Verkehrsmittel zum Tragen. Entfernungen, die früher eine Reise von mehreren Tagen beanspruchte, schrumpften auf einer Eisenbahnfahrt von rund 24 Stunden zusammen. Der Begriff von Zeit und Raum veränderte sich merklich.
Im Jahr 1885 hatte das Eisenbahnnetz in Deutschland eine Ausdehnung von 37 650 Kilometern.

Oben: Blick auf den Führerstand der „Pfalz". In den Anfängen der Eisenbahnzeit war es üblich, seiner Arbeit ohne Wetterschutz nachzugehen.

ERSTE ALTERNATIVE ANTRIEBE: DIE ELEKTRISCHEN BAHNEN

Oben: Die Elektrolokomotiven 169 002 und 169 003 treffen sich am 18. Februar 1972 in Unterammergau.

Vorhergehende Seiten: Die preußische ES 1 mit einem Schnellzug auf der Strecke Dessau-Bitterfeld im Jahr 1911.

Oben: Das Wasserkraftwerk Kammerl in Saulgrub im Jahr 2011.

Die Strecke Murnau–Oberammergau

Mit der Urkunde vom 24. Januar 1897 genehmigt Prinzregent Luitpold von Bayern den Bau der Strecke Murnau–Oberammergau. Im September und Oktober des gleichen Jahres wird mit dem Bahnbau an mehreren verschiedenen Stellen begonnen. Nach dreijähriger Bauzeit konnte dann am 13. Januar 1900 die gesamte Strecke dem Betrieb übergeben werden. Die Elektrifizierung, die von Anfang an geplant war, ließ jedoch noch auf sich warten. Der Grund dafür war, dass die anfängliche Betreiberin der Strecke Murnau–Oberammergau in finanzielle Schwierigkeiten geriet, sodass im Jahr 1904 die gesamte Strecke von der Localbahn AG München (LAG) übernommen wurde. Erst ab diesem Zeitpunkt wurde wieder mit Nachdruck an der Elektrifizierung der Strecke gearbeitet.

Zur Elektrifizierung wurde in der Nähe von Unterammergau das Kraftwerk „Kammerl" errichtet, das schon ab dem Jahr 1899 betriebsbereit war. Ursprünglich war vorgesehen, die Bahn mit Drehstrom zu betreiben, und zwar mit einer Spannung von 800 Volt und 40 Hertz. Wegen der inzwischen fortgeschrittenen technischen Entwicklung wurden von der neuen Besitzerin, der LAG, wirtschaftliche Berechnungen und Vergleiche zwischen den Stromsystemen Gleichstrom, Drehstrom und Einphasen-Wechselstrom vorgenommen. Als Ergebnis wurde festgestellt, dass der Einphasen-Wechselstrom die finanziell günstigste Betriebsabwicklung erlaubte.

Der Um- und der Ausbau der elektrischen Einrichtungen sowie die Ausrüstung der elektrischen Lokomotiven und Triebwagen wurden Anfang 1904 den Siemens-Schuckert-Werken in Berlin übertragen. Schon zum Ende des gleichen Jahres fanden

die ersten Probefahrten statt, und ab 1. Januar 1905 konnte der Betrieb aufgenommen werden. Im Kraftwerk „Kammerl" wurden die bereits installierten Drehstromgeneratoren durch Einphasengeneratoren von 280 Kilowatt für den Bahnbetrieb und durch einen Drehstromgenerator von 150 Kilowatt für den Licht- und Kraftbetrieb ersetzt. Die Spannung wurde mit 5500 Volt, die Frequenz mit 16 Hertz festgelegt.
Ab September 1904 standen die ersten elektrischen Triebwagen und ab dem Jahr 1905 die erste Elektrolokomotive zur Verfügung. Im Oktober 1954 wurde auch die Strecke auf die allgemein bei der DB gebräuchliche Spannung von 15 000 Volt, 16 2/3 Hertz umgestellt. Die Elektrifizierung der Strecke Murnau–Oberammergau stellte eine Pionierleistung dar, da bis heute viele Eisenbahnstrecken mit Einphasen-Wechselstrom betrieben werden.

LAG 1, E 69 01

Baujahr:	1905
Bauart:	Bo
Spurweite:	1435 Millimeter
Länge über Puffer:	7500 Millimeter
Gesamtachsabstand:	3500 Millimeter
Treibraddurchmesser:	1000 Millimeter
Dienstgewicht:	23,5 Tonnen
Anzahl der Fahrmotoren:	2 Elektromotoren
Anfahrzugkraft:	54 kN
Stundenleistung:	206 kW bei 18 km/h
Dauerleistung:	160 kW bei 28 km/h
Höchstgeschwindigkeit:	40 km/h

Die Elektrifizierung der Strecke Dessau–Bitterfeld

Mit der Aufnahme des elektrischen Zugbetriebs auf der Strecke Dessau–Bitterfeld durch die Preußische Staatseisenbahn im Frühjahr 1911 begann in Deutschland das Zeitalter der elektrifizierten Hauptbahnen. Die zu dieser Zeit festgelegten Grundsätze bestimmen teilweise noch heute den elektrischen Zugbetrieb in Europa. Anfang des 20. Jahrhunderts war die Entwicklung der elektrischen Lokomotiven und Triebwagen so weit fortgeschritten, dass man in Deutschland erstmals an die Elektrifizierung von Hauptstrecken und Fernbahnen dachte. Nach ersten Erfahrungen mit elektrifizierten Vorort- und Versuchsstrecken in Hamburg und Berlin entschloss sich die Königlich Preußische Eisenbahn-Verwaltung (KPEV) Ende 1908 dazu, einen umfangreichen Probebetrieb mit Einphasen-Wechselstrom auf Fernstrecken einzurichten. Als Versuchsbahnen wurden zwei topografisch völlig

Am 1. März 1911 wurde die erste elektrifizierte Hauptstrecke Deutschlands, Dessau - Bitterfeld in Betrieb genommen. Die Aufnahme zeigt einen der ersten Züge auf dieser Strecke, der mit der preußischen EG 505, der späteren E 70 05, bespannt ist.

preußische ES 1

Erstes Baujahr:	1911
Gesamtserie:	2 Loks
Bauart:	2' B 1'
Länge über Puffer:	12500 Millimeter
Gesamtachsabstand:	9000 Millimeter
Treibraddurchmesser:	1600 Millimeter
Laufraddurchmesser:	1000 Millimeter
Dienstgewicht:	73,5 Tonnen
Anzahl der Fahrmotoren:	1 Elektromotor
Anfahrzugkraft:	79 kN
Stundenleistung:	735 kW bei 73 km/h
Dauerleistung:	533 kW bei 100 km/h
Höchstgeschwindigkeit:	110 km/h

unterschiedliche Linien gewählt. Zum einen sollte von Altona aus die Bahn durch das holsteinische Flachland nach Kiel elektrifiziert werden, zum anderen wollte die KPEV die kurven- und steigungsreiche Bahn von Euskirchen durch die Eifel nach Trier mit einem Fahrdraht überspannen.

Die Vorarbeiten waren bereits weit fortgeschritten, als die preußische Heeresleitung aus militärischen Gründen Einspruch erhob. Damit war die geplante Elektrifizierung dieser beiden Strecken unmöglich geworden. Als Ersatz wurde die Strecke von Dessau nach Bitterfeld für den Versuchsbetrieb bestimmt. Die reine Flachlandstrecke bereitete beim Aufbau der Oberleitungsanlagen kaum Schwierigkeiten. Hinzu kam noch der Umstand, dass die im Braunkohlerevier gelegene Bahnstrecke mit billig herzustellendem Strom versorgt werden konnte.

Noch im Frühjahr 1909 wurden unter Mitwirkung der führenden deutschen Elektrofirmen wie AEG, den Siemens-Schuckert-Werken sowie der Felten & Guilleaume-Lahmeyerwerke die erforderlichen Rahmenbedingungen vereinbart. Im März 1909 bewilligte der preußische Landtag den Bau dieser 26 Kilometer langen Versuchsstrecke und stellte dafür finanzielle Mittel in der Höhe von zwei Millionen Mark zur Verfügung. Damit war in Deutschland der Startschuss für den elektrischen Zugbetrieb auf Hauptbahnen gefallen.

Am 18. Januar 1910 wurde der erste Spatenstich zum Bau des Bahnkraftwerks in Muldenstein getan. Im März des gleichen Jahres begann der Bau der Stromversorgungs- und Fahrleitungsanlagen. Am 4. Januar 1911 erfolgte die Abnahme durch die Baubehörde. Einen Tag später wurde das Kraftwerk in Betrieb genommen. Endlich konnte dann am 18. Januar 1911 die erste Probefahrt stattfinden. Der reguläre Betrieb wurde am 10. Februar aufgenommen. Ab dem 1. März 1911 wurden tagsüber alle Züge mit E-Loks bespannt.

Doch der elektrische Probebetrieb wurde schon bald wieder eingestellt. Der Ausbruch des Ersten Weltkriegs am 1. August 1914 machte vorerst alle Bemühungen für

Ebenfalls auf der Strecke Dessau - Bitterfeld ist die preußische ES 2, Nummer 10502, eingesetzt.

Oben: Die 1907 ursprünglich für die Oranienburger Versuchsstrecke beschaffte preußische „EV 1/2 Altona" versah ab 1911 über mehr als 21 Jahre lang den schweren Dienst auf der Altonaer Hafenbahn.

eine Weiterentwicklung der elektrischen Zugförderungen zunichte. Noch kurz zuvor war das Teilstück Bitterfeld–Leipzig mit 15 000 Volt Spannung und 16 2/3 Hertz Frequenz in Betrieb genommen worden. Während des Krieges wurde die 10-kV-Fahrleitung Dessau–Bitterfeld abgebaut; die 15-kV-Anlage blieb zumindest teilweise erhalten. Erst nach dem Krieg konnte am 22. September 1921 der Abschnitt Leipzig–Bitterfeld und am 9. April 1922 die Strecke Bitterfeld–Dessau zum zweiten Mal dem elektrischen Betrieb übergeben werden. Der Krieg hatte die technische Entwicklung um Jahre zurückgeworfen. Der Siegeszug der Elektrolokomotive aber ließ sich nicht mehr aufhalten. Die Entscheidung, die Strecke Dessau–Bitterfeld mit Einphasen-Wechselstrom mit einer Frequenz von 15 Hertz und einer Spannung von 10 000 Volt zu elektrifizieren, setzte den Schlusspunkt unter eine knapp zehn Jahre währende Suche der KPEV nach dem geeignetsten Stromsystem und bestimmte zugleich die weitere Entwicklung in Deutschland.

Die Hafenbahn in Hamburg-Altona wird elektrifiziert

Unter den Eisenbahnstrecken im Hamburger Raum nahm die nur 1,7 Kilometer lange Hafenbahn von Altona-Hauptbahnhof nach Altona-Kai eine besondere Stellung ein. Im Jahr 1911 wurde auf dieser Strecke der elektrische Betrieb aufgenommen.
Der Grund für diese herausragende Stellung dieser Bahn liegt darin, dass von den 1,7 Kilometern die Hälfte, das heißt genau 761 Meter, in einem Tunnel verläuft. Die Strecke innerhalb des Tunnels steigt mit 27,8 Promille an und weist einen Kurvenradius von nur 179 Metern aus. Unschwer kann man sich vorstellen, welche Leistungen zur Zeit des Dampflokbetriebs vom Personal und von den eingesetzten Lokomotiven zu erbringen waren. So verwundert es nicht, dass bereits im Jahr 1909

preußische EV 1/2, E 73 03

Erstes Baujahr:	1907
Gesamtserie:	1 Lok
Bauart:	Bo + Bo
Länge über Puffer:	14140 Millimeter
Gesamtachsabstand:	9900 Millimeter
Treibraddurchmesser:	1370 Millimeter
Dienstgewicht:	68,3 Tonnen
Anzahl der Fahrmotoren:	4 Elektromotoren
Anfahrzugkraft:	170 kN
Stundenleistung:	1080 kW bei 30 km/h
Dauerleistung:	735 kW
Höchstgeschwindigkeit:	50 km/h

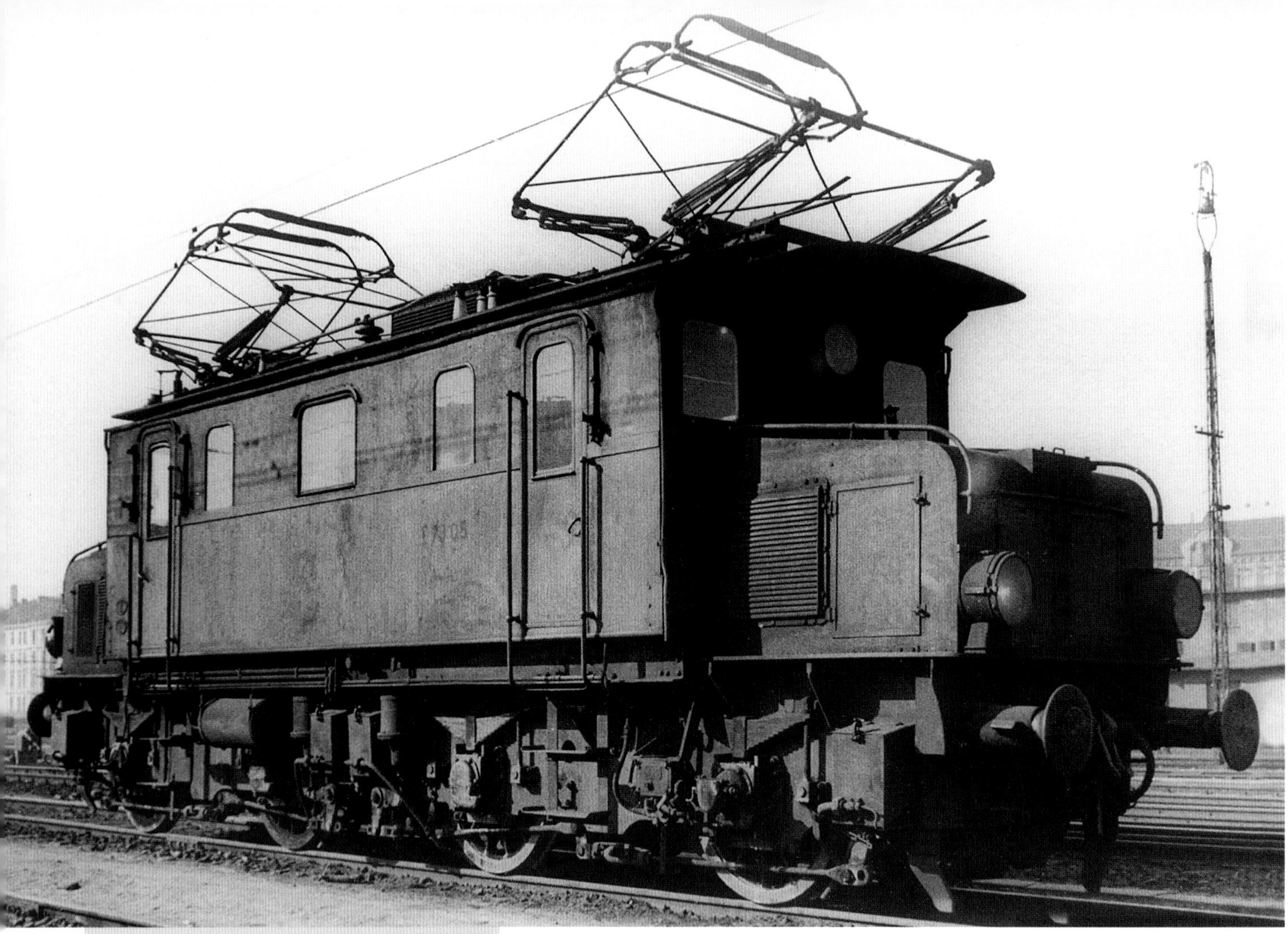

Oben: Robust, zuverlässig und unkompliziert war die preußische EV 5 II, die später die Bezeichnung E 73 05 erhielt.

preußische EV 5 II, E 73 02

Baujahr:	1923
Bauart:	Bo Bo
Spurweite:	1435 Millimeter
Länge über Puffer:	12 550 Millimeter
Gesamtachsabstand:	5480 Millimeter
Treibraddurchmesser:	1250 Millimeter
Dienstgewicht:	70,4 Tonnen
Anzahl der Fahrmotoren:	4 Elektromotoren
Anfahrzugkraft:	139 kN
Stundenleistung:	740 kW bei 30 km/h
Dauerleistung:	515 kW bei 34 km/h
Höchstgeschwindigkeit:	50 km/h

erste Pläne zur Elektrifizierung dieser ungewöhnlichen Strecke erwogen wurden. Bereits zwei Jahre später, im Jahr 1911, konnte der elektrische Betrieb aufgenommen werden. Bei den eingesetzten Elektrolokomotiven handelte es sich um folgende Fahrzeuge:

Die preußische EV 1/2 Altona

Am 15. November 1906 wurde auf der mit Wechselstrom von 6 Kilovolt/25 Hertz betriebenen „Oranienburger Rundbahn" ein Versuchsbetrieb zur Erprobung verschiedener Oberbauarten aufgenommen. Für diesen Betrieb wurde die EV 1/2 beschafft. Der mechanische Teil der als Doppellokomotive gebauten Maschine entstand bei Vulcan in Stettin, der elektrische Teil bei AEG. Ab Ende Mai 1908 nahm sie auf der Versuchsbahn ihren Dienst auf.
Ende des Jahres 1910 beendete die EV 1/2 ihren Dienst auf der Versuchsbahn in Oranienburg und kam nach Hamburg. Für ihren neuen Einsatz wurde sie in den Werkstätten von Ohlsdorf ausgerüstet. Dort bekam sie unter anderem einen vierten Fahrmotor. Zum 1. Mai 1911 übernahm sie ihre neue Aufgabe. Da sie sich anfänglich nicht bewährte (ungenügende Stromaufnahme, Neigung zum Schleudern), wurden 1912 weitere Umbauten vorgenommen. So erhielt die Lok vier Stromabnehmer, außerdem wurde ihre Leistung vermindert. In dieser geänderten Form versah sie

bis 1932 zufriedenstellend ihren Dienst. Nach ihrer Ausmusterung war sie für das Nürnberger Verkehrsmuseum vorgesehen, wurde aber in der Zeit des Zweiten Weltkriegs bei einem Bombenangriff zerstört.

Die preußische EV 5 II Altona

1923 beschaffte die Deutsche Reichsbahn-Gesellschaft eine weitere Elektrolokomotive für die Hafenbahn in Altona. Sie wurde noch mit der alten preußischen Bezeichnung EV 5 II geliefert und später als E 73 05 bezeichnet. Von allen drei auf der Hafenbahn eingesetzten Elektrolokomotiven war sie die beste. Robust, anspruchslos und zuverlässig versah die bei der Berliner Maschinenbau AG bzw. bei den Maffei-Schwartzkopff-Werken gebaute Maschine über viele Jahre hinweg ihren Dienst. Ihr gesamtes Lokomotivleben war sie bis zu ihrer Ausmusterung im Mai 1954 ausschließlich auf der Altonaer Hafenbahn eingesetzt. 1959 wurde sie verschrottet.

Die E 73 06 der DRG

Als dritte Maschine der Altonaer Hafenbahn wurde 1925 von der Deutschen Reichsbahn-Gesellschaft die E 73 06 beschafft. Sie sollte die altgediente preußische EV 1/2 ersetzen. Im August 1926 wurde sie in Dienst gestellt. Auch sie wurde während ihrer gesamten Betriebszeit, ebenso wie die E 73 05, allein auf der Hafenbahn eingesetzt. Allerdings verursachte der verwendete Einzelachsantrieb hohe Unterhaltskosten. Im August 1951 geriet sie auf der Bergfahrt außer Kontrolle und wurde schwer beschädigt. Trotz einer aufwendigen Reparatur im weit entfernten Ausbesserungswerk München-Freimann wurde sie schon 1955 ausgemustert.

E 73 06/DRG

Baujahr:	1925
Bauart:	Bo Bo
Spurweite:	1435 Millimeter
Länge über Puffer:	13850 Millimeter
Gesamtachsabstand:	7800 Millimeter
Treibraddurchmesser:	1600 Millimeter
Dienstgewicht:	80,9 Tonnen
Anzahl der Fahrmotoren:	4 Doppelmotoren
Anfahrzugkraft:	200 kN
Stundenleistung:	1180 kW bei 40 km/h
Dauerleistung:	910 kW bei 45 km/h
Höchstgeschwindigkeit:	50 km/h

Unten: Als dritte Elektrolokomotive für die Altonaer Hafenbahn beschafft die DRG im Jahr 1925 die E 73 06.

5566
MÜNSTER
A. BORSIG
10000
BERLIN-TEGEL
1918

BEDEUTENDE DEUTSCHE LOKFABRIKEN: DIE ERSTEN EISENBAHNPIONIERE

Johann Carl Friedrich August Borsig (1804–1854)

23.06.1804	Johann Carl Friedrich August Borsig wird in Breslau geboren.
1825	Nach einer Zimmermannlehre Besuch der Provinzial-Kunst- und Bauschule und des Königlichen Gewerbeinstituts in Berlin
1837	Gründung der eigenen Fabrik
1841	Herstellung der Lokomotive „Borsig" für die Berlin-Anhaltische Eisenbahn
1842	Konstruktion der Lokomotive „Beuth"
1854	Die 500. Lokomotive verlässt das Werk.
06.06.1854	August Borsig stirbt in Berlin.

Nur wenige Jahre waren nach der Eröffnung der ersten Deutschen Eisenbahn vergangen, als sich einheimische Unternehmer fanden, die den Bau von Lokomotiven in die Hand nahmen. Der Grund für diese Aktivitäten lag darin, dass die früh entstandenen Eisenbahnen ihre Lokomotiven zu hohen Kosten, verbunden mit beachtlichen Einfuhrzöllen aus dem Ausland, speziell aus England beschaffen mussten. Hinzu kam natürlich auch die vielversprechende Aussicht, mit dieser neuen Technik gutes Geld zu verdienen. Speziell zu Beginn der 1840er-Jahre konnten die ersten deutschen Lokomotivfabriken ihre Produktion aufnehmen und über Jahrzehnte hinweg mit großem wirtschaftlichem Erfolg den Bau von Lokomotiven betreiben. In aller Welt genossen Lokomotiven aus Deutschland hohe Anerkennung und zählten zum Besten, was auf diesem Gebiet angeboten wurde. Nachfolgend wird die Entwicklung einiger dieser Unternehmen aus der Frühzeit des Eisenbahnwesens aufgezeigt.

Borsig: Erste Lokomotive aus dem Jahr 1841

Johann Carl Friedrich August Borsig, der spätere Gründer der Maschinenbauanstalt und Eisengießerei A. Borsig, wurde am 23. Juni 1804 in Breslau als zweites Kind des Zimmererpoliers Johann Georg Borsig und dessen Ehefrau Susanna Catherina geboren. Nach dem Abschluss der Schulausbildung besuchte er die Breslauer Kunst- und Bauhandwerkschule. Gleichzeitig machte er eine Lehre als Zimmermann. Auf seiner Wanderschaft besuchte er in Berlin ab 1823 das königliche Gewerbeinstitut. Die Aufgabe dieses Instituts war die Ausbildung von Technikern für die beginnende Industrialisierung Preußens. Das Institut stand unter der Leitung von Christian Peter Wilhelm Beuth (1781 bis 1853), einem Mann, der eine bedeutende Rolle bei der Industrialisierung Preußens spielte.

1825 trat Borsig als Praktikant in die Maschinenbauanstalt des Fabrikanten Franz Anton Egells in der Berliner Chausseestraße ein. In dieser Eisengießerei wurde er 1827 als Werkmeister angestellt. Im Oktober 1836 gründete er eine eigenen Eisengießerei und erwarb dazu ein Gelände an der Thorstraße in Berlin.

Rechts: 2A1-Lokomotive „Borsig" der Berlin-Potsdamer Eisenbahn.

Vorhergehende Seiten: Im Jahr 1918 baute die Lokomotivfabrik Borsig die 10.000ste Lokomotive. Es war die schwere Güterzuglokomotive G 12 „5566 Münster". Über dem Zylinderblock prangt das prächtige Farbrikschild.

Links: Das Ölgemälde „Lokomotivbau bei Borsig" ist auf eine Kupferplatte gemalt und stammt von Paul Meyerheim. Es entstand 1875 für die Loggia der Villa Borsig.

Beuth

Die „Beuth" ist die erste 1842 bei Borsig konstruierte Lokomotive. Im Jahr 1912, zum 75-jährigen Bestehen der Lokfabrik Borsig entstand dieser Nachbau.

Damit begann die Geschichte der Firma August Borsig – Eisengießerei und Maschinenfabrik. Im Jahr 1839 wurde die Produktion von Dampfmaschinen und Kesselanlagen aufgenommen. Eine der Aufgaben der neuen Firma waren die Instandhaltung und die Reparaturen der englischen und amerikanischen Dampflokomotiven der Berlin-Potsdamer Eisenbahn. Borsig erkannte schnell deren technische Schwächen und Unzulänglichkeiten. So schuf er eine eigene Lokomotivkonstruktion mit außen angeordneten Zylindern und einem

Sulzer-Thermolok

Hersteller:	Borsig
Baujahr:	1911
Bauart:	2' B 2'
Spurweite:	1435 Millimeter
Länge über Puffer:	16600 Millimeter
Kuppelraddurchmesser:	1750 Millimeter
Laufraddurchmesser:	1000 Millimeter
Dienstgewicht:	95 Tonnen
Leistung:	883 kW
Höchstgeschwindigkeit:	100 km/h

Unten: Diese Schnittzeichnung zeigt die Thermolok der Bauart Sulzer, die erste Diesellokomotive der Preußischen Staatsbahn aus dem Jahr 1911.

Drehgestell statt der bis dahin üblichen starren Vorlaufachse. Am 24. Juni 1841 wurde die Lokomotive „Borsig", die die Fabriknummer 1 trug, fertiggestellt und absolvierte auf der Strecke der Berlin-Anhaltischen Eisenbahn erfolgreich ihre erste Probefahrt. Mit dieser ersten brauchbaren Maschine begann der Siegeszug des Borsig'schen Lokomotivbaus. Ein unglaublicher wirtschaftlicher Aufschwung nahm seinen Anfang. Schon 1853 konnte die 400ste Lok aus dem Hause Borsig in Betrieb gehen. Zu diesem Zeitpunkt waren bei Borsig rund 1100 Arbeiter beschäftigt.

Ab 1853 wurden auch an ausländische Bahnunternehmen Borsig-Lokomotiven geliefert. Auf dem Höhepunkt seiner Unternehmerkarriere starb August Borsig 1854. Der Betrieb wurde von seinem Sohn August Julius Albert Borsig übernommen. Im August 1858 war die Lok mit der Fabriknummer 1000 gebaut worden. 2800 Mitarbeiter waren zu dieser Zeit bei der Lokomotivfabrik Borsig beschäftigt. In der Zeit der beginnenden 1870er-Jahre war die Lokfabrik Borsig in Europa der größte und neben den amerikanischen Baldwin-Lokomotivwerken weltweit der zweitgrößte Lieferant für Lokomotiven. Mit dem Tod von Albert Borsig im Jahr 1878 endete sicherlich das erfolgreichste Kapitel in der Geschichte des Unternehmens Borsig.

In den folgenden Jahrzehnten bestanden die Borsig-Lokomotivwerke in verschiedenen Unternehmensformen weiter. Bis 1945 hatten über 16 000 Lokomotiven die Werkhallen in Berlin-Moabit und Hennigsdorf verlassen. Unter diesen Maschinen befanden sich bemerkenswerte Konstruktionen, von denen einige zu nennen sind.

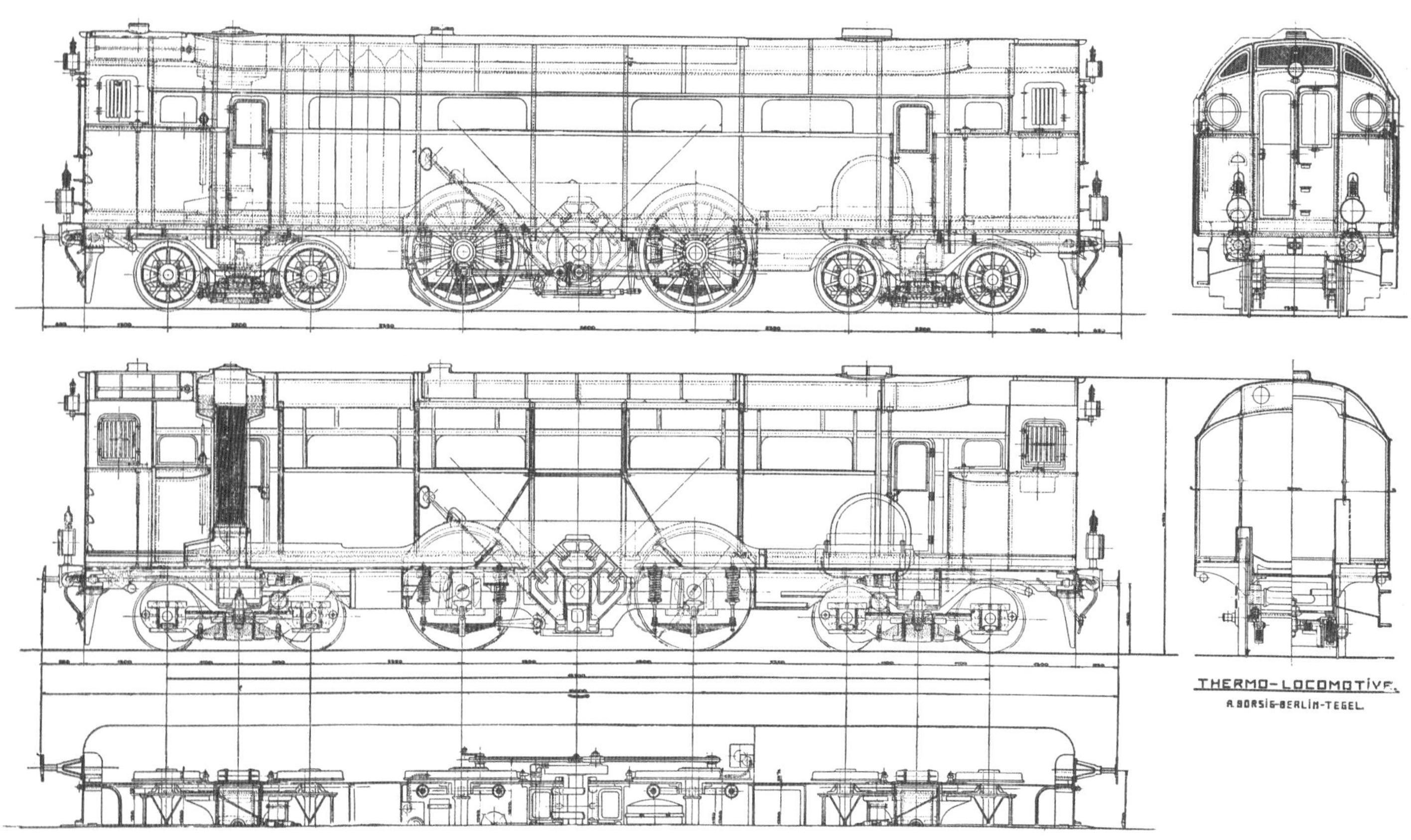

Es waren dies zum Beispiel die 1911 gebaute Sulzer-Thermo-Versuchslok, die erste Diesellokomotive für die Preußischen Staatsbahnen. Die 1922 ebenfalls für die Preußische Staatsbahn gebaute schwere Dreizylinder-Personenzuglok der Gattung P 10 und die mächtige, 1923 entstandene Güterzug-Tenderlokomotive der Gattung T 20. Für die Deutsche Reichsbahn baute Borsig 1926 die ersten Einheitsschnellzugloks der Baureihe 01 und 1935 die Stromlinienmaschinen der Reihe 05. Vergessen seien auch nicht die schweren Sandbahnloks, die in diesen Jahren bei Borsig für die schlesischen Sandbahnen entstanden. 1954 endete der Lokomotivbau. Bis dahin waren rund 13 000 Maschinen gebaut worden.

Oben: Fabrikschild der Dampflok 64 419 der Maschinenfabrik Esslingen mit der Fabrik-Nr. 4312 aus dem Jahr 1937.

Die „Maschinenfabrik Esslingen": Erste Lokomotive im Jahr 1841

Emil Kessler war der Begründer zweier Lokomotivfabriken, der Maschinenfabriken Karlsruhe und Esslingen. Das letztgenannte Unternehmen machte sich über Jahrzehnte hinweg in der ganzen Welt einen Namen mit dem Bau von Zahnradlokomotiven.

Emil Kessler wurde am 20. August 1813 in Baden-Baden geboren. Nach dem Besuch des Gymnasiums in seiner Heimatstadt besuchte er die Polytechnische Schule in Karlsruhe. Reisen in jungen Jahren ins Ausland ergänzten sein technisches Wissen. Zusammen mit seinem Teilhaber Theodor Martiensen gründete er 1837 in Karlsruhe die Maschinenfabrik Emil Kessler und Theodor Martiensen, in der physikalische Instrumente, Kleinmaschinen und Eisenbahnzubehör sowie landwirtschaftliche Geräte gefertigt wurden.

Das Unternehmen entwickelte sich gut, sodass ein größerer Betrieb vor dem Ettlinger Tor in Karlsruhe gegründet wurde. Die Produkte fanden auf dem Markt Zustimmung und Anerkennung.

Wegen der steigenden Nachfrage der deutschen Eisenbahnen entschloss sich die Maschinenfabrik Emil Kessler und Theodor Martiensen 1841 nach englischem Vorbild die erste eigene Lokomotive zu bauen. Diese unter der Fabriknummer 1 gebaute Lokomotive war eine getreue Nachbildung einer bei der Lokomotivfabrik Sharp im englischen Manchester gebauten Maschine. In ihrer Qualität und Leistung stand diese Lokomotive den englischen Produkten in keiner Weise nach. Konstruktion und Bauweise übertrafen alle Erwartungen. 1842 wurde die Lok von der Badischen Staatsbahn übernommen und erhielt den Namen „Badenia".

1842 schied Theodor Martiensen aus dem Unternehmen aus. Die neue Firmenbezeichnung lautete nunmehr „Maschinenfabrik Emil Kessler". In der Folgezeit entwickelt sich das Unternehmen zu einer der namhaftesten Lokfabriken Deutschlands. 1848 erfolgte eine Umfirmierung des Unternehmens in eine Aktiengesellschaft, die 1852 von der badischen Regierung übernommen wurde. Es entstand daraus die Maschinenbau-Gesellschaft Karlsruhe, die 1854 ihre erste Lokomotive auslieferte. 1846 gründete Emil Kessler die „Maschinenfabrik Esslingen". Das Werk lag zwischen der Hauptbahn Stuttgart–Ulm und dem Neckarufer.

Ein Jahr nach der Firmengründung konnte die erste Maschine gebaut und an die Staatsbahn ausgeliefert werden. In Anerkennung seiner Verdienste verlieh König

Emil Kessler (1813-1867)

20.08.1813	Emil Kessler wird in Baden-Baden geboren.
1837	Gründung der Maschinenfabrik in Karlsruhe
1841	Im Dezember verlässt die erste Lok, die „Badenia", das Werk.
1852	Umzug der Maschinenfabrik nach Esslingen
16.03.1867	Emil Kessler stirbt in Esslingen an einem Herzschlag.

Oben: Noch heute zeugt die 1863 in der Maschinenbau-Gesellschaft Karlsruhe für die Badische Staatsbahn gebaute Crampton-Lok „Phoenix" von dem Können ihrer Erbauer. Diese Maschine steht im Verkehrsmuseum in Nürnberg.

Oben: Die Maschinenfabrik Esslingen am Neckar, um die Jahrhundertwende des vorigen Jahrhunderts.

Unten: Unter der Fabrik-Nummer 3315 wurde von Maffei in München der Kessel und die Lokomotive der Gattung S 3/6 Nummer 3634, spätere 18 451, gebaut.

Wilhelm I. von Württemberg 1854 Emil Kessler das Ritterkreuz des Württembergischen Kronordens und damit den persönlichen Adelstitel. Emil Kessler erlag im Alter von 54 Jahren am 16. März 1867 in Esslingen einem Herzschlag.
In den Jahren 1900/01 entstand in Esslingen-Mettingen ein neues Werk. Die Königlich Württembergische Staatseisenbahn war über Jahre hinweg ein bedeutender Kunde bei der „Maschinenfabrik Esslingen". Dieses Unternehmen zeichnete sich durch eine Vielfalt an Produkten aus. Neben Lokomotiven und Wagen wurden auch Signalbrücken, Stellwerke, Kräne, Schiebebühnen, Drehscheiben, Industriekühlanlagen, Elektrolastwagen, Seilbahnen und Stahlkonstruktionen für Fabrikhallen und Brücken gefertigt.
Wirtschaftliche Schwierigkeiten entstanden, als in Deutschland die Länderbahnen aufgehoben wurden. Die neu erstandene Deutsche Reichsbahn bedachte Esslingen beim Bau neuer Lokomotiven nur mit geringen Stückzahlen. Bis zur Schließung des Werkes waren mehr als 5000 Lokomotiven gebaut worden. Heute ist die „Maschinenfabrik Esslingen" eine Verwaltungsgesellschaft ihrer eigenen Immobilien und gehört zum Daimler-Chrysler-Konzern.

Joseph Anton von Maffei: Erste Lokomotive im Jahr 1841

Maffei stammte aus einer alteingesessenen Handelsfamilie aus Verona. Sein Vater war nach München gekommen, um hier eine florierende Tabakfabrik zu gründen. Joseph Anton von Maffei wurde am 4. September 1790 in München geboren. 1816 übernahm er die väterliche Fabrik.

Schon bei der Gründung einer Aktiengesellschaft zum Bau der Eisenbahn von München nach Augsburg hatte von Maffei eine führende Rolle übernommen. So war er schon früh mit dem Eisenbahnwesen und der damit verbundenen Technik vertraut. So verwundert es nicht, dass er im Alter von 48 Jahren als erfolgreicher Geschäftsmann das in München in der Hirschau am Nordende des Englischen Gartens gelegene Lindauersche Eisenhammerwerk übernahm, um dort in eigener Regie Lokomotiven zu bauen. Dazu engagierte er die englischen Ingenieure Hall und Ashton, die beide aus der Lokomotivfabrik von Robert Stephenson in Newcastle stammten.

Endlich, im September 1841, war die erste Maffei-Dampflokomotive fertig. Trotz guter Betriebsergebnisse wurde diese Lokomotive vorerst von der Königlich-Bayerischen Eisenbahn-Baukommission nicht übernommen. Als 1844 für die im Bau befindliche Süd-Nordbahn, Lindau–Hof, die ersten Lokomotivbestellungen erfolgten, wurde der Bedarf an 24 Maschinen zu je einem Drittel auf die Lokfabriken Meyer/Mühlhausen im Elsass, Kessler in Karlsruhe und Maffei aufgeteilt. International bekannt wurde das Werk 1851, als die Maffei-Lokomotive „Bavaria" den Lokomotivenwettbewerb auf der ersten europäischen Gebirgsbahn am Semmering in Österreich gewinnen konnte. Im gleichen Jahr baute Maffei die ersten Raddampfer

Joseph Anton Ritter und Edler von Maffei (1790–1870)

04.09.1790	Joseph Anton von Maffei wird in München geboren.
1837	Maffei gründet seine Lokomotivfabrik und wird Mitglied des Landtags sowie Vorstand der München-Augsburger Eisenbahngesellschaft.
09.1841	Die erste Lok, „Der Münchner", wird ausgeliefert.
1845	Nach langen Verhandlungen wird „Der Münchner" von der Eisenbahnkommission übernommen.
1851	Maffei-Lokomotive „Bavaria" gewinnt Wettbewerb in Österreich.
01.09.1870	Joseph Anton von Maffei stirbt in München.

Links: Im September 1841 wird die erste Maffei-Lok mit dem Namen „Der Münchner" fertiggestellt.

Oben: Mit dem Kauf des Lindauerschen Eisenhammerwerks an der Isar im Nordosten des Englischen Gartens in München, legt Joseph Anton von Maffei im Jahr 1837 den Grundstein für seine später weltberühmt gewordene Lokomotivfabrik.

„J. A. Maffei"

An den Firmengründer Joseph Anton von Maffei erinnert noch heute die Dampflok „J.A. Maffei", die vom Bayerischen Lokalbahnverein erhalten wird. Der C-Kuppler wurde 1902 unter der Fabrik-Nr. 2312 von Maffei gebaut.

für die oberbayerischen Seen. In Regensburg gründete er eine eigene Werft für den Bau von Donauschiffen.

Als Joseph Anton von Maffei am 1. September 1870 im Alter von 80 Jahren starb, hatten rund 800 Lokomotiven sein Werk verlassen, die zu einem erheblichen Teil an die Bayerische Staatsbahn geliefert wurden. Aber auch die Bayerische Ostbahn, die Pfälzischen Eisenbahnen sowie Bahngesellschaften in Hannover, Württemberg, Thüringen, Österreich-Ungarn, Norditalien und in Ägypten schätzten die Erzeugnisse aus dem Hause Maffei. Neben dem Bau von Lokomotiven wurden ortsfeste Dampfmaschinen, Eisenkonstruktionen, Brücken und andere Bauwerke hergestellt. Nach seinem Tod wurde Maffei auf dem Südfriedhof in München beigesetzt. Da seine Ehe kinderlos geblieben war, ging der Besitz an seinen Neffen Hugo von Maffei über, der das Unternehmen weiterhin klug und umsichtig leitete.

Zu Beginn des 20. Jahrhunderts machte sich die Lokomotivfabrik Maffei mit dem Bau von Vierzylinder-Verbundmaschinen für den Güter-, aber ganz besonders für den Schnellzugverkehr einen herausragenden Namen. Die ab 1908 gebauten

Unten: Seitenansicht der bayerischen S 3/6 aus einer Werbung von J. A. Maffei in München.

Schnellzugloks der Gattung S 3/6 sind wegen ihrer Leistungsfähigkeit und Wirtschaftlichkeit noch heute nahezu jedem Eisenbahnfreund ein Begriff. Den geschäftlichen Erfolg beendete die Wirtschaftskrise in den 1920er-Jahren. Die Folge war, dass die alteingesessene Lokomotivfabrik ihre Selbstständigkeit verlor. Maffei wurde 1931 von dem ebenfalls in München ansässigen Unternehmen Krauss übernommen. So entstand die weltbekannte Krauss-Maffei AG mit Sitz in München-Allach.

Richard Hartmann, sächsische Lokomotivfabrik: Erste Lokomotive im Jahr 1848

Richard Hartmann wurde am 8. November 1809 als Sohn eines Schuhmachers und Weißgerbers in Barr im Elsass geboren. Dort erlernte er auch das Schmiedehandwerk. 1830 ging er auf Wanderschaft. Über Karlsruhe, Heidelberg, München, Jena, Plauen und Zwickau kam er 1832 nach Chemnitz, wo er in der Maschinenbaufabrik Haubold Arbeit fand.

Im März 1837 eröffnete Hartmann gemeinsam mit dem Schlosser Franz Illing in der Annaberger Straße in Chemnitz eine Werkstatt, in der Spinnmaschinen repariert wurden. Schon ein Jahr nach der Firmengründung baute das junge Unternehmen selbst entwickelte Maschinen für die ansässigen Spinnereien. 1839 schied Franz Illing aus der Firma aus. Seine Stelle nahm der Kaufmann August Götze ein.

Da sich der Betrieb positiv entwickelte, waren neue, größere Produktionsstätten notwendig. Die Firma zog ins circa 40 Kilometer entfernte Gablenz (heute ein Stadtteil von Crimmitschau) um. An diesem Standort wurde mit der Produktion von Dampfmaschinen begonnen. Ab 1842 war Richard Hartmann alleiniger Unternehmer. Drei Jahre wurde mit der Produktion von Webstühlen begonnen. 1847 entschloss sich Hartmann, nachdem er vom sächsische Staat eine großzügige finanzielle Förderung erhalten hatte, zum Bau seiner ersten Lok. Ein vielversprechendes Geschäft, da in diesen Jahren das Eisenbahnwesen in Deutschland einen starken Aufschwung nahm. Die „Glück auf", Hartmanns erste Lok, ging am 7. Februar 1848 in Leipzig bei der Sächsisch-Bayerischen Staatsbahn in Betrieb. Innerhalb eines Jahrzehnts entwickelte sich Richard Hartmann zum führenden Chemnitzer Industriellen. Ständig erweiterte er seine Produktpalette. So baute er Turbinen, Werkzeugmaschinen, Einrichtungen für Mühlen und für Bergwerke. Den Hauptanteil am Geschäftsumsatz seines Unternehmens brachte jedoch der Bau von Lokomotiven. Im April 1858 konnte die 100ste Lokomotive die Werkhallen verlassen. 1861 stammten von den 203 bei der Sächsischen Staatsbahn in Dienst stehenden Loks 113 Stück aus dem Hause Hartmann. Im Dezember 1866 konnte die 300ste Lokomotive fertiggestellt werden. In den letzten Lebensjahren widmete sich Hartmann intensiv der Arbeiterfürsorge. Er baute Wohnungen und soziale Einrichtungen. Bei seinen Arbeitern war er sehr beliebt.

1870 wandelte Hartmann sein Unternehmen in eine Aktiengesellschaft um. Mit einem für die damalige Zeit beachtlichen Stammkapital von zweieinhalb Millionen Mark war die „Sächsische Maschinenfabrik vormals Richard Hartmann Aktiengesellschaft" eines der größten und bedeutendsten Unternehmen im sächsischen Raum.

Richard Hartmann (1809–1878)

08.11.1809	Richard Hartmann wird in Barr im Elsass geboren.
1837	In diesem Jahr schließt Richard Hartmann einen Vertrag mit Franz Illing zur Übernahme der Werkstatt des Maschinenbauers F. A. Schubert.
1848	Taufe der ersten Hartmann-Lok „Glück auf"
1858	Auslieferung der 100. Hartmann-Lokomotive
16.12.1878	Richard Hartmann stirbt in Chemnitz an den Folgen eines Gehirnschlags.

Unten: Die Abbildung zeigt eine Werbeanzeige der Maschinenfabrik von Richard Hartmann. Die Anzeige erschien 1861 in der von Friedrich Georg Wieck herausgegebenen „Illustrierten Gewerbezeitung".

Oben: Unter der Fabriknummer 164 steht in der Lokomotivfabrik Richard Hartmann in Chemnitz im Jahr 1861 die Lokomotive „Muldenthal". Sie blieb der Nachwelt erhalten und kann noch heute als Zeugnis der Lokomotivbaukunst Hartmanns im Verkehrsmuseum in Dresden bewundert werden.

Vorhergehende Seiten: Eine ungewöhnliche fotografische Rarität zeigen diese Bilder. In sieben Aufnahmen wird das Entstehen einer Dampflokomotive bei der Lokfabrik Borsig im Jahr 1913 gezeigt. Zu sehen ist die preußische P8 „2435 Saarbrücken" (spätere „2418 Saar" bzw. 38 3850). Diese Maschine beendete ihren Dienst nach 53 Jahren im Januar 1966 beim Bahnbetriebswerk Bremerhaven-Lehe der Deutschen Bundesbahn.

In der Blütezeit des Betriebs standen dort an die 7000 Menschen in Lohn und Brot. Am 16. Dezember 1878, starb Richard Hartmann im Alter von nur 69 Jahren an den Folgen eines Gehirnschlags.
Infolge der Weltwirtschaftskrise musste die traditionsreiche „Sächsische Maschinenfabrik" im Jahr 1929 den Lokomotivbau aufgeben. Bis dahin wurden etwa 4700 Lokomotiven an Bahnen in aller Welt geliefert.

Die größte deutsche Lokfabrik – Henschel-Werke in Kassel: Erste Lokomotive im Jahr 1848

Am 29. Juli 1848 wurde die erste Lokomotive der Henschel-Werke, der „Drache", an die Kurfürst-Friedrich-Wilhelms-Nordbahn ausgeliefert. Zu dieser Zeit wurde das Unternehmen von Georg Alexander Carl Henschel geleitet, der es 1840 übernommen hatte. Carl Henschel stammte aus einer alten Industriellenfamilie, deren Wurzeln bis ins Jahr 1777 zurückreichen.
In den beiden ersten Jahrzehnten des Lokomotivbaus bei Henschel wurde nur eine relativ geringe Zahl an Loks gefertigt. In der Zeit um 1900 jedoch war ein merklicher Anstieg zu verzeichnen. So konnte im Juli 1885 die Fertigstellung der 2000sten Lokomotive feierlich begangen werden. 1910 folgten die Feiern zur 10 000sten Lok. Ein revolutionärer Erfolg gelang dem Unternehmen 1898, als die erste Heißdampflokomotive, eine P 4, an die Preußische Staatsbahn geliefert wurde. Diese Erfindung steigerte zum einen die Leistung, und zum anderen brach-

Der „Drache" mit der Fabriknummer 1 von Henschel. Typisch ist die Radsatzfolge 2' B.

te sie eine merkliche Einsparung im Kohlen- und Dampfverbrauch. Zu diesem Zeitpunkt hatten sich die Kasseler Werke zu einem der wichtigsten und größten Lokomotivlieferanten der Preußischen Staatsbahn entwickelt. Aber auch Aufträge von deutschen Industrie- und Privatbahnen kamen hinzu. Henschel-Lokomotiven waren in ganz Europa, aber auch im Orient, in Japan, in Afrika und in Südamerika anzutreffen. 1923 konnte die 20 000ste Henschel-Lok dem Betrieb übergeben werden. Als in den beginnenden 1920er-Jahren die Weltwirtschaftskrise über die damaligen Industrienationen hereinbrach, waren auch die Henschel-Werke davon betroffen. Doch durch geschicktes Handeln konnte diese schwere Zeit aufgrund von Lieferungen nach Südafrika, Südamerika, Australien, Bulgarien und in die Türkei gemeistert werden.

Die mit Dampfmotoren ausgerüstete Versuchsdampflokomotive der Baureihe 19.10 lieferte Henschel im Jahr 1941 aus.

pr. P 4.1, Baureihe 36.70

Erstes Baujahr:	1896
Gesamtserie:	414 Loks
Spurweite:	1435 Millimeter
Bauart:	2' B n2
Zylinderdurchmesser:	430–460 Millimeter
Kolbenhub:	600 Millimeter
Kesseldruck:	12 bar
Rostfläche:	2,32 m²
Verdampfungsheizfläche:	118,91 m²
Länge über Puffer:	14615 Millimeter
Treib- und Kuppelraddurchmesser:	1750 Millimeter
Laufraddurchmesser:	1000 Millimeter
Dienstgewicht (ohne Tender):	48,4 Tonnen
Höchstgeschwindigkeit:	90 km/h

Oben: Von der Deutschen Reichsbahn wurde als Konkurrenz zu den in diesen Jahren aufkommenden Dieselschnelltriebwagen der „Henschel-Wegmann-Zug in Betrieb genommen, für in der Regel von zwei stromlinienverkleidete Tenderlokomotiven der Reihe 61 befördert wurde. Hier die 61 002 im Bau.

Links: Vom Reichsbahn-Werbeamt in Berlin stammt die Postkarte mit dem Titel: „Im modernsten Stromlinien-Zug".

In der Zeit der Deutschen Reichsbahn wurden in den Henschel-Werken wegweisende Fahrzeuge entwickelt und gebaut. Dabei sei nur beispielsweise an die Lokomotiven der Baureihen 01, an die Dampfmotorlok 19.10, an die Reihe 61 mit dem Henschel-Wegmann-Zug oder an die elektrischen Hochleistungsmaschinen E 19 11 und E 19 12 erinnert. Um 1930 war Henschel in Kassel eine der größten Lokomotivfabriken in Europa.

Als in der Zeit des Zweiten Weltkriegs ab 1942 die Kriegslokomotiven für die Deutsche Reichsbahn produziert werden mussten, waren auch die Henschel-Werke in Kassel daran beteiligt. Henschel zählte beim Bau dieser Loks der Reihe 52 neben der Lokomotivfabrik Wien-Floridsdorf zu den größten Herstellern dieser Maschinen. Insgesamt wurden von Henschel 1050 Stück gebaut.

Nach 1945 wurde die zunächst fehlende Neuproduktion mit Reparaturen von kriegsbeschädigten Lokomotiven überbrückt. Als in den 1950er-Jahren die Wirtschaft in Westdeutschland einen rapiden Aufschwung nahm, war Henschel an den Neubauprojekten von Dampf- und Elektrolokomotiven für die Deutsche Bundesbahn maßgebend beteiligt. Ein besonders interessanter Auftrag für Henschel war ab 1951 die Projektierung und Lieferung einer großen Serie von 90 Stück der Henschel-Kondenslokomotiven der Reihe 25 für wasserarme Gebiete in Südafrika. Im Jahr 1957 lief bei Henschel der Bau von Dampflokomotiven nach großen Aufträgen für Indien und Südafrika aus. Die Zeit der Dampflokomotiven war vorbei. In den Werkhallen entstanden vermehrt Elektro- und Dieselloks. Gleichzeitig endete die Zeit von Henschel als Familienunternehmen.

In den folgenden Jahrzehnten wechselten wiederholt die Eigentümer, und der Name Henschel verschwand dann 1996 völlig. In der Zeit von 1848 bis 1998, das heißt innerhalb von 150 Jahren, waren bei Henschel circa 31 900 Lokomotiven gebaut worden.

Unten: Seitenansicht der Baureihe E 19.

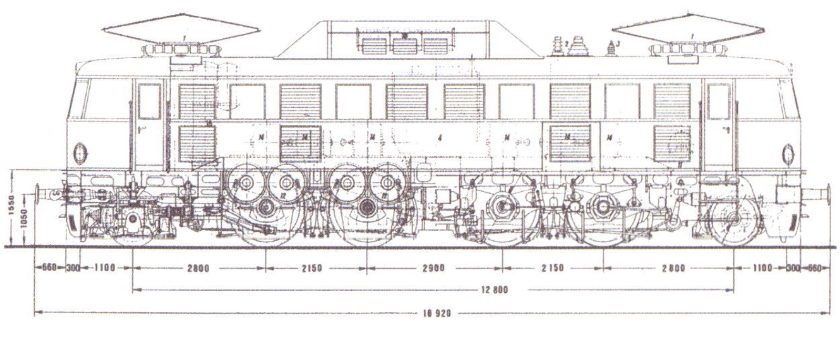

Krupp – Lokomotiven aus der Rüstungsschmiede: Erste Lokomotive im Jahr 1919

Obwohl Krupp erst nach dem Ersten Weltkrieg mit dem Bau von Lokomotiven begann, soll auch diese Firmengeschichte dargestellt werden, denn dieses Unternehmen zählte zu den großen Lokomotivfabriken Deutschlands. Der Grund für diese Entwicklung war, dass das Deutsche Reich nach dem verlorenen Ersten Weltkrieg an die Siegermächte 5000 Lokomotiven und 150 000 Wagen als Wiedergutmachung abzuliefern hatte.

Um die dadurch entstandenen Lücken zu schließen und um den stark heruntergewirtschafteten Fahrzeugpark zu modernisieren, gab der Staat neue Schienenfahrzeuge in Auftrag, an deren Produktion auch mehrere ehemalige Rüstungsfabriken beteiligt wurden. Darunter war auch die Firma Krupp in Essen, die für den Lokomotiv- und Wagenbau die Firma „Lowa" gründete. Am 6. Dezember 1919 konnte die erste Dampflokomotive aus dem Hause Krupp, die preußische Güterzuglok G 10 „5495 Elberfeld", ausgeliefert werden.

Bis 1923 baute die „Lowa" 287 Maschinen dieses Typs. Innerhalb der folgenden sechs Jahre entwickelte sich das Geschäft gut. In dieser Zeit lieferte „Lowa" an die neu erstandene Deutsche Reichsbahn 304 Dampfloks. Aber auch dieses Unternehmen wurde von der Wirtschaftskrise der 1920er-Jahre nicht verschont. Doch gelang es aufgrund größerer Aufträge aus Russland und Rumänien, diese schwierige Zeit zu überstehen. Als sich ein allgemeiner Aufschwung abzeichnete, übernahm die Lowa vier Lokomotivfabriken, die unter den Umständen der wirtschaftlichen Krise stark gelitten hatten. Es waren dies: die Hohenzollern AG in Düsseldorf, die Maschinenbau-Anstalt in Köln-Kalk, die Maschinenbau-Gesellschaft in Karlsruhe und die Linke-Hofmann-Busch-Werke in Berlin.

Ausstellung: Krupp. Fotografien aus zwei Jahrhunderten

Essen 2011. Die Ausstellung der Alfred Krupp von Bohlen und Halbach-Stiftung in der Villa Hügel in Essen, „Krupp. Fotografien aus zwei Jahrhunderten", ging der Frage nach, wie Fotografie verwendet wurde und welchen Zwecken sie diente. Auf diese Weise leistete sie einen Beitrag zur Erforschung der Fotografiekultur und bot zugleich einen spannenden Einblick in die Geschichte des Hauses Krupp. Das Foto zeigt Alfred Krupp von Bohlen und Halbach mit Lehrlingen in der Radsatzwerkstatt um 1961.

Unten: Diese Aufnahme zeigt die bei Krupp in Essen gebaute preußische Güterzuglok G 10 „Erfurt 5531". Wie damals vielfach üblich, trug die Maschine bei ihrer Auslieferung einen sogenannten Fotografieranstrich.

Oben: Als Versuchslokomotive konstruierte und baute Krupp 1923 eine Turbinenlokomotive, die T 18 1001. Nach verschiedenen Umbauten musste man jedoch feststellen, dass diese Konstruktion für den rauen alltäglichen Eisenbahnbetrieb nicht geeignet war.

Unten: Krupp baute ab 1927 die ersten Garrats-Lokomotiven für Südafrika.

Im Jahr 1930 wurde die bisherige Werkbezeichnung in Friedrich Krupp Aktiengesellschaft, Lokomotivfabrik, Essen umbenannt. Obwohl Krupp zu den jüngsten Fabriken in dieser Branche zählte, entstanden in ihren Konstruktionsabteilungen interessante und fortschrittliche Maschinen. Als Beispiel sei die erste deutsche Dampfturbinenlok, die T 18 1001, genannt, die sich durch eine ungewohnt hohe Wirtschaftlichkeit auszeichnete. Das Auslandsgeschäft war für Krupp immer von großer Bedeutung. So bezog 1927 die Südafrikanische Eisenbahn 39 Garratt-Loks und in erheblicher Stückzahl die Klassen 16DA, 19C und 19D.

Als die Deutsche Reichsbahn in großem Umfang die Beschaffung und den Bau ihrer Einheitslokomotiven vorantrieb, war auch Krupp am Bau der Loks der Reihen 01, 03,

03.10, 04, 06, 24, 41, 44, 50, 64, 71 und 86 beteiligt. Besonders die beiden Riesenloks der Reihe 06 mit der Achsfolge 2' D 2' erregten in der Fachwelt großes Aufsehen.
In den folgenden Jahren lieferte Krupp nicht nur Dampfloks, sondern auch Elektro- und Dieselloks. Von besonderer Bedeutung waren diesbezüglich die 1936 für die Höllentalbahn gelieferte E 244 31 sowie die 1941 gebauten vier Dieseldoppelloks D 311, spätere DB-Baureihe V 188.
Nach dem Zweiten Weltkrieg erlebte der Dampflokbau bei Krupp nochmals eine kurze Renaissance mit dem Bau von je 100 Maschinen für Indonesien und Südafrika. Diesen Lieferungen schloss sich noch die Produktion von Neubaudampfloks für die Deutsche Bundesbahn der Reihen 10, 23 und 82 an. Auch die indische Staatsbahn sowie ein afrikanisches Eisenbahnunternehmen kauften bei Krupp 1954 nochmals Dampfloks. Mit dem Traktionswechsel erhielt Krupp in den folgenden Jahren erhebliche Aufträge zum Bau von Elektro- und Diesellokomotiven für die Deutsche Bundesbahn. Auch beim Bau von ICE-Triebköpfen war die traditionsreiche Firma noch beteiligt. Insgesamt entstanden bei Krupp 7647 Triebfahrzeuge, davon 5255 Dampf-, 1311 Diesel- und 1081 elektrische Lokomotiven.

WR D 311, V 188, 288

Hersteller:	Krupp
Erstes Baujahr:	1941
Gesamtserie:	4 Doppelloks
Bauart:	Do Do
Spurweite:	1435 Millimeter
Leistung:	2 x 810 kW
Leistungsübertragung:	elektrisch
Länge über Puffer:	22510 Millimeter
Gesamtachsstand:	16350 Millimeter
Raddurchmesser:	1250 Millimeter
Dienstgewicht (mit 2/3 Vorräten):	147 Tonnen
Höchstgeschwindigkeit:	75 km/h

Unten: Am 8. Juli 1960 rollt die V 188 002, die ehemalige D 311 04 A/B, mit einem Güterzug durch Fulda.

DIE LÄNDERBAHNZEIT: DIE ENTWICKLUNG IN DEN DEUTSCHEN STAATEN

Vorhergehende Seiten: Mehr als 100 Jahre alt ist dieses Foto einer badischen II d vor einem Schnellzug. Solche Aufnahmen zählen zu den absoluten Raritäten, da es in der Zeit um 1900 sehr schwierig war, mit den zur Verfügung stehenden technischen Möglichkeiten Fotos von sich schnell bewegenden Objekten anzufertigen. Die Aufnahme entstand im Rheintal nahe Offenburg.

Kleines Bild rechts oben: Im Auftrag des preußischen Königs Friedrich Wilhelm IV. dokumentierte der Berliner Maler Eduard Gaertner um 1850 in präziser Weise Bauwerke und Bahnhöfe der 740 Kilometer langen Ostbahn, die von Berlin aus über Danzig nach Königsberg bis zur russischen Grenze führte.

Kleines Bild rechts unten: Zur Zeit, als Gaertner verschiedene Bauwerke der Ostbahn malerisch erfaßte, waren noch nicht alle Objekte fertiggestellt. So befand sich die Brücke über das Schwarzwasser auf der Strecke Bromberg - Königsberg noch im Bau.

Unten: Dank der herrlichen Bilder ist es noch heute möglich, geistig in die Zeit des frühen preußischen Eisenbahnwesens einzutauchen, wie am Beispiel des Bahnhofes Miasteczko mit seiner Wasserstation und den damit verbundene Details.

Mitte der 1830er-Jahre begann in Deutschland die Industrialisierung des Landes. Eng verbunden damit war das Entstehen des Eisenbahnwesens, das für diese Entwicklung eine wesentliche Voraussetzung darstellte. Vorangetrieben wurde der Aufbau eines deutschen Eisenbahnnetzes überwiegend von privaten Interessenten wie von Kaufleuten und Unternehmern, aber auch von Städten, die sich durch diese neue Technik einen kommerziellen und wirtschaftlichen Aufschwung erhofften. Staatliche Institutionen zeigten anfänglich kein bzw. nur ein geringes Interesse an dieser Entwicklung.

Preußen: Länge des Eisenbahnnetzes 34 443 Kilometer

Obwohl in Deutschland bis etwa 1840 verschiedene Eisenbahnen ihren Betrieb aufgenommen hatten, zeigte der preußische Staat an einer derartigen Entwicklung kein Interesse. Der frühe Bau von Bahnen in Preußen beruhte auf privaten Initiativen. So verkündete 1844 der damalige preußische Politiker Freiherr von Reden: „Preußen hatte das Glück, unter seinen Bewohnern hinreichenden Gemeinsinn, genügend Spekulationsgeist und das erforderliche Kapital zu finden, um seit sieben Jahren mehrere große Eisenbahnstrecken theils vollendet, theils im Bau und in der Anlage gesichert zu sehen. Kein Staat auf dem festen Lande von Europa kann ähnliche Resultate aufweisen." Bis um 1850 war auf der Basis privater Investitionen in Preußen ein relativ dichtes Eisenbahnnetz entstanden. Es zeigte sich je-

doch mancherorts, dass das private Kapital vor den Risiken, die ein Bahnbau mit sich brachte, zurückschreckte. Erst durch staatliche Zinsgarantien konnte der Bau weiterer Bahnstrecken abgesichert werden. 1845 änderte sich die Situation. Für den geplanten Bau der Ostbahn von Berlin über Danzig nach Königsberg bis hin zur russischen Grenze konnten keine privaten Geldgeber gefunden werden. Da aber der Staat und speziell das Militär den Bau als notwendig erachteten, wurde diese 740 Kilometer lange Bahnverbindung auf Staatskosten errichtet.

Unter dem Handelsminister von der Heydt, der 1848 als Minister für Handel, Gewerbe und öffentliche Arbeiten in die Regierung eintrat, nahm der Staatsbahngedanke einen mächtigen Aufschwung. War er doch Mitbegründer der Düsseldorf-Elberfelder und der Bergisch-Märkischen Eisenbahn. So übernahm der preußische Staat ab diesem Zeitpunkt auch den Bau und den Betrieb weiterer Bahnen, die von besonderer Bedeutung waren. Gleichzeitig begannen Verhandlungen und Vertragsabschlüsse zur Übernahme verschiedener Privatbahnen. Damit konnte sich das Staatsbahnwesen erheblich ausbreiten. Im Jahr 1855 hatte Preußen 1053 Kilometer Staats- und 480 Kilometer in staatlicher Verwaltung stehende Bahnen, während die Länge der Privatbahnen mit 2280 Kilometern noch erheblich überwog. Um 1870 hatte sich die Situation in etwa ausgeglichen.

Mit der Gründung des Deutschen Reiches im Jahr 1871 wurde der Staatsbahngedanke weiter gefördert. Der Gedanke einer Reichseisenbahn wurde geboren. Diese von Reichskanzler Bismarck geförderten Überlegungen scheiterten damals jedoch an der partikularistischen Haltung der übrigen deutschen Staaten. So kam es, dass in Preußen in den Jahren von 1878 bis 1885 weitere bis dahin private Eisenbahnunternehmen verstaatlicht wurden. Auch die folgenden Jahre waren von dieser Politik gekennzeichnet. In der Folgezeit waren alle wichtigen Bahnen staatlich, und örtliche, auf kleine Gebiete beschränkte Eisenbahnen privat.

Oben: Eine bedeutende Bahnstation auf der Ostbahn war Bromberg. Wie das Bild zeigt, verfügte Bromberg über einen relativ großen Bahnhof mit Lokremise.

Eduard Gaertner (1801–1877)

Geboren am 2. Juni 1801 in Berlin. Ab 1814 sechsjährige Ausbildung in der königlichen Porzellanmanufaktur in Berlin. 1833 Mitglied der Akademie der Künste in Berlin. Ab 1834 entstehen seine wesentlichen Werke. 1870 Umzug nach Flecken Zechlin. Am 22. Februar 1877 stirbt dort Gaertner.

Oben: Das Wappen der K.P.E.V. prangte weithin sichtbar an zahlreichen Lokomotiven.

Auch in Bayern wurde der Bau der ersten großen Fernbahn von Hof über Nürnberg und Augsburg nach Lindau in kunstvollen Bildern festgehalten. Der Maler war Karl Herrle aus München, der diese Aquarelle im wesentlichen in den Jahren von 1848 bis 1855 schuf. Hier eine Szene vor den Allgäuer Bergen.

Bis 1880 waren die einzelnen Direktionen der „Königlich Preußischen Eisenbahn-Verwaltung" (KPEV) hinsichtlich der Verwaltung und des Betriebs sehr selbstständig, was nicht immer von Vorteil war. Um diesen wenig förderlichen Umständen entgegenzuwirken, wurde Ende der 1870er-Jahren eine einheitliche, straffe Geschäftsführung geschaffen.

Von besonderer Bedeutung war das Jahr 1896, als es zu der preußisch-hessischen Betriebsgemeinschaft und damit zur Gründung der „Königlich Preußischen und Großherzoglich Hessischen Staatseisenbahnen" kam.

Bis zum Jahr 1878 konnte man nicht von einer einheitlichen Entwicklung beim Bau der Lokomotiven sprechen. Jede der einzelnen Direktionen beschaffte unabhängig voneinander die ihrer Meinung nach notwendigen Maschinen. Dadurch wurde natürlich ein wirtschaftlich vertretbarer Unterhalt dieser Fahrzeuge nahezu unmöglich. Hinzu kamen noch all die unterschiedlichen Loktypen, die von den privaten Eisenbahnunternehmen stammten. Um hier die erforderliche Ordnung zu schaffen, wurden von der Staatsbahn 1880 die sogenannten preußischen „Normalien" eingeführt. Diese Regelung ermöglichte im Lokomotivbau und beim Unterhalt der Maschinen die Verwendung einheitlich genormter Bauteile. Ein weiterer bedeutender Schritt in der Entwicklung der Dampflokomotive war die Einführung des Heißdampfsystems. Dieses System brachte eine wesentliche Leistungssteigerung und eine wirtschaftlichere Betriebsführung mit sich. Weltweit erstmals angewendet wurde es 1898 bei einer Schnellzug- und einer Personenzuglokomotive der Preußischen Staatsbahn.

Bayern: Länge des Eisenbahnnetzes 8526 Kilometer

In der zweiten Hälfte der 1820er-Jahre bevorzugten der bayerische König Ludwig I. und seine Regierung bei der Neuanlage von Verkehrswegen den Bau von Kanälen, wie es in Frankreich und England in dieser Zeit üblich war. So wurde mit allem Nachdruck die Errichtung des 172 Kilometer langen Ludwig-Donau-Main-Kanals von Kelheim bis nach Bamberg betrieben. Gleichzeitig sorgten einflussreiche Wirtschaftskreise für den Bau einer Eisenbahnverbindung zwischen Nürnberg und Fürth. Diese erste Bahnverbindung in Deutschland konnte dann 1835 eröffnet werden. Die wirtschaftlichen Erfolge der Ludwigs-Eisenbahn ermutigten Unternehmer anderer Städten zur Errichtung weiterer Privatbahnen wie zum Beispiel die Strecke München–Augsburg.

Während Preußen, Sachsen und Hessen bis zur Mitte der 1870er-Jahre dem Privatbahnprinzip treu blieben, wandte sich Bayern schon 1841 davon ab. Der Bau der Süd-Nord-Bahn von Hof über Nürnberg nach Lindau wurde unter staatlicher Regie durchgeführt, da private Investoren bei diesem teils schwierigen Bahnbau die damit verbundenen Risiken scheuten. Die Bahnen der zu Bayern gehörenden Rheinpfalz hingegen wurden bis ins 20. Jahrhundert hinein durch private Eisenbahnunternehmen erschlossen.

Als das Eisenbahnnetz in seiner grundlegenden Ausbreitung fertiggestellt war, zog sich der Bayerische Staat vorübergehend aus dem Bahnbau zurück. Den Bahn-

Oben: Ein aus der Zeit um 1850 gefertigter Stahlstich zeigt die Landschaft des Allgäus mit einem Zug bei Biessenhofen auf der Strecke Buchloe - Kempten.

betrieb bei den durch Kommunen gebauten Anschlussstrecken behielt er aber gegen Pachtzahlungen in der Hand.

Die ab 1856 agierende bayerische Ostbahn hingegen war in ihrer betrieblichen Abwicklung von der Staatsbahn unabhängig. 1875 jedoch wurde auch dieses Bahnunternehmen vom Staat aufgekauft und übernommen.

Ende der 1880er-Jahre war in Bayern der Bau des Streckennetzes der Hauptbahnen im Wesentlichen abgeschlossen. Nun galt es mit sogenannten „Pachtbahnen" die Fläche zu erschließen. Bei diesen Bahnen wurden die Baukosten von den an einer Eisenbahnverbindung interessierten Städten oder Gemeinden übernommen, während der Betrieb vom Staat durchgeführt wurde. Dieses System bewährte sich allerdings nur in einem eingeschränkten Maß, sodass letzten Endes nur acht Pachtbahnen entstanden. Ab 1869 ging man daher auf das „Vizinalbahnsystem" über, bei dem die Kommunen beim Bau einer Eisenbahnstrecke Grund und Boden zur Verfügung stellen mussten und die Kosten der Erdarbeiten zu übernehmen hatten. 15 Bahnen entstanden auf

Unten: Ebenfalls von Herrle stammt diese Ansicht des Bahnhofes in Günzach. Der heutige Bahnhof erinnert in keiner Weise mehr an das einst prächtige Gebäude.

B IX

DEIDESHEIM
1592

Vorhergehende Seiten: Bayerische Schnellzuglokomotiven der Gattung B IX zählten über Jahre hinweg zum Bestand der um 1900 in Augsburg beheimateten Dampflokomotiven. Im Jahr 1890 waren in Augsburg zehn dieser Maschinen beheimatet. Die Aufnahme entstand im Bahnhof Oberstaufen auf der Allgäubahn.

Oben: Die Führerhausbeschilderung der S 3/6 Nr. 3634.

Unten: Mühsam gestaltete sich die Arbeiten am Rentwertshofener Damm bei Harbatshofen. Hunderte von Arbeitern schufteten bei der Errichtung von Damm und Einschnitt.

dieser Basis. Mit den Lokalbahngesetzen von 1882 und 1884 versuchte der bayerischen Staat beim Ausbau des Eisenbahnnetzes neue Wege zu gehen. Diese „Sekundärbahnen" wurden gegenüber den „Vizinalbahnen" mit vereinfachten Bau- und Betriebsvorschriften betrieben. Auch die finanziellen Beteiligungen der Kommunen wurden reduziert. Die Folge dieser neuen Regelung war, dass ein regelrechtes „Lokalbahnfieber" ausbrach. So entstanden auf dieser Basis bis 1913 nicht weniger als 142 staatliche Lokalbahnlinien, die letzten Endes etwa 37 Prozent des gesamten Eisenbahnnetzes in Bayern ausmachten.

Die „Königlich Bayerischen Staatseisenbahnen" waren für den bayerischen Staat in finanzieller Hinsicht von erheblicher Bedeutung. Kein anderer Verwaltungsbereich trug mehr zu den Haushaltseinnahmen bei als die Bahn. Im Jahr 1913 standen 60 000 Personen im Dienst der bayerischen Eisenbahnen.

Die bei der Bayerischen Staatsbahn eingesetzten Lokomotiven stammten im Wesentlichen, wie damals allgemein üblich, von einheimischen Lokomotivfabriken. Besonders zu nennen sind in diesem Zusammenhang die Vierzylinder-Verbund-Schnellzuglok S 2/6, Nummer 3201, die 1907 einen höchst beachtlichen Geschwindigkeitsrekord von 154,5 Stundenkilometern aufstellte. Auch die noch heute weithin bekannten Schnellzugmaschinen der Gattung S 3/6 und die schweren Mallet-Güterzugloks der Gattung Gt 2 x 4/4 trugen zum Ruhm des bayerischen Lokomotivbaus bei.

Oben: Die Länderbahnzeit in Sachsen: Eine Lok der Gattung XII h (spätere Baureihe 17.6) mit Stromlinienverkleidung jagt durch den Bahnhof Zweinaundorf (heute Mölkau).

Sachsen: Länge des Eisenbahnnetzes 3370 Kilometer

Zu Beginn des 19. Jahrhunderts fand in Sachsen ein enormer industrieller Aufschwung statt. Das Land war in diesen Jahren die erste wirkliche Industrieregion in Deutschland. Eine der großen technischen und finanziellen Leistungen, die dieses Land erbrachte, war der Bau der ersten 120 Kilometer langen Ferneisenbahn zwischen Leipzig und Dresden, die im Frühjahr 1839 in Betrieb ging. Auf der Basis der positiven Betriebserfolge dieser Bahn wurde im Königreich Sachsen der private Eisenbahnbau beibehalten. Zahlreiche weitere Gesellschaften planten und bauten Eisenbahnstrecken.

Durch einen Erlass von 1842 regelte die sächsische Regierung den weiteren Aufbau des Eisenbahnwesens. Weiterhin sollten die neuen Strecken aus privaten Finanzmitteln gebaut werden, wobei jedoch staatliche Unterstützung zur Seite stehen sollte. In den einzelnen Fällen waren es eine vierprozentige Zinsgarantie für fünf Betriebsjahre und eine Übernahme von maximal einem Drittel des Aktienkapitals durch den Staat. Diese Regelung bildete den Grundstock für den Bau der Sächsisch-Bayerischen Bahn von Leipzig nach Hof. Unter den gleichen Voraussetzungen entstanden die Bahnverbindungen Dresden–Prag und Dresden–Görlitz.

Wie auch in Preußen und Bayern ergaben sich beim weiteren Ausbau des Eisenbahnnetzes finanzielle Schwierigkeiten, da sich keine privaten Investoren fanden, die bereit waren, die aufkommenden Risiken zu übernehmen. So entstand in Sachsen als erste Staatsbahn die Strecke von Dresden nach Bodenbach.

In den 1840er- und 1850er-Jahren sah sich Sachsen wegen finanzieller Probleme, die bei den Privatbahnen auftraten, gezwungen, schrittweise die einst mit staatli-

Oben: Ein beeindruckendes Bauwerk der Eisenbahn entstand mit dem Hauptbahnhof in Dresden, der im Jahr 1898 seiner Bestimmung übergeben werden konnte.

Oben: Die Sachsen waren erfinderisch: Da die ersten vier Schmalspurlokomotiven der Reihe I K im Betrieb für die Spurweite 750 Millimeter aufgrund der zu kleinen Führerhäuser Probleme bereiteten, schlug Richard Hartmann vor, diese vier in zwei Doppellokomotiven umzubauen.

Unten: Im „Deutschen Krieg" von 1866 zwischen Österreich und Preußen wurde die militärische Bedeutung der Eisenbahn offenkundig. Über 140 Lokomotiven und 5000 Wagen werden von Sachsen Richtung Böhmen gebracht. Zahlreiche Lokomotiven haben sich am 19. Juni 1866 im Bahnhof Eger versammelt.

cher Hilfe gebauten Strecken zu übernehmen. Von diesem Schritt ausgenommen waren vorerst noch die Leipzig-Dresdner und die Löbau-Zittauer Bahn. Im Jahr 1869 entstanden die „Königlich Sächsischen Staatseisenbahnen". Weitere Verbindungen wurde nach dem Staatsbahnprinzip errichtet. Die Leipzig-Dresdner Bahn übernahm der Staat erst 1876.

Auf dem Höhepunkt des sächsischen Eisenbahnwesens war die Betriebslänge der normalspurigen Strecken auf 2813 Kilometer angewachsen. Aufgrund der topografischen Gegebenheiten des Landes Sachsen waren die meisten Strecken steigungs- und sehr kurvenreich. Dabei ist interessant, dass die Sächsischen Staatsbahnen trotz dieser schwierigen Verhältnisse mit Steigungen bis zu 20 Promille weder bei der Normal- noch bei der Schmalspur über Zahnradstrecken verfügten. Allein mit leistungsstarken Reibungsmaschinen mussten tagtäglich diese Betriebsverhältnisse gemeistert werden. Einen besonders herausragenden Faktor stellte das 557 Kilometer lange Schmalspurnetz mit einer Spurweite von 750 Milli-

metern dar. Es war eines der größten schmalspurigen Eisenbahnnetze in Deutschland. Noch heute sind einige dieser großartigen Bahnen in Betrieb, wie zum Beispiel die Fichtelberg-, Lößnitzgrund-, Weißeritztal-, Zittauer Schmalspur- oder die Pressnitztalbahn. Vielfach werden diese Strecken täglich mit Dampflokomotiven befahren.

Württemberg: Länge des Eisenbahnnetzes 2156 Kilometer

Im Königreich Württemberg wurde 1842 der erste Entwurf für ein Eisenbahngesetz vorgelegt, nachdem die wesentlichen Hauptbahnen von Bruchsal nach Stuttgart und Ulm, von Ulm zum Bodensee und von Heilbronn nach Stuttgart auf Kosten des Staates gebaut werden sollten. Alle anderen Bahnen sollten auf privater Basis entstehen. Ähnlich wie in Baden fanden sich aber auch in Württemberg keine privaten Investoren für diese Bahnen. So entstand ein reines Staatsbahnsystem.

Die problematischen politischen und geografischen Verhältnisse in Württemberg sorgten dafür, dass die erste Teilstrecke von Cannstatt nach Esslingen in drei Bauabschnitten erst 1845 in Betrieb gehen konnte. Weitere wichtige Verbindungen folgten, wie zum Beispiel im Jahr darauf Cannstatt–Ludwigsburg und Esslingen–Plochingen. 1847 sind zu nennen Ludwigsburg–Bietigheim, Plochingen–Süßen und Friedrichshafen–Ravensburg. Das Jahr 1848 brachte allein die Verbindung Bietigheim–Heilbronn. Bis 1850 konnten dann die Abschnitte Ravensburg–

Die Württembergische Staatseisenbahn stellte das erste „Trajektschiff" auf dem Bodensee 1869 in Dienst. Innerhalb weniger Jahre gehört auch bei anderen Bahngesellschaften rund um den Bodensee die Verladung von Eisenbahnwagen auf spezielle Fährschiffe und -boote zum täglichen Geschäft. Die Trajektanlage im Lindauer Hafen.

Unten: Im Juni 1905 mühten sich vor einem Güterzug zwei württembergische Lokomotiven der Klasse F.c über die Geislinger Steige. Am Ende des Zuges half eine Schiebelokomotive kräftig mit.

württembergische T 18, Baureihe 78 146 bis 78 165

Hersteller:	Vulcan
Erstes Baujahr:	1919
Gesamtserie:	20 Loks
Bauart:	2' C 2' h2t
Spurweite:	1435 Millimeter
Zylinderdurchmesser:	560 Millimeter
Kolbenhub:	630 Millimeter
Kesseldruck:	12 bar
Verdampfungsheizfläche:	135,49 m^2
Länge über Puffer:	14 800 Millimeter
Treib- und Kuppelrad-durchmesser:	1650 Millimeter
Laufraddurchmesser:	1000 Millimeter
Dienstgewicht:	100 Tonnen
Höchstgeschwindigkeit:	100 km/h

Biberach, Süßen–Geislingen, Biberach–Ulm und Geislingen–Ulm ihren Betrieb aufnehmen. All diese Strecken erforderten beim Bau große Aufwendungen. Zahlreiche Kunstbauten, Brücken und Tunnels mussten errichtet werden. Besondere Herausforderungen stellten die Überbrückung des Enztales und die Überwindung der Alb bei Geislingen dar. Die zweite Periode der Entwicklung des Eisenbahnnetzes in Württemberg war gekennzeichnet durch den Bau von Eisenbahnlinien, die die Verbindungen zu den Nachbarländern herstellten. Damit konnte der wichtige Durchgangsverkehr sichergestellt werden. Ein wichtiger Umstand in dieser Hinsicht war, dass bis 1862 die Strecke Stuttgart–Ulm zweigleisig ausgebaut war, die nunmehr den wachsenden Transitverkehr auf der West-Ost-Verbindung problemlos bewältigen konnte. Aber auch der Bau von Verbindungs- und Stichbahnen innerhalb des Landes war von großer Bedeutung.

1870 belief sich das Streckennetz der württembergischen Bahnen auf 1066,6 Kilometer und war dann 1900 schon auf 1643,1 Kilometer angewachsen. Die schwierigen topografischen Verhältnisse im Königreich Württemberg beeinflussten die Entwicklung der Lokomotiven. Es waren Maschinen notwendig, die sowohl auf Flachland als auch auf Gebirgsstrecken eingesetzt werden konnten. Speziell die „Geislinger Steige" am Steilabfall der Alb hatte immer wieder die Weiterentwicklung und Verbesserung der dort verkehrenden Güterzugloks herausgefordert. So war es für die Württembergische Staatsbahn immer von großer Wichtigkeit, zwischen Flachland- und Gebirgsloks einen gesunden, aber auch leistungsfähigen Kompromiss zu finden. Stellvertretend für diese Entwicklung seien die aus dem Jahr 1917 stammenden sechsfach gekuppelten Güterzugloks der Klasse K genannt, die damals zu den leistungsstärksten deutschen Dampfloks zählten.

Baden: Länge des Eisenbahnnetzes 1899 Kilometer

Neben Braunschweig war Baden das erste deutsche Land, das den Bau und den Betrieb der Eisenbahn von Anfang an dem Staat überließ. Die von 1840 bis 1851 in

Rechts: Auch die Badischen Staatsbahnen standen beim technischen Fortschritt nicht zurück und stellten beispielsweise diese 2'C-Lokomotive der Gattung IV e (Baureihe 38.70) in Dienst.

Oben: Eine beschauliche Szene um 1900 im Bahnhof von Friedrichshafen. Während vor dem Bahnhofsgebäude die Reisenden auf ihre Züge warten, sind Gepäckträger mit ihren Karren geschäftig unterwegs.

mehreren Etappen in Betrieb genommene Strecke von Mannheim bis zur Schweizer Grenze war ursprünglich in der Spurweite von 1600 Millimetern ausgeführt worden. Die weitere Entwicklung des Eisenbahnwesens in den Nachbarländern zwang Baden in den Jahren 1854 und 1855, die Strecken an die allgemein übliche Spurweite von 1435 Millimeter anzupassen. Der Aufwand und die damit verbundenen Kosten waren nicht unerheblich, mussten doch 280 Kilometer Gleis, sämtliche bestehende Bahnhofsanlagen, die Lokomotiven und über 1100 Wagen der geänderten Spurweite angepasst werden.

Schon immer stand die badische Rheintalstrecke unter dem Konkurrenzdruck der linksrheinischen Eisenbahnverbindung Basel–Straßburg–Frankfurt. Vor allem die Sorge, konkurrenzfähig zu bleiben, zwang die Verwaltung der Badischen Staatsbahn zu einer laufenden Steigerung des Leistungsangebots, das heißt vor allem zur ständigen Modernisierung des rollenden Materials. Dieser Konkurrenzdruck führte dazu, dass auf der Strecke von Mannheim bis zur Schweizer Grenze schon in der Länderbahnzeit immer die modernsten und leistungsfähigsten Schnellzugmaschinen verkehrten. So verwundert es nicht, dass auf dieser Strecke ab 1907 mit den Maschinen der Gattung IV f die ersten „Pacific"-Schnellzuglokomotiven Deutschlands in Betrieb gingen. Ihnen folgten 1918 die legendären badischen IV h, die noch heute jedem interessierten Eisenbahnfreund ein Begriff sind.

Gleichzeitig aber erforderten die Strecken über den Schwarzwald oder Bahnlinien, die in ihrer Ausführung Gebirgsstrecken glichen, besondere Aufwendungen

Oben: Interessant an dieser Aufnahme der Frontpartie einer badischen II d ist, dass diese Maschinen bereits ein dreifaches Spitzensignal hatten, wobei das obere Signal aus zwei Lampen bestand.

Schnellzuglokomotive der badischen Gattung IV h

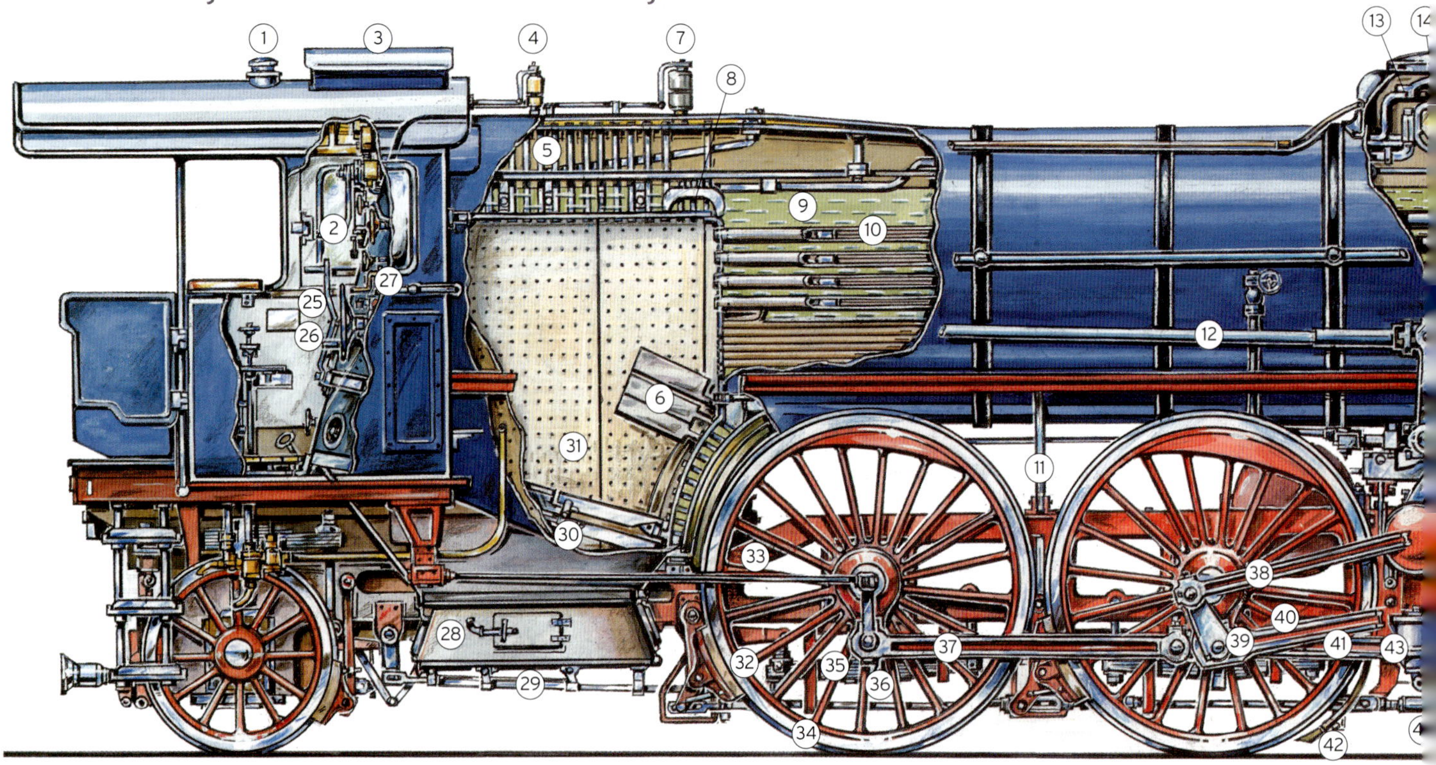

2'2 T 29,6 – Tender der Schnellzuglokomotiven der badischen Gattung IV h

Legende – Lokomotive und Tender

1 Abzughaube der Führerstandslampe
2 Regler-Handhebel
3 Führerstandsbelüftung
4 Signalpfeife
5 Deckenstehbolzen
6 Feuerschirm
7 Sicherheitsventil
8 Bügelanker
9 Wasserfüllung im Kessel
10 Überhitzerrohre in den Rauchrohren
11 Pendelblech-Kesselabstützung
12 Steuerstange
13 Reglerdom
14 Nassdampf-Ventilregler
15 Besandungsvorrat
16 Überhitzer-Sammelkasten
17 Schmierpumpen, Triebwerkbetätigung
18 Rauchkammer
19 Funkenkorb
20 Schornstein
21 gusseiserne Rauchkammertürwand
22 Rauchkammertür, gekuppeltes Stahlblech
23 Kolbenstangen-Schlitzrohr, rechter innerer Hochdruckzylinder
24 Kolbenstangen-Schlitzrohr, linker innerer Hochdruckzylinder
25 Betätigungshebel für beide Feuerlochschiebetüren
26 Handrad der Steuerung
27 Bremsbetätigung
28 Aschekasten
29 Luftklappengestänge
30 mittlerer Kipprost
31 kupferne Feuerkiste
32 Bremsklötze
33 Barrenrahmen
34 Kuppelradreifen
35 Heizrohre
36 Tragfederpakete
37 Kuppelstange
38 Schwingenstange
39 Gegenkurbel
40 Treibstange vom rechten äußeren Niederdruckzylinder
41 Kuppelstange
42 Sandfallrohr
43 Bremszylinder
44 Bremsgestänge
45 linkes vorderes Kuppelrad
46 rechte innere Treibstange des rechten Hochdruckzylinders
47 doppelt gekröpfte vordere Antriebsachse
48 linke innere Treibstange des linken Hochdruckzylinders
49 Kreuzkopf mit Kolbenstange, innerer rechter Hochdruckzylinder
50 Kreuzkopf mit Kolbenstange, innerer linker Hochdruckzylinder
51 Kreuzkopfführungen
52 rechter Niederdruckzylinder, außen geschnitten
53 Kolben mit Kolbenstange, rechter Hochdruckzylinder
54 Zylinder-Überdruckventil
55 rechter Hochdruckzylinder innen
56 Drehgestellrahmen
57 Schienenräumer
58 Kohlevorrat im Kohlenraum
59 Handbremse
60 Wasserstandsanzeiger
61 Werkzeugkästen
62 Wasservorrat
63 Tenderdrehgestell
64 Prallbleche und Abstützungen
65 Kuppeleisen zur Lokomotive

Ein Personenzug, gezogen von der 98 7512, überquert die Rheinbrücke bei Maxau. Hier ist gut zu erkennen, wie die Schiffsbrücke unter der Last des Zuges ins Wasser eintaucht.

bayerische DVI, Baureihe 98.75

Baujahr:	ab 1880
Gesamtserie:	53 Loks
Bauart:	B n2t
Zylinderdurchmesser:	266 mm
Kolbenhub:	508 mm
Kesseldruck:	12 bar
Rostfläche:	0,75 m^2
Verdampfungsheizfläche:	25,60 m^2
Länge über Puffer:	6860 mm
Treib- und Kuppelrad-durchmesser:	976/1006 mm
Dienstgewicht:	14,90 bis 1960 t
Höchstgeschwindigkeit:	45 km/h

beim Bau und Unterhalt, aber auch beim Einsatz des Lokomotivmaterials. Dabei sei nur auf den Zahnradbetrieb auf der Höllentalbahn verwiesen. So reichte in Baden die Palette der Zugförderung vom schweren Schnellzugdienst im Flachland über den angestrengten Gebirgsdienst bis hin zu solchen Kuriositäten wie dem Schiffsbrückendienst über den Rhein.

Beim Ausbau des weiteren Streckennetzes wurde schnell klar, das für die weniger rentablen Nebenbahnen kein privates Kapital zu gewinnen war. Neben den geringen Gewinnaussichten brachten die hohen technischen Anforderungen der Trassenführung in gebirgigem Gelände wie im Schwarzwald und Odenwald weitere nicht einzuschätzende Risiken mit sich. So entstand im Großherzogtum Baden ein reines Staatsbahnsystem.

Mecklenburg: Länge des Eisenbahnnetzes 1177 Kilometer

Mit der Strecke Grabow–Büchen, einem Teilstück der 1846 eröffneten Berlin-Hamburger Eisenbahn, ging die erste Eisenbahn im Großherzogtum Mecklenburg-Schwerin in Betrieb. Im gleichen Jahr erhielt in Schwerin die Mecklenburgische Eisenbahn die Konzession für eine in Hagenow-Land an die Hamburger Bahn anschließende Linie über Schwerin zu den mecklenburgischen Seehäfen Rostock und Wismar. Das erste Teilstück zwischen Hagenow und Schwerin konnte am 1. Mai 1847 eröffnet werden. Ein Jahr später war Wismar erreicht. Die Fertigstellung der übrigen Strecken in Mecklenburg, Kleinen–Rostock und Bützow–Güstrow, verzögerte sich wegen fehlender Finanzmittel, da eine Finanzierung aus Landesmitteln von der Regierung abgelehnt wurde. Es dauerte noch bis zum 13. Mai 1850, bis auch

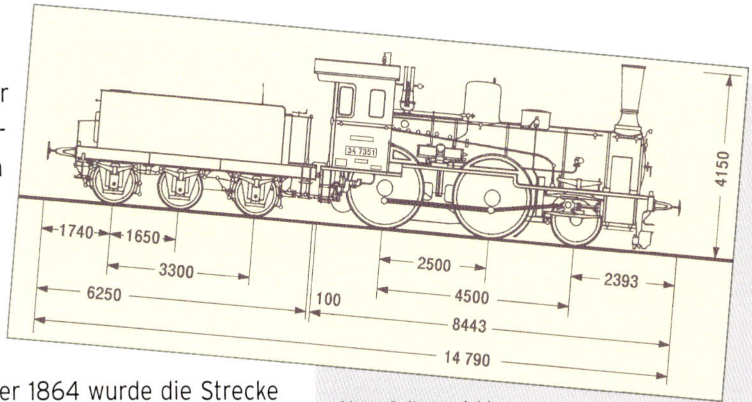

Oben: Seitenansicht der 34 7351, ehemalige mecklenburgische P 3, mit Vermaßung.

diese Strecken in Betrieb gehen konnten. Als sich mit der Zeit der Bau von Bahnstrecken immer mehr als notwendig erwies, wünschte die Regierung eine Eisenbahn von Güstrow Richtung Osten nach Neubrandenburg und weiter zur Landesgrenze, um eine Eisenbahnverbindung zum Ostseehafen Stettin zu erhalten. Da privates Kapital nicht zur Verfügung stand, musste der Staat mit der Gründung der Großherzoglichen Friedrich-Franz-Bahn den Bahnbau übernehmen. Am 15. November 1864 wurde die Strecke Güstrow–Neubrandenburg eröffnet. Die restliche Strecke bis zur preußischen Grenze bei Strasburg in der Uckermark wurde am 1. Januar 1867 seiner Bestimmung übergeben. Den Bahnbau von Stettin bis Strasburg hatte die „Berlin-Stettiner Eisenbahn" in den Jahren von 1863 bis 1866 übernommen. Der Bau einer Bahn von Kleinen nach Lübeck sollte auf privater Basis erfolgen, musste dann aber wegen Fehlens finanzieller Mittel doch vom Staat übernommen werden. Die Eröffnung erfolgte am 1. Juli 1870.

Am 18. Mai 1870 übernahm der Staat nur für kurze Zeit die Mecklenburgischen Eisenbahnen. Sämtliche Strecken wurde nämlich schon drei Jahre später an die Friedrich-Franz-Eisenbahn-Gesellschaft veräußert. Dieses Unternehmen baute 1887

Unten: Die 34 7308 ist die ehemalige Lokomotive 137, also eine P 3.1 der Mecklenburgischen Staatsbahn, hier eine Aufnahme in Schwerin 1928.

mecklenburgische P 3.1, Baureihe 34.79

Hersteller:	Henschel, Schichau, Linke-Hofmann
Baujahr:	ab 1891
Gesamtserie:	22 Loks
Bauart:	1 B n2
Spurweite:	1435 mm
Zylinderdurchmesser:	400 mm
Kolbenhub:	560 mm
Kesseldruck:	12 bar
Rostfläche:	1,88 m^2
Verdampfungsheizfläche:	101,90 m^2
Länge über Puffer:	14 778 mm
Treib- und Kuppelraddurchmesser:	1750 mm
Laufraddurchmesser:	1150 mm
Dienstgewicht Lok:	39,00 t
Höchstgeschwindigkeit:	90 km/h

die Bahnstrecke von Güstrow nach Schwaan und 1889 die Verbindung von Holthusen nach Ludwigslust. Daneben entstanden in dieser Zeit weitere Nebenbahnen.

Als sich Ende der 1870er-Jahre die finanzielle Lage privater Geldgeber wieder gebessert hatte, waren diese wieder bereit, Investitionen in das Eisenbahnwesen zu tätigen. So entstand 1880 die Parchim-Ludwigsluster Eisenbahn und die Mecklenburgische Südbahn Parchim–Waren–Neubrandenburg. Als besonders investitionsfreudig zeigte sich der in Stettin ansässige Bauunternehmer F. Lenz, der folgende Nebenbahnen baute: 1882 Güstrow-Plauer Eisenbahn, 1883 Wismar-Rostocker Eisenbahn, 1884 Gnoien-Teterower Eisenbahn und 1887 Wismar-Karower Eisenbahn. 1886 kam noch die schmalspurige Doberan-Heiligendammer Eisenbahn hinzu. Von der Dampfschifffarts-Gesellschaft Deutsch Nordischer Lloyd in Rostock wurde die 125 Kilometer lange Hauptbahn von Neustrelitz über Waren–Lalendorf–Laage nach Rostock und Warnemünde gebaut, die 1886 eröffnet wurde.

Als sich Preußen entschloss, seine Eisenbahnen zu verstaatlichen, schloss sich die mecklenburgische Regierung dieser Entwicklung an und verstaatlichte ebenso ihr Eisenbahnwesen. Am 13. März 1890 gingen die Freidrich-Franz-Bahnen und die Lenz-Bahnen in den Staatsbesitz über. 1894 folgten die Lloydbahn Neustrelitz–Warnemünde, die Mecklenburgische Südbahn und die Parchim-Ludwigsluster Eisenbahn. Um 1900 wurde dann für all diese staatlichen Bahnen die Bezeichnung „Großherzogliche Staatseisenbahn in Mecklenburg-Schwerin" eingeführt. Auf den Mecklenburgischen Staatseisenbahnen verkehrten überwiegend Lokomotiven preußischer Konstruktion und Bauweise.

Oldenburg: Länge des Eisenbahnnetzes 681 Kilometer

Das Großherzogtum Oldenburg hat relativ spät den Anschluss an das deutsche Eisenbahnnetz gefunden. Der Grund dafür war zum einen die in der Mitte des 19. Jahrhunderts geringe Bevölkerungsdichte, und zum anderen war das Großherzogtum überwiegend ein Agrarland, hatte nahezu keine Industrie und nur gerin-

Unten: Lokomotive 201 der Gattung oldenburger S 5.2 (später 13 1854) mit einem Schnellzug in Delmenhorst um 1920.

Oben: Die old. P 4.1, Nr. 116 „Schwan", später Baureihe 36 1206, vor einem Personenzug in Delmenhorst.

gen Handel über die Landesgrenzen hinaus. Mangelndes Kapital ließ in Oldenburg keine privaten Initiativen zum Bau von Eisenbahnen aufkommen, da der bescheidene Verkehr keine nennenswerte Rendite versprach. Allein der Staat konnte in dieser Hinsicht Abhilfe schaffen. Erste diesbezügliche Pläne entstanden dann Ende der 1850er-Jahre, die eine Verbindung zwischen der Landeshauptstadt Oldenburg und der Hansestadt Bremen vorsahen. Erst am 8. März 1864 kam ein Staatsvertrag zwischen den beiden Staaten zustande, der eine eingleisige Verbindung zwischen diesen beiden Städten ermöglichen sollte. Diese erste oldenburgische Eisenbahnstrecke wurde am 14. Juli 1867 eröffnet. Die anfallenden Baukosten hatte das Großherzogtum Oldenburg übernommen. Nur wenig später, am 3. September 1867, wurde die Strecke Oldenburg–Wilhelmshaven in Betrieb genommen. An dieser Verbindung war im wesentlichen Preußen interessiert, da es um eine Verbindung zur preußischen Exklave Wilhelmshaven, dem künftigen Kriegshafen des Deutschen Reiches, ging. Preußen übernahm die Baukosten für diese Strecke.

Bis zum Aufbau eines sinnvollen Eisenbahnnetzes in Oldenburg war es aber noch ein weiter Weg. Erst 1866, als das Königreich Hannover eine Provinz Preußens wurde, konnten die bereits seit Jahren geführten Verhandlungen zum Bau einer Bahnverbindung von Oldenburg nach Leer erfolgreich abgeschlossen werden. 1869 konnte diese Bahnverbindung eröffnet werden. 1876 war dann der Anschluss in Neuschanz an das holländische Netz möglich.

Von großer Bedeutung von jeher war der Bau einer Bahnstrecke in Nord-Süd-Richtung, das heißt von Oldenburg nach Osnabrück. Mit dem Entstehen dieser Strecke erhoffte sich das Großherzogtum Oldenburg die Erschließung neuer Absatzmärkte seiner landwirtschaftlichen Produkte in den industriellen Ballungsräumen. Hinzu kam noch der erwartete Transitverkehr zu den Häfen in Bremen und

oldenburgische P 4.2, Baureihe 36 1251 bis 36 1258

Baujahr:	1907
Gesamtserie:	8 Loks
Bauart:	2' B n2v
Zylinderdurchmesser:	460/680 mm
Kolbenhub:	600 mm
Kesseldruck:	12 bar
Rostfläche:	2,27 m²
Verdampfungsheizfläche:	119,35 m²
Länge über Puffer:	17 461 mm
Treib-/Kuppelraddurchm.:	1750 mm
Laufraddurchmesser:	1000 mm
Dienstgewicht Lok:	52,50 t
Höchstgeschwindigkeit:	90 km/h

Oben: Die oldenburgische Gattung T 0 (Omnibus) war mit einem Dienstgewicht von zwölf Tonnen ein Leichtgewicht unter den Personenzugloks der Oldenburgischen Staatsbahn.

Unten: Von der oldenburgischen Gattung P 3.2 wurden insgesamt sieben Dampflokomotiven von Hanomag ausgeliefert.

elssäsisch-lothringische A 14

Hersteller:	Grafenstaden
Baujahr:	1898
Gesamtserie:	5 Loks
Bauart:	2' C n4v
Spurweite:	1435 mm
Zylinderdurchmesser:	2 x 360/560 mm
Kolbenhub:	650 mm
Kesseldruck:	12 bar
Rostfläche:	2,50 m²
Verdampfungsheizfläche:	129,60 m²
Länge über Puffer:	18 345 mm
Treib-/Kuppelraddurchm.:	1750 mm
Dienstgewicht Lok:	65,00 t
Höchstgeschwindigkeit:	90 km/h

Hamburg. Nach einer Bauzeit von nur drei Jahren konnte diese Verbindung 1876 dem Verkehr übergeben werden.
Die beiden genannten Strecken Bremen–Leer–Neuschanz und Wilhelmshaven–Osnabrück waren mit einer Streckenlänge von 339 Kilometern die Keimzellen des oldenburgischen Eisenbahnnetzes. In den kommenden Jahren konnte sich dann das Großherzogtum der Erschließung des eigenen Landes mit Stich- und Verbindungsbahnen widmen.
Der weitere Ausbau des Eisenbahnnetzes wurde mit der Strecke Ahlhorn–Vechta 1885 in Angriff genommen. Dabei wurde von der Regierung die unentgeltliche Bereitstellung von Land und Boden durch die jeweiligen Gemeinden verlangt. Diese Maßnahme ermöglichte einen beschleunigten Ausbau des Nebenbahnnetzes. 1898 folgte die Strecke Delmenhorst–Wildeshausen–Vechta. Zwei Jahre später wurde in Hesepe die Strecke nach Osnabrück fertig gestellt. Im Gebiet um die Stadt Varel wurde bis 1905 ein Netz von Querverbindungen und Stichbahnen geschaffen. Die Strecke Oldenburg–Brake konnte 1896 in Betrieb gehen, nachdem die Durchquerung der umliegenden Moore mit großem technischem Aufwand gemeistert war. Zur Abrundung des Netzes waren im südlichen und westlichen Teil Oldenburgs weitere Nebenbahnen gebaut worden.
Bis zum Jahr 1905 wurde von Ocholt aus eine Verbindung an die Vareler Kreisbahn bis Grabstede geschaffen. Die Strecke Cloppenburg–Ocholt konnte abschnittsweise bis zum Jahr 1908 in Betrieb genommen werden. Der Anschluss von Varel aus bis zur Weserbahn in Rodenkirchen wurde im Jahr 1913 hergestellt. Der letzte Bahnbau, von Delmenhorst nach Lemwerder, wurde im Jahr 1922 vollendet.
Wie beim Bahnbau, so war auch bei der Beschaffung von Lokomotiven die Anforderung an einen möglichst sparsamen Betrieb von maßgebender Bedeutung. Die oftmals schwierigen Streckenverhältnisse mit einfachem und leichtem Unterbau erforderten diese Entwicklung. So waren die Oldenburgischen Staatsbahnen stets bemüht, Lokomotiven mit geringem Gewicht und einfacher Konstruktion zu verwenden. In den späteren Jahren standen vielfach Lokomotiven preußischer Konstruktion im Einsatz.

Elsaß-Lothringen: Länge des Eisenbahnnetzes 1986 Kilometer

Durch die Kandidatur des Erbprinzen Leopold aus dem Königshaus Hohenzollern-Sigmaringen im Jahr 1868 für die spanische Thronfolge fühlte sich Frankreich bedroht und erklärte Preußen im Sommer 1870 den Krieg. Die mit Preußen verbündeten Truppen waren erfolgreich und besetzten Ende Januar 1871 die französische Hauptstadt Paris. Auf der Basis dieses militärischen Erfolges verkündete der preußische König Wilhelm I. – nunmehr deutscher Kaiser – am 18. Januar 1871 im Spiegelsaal des Schlosses von Versailles die Gründung des Deutschen Reiches.
Durch diese Entwicklung sollte die Geschichte der Eisenbahnen in Elsaß-Lothringen für nahezu 50 Jahre eng mit dem Preußischen Eisenbahnwesen verbunden sein.
Am 10. Mai 1871 wurde in Frankfurt ein Friedensvertrag geschlossen, der den deutsch-französchischen Krieg beendete. Im Rahmen dieses Vertrages wurden die

dort von der der französischen Ostbahn (Compagnie des chemins der fer de l'Est) betriebenen Bahnen von Frankreich käuflich erworben und anschließend an das Deutsche Reich verkauft. Das Deutsche Reich bezeichnete diese Bahnstrecken als „Eisenbahnen in Elsaß-Lothringen". Von diesen Entwicklungen waren auch die Strecken in Luxemburg betroffen, da deren Bahnen von der französischen Ostbahn betrieben wurden. Die Folge war, dass das Deutsche Reich die Wilhelm–Luxemburg-Bahn pachtete und den Eisenbahnen in Elsaß-Lothringen unterstellte. Die weiteren Bahnen in Luxemburg wurden an Belgien abgetreten.

Die Bahnen zwischen dem Elsass und dem rechtsrheinischen Baden zeigten sich als kaum ausbaufähig. Das Deutsche Reich setzte alles daran, für verkehrsgünstige Rheinüberquerungen zu sorgen. So nahm man schon 1876 die zweigleisige Hauptbahn Straßburg–Lauterburg - Wörth in der Pfalz in Betrieb. Um das bei Frankreich verbliebene Nancy umfahren zu können, wurde 1877 mit der Linie Saarburg - Remilly eine neue direkte Verbindung zwischen Straßburg und Metz eingerichtet. Zudem erhielt Metz durch die neue Strecke von Diedenhofen nach Koblenz Anschluß an die Rheinprovinz. Über die genannten Linien hinaus wurden bis etwa 1885 noch zahlreiche weitere Verbindungen zwischen der Achse Saarburg - Metz - Diedenhofen und dem preußischen Saargebiet geschaffen.

In dieser Zeit bestanden Pläne, die Rheintalstrecke Straßburg-Basel viergleisig auszubauen, hatte sich doch in diesen Jahren die Strecke am linken Oberrhein in Richtung Basel zu einer der bedeutendsten Eisenbahnlinien des Deutschen Reiches entwickelt. Der Erste Weltkrieg jedoch zerschlug all diese Ideen. Nach 1918 kam Elsaß-Lothringen wieder zu Frankreich.

elssäsisch-lothringische A 13

Hersteller:	Grafenstaden
Baujahr:	1897
Gesamtserie:	16 Loks
Bauart:	2' B n2v
Zylinderdurchmesser:	2x485/730 mm
Kolbenhub:	620 mm
Kesseldruck:	12 bar
Rostfläche:	2,06 m²
Verdampfungsheizfläche:	119,25 m²
Länge über Puffer:	15 590 mm
Treib-/Kuppelraddurchm.:	1850 mm
Laufraddurchmesser:	1035 mm
Dienstgewicht Lok:	45,00 t
Höchstgeschwindigkeit:	90 km/h

Die Maschinenbaugesellschaft Grafenstaden (SACM), bei der Alfred de Glehn das nach ihm benannte Vierzylinder-Verbundtriebwerk entwickelt hatte, baute Lokomotiven der Gattung A 14 mit diesem Triebwerk als Bauart 2 Bn 4v u. a. für die französische Nordbahn (1891), für die Preußische Staatsbahn (1894) und eine 2Cn4v-Lokomotive für die Badische Staatsbahn (1894, Gattung IVe).

Hundert Jahre deutsche Eisenbahnen Verlag: Verkehrswissenschaftliche Lehrmittelgesellschaft m.b.H. bei der deutschen Reichsbahn
Die Eisenbahnen im DEUTSCHEN REICH 1914
Vereinigte Preußische und Hessische Staatseisenbahnen
Bayerische Staatseisenbahnen
Sächsische Staatseisenbahnen
Württembergische Staatseisenbahnen
Badische Staatseisenbahnen
Großh. Meckl. Friedrich-Franz-Eisenbahnen
Oldenburgische Staatseisenbahnen
Reichseisenbahnen in Elsaß-Lothringen
Militär-Eisenbahn
Die Strecken anderer Verwaltungen ohne Farbe
BERLIN
HAMBURG
MÜNCHEN
Kartenstelle der Hauptverwaltung der Deutschen Reichsbahn

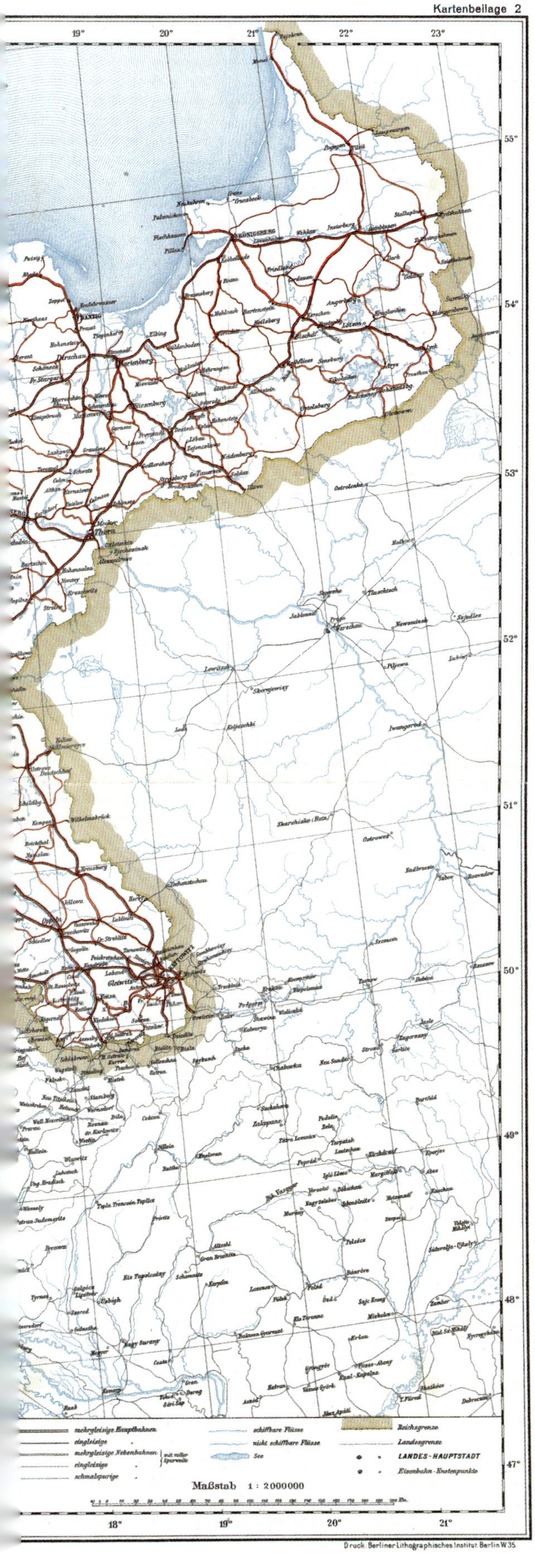

Eisenbahnen im Deutschen Reich bis 1914

Mit dem Wachsen der Eisenbahn entwickelte sich, speziell in der Mitte Deutschlands, das Industriewesen, dessen Produkte in großen Mengen mit der Bahn transportiert werden konnten.

Auch der Bau von Neben- und Lokalbahnen nahm seinen Aufschwung. Durch diese Bahnstrecken wurde es möglich, zum einen die ländlichen Gebiete mit dort notwendigen Produkten zu versorgen und zum anderen landwirtschaftliche Erzeugnisse ohne große Schwierigkeiten in den industriellen Ballungszentren zu günstigen Preisen anzubieten werden. Insgesamt war in der Zeit um 1900 eine stürmische Verkehrsentwicklung zu verzeichnen, obwohl in diesen Jahren eine allgemeine wirtschaftliche Depression zu verzeichnen war.

Das Ergebnis war, dass die deutschen Eisenbahnstrecken 1914 ein Streckennetz von 53 660 Kilometern zu verzeichnen hatte.

Oben: Die preußischen Güterzuglokomotiven der Gattung G 8.1, spätere Baureihe 55.25-56, waren einfach und zuverlässig. Sie zählten mit zu den besten preußischen Dampfloks.

REKORDE UND HEISSDAMPF: DIE ENTWICKLUNG BAHNBRECHENDER LOKOMOTIVEN

38 3311

Robert Garbe (1847-1932)

Robert Garbe war aufseiten der Preußischen Staatsbahn maßgeblich beteiligt an der Einführung der Heißdampftechnik. Er initiierte und koordinierte auch die Entwicklung und den Bau der preußischen P 8.

In den letzten beiden Jahrzehnten des 19. Jahrhunderts und in den ersten zwei Jahrzehnten des 20. Jahrhunderts gab es auf dem Gebiet des Eisenbahnwesens, speziell auch in der Lokomotivtechnik, bemerkenswerte technische Fortschritte und Neuentwicklungen. Die Gründe für diese Entwicklungen und Veränderungen waren zum einen die Forderungen nach höheren Geschwindigkeiten im Zugverkehr und zum anderen die ständig steigenden Zuggewichte, die leistungsstärkere Maschinen und neue technische Einrichtungen erforderten.

Heißdampf – eine geniale Erfindung

Eine der genialsten Erfindungen, die seit dem Bau der ersten Dampflokomotiven gemacht wurden, ist dem freiberuflich tätigen Ingenieur Wilhelm Schmidt (1858 bis 1924) aus Kassel-Wilhelmshöhe zu verdanken. 1897 gelang es ihm in Zusammenarbeit mit der Lokomotivfabrik Henschel in Kassel und dem damaligen Vorsitzenden des preußischen Lokomotivausschusses und Maschinendezernenten Robert Garbe (1847–1932) erste Versuche mit Heißdampftechnik an preußischen Schnellzuglokomotiven durchzuführen.

1897 ermöglichte es Garbe, dass bei der Lieferung der in diesem Jahr von der Preußischen Staatsbahn neu beschafften Schnell- und Personenzuglokomotiven je eine Maschine mit einem Überhitzer der „Bauart Schmidt" ausgerüstet wurde.

Die erste Heißdampflokomotive der Welt war die preußische Schnellzuglokomotive „S 4 Hannover 74", die 1898 bei der Stettiner Maschinenbau Actien-Gesellschaft Vulcan gebaut und im April des gleichen Jahres an die Preußische Staatsbahn abge-

Vulcan in Stettin liefert eine Schnellzuglok der preußischen Reihe S 3 mit Flammrohrüberhitzer. Im Bild eine S 3 als Vorspannlok bei der Durchfahrt durch Erzhausen.

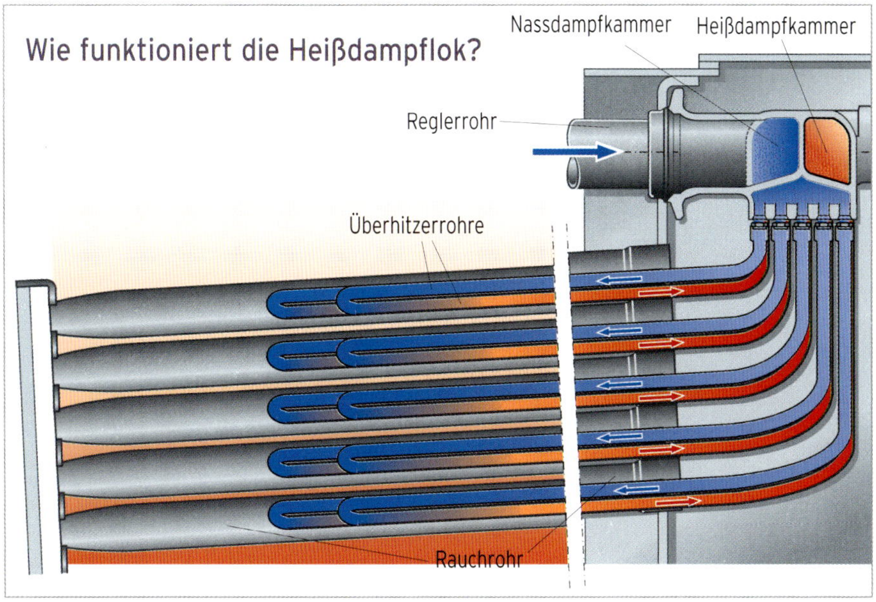

Vorhergehende Seiten: Die preußische P 8 „Elberfeld 2692" trug bei der Deutschen Reichsbahn die Betriebsnummer 38 3311. Gebaut wurde sie 1921 von der Lokfabrik Vulcan in Stettin.

Links: Heißdampflokomotiven fahren im Gegensatz zu Nassdampflokomotiven mit „überhitztem" Dampf. Das Prinzip der Überhitzung besteht darin, dass dem Dampf nach der Trennung vom Wasser weitere Wärme zugeführt wird, wodurch seine Temperatur steigt und sein Volumen größer wird. Bei gleichem Druck werden also zur Füllung eines Zylinders weniger Gewichtseinheiten benötigt als bei gesättigtem Dampf (Nassdampf). Außerdem entstehen weniger Energieverluste durch Kondensation. Darin also liegt die große Ersparnis. Der aus dem Kessel entnommene Nassdampf wird beim meist gebräuchlichen Rauchrohrüberhitzer in die sogenannten Überhitzerelemente eingeleitet, die sich in den Rauchrohren des Kessels befinden. Die heißen Rauchgase, die auf dem Weg von der Feuerbüchse in die Rauchkammer an den Überhitzerelementen vorbeiströmen, geben zusätzliche Wärme ab und überhitzen den Dampf auf Temperaturen von rund 400 Grad Celsius.

liefert wurde. Ihr folgte im Juli 1898 die bei Henschel in Kassel gebaute 2'B h2-Personenzuglok „P 4 Cassel 131".

Beide Lokomotiven waren mit einem Flammrohr-Überhitzer ausgerüstet. Bei diesem war im Langkessel, in der Mitte der üblichen Heizrohre, ein 445 Millimeter weites Flammrohr angeordnet, durch das ein erheblicher Teil der Feuerungsgase strömte. Von der Rauchkammerseite her war in das Flammrohr ein Bündel von Überhitzerrohren eingeführt. Der Dampf strömte nach dem Öffnen des Reglers vom Dom in den Dampfsammelkasten und von dort in das Rohrbündel. Nach mehrfacher Umkehr verließ er als überhitzter Dampf die in der unteren Hälfte der Rauchkammer angeordnete Heißdampf-Sammelkammer in Richtung Zylinder.

Die beiden Maschinen bewährten sich von Anfang an bestens. Sie waren wesentlich leistungsfähiger und im Verbrauch von Kohle und Wasser sparsamer als die Nassdampflokomotiven der gleichen Bauart. Anfänglich jedoch bereitete das Dichthalten des in die Rohrwände eingewalzten Flammrohrs immer wieder Probleme, die jedoch nach der Zeit der ersten Erprobungsphase erfolgreich gelöst werden konnten.

Die „P 4 Cassel 131" war beim Bahnbetriebswerk Kassel-Bahndreieck beheimatet und versah mit ihrem Flammrohr-Überhitzer zuverlässig bis 1922 ihren Dienst auf der Strecke Kassel–Hannover. Nach ihrer Ausmusterung kam ihr Kessel in das Verkehrs- und Baumuseum in Berlin.

Die Lokomotive „S 4 Hannover 74" hingegen wurde bereits 1903 mit einem Rauchkammer-Überhitzer ausgerüstet. Auch sie war in Kassel beim Bahnbetriebswerk Bahndreieck stationiert und wurde von dort aus ebenfalls zwischen Kassel und Hannover eingesetzt.

Die dritte Heißdampflok, es war die „S 4 Hannover 86", wurde ebenfalls bei Vulcan in Stettin gebaut und bekam auf Anregung von Wilhelm Schmidt von Anfang an einen Rauchkammer-Überhitzer. Bei dieser Konstruktion wurden die heißen Gase

Wilhelm Schmidt (1858-1924)

Der deutsche Ingenieur Wilhelm Schmidt, genannt Heißdampf-Schmidt, verhalf der Heißdampftechnik im Lokomotivbau zum Durchbruch. Durch den überhitzten Wasserdampf wird der thermische Wirkungsgrad einer Dampfmaschine um bis zu etwa 50 Prozent erhöht.

preußische S 4, Baureihe 13.5

Erstes Baujahr:	1902
Gesamtserie:	104 Loks
Bauart:	2' B h2
Spurweite:	1435 Millimeter
Zylinderdurchmesser:	540 Millimeter
Kolbenhub:	600 Millimeter
Kesseldruck:	12 bar
Rostfläche:	2,32 m^2
Verdampfungsheizfläche:	104,53 m^2
Länge über Puffer:	18 210 Millimeter
Treib- und Kuppelrad-durchmesser:	1980 Millimeter
Laufraddurchmesser:	1000 Millimeter
Dienstgewicht:	108 Tonnen
Höchstgeschwindigkeit:	100 km/h

Unten: Im Bahnhofsgelände von Geislingen enstand die Aufnahme des württembergischen Elefanten. Die Lok trägt den Namen „Semmering".

direkt in die Rauchkammer geleitet, wo sie einen mit Überhitzerrohren gefüllten Kasten durchströmten. Dadurch gelang eine weitere Steigerung der Überhitzung. Bis 1912 stand die Maschine im Dienst.

Aufgrund dieser Erfahrungen wurden auch zwei preußische Tenderlokomotiven der Gattung T 5.2, die 1900 bei Henschel gebaut wurden, mit einem Rauchkammer-Überhitzer der Bauart Schmidt ausgerüstet. Diese beiden Maschinen mit den Betriebsnummern „Berlin 2069 und 2070" verkehrten im Vorortverkehr auf der Wannseebahn, das heißt Berlin–Potsdamer Bahnhof–Wannsee–Potsdam. Aber auch auf der Relation Berlin–Neubabelsberg wurden sie eingesetzt.

Als weitere Versuchsmaschine zur Erprobung des überhitzten Dampfes lieferte Borsig 1900 die „S 4 Berlin 74", die sich von ihrer Vorgängerin, der „S 4 Hannover 86", durch größere Zylinder und einen geändertenn Schieber unterschied. Auf der Pariser Weltausstellung von 1900 erregte sie als einzige Heißdampflokomotive großes Aufsehen und erhielt den „Großen Preis". Ein Jahr später wurde sie mit einem weiter verbesserten Rauchkammer-Überhitzer ausgestattet und dann erfolgreich im schweren Schnellzugdienst zwischen Berlin und Breslau verwendet. Ab 1902 beschaffte die Preußische Staatsbahn eine Vielzahl ihrer neuen Lokomotiven, wie die der Gattungen S 4, P 6, G 8 und T 12, als Heißdampfmaschinen. Schnell verbreitete sich diese geniale Konstruktion und war in aller Welt anzutreffen.

Die württembergischen „Elefanten" der Gattung G, Baujahr 1892

Im Jahr 1892 baute die Lokomotivfabrik in Esslingen für die Württembergische Staatsbahn fünf für damalige Verhältnisse gewaltige Lokomotiven. Diese Lokomotiven waren die ersten fünffach gekuppelten Dampfloks Deutschlands. Bei den Eisenbahnern wurden sie wegen ihrer Größe als „Elefanten" bezeichnet.

Wie alle schweren Lokomotiven, die bei der Württembergischen Staatsbahn in Dienst gestellt wurden, waren auch diese Loks der Gattung „G" für den Dienst auf der Geislinger Steige bestimmt. Der sechs Kilometer lange Anstieg von bis zu 22,5

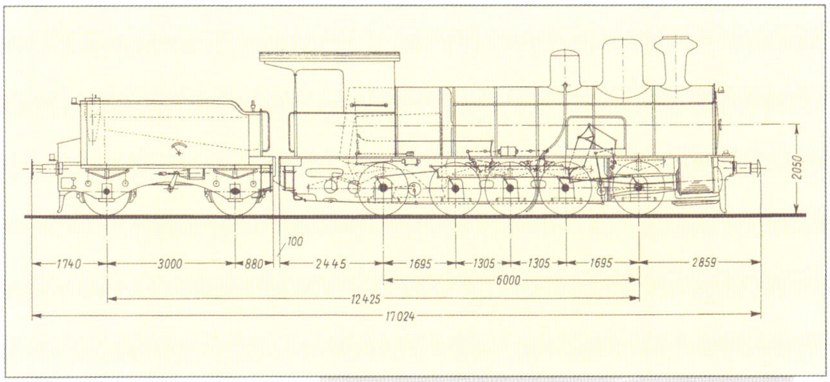

Oben: Die Abmessungen der württembergischen „G“ zeigt diese Schnittzeichnung.

Promille über die Schwäbische Alb zwischen Geislingen und Amstetten verlangte zur Zeit des Dampfbetriebs von den Lokomotiven das Äußerste. Speziell die zahlreichen Kurven mit Mindestradien von 280 Metern bedingten nach dem damaligen Stand der Technik besondere Maßnahmen für eine gute Bogenläufigkeit.

Die Untersuchungen von Richard von Helmholtz über die Ursachen der Abnutzung von Spurkränzen und Schienen bei engen Kurvenradien und über die konstruktiven Mittel zu deren Verminderung wurden bereits im Jahr 1888 publiziert. Eine praktische Umsetzung dieser Erkenntnisse beim Bau von mehrachsigen Einrahmenlokomotiven gelang aber erst dem österreichischen Lokomotivkonstrukteur Gölsdorf 1898 mit den 1'D-Lokomotiven der Reihe 170. Drei Jahre später erschien die in genialer Weise von ihm geschaffene fünffach gekuppelte Einrahmenlokomotiven der Reihe 180.

Dem württembergischen Maschinendirektor, Oberbaurat Adolf Klose, aber standen diese Erkenntnisse noch nicht zur Verfügung. So war er aufgrund der damaligen Technik gezwungen, bei der Konstruktion eines Fünfkupplers eigene Wege zu gehen.

Die „außergewöhnlich starke Güterzuglokomotive“, wie die Klasse „G“ in den damaligen Zeitschriften genannt wurde, war hinsichtlich ihrer Konstruktion und Leistung für die Beförderung von 680 Tonnen schweren Zügen auf einer Steigung von 22,5 Promille ausgelegt und war genauso leistungsfähig wie zwei der damaligen auf der Geislinger Steige verwendete Dreikuppler-Lokomotiven. Damit die neuen Maschinen Gleisbögen von 150 Metern Halbmesser durchfahren konnten, waren die äußeren Achsen, also die Radsätze eins und fünf, im Bogen radial einstellbar. Sie waren untereinander und mit der Tenderkupplung so verbunden, dass jede Winkelstellung zwischen Lokomotiv- und Tender-Längsachse eine Radialeinstellung der ersten und letzten Lokomotivachse mit sich brachte.

Eine solche Radialeinstellung gekuppelter Achsen war nur dann möglich, wenn dabei die Kuppelstangen auf der Bogeninnenseite verkürzt und gleichzeitig auf der Außenseite verlängert wurden. Die Verlängerung und Verkürzung der Kuppelstangen wurde durch die Radialeinstellung des führenden Kuppelradsatzes gesteuert. Die drei mittleren Achsen waren fest im Rahmen gelagert. Die drei Zylinder der Lokomotive wirkten auf die zweite Kuppelachse. Sie konnten entweder in Drillings- oder in Verbundwirkung arbeiten.

Der „Elefant“ wog betriebsfähig 68,5 Tonnen. Der Tender hatte ausgerüstet ein Gewicht von 28 Tonnen. Die maximale Geschwindigkeit betrug 45 Stundenkilometer.

Außer der Tenderbremse waren eine Riggenbach'sche Gegendruckbremse und eine Dampfbremse vorhanden, die auf die drei mittleren, fest im Rahmen gelagerten Radsätze wirkten.

Die Lokomotiven, die die Namen Arlberg, Brenner, Gotthard, Semmering und Splügen trugen, waren bei Esslingen unter den Fabriknummern 2475 bis 2479 gebaut worden. Bei der Württembergischen Staatsbahn trugen sie die Betriebsnummern 801 bis 805.

württembergische G „Elefant“

Hersteller:	Lokomotivfabrik Esslingen
Erstes Baujahr:	1892
Gesamtserie:	5 Loks
Bauart:	E n3v
Spurweite:	1435 Millimeter
Zylinderdurchmesser:	480 Millimeter
Kolbenhub:	612 Millimeter
Kesseldruck:	12 bar
Rostfläche:	2,18 m^2
Gesamtheizfläche:	197,60 m^2
Länge über Puffer:	17 024 Millimeter
Treibraddurchmesser:	1230 Millimeter
Dienstgewicht (Lok):	68,5 Tonnen
Höchstgeschwindigkeit:	45 km/h

Die „Elefanten" erfüllten die in sie gesetzten Erwartungen voll. Sie schleppten bei ruhigem Lauf auf der Geislinger Steige 300-Tonnen-Züge mit dreizehn Stundenkilometern bergauf.

Erstaunlich lang hielten sich die „G"-Lokomotiven. Noch während des Ersten Weltkriegs versahen sie ihren Dienst in ihrer angestammten Heimat. Auch 1920, inzwischen in den Ulmer Bezirk versetzt, tauchten sie noch in den Bestandsbüchern auf. Vier Jahre später waren sie verschwunden. Diese interessanten Maschinen waren die ersten fünffach gekuppelten Lokomotiven Deutschlands.

Oben: Auf einer alten Farbpostkarte aus dem Haus Maffei präsentiert sich die IV f, Betriebsnummer 753, die 1907 in München gebaut wurde.

Deutschlands erste „Pacific"-Loks, Baujahr 1907

Im Frühjahr des Jahres 1907 lieferte die traditionsreiche bayerische Lokomotivfabrik Maffei in München an die Badischen Eisenbahnen drei Schnellzuglokomotiven der Gattung IV f. Diese Lokomotiven hatten die Achsfolge 2' C 1'. Sie waren die ersten „Pacific"-Loks in Deutschland.

Diese Loktype fand weltweite Verbreitung und wurde bei einer Vielzahl von Bahnen zur klassischen Schnellzuglokomotive. Durch die Schleppachse konnte über dem Rahmen ein Stehkessel mit großer Rostfläche untergebracht werden. Damit wurde die Voraussetzung geschaffen, auf einer dreifach gekuppelten Schnellzuglokomotive einen sehr leistungsfähigen Kessel unterzubringen. Das vorauslaufende

Unten: Im Jahr 1907 liefert die Lokfabrik Maffei an die Badische Staatsbahn die ersten Maschinen der Gattung IV f. Es sind die ersten deutschen Pacific-Lokomotiven. Welch elegante Erscheinung diese Loks darstellen, verdeutlicht diese Aufnahme der IV f 757, die allerdings von der Maschinenfabrik Karlsruhe stammt.

Drehgestell sicherte einen ruhigen Kurvenlauf. Die Schleppachse stellte ebenfalls ein gutes Laufverhalten des hinteren Lokomotivteils mit dem schweren Stehkessel sicher. Somit zeigte diese Bauart ein gutes Laufverhalten im Gleis verbunden mit einer hohen Schonung des Oberbaus. Die drei Antriebsachsen waren für ein zügiges Anfahren und für die Einhaltung einer angemessenen Zuggeschwindigkeit auf hügeligen Strecken ausreichend. Merkwürdigerweise fand die Pacific-Bauart bei den ost- und norddeutschen Länderbahnen keine Verbreitung. Auch in Österreich fehlten die 2'C1'-Maschinen. Lediglich eine 1' C 2' in der Form der Reihe 310 war dort zu Anfang des 20. Jahrhunderts anzutreffen.

Da um 1900 bei allen Bahnverwaltungen die Gewichte der Schnellzüge durch die immer schwerer werdenden Reisezugwagen stetig anstiegen, war die Beschaffung leistungsfähigerer Lokomotiven erforderlich. Dies galt auch für die Badische Staatsbahn, die in ihrem Streckennetz die Schwarzwaldbahn mit ihren zum Teil beachtlichen Steigungen zu bedienen hatte. Unter diesen Gegebenheiten entschloss sich der damalige Leiter des maschinentechnischen Dienstes, Baurat Courtin, zur Beschaffung neuer Schnellzuglokomotiven. Diese Lokomotiven sollten in der Lage sein, auf der flachen Hauptbahn Mannheim/Heidelberg–Basel 300 Tonnen schwere Züge mit 100 Stundenkilometern zu befördern. Die größte Steigung dieser Strecke beträgt drei Promille, abgesehen von einer kurzen 5,8-Promille-Rampe am „Isteiner Klotz". Über die Schwarzwaldbahn sollten die neuen Lokomotiven einen 185 Tonnen schweren Zug mit 50 Stundenkilometern Dauergeschwindigkeit befördern können. Außerdem sollten sie den Langlauf von 250 Kilometern von Mannheim oder Heidelberg nach Basel ohne Probleme bewältigen können.

Aus dem Wettbewerb um diesen Lokomotiventwurf ging die Münchner Firma Maffei als Sieger hervor. Sie bot eine 2'C1'-Maschine mit Überhitzer, Vierzylinder-Verbundtriebwerk und Einachsantrieb auf die mittlere Kuppelachse an. Die Hochdruckzylinder lagen innen, die großen Niederdruckzylinder außen. Um die Reibung der Kuppelachsen bei Anfahrten auf den Rampen des Schwarzwaldes zu erleichtern, wurde ein mit Dampf zu betätigender Achslastausgleich eingebaut. Er ermöglichte es, die Schleppachse um drei Tonnen zu entlasten und das Reibungsgewicht der letzten Kuppelachse von 16,6 auf 19,6 Tonnen zu erhöhen.

Diese Schnellzugmaschinen gehörten zweifellos zu den bemerkenswertesten Schöpfungen des Hauses Maffei in München. Mit ihnen wurde am Anfang des 20. Jahrhunderts der Schritt von der bis dahin bei vielen Bahnverwaltungen gebräuchlichen 2'B1'- zur 2'C1'-Schnellzuglok getan. Bei den badischen IV f handelte es sich um die ersten Pacific-Lokomotiven (so werden üblicherweise die Schnellzugmaschinen der Achsfolge 2' C 1' genannt), die in Deutschland gebaut und in Dienst gestellt wurden. Die IV f war auch die erste badische Heißdampfloko-

badische IB f, Baureihe 18.2

Hersteller:	Maffei, München
Erstes Baujahr:	1907
Gesamtserie:	35 Loks
Bauart:	2' C 1' h4v
Spurweite:	1435 Millimeter
Zylinderdurchmesser:	425/650 Millimeter
Kolbenhub:	610/670 Millimeter
Kesseldruck:	16 bar
Rostfläche:	4,5 m^2
Verdampfungsheizfläche:	208,72 m^2
Länge über Puffer:	21 170 Millimeter
Treibraddurchmesser:	1800 Millimeter
Laufraddurchm. (vorne):	990 Millimeter
Laufraddurchm. (hinten):	1200 Millimeter
Dienstgewicht (Lok):	88,3 Tonnen
Höchstgeschwindigkeit:	100 km/h

Unten: Schnittzeichnung der badischen IV f.

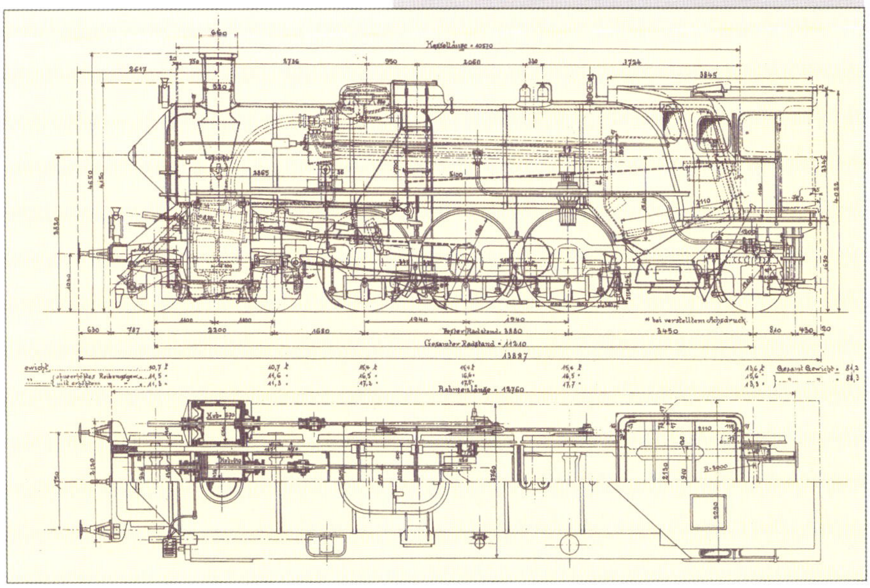

Bauartbezeichnungen

Noch heute ist in Eisenbahnfachkreisen bei verschiedenen Lokomotivtypen neben der aus der Zeit der Deutschen Reichsbahn üblichen Bauartbezeichnung noch eine aus dem Jahr 1886 stammende und anfänglich in Amerika übliche Bezeichnung gebräuchlich. Nachfolgend die gebräuchlichsten, noch heute üblichen Bauartbezeichnungen.

Deutsche DRG-Bezeichnung	Amerikanische Bezeichnung
1'B 1'	Columbia
2'B 1'	Atlantic
1'C	Mogul
1' C 1'	Prairie
2' C 1'	Pacific
1'D	Consolidation
1' D 1'	Mikado
1' E 1'	Santa Fe

motive und eine der frühesten deutschen Lokomotiven, die mit einem Barrenrahmen ausgerüstet waren. Der gegenüber dem bis dahin gebräuchlichen Blechrahmen zierlich wirkende Barrenrahmen gab zusammen mit der hohen Kessellage, hier 2,80 Meter über der Schienenoberkante, der badischen IV f ein formschönes Aussehen. Ihre harmonische Erscheinung erregte bei den Fahrgästen großes Aufsehen. Dazu trugen auch die kegelige Rauchkammertür und das spitze Führerhaus bei. Beides Formen, die den ersten deutschen Pacific-Lokomotiven eine windschnittige und elegante Erscheinung verliehen. Die ersten drei Lokomotiven der Reihe IV f stammten von Maffei und wurden dort unter den Fabriknummern 2512–2514 im Jahr 1907 gebaut. Die Betriebsnummern lauten 751–753. Weitere 32 Maschinen kamen von der Maschinenbau-Gesellschaft Karlsruhe, die dort in den Jahren 1909 (zwölf Stück, Fabriknummern 1785–1796, Betriebsnummern 754–765), 1912 (zwölf Stück, Fabriknummern 1839–1850, Betriebsnummern 833–844) und 1913 (acht Stück, Fabriknummern 1864–1871, Betriebsnummern 845–852) gebaut wurden.

Der Treibraddurchmesser von 1,80 Metern, für eine Schnellzuglokomotive relativ klein, ergab sich aus der Forderung, einerseits auf der in der Ebene liegenden Hauptbahn Badens schnell zu fahren, andererseits auf der Schwarzwaldbahn noch ausreichende Zugkraft für die schwereren Schnellzüge zur Verfügung zu haben.

Auf den Probefahrten konnten die Maschinen einen Zug mit 52 Achsen und einem Gewicht von 460 Tonnen auf der etwa 260 Kilometer langen Tour Mannheim–Basel mit einer Geschwindigkeit von 90 bis 100 Stundenkilometern und in gewissen Abschnitten sogar mit 110 Stundenkilometern befördern. Diese Geschwindigkeiten konnten allerdings auf der Rampe am „Isteiner Klotz" trotz hoher Kesselanstrengung nicht gehalten werden und sanken auf etwa 85 Stundenkilometer ab. Bei zwei weiteren Versuchs- und Testfahrten auf der 312 Kilometer langen Strecke Mannheim–Konstanz, über den Schwarzwald, wurden bis Offenburg dieselben Lasten mit den gleichen Ergebnissen befördert. In Offenburg wurde dann allerdings bei der ersten Fahrt das Zuggewicht auf 144 Tonnen reduziert, beim zweiten Mal auf 209 Tonnen. Die Durchschnittsgeschwindigkeit betrug bei der ersten Fahrt über die Rampen der Schwarzwaldbahn 55 und bei der zweiten Fahrt mit erhöhtem Zuggewicht 45 Stundenkilometer.

Bei der Deutschen Reichsbahn wurden die Lokomotiven als Baureihe 18.2 eingereiht. Allerdings war ihnen kein langes Leben mehr beschieden. In den Jahren 1924 bis 1930 wurden sie ausgemustert.

Unten: War die bayerische S 3/6 eine typische „Pacific"-Lokomotive, so stand die Gattung bayerische S 2/5 für die deutschen „Atlantic"-Dampfloks.

Die bayerischen Schnellzugloks der Gattung S 3/6, Baujahr 1908

Um 1900 genügten die Maschinen mit der Achsfolge 2' B zwar noch für die Beförderung von Zügen mit Abteilwagen, in Bayern „Engländer" genannt, sowie die Loks mit der Achs-

Links: Von welch graziler und leichter Konstruktion das Triebwerk einer bayerischen S 3/6 ist, zeigt diese Aufnahme. Im Verhältnis zu einer Zweizylinder-Einheitslokomotive erscheinen die Treib- und Kuppelstangen direkt zerbrechlich. Diese Bauweise wurde dadurch möglich, dass sich die auftretenden Kräfte bei einer Vierzylinderlok der Gattung S3/6 gleichmäßig auf das innere (Hochdruck) und äußere (Niederdruck) Triebwerk verteilen ließen.

bayerische S 3/6, Baureihe 18.4

Erstes Baujahr:	1908
Gesamtserie:	159 Loks
Bauart:	2' C 1' h4v
Spurweite:	1435 Millimeter
Zylinderdurchmesser:	425/600 Millimeter
Kolbenhub:	610/670 Millimeter
Kesseldruck:	15 bar
Rostfläche:	4,5 m^2
Länge über Puffer:	21 221 Millimeter
Treibraddurchmesser:	1800 Millimeter
Laufraddurchm. (vorne):	950 Millimeter
Laufraddurchmesser (hinten):	1206 Millimeter
Dienstgewicht (Lok):	88,3 Tonnen
Höchstgeschwindigkeit:	120 km/h

folge 2' C für die Züge mit zwei- und dreiachsigen Durchgangswagen („Amerikaner"). Die Züge mit schweren vier- und sechsachsigen Wagen jedoch verlangten nach einer Schnellzuglok der Achsfolge 2' C 1', die in Bayern als S 3/6 bezeichnet wurde. Diese Bezeichnung ist nach bayerischem Sprachgebrauch als S 3/6-tel auszusprechen und nicht wie heute vielfach zu hören als S 3/6!

Die rapide Gewichtszunahme der Schnellzüge verdeutlichen folgende Zahlen: Das Zuggewicht um 1900 stieg pro Kopf von anfänglich 200 Kilogramm auf 600 Kilogramm in der dritten und sogar auf 1000 Kilogramm in der zweiten und ersten Klasse an. Die Speise- und Schlafwagen hatten zu dieser Zeit vielfach bereits vier-, ja sogar schon sechsachsige Drehgestelle. Das Gewicht pro Wagen lag bei 50 bis 55 Tonnen. So verwundert es nicht, dass diese schweren Züge vielfach mit zwei Maschinen befördert werden mussten.

Obwohl auch bei der Bayerischen Staatsbahn die finanziellen Mittel immer knapp bemessen waren, zeigte sich der um 1906

Links: Aus dem Jahr 1932 stammt die Werbung der Lokfabrik Henschel & Sohn. Als neueste Lokomotive für die Deutsche Reichsbahn-Gesellschaft wurde die Lokomotive 18 538 vorgestellt.

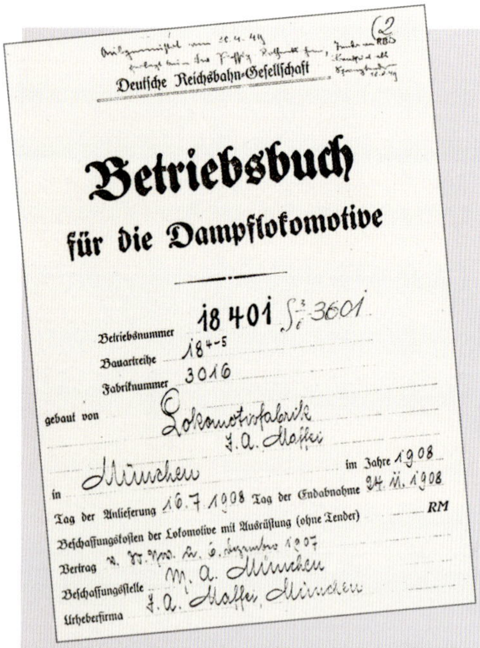

Deutsche Reichsbahn-Gesellschaft

Betriebsbuch
für die Dampflokomotive

Betriebsnummer 18 401 S 3/6 3601

Bauartreihe 18⁴⁻⁵

Fabriknummer 3016

gebaut von Lokomotivfabrik J. A. Maffei

in München im Jahre 1908

Tag der Anlieferung 16.7.1908 Tag der Endabnahme 24. VI. 1908

Beschaffungskosten der Lokomotive mit Ausrüstung (ohne Tender) RM

Vertrag

Beschaffungsstelle M. A. München

Urheberfirma J. A. Maffei, München

Oben: Das Betriebsbuch der 18 401 ist bis heute erhalten. Mit der Übernahme der Länderbahnen durch die Deutsche Reichsbahn entstanden diese Dokumente.

Unten: Die „Königin" der Lokomotiven vor dem „König" der Züge, dem Orientexpress. Die Aufnahme zeigt die 18 470 bei Amstetten in der Nähe der „Geislinger Steige" im Jahr 1928.

Zylinderanordnung bei der S 3/6

Kurz nach der Eröffnung des Deutschen Dampflokomotiv-Museums in Neuenmarkt in Oberfranken steht der Zylinderblock der 18 610 noch vor den Museumshallen. In der Mitte des Zylinderblocks sind die Hochdruckzylinder mit den dazugehörigen Schiebern zu erkennen. Auf den beiden äußeren Seiten sieht man die Niederdruckzylinder mit den darüber angeordneten Schiebern. Der gesamte Zylinderblock ist ein Meisterstück der Gusstechnik. Im Vordergrund liegt ein Segment aus dem oberen Teil des Stehkessels.

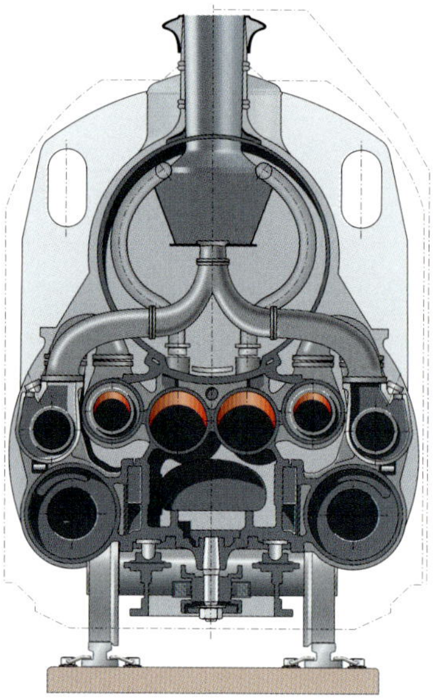

unter dem damaligen bayerischen Verkehrsminister von Frauendorfer tätige Lokomotiv-Bauartreferent, Ministerialrat von Bieber, den Erfordernissen der Zugförderung sehr aufgeschlossen. Bei der Neubeschaffung von Lokomotiven vertraute er auf das Wissen und Können der heimischen Lokomotivfabriken Maffei und Krauss. Speziell Maffei hatte in den vorangegangenen Jahren umfangreiche

Erfahrungen beim Bau von Schnellzug-Dampflokomotiven mit Barrenrahmen und Vierzylinder-Verbundtriebwerk.
Im Frühjahr 1907 erhielt die Lokomotivfabrik Maffei den Auftrag, einen Entwurf für den Bau einer Schnellzuglokomotive mit der Achsfolge 2' C 1' für die Bayerische Staatsbahn auszuarbeiten. Umgehend wurden die Konstruktionsarbeiten aufgenommen und die Vorbereitungen für die Fertigung und die Montage der Loks getroffen.
Schon am 16. Juli 1908 wurde die erste neue Schnellzuglokomotive der Gattung S 3/6 in der bei der Bayerischen Staatsbahn üblichen grünen Lackierung ausgeliefert. Sie trug die Betriebsnummer 3601. Nur wenige Tage später folgte die 3602. Sie war allerdings in einer ockergelben Farbgebung gehalten. Polierte Messingbänder zierten den Kessel. Sie hatte einen kurzen Kamin mit schmaler Messingkrone. Diese ungewöhnliche Maschine wurde im gleichen Jahr auf der Münchner Verkehrsausstellung gezeigt und erregte dort wegen ihrer imposanten Erscheinung allgemein großes Interesse.
Im Jahr 1910 erschien die bayerische S 3/6 mit der Betriebsnummer 3618 in blaugrauem Kleid mit blanken Zierbändern und einem halbhohen Kamin mit vergrößerter Kupferkrempe auf der Weltausstellung in Brüssel. Sie sorgte dort für große Aufmerksamkeit.
Die technische Entwicklung der S 3/6 basierte auf den bayerischen Gattungen S 2/5, S 2/6 und S 3/5. Auch die badischen Lokomotiven der Reihen II d und IV f trugen für die S 3/6 Wesentliches bei. Im Baustil war sie eine Fortsetzung der von Ingenieur Hammel mit den vorgenannten Lokomotivreihen geschaffenen Stilform. In der Detailkonstruktion waren gewisse Einflüsse des damaligen nordamerikanischen Lokomotivbaus unverkennbar. Kauften doch die Bayerischen Staatsbahnen im Jahr 1901 in den USA bei Baldwin vier Probelokomotiven (zwei S2/5-Schnellzug-

Oben: In den Hallen des Reichsbahn-Ausbesserungswerks Augsburg erhält eine Kropfachse einer bayerischen S 3/6 neue Radreifen. Das Foto entstand am 26. April 1935.

2525
BBII
K.Bay.Sts.B.
J.A.MAFFEI
MÜNCHEN.
Nº2190 1901

Vorhergehende Seiten: Mit 31 zwischen 1899 bis 1908 von der Firma Maffei gelieferten Maschinen der Gattung BB II wurde die Gruppe der Naßdampflokomotiven bei der Bayerischen Staatsbahn abgeschlossen. Die Gattung wurde vor allem auf den Lokalbahnstrecken eingesetzt. Im Bild die „2525" im Auslieferzustand.

Oben: Im Bahnbetriebswerk von Ilmenau steht auf einem Sockel die gekröpfte Treibachse der 58 1520.

Unten: Die Güterzuglokomotiven der preußischen Gattung G 12 sind die ersten Einheitslokomotiven Deutschlands. Gebaut werden die ersten Loks in den letzten Kriegsjahren des Ersten Weltkriegs. Sie werden bei nahezu allen deutschen Länderbahnen eingesetzt. Die Aufnahme zeigt die 58 2142.

und zwei El-Güterzuglokomotiven). Bei der Deutschen Reichsbahn erhielten diese Maschinen die Baureihen-Bezeichnung 18.4-5.
Über Jahrzehnte hinweg waren die bayerischen S3/6-Lokomotiven im hohen und höchsten Schnellzugdienst eingesetzt. In den 1930er-Jahren bespannten sie über viele Jahre hinweg den Luxuszug „Rheingold". Die Deutsche Bundesbahn ließ in den Jahren von 1953 bis 1957 30 dieser Maschinen noch mit neuen Hochleistungskesseln ausstatten.

Die preußische Güterzuglok G 12, die erste deutsche Einheitslokomotive, Baujahr 1917

Von der Lokomotivfabrik Henschel in Kassel wurde im August 1917 die erste Güterzuglokomotive der Reihe G 12 an die Preußische Staatsbahn geliefert. Eine Loktype, die in den folgenden Jahrzehnten bei nahezu allen deutschen Länderbahnen Verwendung fand. Somit kann man sie wohl auch als die erste deutsche Einheitslokomotive bezeichnen. Den Grund zur Beschaffung schildert ein zeitgenössischer Bericht:
„Zur Zugbeförderung werden in den während des Ersten Weltkrieges besetzten feindlichen Gebieten Lokomotiven aller deutschen Eisenbahnverwaltungen eingesetzt. Die Lokomotiven sind von unterschiedlichster Bauart. Die einzelnen Teile sind nicht einheitlich. Diese Verschiedenheiten machen sich im Krieg nicht nur bei der Bedienung, sondern auch beim Unterhalt nachteilig bemerkbar. Die Beschaffung der Ersatzteile, die keine einheitliche Bezeichnung haben, stößt daher immer wieder auf große Schwierigkeiten. Auf Anregung des preußischen Ministers der öffentlichen Arbeiten erklären sich Anfang 1916 die einzelnen deutschen Eisenbahn-

Oben: Im Rangierbahnhof von Würzburg-Zell präsentiert sich 1920 eine G 12, die noch die alte preußische Beschilderung trägt.

verwaltungen einverstanden, eine einheitliche Güterzuglokomotive zu beschaffen. Diese neue Loktype mit 16 Tonnen Achsdruck sollte in der Lage sein, auf Steigungen von zehn Promille, Züge mit 700 bis 750 Tonnen Gewicht mit mindestens 20 Stundenkilometer zu befördern. Die Höchstgeschwindigkeit sollte bei 60 Stundenkilometer liegen."

Zwar gab es aus den Beständen der Preußischen Staatsbahn Lokomotiven, die diese Bedingungen erfüllten, wobei jedoch ein zu hoher Achsdruck bzw. eine zu aufwendige Konstruktion eine Verwendung nicht sinnvoll erscheinen ließ. Eine völlige Neukonstruktion war daher erforderlich. Zwei Bauvarianten wurden erwogen: Der Bau einer zweizylindrigen, fünffach gekuppelten Heißdampf- oder einer dreizylindrigen, ebenfalls fünffach gekuppelten Heißdampflok mit Vorlaufachse standen zur Diskussion. Letzten Endes entschloss man sich für die letztere Bauart. Die Dreizylindervariante wurde gewählt, um eine gleichmäßigere Verteilung der Antriebskräfte auf das Fahrwerk zu erreichen. Die vordere Laufachse diente dazu, den Oberbau und die Radreifen zu schonen. Von Anfang an war beabsichtigt, diese Maschinen auch nach Kriegsende bei verschiedenen deutschen Bahnverwaltungen verwenden zu können.

Der Entwurf und die Konstruktion wurden von Henschel in Kassel vorgenommen. Langjährige Erfahrungen beim Bau von Lokomotiven für die Preußische Staatsbahn sowie beim Bau von 1'E-Lokomotiven aus dem Jahr 1915 für die türkische Staatsbahn waren hilfreich.

Nachdem der Bau dieser Lokomotiven begonnen hatte, waren an der Fertigung der insgesamt 1479 Maschinen 14 verschiedene Lokfabriken beteiligt. Diese Lokomotiven wurden von den Staatsbahnen Preußens, Badens, Sachsens, Württembergs und Elsaß-Lothringens verwendet. Allein die Staatsbahnen von Bayern, Oldenburg und Mecklenburg beteiligen sich nicht an der Beschaffung. Die G 12 zählten in ihrer Zeit zu den leistungsfähigsten Güterzuglokomotiven Deutschlands. Anfänglich wiesen die Maschinen verschiedene Mängel auf, die im Wesentlichen auf kriegsbedingte Materialeinsparungen zurückzuführen waren. In der Friedenszeit wurden dann

preußische G 12, Baureihe 58

Baujahr:	ab 1917
Gesamtserie:	1371 Loks
Bauart:	1' E h3
Spurweite:	1435 mm
Zylinderdurchmesser:	3 x 570 mm
Kolbenhub:	660 mm
Kesseldruck:	14 bar
Rostfläche:	3,88 m^2
Verdampfungsheizfläche:	192,43 m^2
Länge über Puffer:	18495 mm
Treib-/Kuppelraddurchm.:	1400 mm
Laufraddurchmesser:	1000 mm
Dienstgewicht Lok:	95,70 t
Höchstgeschwindigkeit:	65 km/h

württ. K, Baureihe 59

Erstes Baujahr:	1918
Gesamtserie:	44 Loks
Bauart:	1' F h4v
Spurweite:	1435 Millimeter
Zylinderdurchmesser:	500/760 Millimeter
Kolbenhub:	650 Millimeter
Kesseldruck:	15 bar
Rostfläche:	4,2 m²
Verdampfungsheizfläche:	232 m²
Länge über Puffer:	20 190 Millimeter
Treib- und Kuppelrad-durchmesser:	1350 Millimeter
Laufraddurchmesser:	943 Millimeter
Dienstgewicht (Lok):	108 Tonnen
Höchstgeschwindigkeit:	60 km/h

Oben: Der Arbeitsplatz eines Lokführers um 1925.

die minderwertigeren Werkstoffe durch hochwertige ersetzt. So entstand mit der preußischen Güterzuglokomotive G 12 eine sehr wirtschaftliche und sparsame Maschine. Mit dem Bau der preußischen G 12 wurde erstmals die damals schon längst überfällige „Vereinheitlichung" des deutschen Lokomotivparks in Angriff genommen. Mit dieser Loktype war man auf jeden Fall diesem Ziel ein erhebliches Stück nähergekommen.

Bis zum Bau der Einheitsloks der Deutschen Reichsbahn war es allerdings noch ein weiter und steiniger Weg. Bis zur Gründung der Deutschen Reichsbahn im Jahr 1920 entstand bei den deutschen Länderbahnen noch eine Vielzahl eigener Lokomotivkonstruktionen.

In diesem Zusammenhang sei noch erwähnt, dass in Preußen, um ein einheitliches Typenprogramm voranzubringen und um eine gewisse Beschränkung in der Vielfalt der Lokomotivtypen zu erreichen, aus der G 12 eine neue mittelschwere Güterzuglokomotive, die G 8.3, entstand. Es handelte es sich dabei um eine verkürzte G 12 mit der Achsfolge 1' D. Auch sie hatte wie die G 12 ein Dreizylinder-Triebwerk. Diese kurze G 12 wurde ab 1918 in Dienst gestellt. Insgesamt wurden 185 Maschinen dieser Gattung gebaut.

Bei der Deutschen Reichsbahn der DDR wurden die letzten Exemplare dieser über viele Jahrzehnte bewährten Loktype in den Jahren 1976 und 1977 abgestellt.

Der württembergische Riese der Gattung K, Baujahr 1918

In der Zeit des Ersten Weltkriegs stand die württembergische Eisenbahnverwaltung vor der schwierigen Aufgabe, ihre bis dahin fünffach gekuppelten Heißdampf-Zwillingslokomotiven durch eine leistungsfähigere Bauart ersetzen zu müssen. Um das Vorhaben umzusetzen, entstand eine enge Zusammenarbeit zwischen dem leitenden Oberingenieur der Maschinenfabrik Esslingen Günther und Oberbaurat Kittel von der Generaldirektion der Württembergischen Staatsbahn. Nach intensiver Entwurfsarbeit entstand eine Vierlings-Heißdampflok mit sechs gekuppelten Achsen und ungewöhnlichen Abmessungen.

Der württembergischen Bauart de Glehn folgend, wurden bei dieser neuen, schweren Güterzuglokomotive zwei Achsen angetrieben, sodass außer der vorderen Bis-

sel-Achse nur noch die erste und sechste Kuppelachse jeweils mit einem größeren Seitenspiel versehen werden konnten. Die vier mittleren Kuppelachsen waren dagegen fest im Rahmen gelagert.
Der Kessel hatte zwei Schüsse. Die Feuerbüchse war aus Kupfer gefertigt. Ein durch Handrad und Spindel verstellbares Düsenblasrohr gestattete es dem Lokomotivführer, die Anfachung des Feuers zu regeln und den betrieblichen Erfordernissen anzupassen.
Der Hauptrahmen bestand aus 35 Millimeter starken Rahmenplatten, die aus Flusseisenguss gefertigt waren. Zur höheren Stabilität waren zahlreiche Querversteifungen eingebaut. Die vordere Pufferbohle und der hintere Zugkasten waren besonders stabil ausgeführt. Sämtliche Radreifen bestanden aus hartem Sonderstahl, die Achslagerschalen aus Eisenguss. Die inneren Hochdruckzylinder arbeiteten auf die dritte Kuppelachse, die äußeren Niederdruckzylinder auf die vierte Kuppelachse. Die außen liegende Heusinger-Steuerung mit fliegend angeordneten Schwingen trieb die äußeren Niederdruckschieber unmittelbar, die innen liegenden Hochdruckschieber durch Zwischenhebel und Umkehrhebel an. Während ihres betrieblichen Einsatzes erwiesen sich die Loks als hervorragende Bergmaschinen, die den Erwartungen voll entsprachen.
Bedingt durch den Ersten Weltkrieg wurde die Auslieferung der ersten drei Maschinen bis zum Januar 1918 verzögert. Die nächsten zwölf Maschinen der Reihe K kamen erst ab dem Frühjahr 1919 zum Einsatz. Von 1923 bis 1924 verließen weitere 29 Exemplare das Werk in Esslingen.
Diese mächtigen, sechsfach gekuppelten Maschinen wurden vorwiegend auf den zahlreichen Hügellandstrecken Württembergs eingesetzt. Ein spezielles Einsatzgebiet war für diese leistungsstarken Güterzuglokomotiven von Anfang an die Geislinger Steige. Hier galt es, auf schwieriger und steigungsreicher Strecke zwischen Geislingen und Amstetten die Schwäbische Alb zu überwinden. Bei diesen harten Einsätzen bewährten sich das verschleißfeste Lauf- und Triebwerk sowie der

Oben: Die Dampflokomotive 59 017 zieht einen Güterzug durch Horb.

sächsische XVIII H, Baureihe 18.0

Erstes Baujahr:	1917
Gesamtserie:	10 Loks
Bauart:	2' C 1' h3
Spurweite:	1435 Millimeter
Zylinderdurchmesser:	500 Millimeter
Kolbenhub:	630 Millimeter
Kesseldruck:	14 bar
Rostfläche:	4,53 m^2
Verdampfungsheizfläche:	216,25 m^2
Länge über Puffer:	22 150 Millimeter
Treib- und Kuppelrad-durchmesser:	1905 Millimeter
Laufraddurchmesser:	1065 Millimeter
Dienstgewicht (Lok):	93,5 Tonnen
Höchstgeschwindigkeit:	120 km/h

sächsische XX HV, Baureihe 19

Erstes Baujahr:	1918
Gesamtserie:	23 Loks
Bauart:	1' D 1' h4v
Spurweite:	1435 Millimeter
Zylinderdurchmesser:	480/720 Millimeter
Kolbenhub:	630 Millimeter
Kesseldruck:	15 bar
Rostfläche:	4,5 m²
Verdampfungsheizfläche:	227,05 m²
Länge über Puffer:	22 632 Millimeter
Treib- und Kuppelrad-durchmesser:	1905 Millimeter
Laufraddurchm. vorn:	1065 Millimeter
Laufraddurchm. hinten:	1260 Millimeter
Dienstgewicht (Lok):	99,9 Tonnen
Höchstgeschwindigkeit:	120 km/h

unermüdlich reichlich Dampf produzierende Kessel besonders gut. Vielfach konnte die Leistung dieser Maschinen kaum voll ausgenutzt werden. Damit waren die Lokomotiven der Gattung K der Württembergischen Staatsbahn zu ihrer Zeit als ideale Berglokomotiven angesehen. Von der Deutschen Reichsbahn wurden diese Lokriesen der Baureihe 59.0 zugeordnet. Als die Geislinger Steige elektrifiziert wurde, wurden diese großen Güterzugmaschinen nach Mannheim und Rottweil umstationiert. In der Zeit des Zweiten Weltkriegs wurden Maschinen der Baureihe 59.0 wegen ihrer Leistungsfähigkeit auch in Österreich auf der Semmeringstrecke sowie in Ungarn und Jugoslawien eingesetzt.

Der „Sachsenstolz", die Gattung XX HV der Sächsischen Staatsbahn, Baujahr 1920

Sachsen hatte mit der Gattung XX HV vor den Preußen mit der P 10 den Bedarf an einem leistungsfähigen Vierkuppler im Reisezugdienst erkannt. Vor allem die sächsische Strecke von Leipzig nach Hof stellte höchste Ansprüche an die Leistungsfähigkeit der dort eingesetzten Loks. Von Leipzig ausgehend liegt die Strecke teils im Flachland, dann aber abwechselnd in Gefällen und Steigungen mit bis zu rund zehn Promille. Zunächst wurden vor den Schnellzügen Berlin–Leipzig–Regensburg–München die 2'C1'-h3-Lokomotiven der Gattung XVIII H (später Baureihe 18.0) verwendet, die von Hartmann in Chemnitz gebaut worden waren. Doch diese Dreikuppler waren bei diesen Aufgaben oftmals überfordert.

Daraufhin entwickelte die Lokomotivfabrik Hartmann für die Sächsische Staatsbahn die Gattung XX HV mit Vierzylinder-Verbundtriebwerk, die als erste deutsche Mikado-Schnellzuglokomotive in die Geschichte einging und als

Höhepunkt des sächsischen Lokomotivbaus anzusehen ist. Die formschöne Maschine, die als „Sachsenstolz“ bezeichnet wurde, galt damals als größte europäische Schnellzuglokomotive. Auffallende Merkmale waren ihr großer Kessel mit den 5800 Millimeter langen Rohren und der breite Stehkessel, der eine Rostfläche von 4,5 Quadratmetern hatte.

Der Kesseldruck der Gattung XX HV war angesichts der Verbundmaschine erstmals in Sachsen auf 15 bar festgesetzt worden. Alle vier Zylinder – die beiden außen liegenden Niederdruckzylinder ebenso wie die beiden innen liegenden Hochdruckzylinder – arbeiteten auf die zweite Kuppelachse. Am 8. März 1918 wurde die erste Maschine der sächsischen Gattung XX HV unter der prominenten Fabriknummer 4000 von der Lokomotivfabrik Hartmann in Chemnitz ausgeliefert. Insgesamt wurden 23 dieser imposanten und leistungsstarken Maschinen gebaut. Anfängliche Mängel bei der Feueranfachung und bei der Überhitzung wurden später beseitigt.

Das ursprünglich vorgesehene Leistungsprogramm wurde von den Loks mühelos überboten. So schleppten sie beispielsweise auf einer Zehn-Promille-Steigung 585-Tonnen-Züge mit 50 Stundenkilometern Geschwindigkeit, womit sie die in sie gesetzten Erwartungen auf den Hügellandstrecken problemlos erfüllten. Probefahrten im Flachland ergaben einen relativ hohen Kohlenverbrauch.

Die 1920 gegründete Deutsche Reichsbahn zog unter anderem deshalb den Bau der preußischen P 10 mit Drillingstriebwerk vor. An einem Weiterbau der sächsischen XX HV mit ihrem komplizierten Triebwerk bestand hingegen kein Interesse. Die wurden unter den Nummern 19 001 bis 19 023 von der Reichsbahn übernommen und in den Bahnbetriebswerken Dresden-Altstadt und Reichenbach stationiert. Nach dem Zweiten Weltkrieg zeigten sich die Loks bereits weitgehend abgewirtschaftet und wurden zum Teil ausgemustert. Die drei Loks 19 015, 19 016, 19 017 und 19 022 wurden von der Versuchsabteilung in Halle (VES-M) als Bremslokomotiven übernommen. Die 19 015 und die 19 022 wurden darüber hinaus sogar in das Rekoprogramm der Reichsbahn einbezogen. Alle anderen Maschinen verblieben beim Bahnbetriebswerk Reichenbach, wo sie bis zum August 1971 ausgemustert wurden. Erhalten blieb die 19 017, die weitgehend in den Originalzustand zurückversetzt wurde.

Oben: Ab 1925 erhielten die sächsischen Schnellzugloks XX HV bei der Deutschen Reichsbahn die Baureihenbezeichnung 19.0. Hier die 19 007 bei Reichenbach im Vogtland.

Unten: Vor dem Tor der Lokfabrik Borsig in Berlin steht eine der fabrikneuen Loks der Tierklasse.

Die Loks der Halberstadt-Blankenburger–Eisenbahn lösen den Zahnradbetrieb ab

Die Lokomotivfabrik Borsig in Berlin lieferte 1920 die erste von vier Lokomotiven der später als „Tierklasse“ berühmt gewordenen Maschinen an die Halberstadt–Blankenburger Eisenbahn. Der an Bodenschätzen wie Silber, Blei, Kupfer, Eisen und Flussspat reiche Harz ließ im zweiten Drittel des 19. Jahrhunderts den Bau einer Eisenbahnlinie zwischen Halberstadt und Blankenburg als sinnvoll erscheinen. Damit sollen die abgebauten Rohstoffe kostengünstig zu ihren neu eingerichteten Verhüttungsstätten in Blankenburg geliefert werden können.

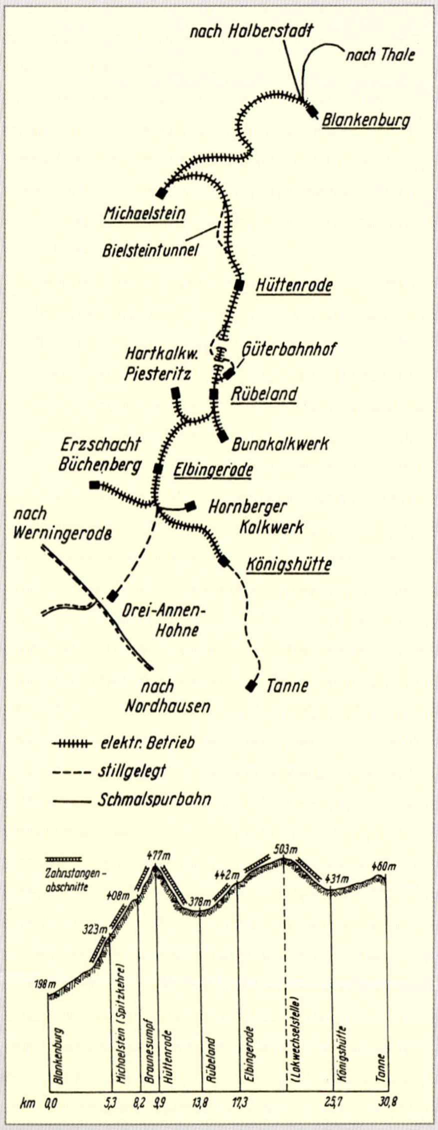

Oben: Übersichtskarte der Rübenlandbahn (1970) und Streckenprofil Blankenburg–Tanne (1886)

Rechts: Aus der Zeit, als die ersten Probefahrten im reinen Reibungsbetrieb auf den einstigen Zahnradstrecken der Halberstadt-Blankenburger Eisenbahn durchgeführt wurden, stammt diese Aufnahme der fünffach gekuppelten H.B.E.-Lokomotive.

Den „Harzer Werken", die dort die Hochöfen betrieben, wurde von der braunschweigischen Staatsregierung im Jahr 1870 die Genehmigung zum Bau einer Eisenbahn zwischen Halberstadt und Blankenburg erteilt. Diese Privatbahn trug den Namen „Halberstadt-Blankenburger Eisenbahngesellschaft" (H.B.E.). Doch die auf der geplanten Trasse zum Teil erheblichen Steigungen zwischen Blankenburg und Hüttenrode sowie bei Rübeland und bei Rothenhütte-Königshof bereiteten den Erbauern der Bahn erhebliche Probleme.

Im August 1884 wurde der Streckenbau begonnen. Die H.B.E. entschied sich für einen gemischten Reibungs- und Zahnradbetrieb. Von den insgesamt 30 Streckenkilometern lagen mehr als sieben Kilometer in Steigungen zwischen 1 : 16,6 und 1 : 25, die mit einer Zahnstange nach dem System Abt überwunden wurden. Durchgehend stand die Strecke ab dem 15. Oktober 1886 zur Verfügung. An Lokomotiven wurden Tenderloks, gebaut von der Maschinenfabrik Esslingen, mit der Achsfolge C 1' n2/bn2 verwendet. Insgesamt beschaffte die H.B.E. bis 1907 elf derartige Lokomotiven. Im Jahr 1914 folgte dann noch eine vierfach gekuppelte Zahnradlok, die aber nur für kurze Zeit auf der H.B.E.-Strecke Dienst tat.

Die nach dem Ersten Weltkrieg ständig steigenden Kosten für Kohle, Eisen, Stahl etc. ließen die wirtschaftliche Lage der H.B.E. immer schwieriger werden. Die aber sah nur durch die Vereinfachung der Lokomotiven, durch die Erhöhung ihrer Leistung, Wirtschaftlichkeit, der Zugmassen und der Fahrgeschwindigkeit sowie durch die Reduzierung der Unterhaltskosten für die Zahnstangenabschnitte eine wirtschaftliche positive Zukunft ihrer Bahnstrecken. Diesen Problemen widmete sich mit großem Engagement der damalige Direktor Steinhoff. Sein Ziel war es, den Zahnradbetrieb durch einen reinen Reibungsbetrieb zu ersetzen und damit die angestrebten wirtschaftlichen Verbesserungen zu erreichen.

Links: Durch eine schwere Kesselexplosion im Ausbesserungswerk Meiningen am 4. Mai 1951 wurde die 95 6679, die ehemalige Lok „Elch" der H.B.E., nahezu vollkommen zerstört.

Erste Versuche im Reibungsbetrieb führte er im Sommer 1918 mit einer üblichen 1'C-Heißdampf-Personenzug-Tenderlok durch. Diese Versuche ließen die Fachwelt aufhorchen, da sie einige unerwartete Verbesserungen wie eine Senkung des Kohleverbrauchs und eine Erhöhung der Fahrgeschwindigkeit mit sich brachten. Weitere vielversprechende Probefahrten erfolgten im September des gleichen Jahres mit einer preußischen T 16.1, um die bestehenden behördlichen Bedenken gegenüber einem zahnstangenlosen Steilstreckenbetrieb zu zerstreuen. Bereits ein Jahr zuvor, im Jahr 1917, erteilte die Bahnverwaltung der Lokomotivfabrik Borsig in Berlin den Auftrag zur Konstruktion und zum Bau einer geeigneten Dampflok mit der Achsfolge 1' E 1' für einen ausschließlichen Reibungsbetrieb auf den Strecken der Halberstadt-Blankenburger Eisenbahn.

Die Entwicklung dieser Lokomotiven erfolgte in enger Zusammenarbeit zwischen Steinhoff und dem Chefkonstrukteur von Borsig, August Meister. Insgesamt entstanden vier Maschinen, von denen die ersten beiden im Februar und im April 1920 ausgeliefert wurden. Die beiden weiteren Loks folgen dann im März 1921. Wegen ihres bulligen und vor Kraft strotzenden Aussehens erhielten sie die Namen „Mammut, Wiesent, Büffel und Elch". Diese Namensgebungen führte zur Bezeichnung „Tierklasse" für diesen Lokomotivtyp.

Diese neuen Maschinen wiesen einige bis dahin ungewöhnliche technische Daten auf. Bei einer Rohrlänge von nur 3700 Millimetern war der Kessel kurz, sein Durchmesser von 2000 Millimetern hingegen sehr beachtlich. Auch die Zylinder hatten einen beachtlichen Durchmesser von 700 Millimetern. Erstmals erhielt eine deutsche Tenderlok einen 100 Millimeter starken Barrenrahmen. Die ersten beiden Loks, „Mammut und Wiesent", hatten anfänglich für die Talfahrten auf den steilen Bergstrecken noch ein Gestell mit zwei Zahnrädern im Rahmen eingebaut, um über eine dort eingebaute Keilbremse eine zusätzliche Sicherheit bieten zu können. Diese Einrichtungen wurden jedoch aufgrund der guten Erfahrungen mit den sonstigen Bremseinrichtungen, die aus einer Druckluftbremse der Bauart Knorr und einer Riggenbach-Gegendruckbremse bestanden, bald entfernt. Bereits kurz nach

95 041 stürzt in die Tiefe

Es ist der 10. März 1950. Im Bahnhof von Lauscha im Thüringer Wald rangiert die 95 041 mit einigen Wagen. Der Bahnhof ist als Kopfbahnhof ausgebildet und besitzt zwischen den beiden Ausfahrten in Richtung Sonneberg und Ernsthal einen einständigen Lokschuppen, dessen Rückwand auf einer rund zwölf Meter hohen Stützmauer steht. Gegen 19 Uhr erhält der Lokführer der 95er den Auftrag, mit seinen Wagen in Richtung Ernsthal vorzuziehen. Mit kräftigen Auspuffschlägen zieht die Lok an. Zu spät bemerken die beiden Männer auf dem Führerstand, dass die Weichen in der Dunkelheit falsch gestellt sind. Die Bremsleitungen sind nicht gekuppelt. Die Zusatzbremse der Lok allein kann die rund 200 Tonnen schwere Rangierabteilung nicht bremsen. Verzweifelt gibt der Lokführer Gegendampf und sandet. Auch das bleibt ohne Wirkung. Mit rund 25 Stundenkilometern durchbricht die 95 041 die Rückwand des Lokschuppens und wird von den nachschiebenden Wagen in die Tiefe gestürzt. Der Heizer wird schwer verletzt; der Lokführer erliegt später den Verbrennungen, die er sich bei dem Unfall zuzieht.

Oben: Die Tierklasse-Lokomotiven waren mit einem mächtigen Kessel ausgerüstet.

der Anlieferung der ersten Lokomotive fanden auf den Bergstrecken eingehende Untersuchungs- und Probefahrten mit Anhängelasten von bis zu 240 Tonnen statt. Diese Fahrten erregten großes Interesse in der eisenbahntechnischen Fachwelt. Konnte bisher auf einer Steigung von 60 Promille von der preußischen T 16.1 ein Wagenzug mit 140 Tonnen befördert werden, so schaffte auf dem gleichen Steigungsabschnitt eine der neuen Lokomotiven ohne Probleme 260 Tonnen. Diese beachtlichen Leistungen blieben auch dem damaligen Reichsverkehrsministerium nicht verborgen. So lieh sich das Lokomotiv-Versuchsamt Grunewald die Lokomotiven „Elch" und „Mammut" aus, um sie für die Belange der Deutschen Reichsbahn zu prüfen. Ab 1921 unternahm die Deutsche Reichsbahn mit den H.B.E.-Loks verschiedene Versuchsfahrten, so zum Beispiel mit der „Elch"-Lokomotive auf der vier Kilometer langen 37,6-Promille-Steigung zwischen Herrnberg und Hirzenhain. 1923 verkehrte die „Mammut" auf ihrer Heimatstrecke, der 9,9 Kilometer langen 35,4-Promille-Steigung zwischen Blankenburg und Hüttenrode. Weitere Fahrten erfolgten mit der „Elch"-Lok auf den Zahnradstrecken Schleusingen–Rennsteig–Ilmenau, Boppard–Buchholz und Eschwege–Heiligenstadt. Die Ergebnisse waren in jeder Hinsicht zufriedenstellend.

Ein anschaulicher Beweis für die Leistungen der „Tierklasse-Lokomotiven" waren folgende Zahlen im Vergleich zu den dort eingesetzten C1'-Zahnradloks: Für die Strecke Blankenburg–Hüttenrode benötigte ein Güterzug mit der Zahnradlokomotive 60 Minuten, mit der „Tierklasse" 30 Minuten. Das Zuggewicht konnte von 90 auf 150 Tonnen erhöht werden. Auf der Basis dieser Erfahrungen wurde der Zahnradbetrieb aufgegeben.

Bis 1950 blieb die „Halberstadt-Blankenburger Eisenbahngesellschaft" eine Privatbahn, um dann aber von der ostdeutschen Reichsbahn übernommen zu werden. Die Tierklasse-Loks erhielten die Betriebsnummern 95 6676 bis 95 6679. Die „Mammut", 95 6676, blieb erhalten.

Unten: Auf der Drehscheibe der Betriebswerkstätte der Halberstadt-Blankenburger Eisenbahn in Blankenburg steht die „Mammut", um in den Lokschuppen einzurücken.

Die preußische P 10, an der Schwelle zur Einheitslokomotive, Baujahr 1922

Bei der Entwicklung der deutschen Personen- und Schnellzuglokomotiven nahm die preußische P 10 eine interessante Stellung ein. Sie entstand am Schnittpunkt des Übergangs der Länderbahnen zur Deutschen Reichsbahn. In manchem Detail ihrer Konstruktion beinhaltete sie bereits Merkmale der Einheitslokomotiven.

Die altbewährte preußische P 8 war durchaus in der Lage, Schnellzüge von bis zu 420 Tonnen Gewicht in der Ebene mit 75 bis 80 Stundenkilometern zu befördern. Für die Beförderung schwerer Personen- und Schnellzüge auf steigungsreichen Strecken der Mittelgebirge fehlte allerdings eine passende Lokomotive. So befasste sich die Preußische Staatsbahn im Herbst 1919 mit dem Entwurf einer entsprechenden Maschine, die folgendes Leistungsprogramm erbringen sollte: Sie sollte in der Lage sein, 550 bis 600 Tonnen in der Ebene mit 90 Stundenkilometern zu befördern. Auf einer Steigung von zehn Promille sollten bei gleichem Zuggewicht noch 30 bis 40 Stundenkilometer erreicht werden.

Die Entwicklungsarbeiten an der neuen Maschine verzögerten sich, da in dieser Zeit die Deutsche Reichsbahn-Gesellschaft entstand, die der Ansicht war, dass die sächsische XX HV (spätere Baureihe 19.0) mit der Achsfoge 1' D 1' und dem Vierzylinder-Verbundtriebwerk die für die genannten Erfordernisse passendere Lokomotive sei. Der zu Ende gegangene Erste Weltkrieg zwang noch immer zum Sparen. Eine Vierzylinder-Verbundlok erschien in der Anschaffung und im Unterhalt zu teuer. So entstand unter der Leitung von Oberingenieur August Meister in der Lokomotivfabrik Borsig und in Zusammenarbeit mit dem Eisenbahn-Zentralamt in Berlin der Entwurf einer 1'D1'h3-Lokomotive.

Zehn Loks wurden bei Borsig in Auftrag gegeben, von denen die erste unter der Fabriknummer 11 000 im April 1922 ausgeliefert wurde. Sie trug noch die preußische Bezeichnung „Elberfeld 2811“ und wurde erstmals im selben Jahr auf der Deutschen Gewerbeschau in München gezeigt.

Die ersten zehn Lokomotiven wurden im Laufe des Jahres 1922 fertiggestellt. Zum Lokversuchsamt Grunewald der Deutschen Reichsbahn kam die 2810, wo sie im Juni und Juli 1922 ausgedehnten Versuchen unterzogen wurde. Bei Schnellfahrten er-

1 D 1-Dreizylinder-Heißdampf-Personenzuglokomotive
Gattung P 10 (P 46.19) der Deutschen Reichsbahn, gebaut von Hanomag

Oben: Immer wieder wurde die mächtige preußische P 10 von verschiedenen Künstlern auf Gemälden festgehalten. Die Darstellung oben stammt von dem Wiener Josef Danilowatz und diente als Buchillustration. Das Bild unten hingegen gestaltete Willy Hermann für ein Kunstblatt der Lokfabrik Hanomag.

Oben: Die Werksaufnahme zeigt die 39 043. Entgegen der späteren Regelung bei der DRG war die Betriebsnummer mit Farbe auf die Rauchkammer aufgemalt.

preußische P 10, Baureihe 39.0-2

Hersteller:	Borsig, Hanomag, Henschel, MGB, Krupp, Linke-Hofmann
Erstes Baujahr:	1922
Gesamtserie:	260 Loks
Bauart:	1' D 1' h3
Zylinderdurchmesser:	520 Millimeter
Kolbenhub:	660 Millimeter
Kesseldruck:	14 bar
Rostfläche:	4,08 m²
Verdampfungsheizfläche:	217,01 m²
Länge über Puffer:	22 890 Millimeter
Treib- und Kuppelraddurchmesser:	1750 Millimeter
Laufraddurchm. vorn:	1000 Millimeter
Laufraddurchm. hinten:	1100 Millimeter
Dienstgewicht (Lok):	110,4 Tonnen
Höchstgeschwindigkeit:	110 km/h

reichte die Lok Geschwindigkeiten von bis zu knapp 130 Stundenkilometern. Die maximalen Leistungen lagen bei 2000 bis 2200 Pferdestärken.

Noch im selben Jahr wurden Vergleichsfahrten mit der sächsischen XX HV unternommen. Bei Fahrten auf der Schwarzwaldbahn zeigte sich die P 10 ihrer sächsischen Schwester knapp überlegen. Im Rahmen ausführlicher Untersuchungen wurden Versuchsgruppen von P 10 und XX HV gebildet, die in Leipzig, Stuttgart und Frankfurt/Main beheimatet wurden. Bei diesen Versuchen erhoffte man sich einen klaren Beweis der Überlegenheit der einfachen Dampfdehnung zu erzielen. Doch gelang es nicht, klare Unterschiede zwischen der einfachen Dampfdehnung und den Verbundmaschinen festzustellen.

Bis Ende 1923 waren schon 81 Lokomotiven ausgeliefert. Die ersten zehn Loks wurden als 2810 bis 2819 Elberfeld (spätere 39 001 bis 39 010), die nächsten zwölf als Elberfeld 2820 bis 2831 und die folgende Serie, bereits unter der Reichsbahnära, als 17 031 bis 17 038 bezeichnet. Später trugen sämtliche Maschinen die Baureihenbezeichnung 39.

Die ersten fünf Loks wurden an das Bahnbetriebswerk Osnabrück überstellt, wo sie auf der Strecke Altona–Köln eingesetzt wurden. Bereits nach wenigen Monaten mussten zum Teil schwere Schäden am zu leichten Oberbau festgestellt werden, sodass die Loks zum Bahnbetriebswerk Hagen-Eckesey versetzt wurden. Von hier aus versahen sie schwere Schnellzugdienste auf der Strecke Aachen–Kreiensen–Braunschweig.

In den ersten Jahren ihres Einsatzes waren sie bei den Bahnbetriebswerken Kassel, Erfurt, Hamm, Berlin-Anhalter Bahnhof, Bestwig, Breslau-Hbf., Göttingen, Frankfurt/Main, Stuttgart, Offenburg und Halle-P. beheimatet. Wegen ihres für die damalige Zeit teilweise zu hohen Achsdrucks von 18,9 Tonnen verursachten die Maschinen immer wieder Schäden am Oberbau. Die Folge war, dass ab April 1925 Einsatzbeschränkungen für diese Lokomotiven verfügt wurden. Ab dem Sommerfahrplan 1925 wurden die dreizylindrigen P 10 überall dort eingesetzt, wo es auf schwierigen Strecken schwere Schnellzüge zu befördern galt. Als Beispiel seien die Relationen Berlin–Magdeburg–Halberstadt, Berlin–Hannover–Köln, Leipzig–Hof oder Erfurt–Würzburg–Stuttgart genannt.

Bis 1927 waren insgesamt 260 Lokomotiven der Baureihe 39 angeliefert. Zusätzlich erschienen sie bei den Bahnbetriebswerken Schweinfurt, Jünkerath, Leipzig-Hbf., Dresden-Altstadt und Reichenbach im Vogtland. Auch nach der Indienststellung der neuen schweren Schnellzugloks der Baureihe 01 stellten die P 10 von 1927 bis 1939 das Rückgrat des schweren Schnellzugdiensts auf den Mittelgebirgsstrecken dar.

Die preußische T 20, Baujahr 1923

Da auch von den Preußischen Staatsbahnen eine größere Zahl von Zahnradstrecken betrieben wurde, zeigten sie sich an den Erfahrungen und positiven Ergebnissen der „Tierklasse"-Lokomotiven der „Halberstadt-Blankenburger Eisenbahn-Gesellschaft" sehr interessiert. Auch sie waren bemüht, mithilfe leistungsstarker Maschinen die Zahnradstrecken auf Reibungsbetrieb umzustellen. Außerdem sollte dieser neue Loktyp im Zug- und Schiebebetrieb auf den Rampen der Mittelgebirge Verwendung finden.

August Meister, der Chefkonstrukteur von Borsig in Berlin, wurde von der Preußischen Staatsbahn beauftragt, sich der Konstruktion einer solchen Maschine anzunehmen. Es entstand ein typischer Vertreter des preußischen Lokomotivbaus mit für damalige Zeiten imponierenden Abmessungen. So lag zum Beispiel der Langkessel in seiner Mittellinie 3100 Millimeter über der Schienenoberkante. Die zwei Zylinder hatten einen beachtlichen Durchmesser von 700 Millimetern. Der Treibraddurchmesser betrug 1400 Millimeter. Der Kesseldruck lag bei 14 bar. Das Dienstgewicht der Lok lag bei beachtlichen 127,4 Tonnen. Das Fahrwerk war sorgfältig konstruiert, sodass die schweren Lokomotiven der Gattung T 20 eine Höchstgeschwindigkeit von 70 Stundenkilometern hatten.

Unten: Die Aufnahme zeigt die 95 001 um das Jahr 1932 in Geislingen, wo sie als Schublokomotive ihren Dienst versah.

preußische T 20, Baureihe 95

Erstes Baujahr:	1922
Gesamtserie:	45 Loks
Bauart:	1' E 1' h2t
Zylinderdurchmesser:	700 Millimeter
Kolbenhub:	660 Millimeter
Kesseldruck:	14 bar
Rostfläche:	4,36 m^2
Verdampfungsheizfläche:	200 m^2
Länge über Puffer:	15 100 Millimeter
Treib- und Kuppelraddurchmesser:	1400 Millimeter
Laufraddurchmesser:	850 Millimeter
Dienstgewicht:	127,4 Tonnen
Höchstgeschwindigkeit:	65 km/h

Einen nahezu „endlosen" Güterzug, dessen Zuglokomotive nicht mehr zu sehen ist, schob die 95 014 am 21. Mai 1932 zwischen Fortschendorf und Steinbach am Wald Richtung Ludwigstadt über die Frankenwaldbahn. Vor der 95er läuft ein Bierwagen der Münchener Löwenbrauerei.

Gebaut wurden diese Loks bei Borsig und Hanomag. Insgesamt gab es 46 Maschinen. Bei der Deutschen Reichsbahn trugen sie die Baureihen-Bezeichnung 95.0. Eingesetzt waren sie im schweren Schiebedienst auf den Rampen des Thüringer Waldes. Ebenso nahmen sie im Frankenwald, auf der „Geislinger Steige" und auf der „Schiefen Ebene" ihre Aufgaben wahr. Nach dem Zweiten Weltkrieg gelangten 14 Maschinen zur Bundesbahn und 31 Loks zur Deutschen Reichsbahn der DDR, wo sie bis 1980/81 noch im Dienst standen.

Die schweren Malletloks Gt 2 x 4/4 der Bayerischen Staatsbahn, Baujahr 1913/26

Für den schweren Dienst auf den 1:40-Rampen des Frankenwalds, von Probstzella und Rothenkirchen nach Steinbach am Wald, und auf der 1 : 50 geneigten Spessartrampe von Laufach nach Heigenbrücken beschaffte die Bayerische Staatsbahn in

Unten: Die Lokomotivfabrik Maffei veröffentlichte diese kolorierten Postkarten, die zwei Farbvarianten der Baureihe 96 zeigen. Während der ockergelbe Fotografieranstrich nur die Ausnahme war, gilt die grüne Lackierung mit gelben Zierlinien und roten Rädern als üblicher Anstrich für die bayerischen Lokomotiven.

Rechts: Im Zuge der Fernverbindung von Berlin nach Nürnberg wird zwischen Probstzella und Pressig-Rothenkirchen der Höhenzug des Frankenwalds überwunden. Dort fanden Ende 1926 die beschriebenen Versuchsfahrten mit der späteren 96 023 statt.

Oben: Auf dem Weg von Suhl nach Arnstadt über den Thüringer Wald hatte die 95 005 am 10. Juli 1934 den Bahnhof von Oberhof mit einem Güterzug erreicht. Gleich wird sie in das Dunkel des über drei Kilometer langen Brandleitetunnels eintauchen.

Unten: Am 14. Juni 1935 war die 95 041 als Schiebelokomotive auf der Frankenwaldbahn bei Lauenstein unterwegs.

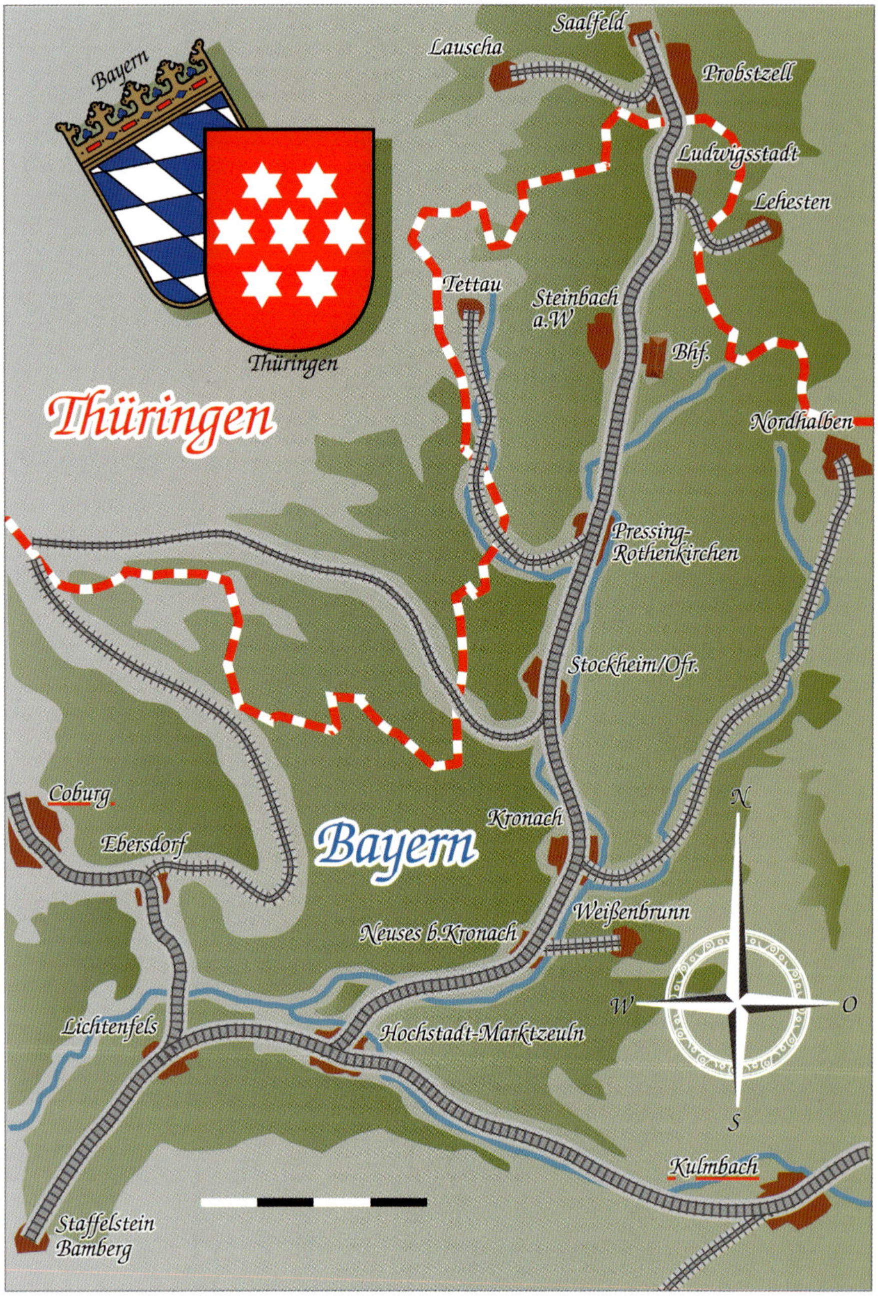

den Jahren 1913 und 1914 bei Maffei 15 schwere Schiebelokomotiven der Bauart Mallet. Da sich diese Maschinen gut bewährten, folgte in den Jahre 1923 und 1924 eine zweite Lieferung von zehn Maschinen. Diese gewaltigen Vierzylinder-Verbundtenderloks mit einem Dienstgewicht von 123,2 Tonnen trugen bei der Deutschen Reichsbahn die Baureihen-Bezeichnungen 96 001 bis 96 025.

In den Jahren 1925 und 1927 bzw. 1929 und 1932 wurden diese Maschinen durch verschiedene Umbaumaßnahmen modernisiert und in ihrer Leistung gesteigert.

Beheimatet waren die Loks in Aschaffenburg, Rothenkirchen und Neuenmarkt-

Wirsberg. Vorübergehend versahen sie ihre Dienste auch in Lüttich, Eger und Brügge.
Als Mitarbeiter des Reichsbahn-Zentralamts begleitete Reichsbahnrat Professor Hans Nordmann die 96 023 bei ihren Versuchsfahrten. Dabei wurden erstmals nicht nur gelegentlich, sondern grundsätzlich als Belastung sogenannte Bremslokomotiven mit Gegendruckbremsen verwendet. Die jeweilige Bremslokomotive wurde zusammen mit einem Messwagen von der 96 023 gezogen. Aufgabe der Bremslokomotive war es, mithilfe ihrer Gegendruckbremse eine beliebig einstellbare Zuglast zu simulieren. Die Messfahrten waren dadurch unabhängig von Steigungen und Steigungswechseln oder von den gerade zur Verfügung stehenden Zuglasten im Güterverkehr. Dadurch konnten die Verbrauchs- und Leistungswerte der 96 023 sehr genau ermittelt werden.
Die Bremslokomotiven hatten noch einen weiteren Vorteil: Bei der Ausfahrt aus den Bahnhöfen konnte der leichte Versuchszug ohne arbeitende Gegendruckbremse schnell auf die freie Strecke gezogen werden. Dann wurde die Gegendruckbremse der Bremslok aktiviert und die Fahrt im sogenannten Beharrungszustand begann: Dabei wurde die 96er möglichst lange Zeit unter konstanten Belastungen und Betriebsbedingungen gefahren, um exakte und sichere Verbrauchs- und Zugkraftwerte ermitteln zu können.
Professor Hans Nordmann berichtete: „Für eine zuverlässige Messung des Kohlenverbrauches im Beharrungszustand können nur Fahrten mit mehrstündiger Dauer unter gleicher Last in Frage kommen, weil für kurze Fahrten das Fehlerglied (...) zu groß ist." Die verantwortlichen Ingenieure und Techniker interessierten sich für mehrere Dinge: Wie hängt der Dampfverbrauch der 96er von ihrer Zughaken-

bay. Gt 2 x 4/4, Baureihe 96

Erstes Baujahr:	1913
Gesamtserie:	25 Loks
Bauart:	D' D' h4vt
Zylinderdurchmesser:	520/800 Millimeter
Kolbenhub:	640 Millimeter
Kesseldruck:	15 bar
Rostfläche:	4,25 m^2
Verdampfungsheizfläche:	233,85 m^2
Länge über Puffer:	17 550 Millimeter
Treibraddurchmesser:	1216 Millimeter
Dienstgewicht:	131,0 Tonnen
Höchstgeschwindigkeit:	50 km/h

J. A. Maffei lieferte in den Jahren 1922 und 1923 nochmals zehn Gt 2 x 4/4 an die Deutsche Reichsbahn-Gesellschaft, Gruppenverwaltung Bayern. Die erste Lokomotive dieser Serie mit der Betriebsnummer 5766, die spätere 96 016, erhielt wie ihre Schwesterlokomotive 5751 wiederum einen ockergelben Fotografieranstrich. Außerdem hatte der Kamin eine breite Messingkrempe. Die Kesselringe und die Verkleidungen an den Schieberkästen und an den Kolbendeckeln waren ebenfalls aus blankem Messing gefertigt.

Güterzug-Tenderlok Gt 2 x 4/4 der Bayerischen Staatsbahn - spätere Baureihe 96.0 der DRG aus dem zweiten Baulos der Jahre 1922/23 (96 016 bis 96 025).

Legende der gekennzeichneten Bauteile

1 Kohlenvorrat
2 Führerhaus-Dachentlüftung
3 Oberteil der Führerstandslampe (Abzug)
4 Stehkessel
5 Sanddom
6 Deckenstehbolzen
7 Feuerschirm mit Träger
8 Signalpfeife
9 Bügelanker
10 Rauchrohre
11 Sicherheitsventil
12 Dampfregler
13 Überhitzerrohre
14 Dampfsammelkasten
15 Dampfeinströmrohr
16 Rauchkammer
17 Schornsteinaufsatz
18 Funkenfänger
19 Speisewasservorwärmer
20 Rauchkammertüre
21 obere Spitzenlampe
22 Luftbehälter
23 Speisewasservorrat
24 Bremszylinder
25 Wasserkasten-Prüfhahn
26 Hauptbremshebel
27 Schwingenstange
28 Aschekasten
29 Schwinge mit Schwingenstein
30 Schieberschubstange
31 Kreuzkopf
32 Kreuzkopfführung
33 Bremsbacke
34 Zylinder-Sicherheitsventil
35 Kolben im Hochdruckzylinder
36 Zylinderlaufbahn
37 Rahmen
38 Sandfallrohr
39 Kuppelstange
40 Treibstange
41 Dampfleitung von Hoch- zu Niederdruckzylinder
42 Abdampfleitung vom Niederdruckzylinder
43 rechter Niederdruckzylinder
44 Schienenräumer
45 vordere rechte Lokomotivlaterne

Schematische Darstellung des Mallet-Verbundsystems

46 Hochdruckzylinder
47 Achsen der Treibräder
48 Schornstein
49 Dampfzuführung zum vorderen Niederdruckzylinder
50 Niederdruckzylinder
51 Hauptfahrrichtung der Lok
52 Weg des Abdampfes
53 Reglerventil
54 Stehkesselrückwand
55 Hochdruck-Heißdampf
56 druckreduzierter Dampf (Niederdruck)
57 druckentspannter Abdampf

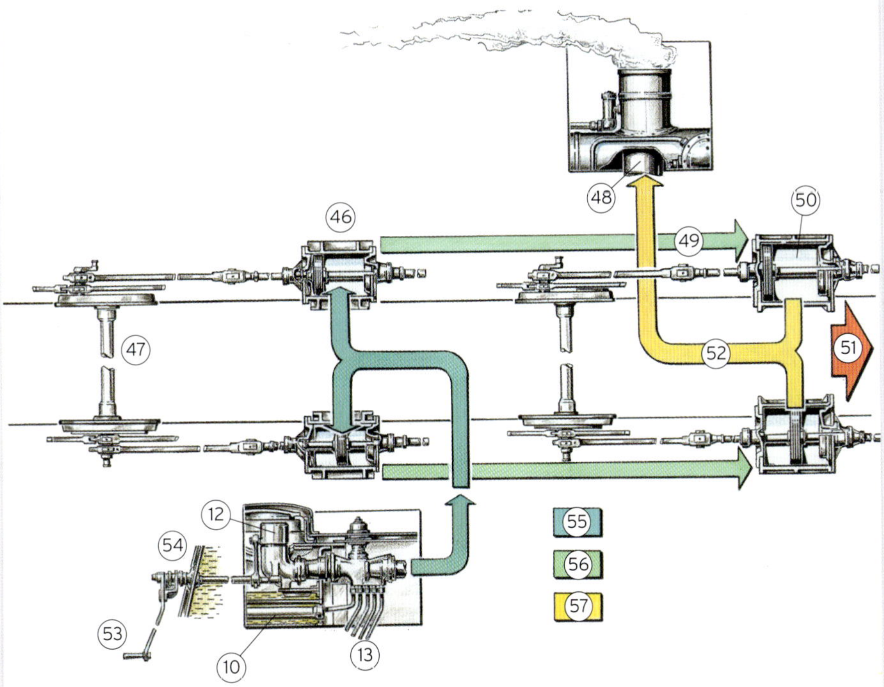

Anatole Mallet (1837-1919)

Der Schweizer Ingenieur Anatole Mallet gilt als Urheber der Gelenklokomotiven mit Verbundtriebwerk. Er entwickelte die nach ihm benannte Gelenklokomotive, die erstmals 1889 in Form einer Schmalspurlok mit 600 Millimetern Spurweite auf der Pariser Weltausstellung gezeigt wurde.

Oben: Die Trogenbachbrücke überragt noch heute die Häuser von Ludwigstadt im Frankenwald. Im Jahr 1935 donnerte an einem schweren Güterzug eine Maschine der Baureihe 96 als Schublok über das Bauwerk hinweg.

leistung ab? Wie verhält sich die Leistung der Lok in Abhängigkeit von ihrer Fahrgeschwindigkeit, wobei eine gleichmäßige Kesselanstrengung von 57 Kilogramm Dampfproduktion pro Stunde und Quadratmeter Heizfläche vorausgesetzt wurde. Um diese Werte zu ermitteln, wurde die 96 023 mit zahlreichen Messinstrumenten ausgerüstet: Die Schieberkästen der Hoch- und Niederdrucktriebwerke, die Rauchkammer, der Aschkasten – überall war die Lok verkabelt und mit dem angehängten Messwagen verbunden.

Als Bremslokomotive kam jeweils eine preußische T 20 zum Einsatz. In der entgegengesetzten Fahrtrichtung wurde die T 20 als Zuglokomotive benutzt. Auf diese Weise konnten auch die Bremszugkräfte der 96 023 gemessen werden, die bei ihrem Umbau eine Gegendruckbremse erhalten hatte, die nun vollständig auf die Hoch- und Niederdruckzylinder wirkte.

Die Versuche auf der Strecke Probstzella–Rothenkirchen wurden mit mittleren Geschwindigkeiten von 14,45 bis 39 Stundenkilometern gefahren. Immer wieder dampfte der Versuchszug durch den winterlichen Frankenwald. Dabei mag die schwer arbeitende 96 023 in den engen Tälern und dichten Wäldern ein gewaltiges akustisches und optisches Schauspiel geboten haben. Vor allem der kurvenreiche Abschnitt von Rothenkirchen hinauf zum Brechpunkt der Strecke in Steinbach am Wald und wieder hinunter nach Ludwigsstadt mit der Maximalsteigung von 1 : 40 forderte die volle Leistung der 96 023.

Vom gesamten Dampfverbrauch der Lokomotive musste der Dampfverbrauch sämtlicher Hilfsmaschinen abgezogen werden. Nur dadurch konnte festgestellt werden, wie viel Dampf die Lokomotivdampfmaschine wirklich verbrauchte. Die Pumpen wurden dazu mit speziellen Hubzählern ausgestattet, die deren Leistung und somit deren Dampfverbrauch festhielten.

Bei einer effektiven Leistung der 96 023 von 1250 PS ergab sich ein Gesamtdampfverbrauch von 9,6 Kilogramm pro PS und Stunde. Nach Abzug des Dampfverbrauchs aller Hilfseinrichtungen (Luft- und Speisepumpe, Injektoren usw.) lag der Dampfverbrauch für die Lokomotivdampfmaschine bei 9,2 Kilogramm Dampf pro PS und Stunde. Erstaunlich waren die hohen Werte des mechanischen Wirkungsgrads der Lokomotive: Trotz des komplizierten Vierzylinder-Triebwerks mit zahlreichen hin- und hergehenden oder umlaufenden Teilen ergab sich ein mechanischer Wirkungsgrad von 94 Prozent.

Erstaunt schrieb Nordmann über den Wirkungsgrad: „Fast möchte man versucht werden, an einen Apparatfehler zu denken, wenn hier beispielsweise bei geringer Geschwindigkeit nur sechs Prozent Reibungsverluste auftreten, doch wird der Sachverhalt dann schon einleuchtender, wenn man bedenkt, dass bei etwa 24 Tonnen höchster Zugkraft die sechs Prozent etwa 1,44 Tonnen Bewegungswiderstand der Lokomotive ausmachten, und auf ein mittleres Dienstgewicht von 120 Tonnen bezogen der Lokomotivwiderstand zwölf Kilogramm pro Tonne ist."

Über die hohen Dampftemperaturen im Schieberkasten schrieb Nordmann später: „Die Lok erreicht bei 1100 PS die gute Schieberkastentemperatur von 350 Grad Celsius. Der Dampf im Verbinder (vom Hochdruck- zum Niederdrucktriebwerk) ist gleichfalls bei allen größeren Leistungen noch nennenswert überhitzt, und selbst der Ausströmdampf weist bei sehr großen Leistungen noch eine Überhitzung auf."

Die Wirtschaftlichkeit der Lokomotive wurde geringfügig dadurch gemindert, dass im Speisewasservorwärmer versehentlich Eisen- statt Messingrohre eingebaut worden waren. Ihre größte effektive Leistung erreichte die 96 023 bei einer Fahrgeschwindigkeit von etwas über 26 Stundenkilometern. Die maximale Zughakenzugkraft wurde mit 24 Tonnen gemessen, wobei das Mallet-Triebwerk der Lok seine Tücken zeigte: Je nach Kurbelstellung glichen sich die beiden Triebwerke in ihrer maximalen oder minimalen Zugkraft aus oder überdeckten sich, was erhebliche Zugkraftsprünge ergab.

Über die weiteren Testfahrten mit der 96 023 schrieb Professor Nordmann: „Die zweite große Versuchsreihe fand auf der Strecke (von Berlin-Grunewald) nach Güterglück statt, und zwar bei einer planmäßigen Geschwindigkeit von 35 Stundenkilometern, die sich mit verhältnismäßig kleinen Abweichungen dank der guten Regelfähigkeit der Gegendruckbremse ziemlich genau einhalten ließ." Auf der Flachlandstrecke ohne Steigungen konnte die 96 023 stundenlang im sogenannten Beharrungszustand unter konstanten Betriebsbedingungen fahren, was ideale Voraussetzungen waren, um den Kesselwirkungsgrad zu ermitteln, der zuvor nur in aufwendigen Standversuchen festgestellt werden konnte. Dabei machte die 96 023 einen besonders guten Eindruck. Nordmann: „Die Wirkungsgrade sind die höchsten bisher bei Lokomotivkesseln beobachteten."

Die dritte Versuchsreihe wurde wie bereits erwähnt bei den jeweiligen Rückfahrten des Messzugs durchgeführt: Dann war die führende T 20 als Zuglok eingesetzt und die 96 023 musste die Leistung ihrer Gegendruckbremse unter Beweis stellen. In den Hoch- und Niederdruckzylindern wurde nun Luft verdichtet, um eine entsprechende Bremswirkung zu erreichen. Das Mallet-Triebwerk der 96er wirkte also wie ein zweistufiger Kompressor. Durch entsprechende Ventile konnte wahlweise nur jeweils eine Zylindergruppe zum Bremsen herangezogen werden. Auch hier ergaben sich erstaunliche Werte: Bei einem Gefälle der Strecke von 25 Promille konnte die 96 023 bei zweistufiger Kompression eine Zuglast von umgerechnet 517 Tonnen mit der Gegendruckbremse sicher abbremsen.

Oben: Auch der Reichsbahn-Kalender aus dem Jahr 1941 beschäftigte sich mit der Baureihe 96, hier als Schublokomotive für einen schweren Güterzug in einer winterlichen Landschaft.

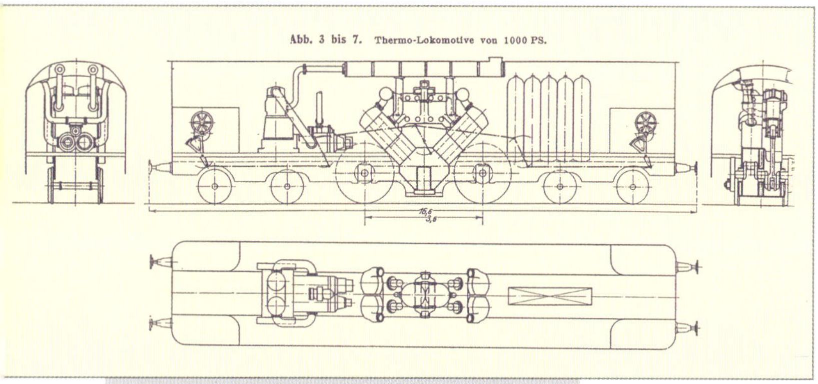

Oben: Diese Darstellung zeigt die „Thermolok" im Schnitt. Ihr war allerdings nur ein kurzes Leben beschieden. Schon 1920 wurde sie verschrottet.

Unten: Fabrikneu präsentiert sich die von Sulzer bzw. von Borsig gebaute neuartige „Thermolokomotive". Zur besseren Ansicht sind die seitlichen Verkleidungen abgenommen.

Erste Großdiesellok der Welt für die Preußische Staatsbahn, Baujahr 1913

Die erste und einzige Diesellokomotive der Preußischen Staatsbahn war die 2'B2'-Thermolokomotive der Firma Sulzer aus Winterthur. An der Entwicklung dieser ungewöhnlichen Lokomotive waren die Gebrüder Sulzer, der preußische Oberbaurat Klose und Dr. Rudolf Diesel beteiligt. Den Auftrag zum Bau dieser Maschine hatte die Preußischen Staatsbahn im April 1909 erteilt. Die technische Entwicklung und der komplizierte Bau der Thermolok nahmen einen Zeitraum von sieben Jahren in Anspruch. Besonders kompliziert für diese Lokomotive gestaltete sich das Anfahren. Um dies zu ermöglichen, war eine sogenannte Anfahrhilfe notwendig. Diese Hilfe bestand darin, dass den Zylindern über einen Kompressor, der von einer Hilfsmaschine angetrieben wurde, Druckluft von fünf bar zugeführt wurde. Nachdem eine Geschwindigkeit von etwa zehn Stundenkilometern erreicht war, wurde der Dieselmotor gezündet.

Hersteller des Dieselmotors und von dessen Hilfseinrichtungen waren die Gebrüder Sulzer in Winterthur. Der Fahrzeugteil war von Oberrat Klose entwickelt worden. Gebaut wurde er von der Lokomotivfabrik Borsig. Diese neuartige Thermolokomotive war für den Einsatz im Personenzugdienst konzipiert worden. In der Ebene sollte sie in der Lage sein, einen 200 Tonnen schweren Zug mit einer Geschwindigkeit von 90 Stundenkilometern zu befördern. Erste Versuchsfahrten fanden im September 1912 auf Schweizer Strecken rund um Winterthur statt. Dabei stellte sich heraus, dass die Kühlanlage zu klein bemessen war. Die Folge war, dass die Lokomotiven bei höherer Leistungsabgabe stehen blieben, da sich die Zylinder zu stark erhitzten. Bei dem anfänglich verwendeten Kühlsystem floss das Kühlwasser, nachdem es die Kühlkammern durchflossen hatte, ins Freie ab. So betrug der Aktionsradius nur bescheidene 70 Kilometer. Um diese Situation zufriedenstellend zu lösen, baute man die Thermolokomotive noch im Herstellerwerk auf Rückkühlung um.

Am 31. März 1913 begann die Überführung der Lokomotive von Winterthur nach Berlin. Nach der Ankunft in Berlin begannen von Grunewald aus im Sommer 1913 Versuchsfahrten mit einem Messwagen. Schon bald nach Beginn der ersten Probefahrten brach eine Achse, sodass die Erprobung unterbrochen werden musste. Sechs Monate vergingen, bis der Schaden behoben war und sich weitere Fahrten

anschlossen. Bei diesen Testfahrten stellte man fest, dass die Druckluftmenge bei oftmaligem Anfahren in kürzeren Abständen nicht ausreichte. Der Kompressor war nicht in der Lage, die Druckluftflaschen-Batterie schnell genug wieder zu füllen. Bei einer der letzten Versuchsfahrten riss ein Zylinder, sodass die Testfahrten eingestellt werden mussten.

Die preußischen EG 511 bis 537, die ersten Elektroloks Deutschlands, Baujahr 1914

Im Januar 1911 wurde auf der Strecke Dessau–Bitterfeld der elektrischer Zugbetrieb auf größerer Distanz aufgenommen. Die verwendeten Lokomotiven waren Versuchsmaschinen, die nur in einzelnen Exemplaren gebaut wurden. Mit den ab 1914 in Dienst gestellten preußischen EG 511 bis 537 wurde erstmals eine Elektrolokomotive in größerer Zahl gefertigt.
Im Jahr 1912 bestellte die Preußische Staatsbahn eine größere Serie elektrischer Güterzuglokomotiven gleichen Typs. Das Einsatzgebiet dieser Lokomotiven sollte die mitteldeutsche Strecke Magdeburg–Dessau–Bitterfeld–Leipzig sein. Gebaut wurden diese Lokomotiven bei AEG. Die Bestellung umfasste insgesamt 46 Lokomotiven. Wegen des Ersten Weltkriegs wurden aber letztendlich nur 27 Lokomotiven gefertigt. Die Loks mit der Achsfolge B' B' bauten auf zwei einmotorigen Triebgestellen mit tiefliegender Vorgelege-Blindwelle und Schlitzkuppelstangen auf, die einen kurzen Brückenrahmen mit den zwei Führerhäusern und dem dazwischenliegenden Transformator tragen. Gegenüber den steifen Einrahmenlokomotiven ergaben sich in Hinsicht auf ihre Laufruhe positive Ergebnisse. Diese Lokomotiven wurden daher sowohl im Betrieb als auch in den Werkstätten sehr geschätzt. Die ersten drei Lokomotiven dieser Bauart, die EG 511 bis 513, wurden noch vor dem Ausbruch des Ersten Weltkriegs geliefert und auf der Strecke Dessau–Bitterfeld eingesetzt. 1915 kamen sie nach Schlesien, wo sie entgegen ihrer ursprünglichen Bestimmung auf den Gebirgsstrecken im Personenzugdienst verwendet wurden. Bis 1922 waren dann alle 27 Maschinen geliefert. Beheimatet waren sie bei den Bahnbetriebswerken Bitterfeld, Roßlau und Wahren. Problemlos beförderten sie auf dem nach dem Krieg wiederaufgebauten mitteldeutschen Netz Güterzüge von bis zu 2000 Tonnen.
Nach der Gründung der Deutschen Reichsbahn wurden die Maschinen als E 71 11–E 71 37 bezeichnet. Da im Laufe der Jahre immer leistungsfähigere Elektrolokomotiven zur Verfügung standen, wanderten die Loks der Reihe E 71.1 in untergeordnete Dienste ab. Ab 1927 hatten sie Nahgüterzüge zu befördern und wurden im Rangierdienst verwendet. Anfang der 1930er-Jahre wurden elf E 71.1 zur badischen Wiesen- und Wehratalbahn versetzt. In dieser Zeit wurden die Loks modernisiert, sodass die Höchstgeschwindigkeit auf 65 Stundenkilometer heraufgesetzt werden konnte. Die nicht umgebauten E 71.1 wurden bis 1932 ausgemustert.
Nach dem Anschluss Österreichs 1938 an das Großdeutsche Reich kamen fünf Maschinen nach Schwarzach-St. Veit. Nach dem Ende des Zweiten Weltkriegs verblieben bei der Deutschen Bundesbahn neun Loks und in Österreich drei E 71.1, von denen zwei Maschinen an die DB zurückgegeben wurden. Die zum österreichischen Bestand zählende E 71 30 befand sich zum Kriegsende im Ausbesserungswerk

preußische EG 511–537, Baureihe E 71.1

Hersteller:	AEG
Erstes Baujahr:	1914
Gesamtserie:	27 Loks
Bauart:	B' B'
Spurweite:	1435 Millimeter
Länge über Puffer:	11 200–11 600 Millim.
Gesamtachsabstand:	7900–8300 Millim.
Treibraddurchmesser:	1350 Millimeter
Dienstgewicht:	64,9 Tonnen
Anzahl der Fahrmotoren:	2 Elektromotoren
Antrieb:	Kuppelstangen
Anfahrzugkraft:	137 kN
Stundenleistung:	785 kW bei 36 km/h
Dauerleistung:	592 kW bei 44 km/h
Höchstgeschwindigkeit:	bis 65 km/h

Oben: Blick auf den Vorbau einer E 71.1 mit Motor.

preußische EP 235

Baujahr:	1917
Bauart:	2' D 1'
Spurweite:	1435 Millimeter
Länge über Puffer:	14400 Millim.
Gesamtachsabstand:	11 250 Millim.
Treibraddurchmesser:	1250 Millimeter
Dienstgewicht:	109,8 Tonnen
Anzahl der Fahrmotoren:	1 Elektromotor
Antrieb:	Parallelkurbel
Anfahrzugkraft:	186 kN
Stundenleistung:	2200 kW bei 57 km/h
Dauerleistung:	1650 kW bei 65 km/h
Höchstgeschwindigkeit:	bis 90 km/h

Links: Die Eisenbahnen sind im Jahr 1914 in Deutschland der wichtigste Faktor der Mobilmachung.

Rechts: preußische EP 235 mit dem bis ins Dach reichenden gewaltigen Fahrmotor.

Dessau. Dort wurde sie von der russischen Besatzung beschlagnahmt und 1946 in die UdSSR abtransportiert. 1952 kam sie aus Russland zurück und wurde nicht mehr aufgearbeitet. Im Jahr 1958 schied die letzte E 71.1 bei der Deutschen Bundesbahn aus. Erhalten geblieben sind die Lokomotiven E 71 19, E 71 28 und E 71 30.

Die preußischen EP 236 bis EP 246, die stärksten Elektroloks der Welt, Baujahr 1923

Trotz schwieriger wirtschaftlicher Verhältnisse wurde auf der in Schlesien gelegenen Gebirgsbahn Lauban–Königszelt in den Kriegsjahren 1916 und 1917 der elektrische Zugbetrieb aufgenommen. Diese Strecke mit ihren starken Steigungen von bis zu 20 Promille und ihren extrem engen Kurven stellte seit jeher höchste Anforderungen an das eingesetzte Fahrzeugmaterial.

Noch im Kriegsjahr 1917 wurde die erste für diese Strecke speziell entwickelte Elektrolokomotive geliefert. Diese Maschine hat die Achsfolge 2' D 1' und trug die Bezeichnung EP 235. War bis dahin zur Beförderung der Güter- und Personenzüge der Einsatz von zwei Dampflokomotiven erforderlich, so konnte die neue Elektrolok diese Aufgaben alleine bewältigen.

Aufgrund der mit der EP 235 gemachten Erfahrungen boten Anfang der 1920er-Jahre die in Berlin ansässigen Bergmann-Elektrizitätswerke für die schlesischen Gebirgsbahnen weitere Elektrolokomotiven einer leichteren Variante mit der Achsfolge 1' D 1' an. Die Preußische Staatsbahn entschied sich jedoch für einen, wenn auch in einigen Details geänderten Nachbau der EP 235. Der Grund für diese Entscheidung lag wohl in der Überlegung, eine gewisse Vereinheitlichung und Normung beim Bau von Elektrolokomotiven zu erreichen. Die neuen Maschinen EP 236–246 mussten in der Lage sein, einen 500 Tonnen schweren Zug mit einer Geschwindigkeit von 85 Stundenkilometern in der Ebene zu befördern. Mit dem Bau der Lokomotiven wurden die gleichen Firmen beauftragt, die bereits den Prototyp EP 235 gebaut hatten. Für den mechanischen Teil waren dies die Linke-Hofmann-Werke in Breslau und

für den elektrischen Teil die Bergmann-Elektrizitätswerke in Berlin.In den Jahren von 1923 bis 1924 wurden diese elf Serienlokomotiven geliefert. Anfänglich trugen sie noch die preußische Länderbahn-Bezeichnung „Breslau EP 236–246". Bei der Deutschen Reichsbahn bekamen diese Elektrolokomotiven die Bezeichnungen E 50 36 bis E 50 46. Beheimatet wurden diese E-Loks im schlesischen Bahnbetriebswerk Hirschberg. Als neueste Entwicklung auf dem Sektor der Elektrolokomotiven wurde die E 50 46 im Jahr 1925 auf der Deutschen Verkehrs-Ausstellung in München gezeigt.

Nach der Übergabe der elf Loks an den Betrieb bewährten sich die neuen Maschinen gut und erfüllen die in sie gesetzten Erwartungen voll. So war es möglich, die Fahrzeiten der schweren Reisezüge auf den elektrifizierten schlesischen Gebirgsstrecken zu verkürzen. Im Wesentlichen wurden sie im Personenzugdienst verwendet. Trotz der stabilen Bauweise blieben im Laufe der Jahre gewisse Schäden nicht aus, die auf den harten Alltagsbetrieb zurückzuführen waren. So verwundert es nicht, dass im Jahr 1929 ein Teil der Maschinen nach Magdeburg umstationiert wurden, wo sie auf den Flachlandstrecken weit weniger beansprucht wurden. Als dann im Jahr 1936 die Schlesischen Gebirgsbahnen neuen Lokomotiven der Reihe E 44 erhielten, kamen auch die restlichen in Schlesien verbliebenen Lokomotiven nach Magdeburg. Der Zweite Weltkrieg hatte natürlich auch seine Auswirkungen auf den Bestand dieser Lokomotiven. Bei Kriegsende waren nur noch zwei Loks dieser Baureihe einsatzbereit. Auf Anweisung der russischen Besatzungsmacht wurde im März 1946 der gesamte elektrische Zugbetrieb in der sowjetisch besetzten Zone eingestellt. Fahrzeuge und Einrichtungen wurden als Reparationsleistungen nach Russland abtransportiert. Natürlich waren davon auch die Lokomotiven dieser Baureihe betroffen. Im September 1946 wurden die E 50 36, -38, -39, -40, -41, -42, -44, -45 und E 50 46 Richtung Osten abgefahren. Erst in den Jahren 1952 und 1953 kamen die nach Russland gebrachten E 50.3 in ihre Heimat zurück.

Oben: Die Zeichnung zeigt die E 50.3, die bereits mit einem Heizkessel ausgerüstet ist.

pr. EP 236–246, Baureihe E 50.3

Erstes Baujahr:	1924
Gesamtserie:	11 Loks
Bauart:	2' D 1'
Spurweite:	1435 Millimeter
Länge über Puffer:	14 800 Millimeter
Gesamtachsabstand:	11 400 Millimeter
Treibraddurchmesser:	1350 Millimeter
Dienstgewicht:	108,6 Tonnen
Anzahl der Fahrmotoren:	1 Elektromotor
Stundenleistung:	2400 kW bei 58 km/h
Dauerleistung:	1650 kW bei 65 km/h
Höchstgeschwindigkeit:	90 km/h

DAS AUFBLÜHEN DES EISENBAHNVERKEHRS IN DEUTSCHLAND

Vorhergehende Seiten: Im Schritttempo schleppten die 57 3460 und eine Schwesterlokomotive im Jahr 1929 einen schweren Güterzug über die Steilrampe Probstzella – Rothenkirchen.

Kleines Bild unten: Mitten durch die Stadt verläuft in Berlin der Bahnverkehr. Auf einer Postkarte aus dem Jahr 1912 ist diese Situation gut zu erkennen.

Unten: Der „Schlesische Bahnhof" wurde in den Jahren 1844 bis 1847 nach Plänen des Dresdner Architekten Julius Köhler errichtet. Das Bild zeigt den Bahnhof um das Jahr 1930.

Das Entstehen und die „Elektrisierung" der Berliner Stadtbahn

Nach rund zehnjähriger Planungs- und Bauzeit wurde am 7. Februar 1882 die Berliner Stadtbahn dem Verkehr übergeben. Die als Hochbahn angelegte Bahnstrecke vereinigt Fern- und Nahverkehr und durchzieht das Stadtgebiet von West nach Ost. Noch heute prägt das markante Bauwerk mit seinen 731 Viadukten das Bild der deutschen Hauptstadt.

Im Jahr der deutschen Reichsgründung 1871 trafen in Berlin acht Hauptbahnlinien zusammen, von denen jede über einen eigenen Kopfbahnhof am Rand des Stadtgebiets verfügte. Reisende auf dem Weg von und nach Berlin mussten erhebliche Verzögerungen in Kauf nehmen, da der Weg von einem Bahnhof zum anderen beschwerlich und zeitraubend war. Viele Reisende, die von einer Bahnstrecke zur anderen wechseln wollten, mussten daher unter Umständen sogar in Berlin übernachten. Mancher Fernreisende mied insofern eine Reise über Berlin.

Vor dem Hintergrund dieser Probleme machte Baurat August Orth 1871 den Vorschlag, die einzelnen Bahnstationen in der Stadt miteinander zu verbinden. Tatsächlich beantragte bereits ein Jahr später die Deutsche Eisenbahnbaugesellschaft den Bau einer Stadtbahn, die vom Ostbahnhof quer durch die Innenstadt weiter nach Charlottenburg und Potsdam führen sollte. Doch das erforderliche Kapital

für dieses ehrgeizige Vorhaben konnte nicht aufgebracht werden. Im Dezember 1873 wurde die „Berliner Stadteisenbahn-gesellschaft" gegründet, an der sich neben dem Staat und der Deutschen Eisenbahnbaugesellschaft auch private Bahngesellschaften beteiligen. Es waren dies die Berlin-Potsdam-Magdeburger Eisenbahn, die Magdeburg-Halberstädter sowie die Berlin-Hamburger Eisenbahn-gesellschaft. Zum Vorstandsvorsitzenden wurde der Regierungs- und Baurat Ernst Dircksen gewählt, der bereits den kompletten Bau der Ringbahn geleitet hatte und sich nunmehr mit vollem Engagement dem Bau der Stadtbahn widmete.

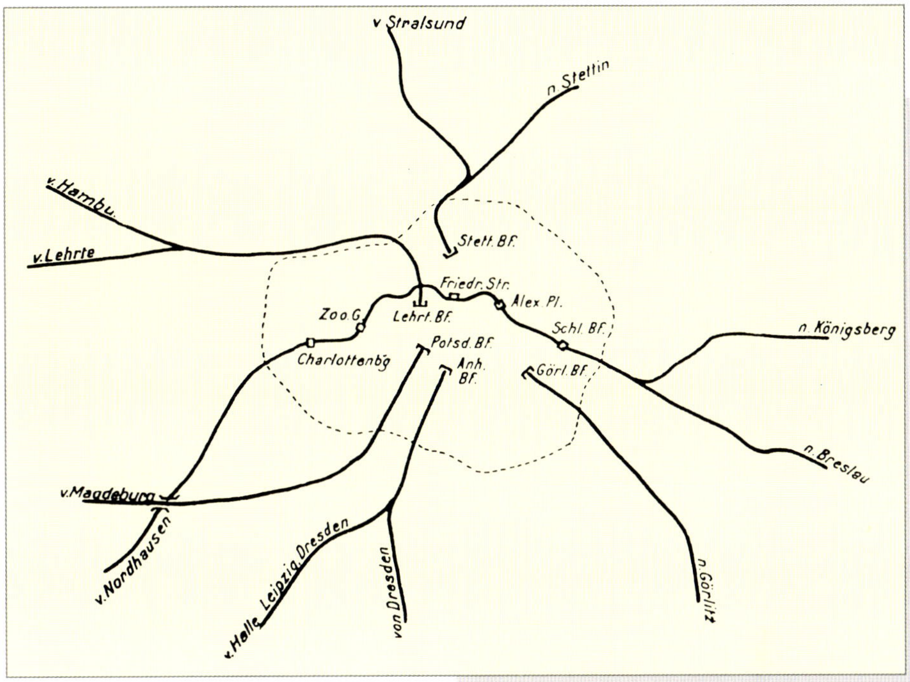

Oben: Diese einfache Darstellung zeigt, wie weit verstreut in Berlin die Bahnhöfe zueinander lagen. Erst die Stadtbahn ermöglichte ab 1882 eine sinnvolle Verbindung.

1878 übernahm der Staat den Bau und den Betrieb der Berliner Stadtbahn. Die Bauleitung wurde der „Königlichen Direktion der Berliner Stadteisenbahn" übertragen, die wiederum dem Handelsministerium und später dem Ministerium der öffentlichen Arbeiten unterstand. Geplant wurde eine viergleisige Viaduktstrecke, die von Charlottenburg als zukünftigem Endpunkt einer Südwestbahn das Gebiet von Berlin durchzog und zwischen dem Frankfurter Bahnhof und dem Ostbahnhof enden sollte. Für den Güter- und den Personenverkehr waren jeweils zwei Gleise vorgesehen. Die Wahl einer Trasse durch das dicht bebaute Stadtgebiet warf naturgemäß erhebliche Probleme auf. Eine geradlinige Verbindung der beiden Endbahnhöfe war nicht möglich. Einerseits mussten dicht bebaute Stadtviertel aus bautechnischen Gründen gemieden werden, andererseits musste gerade deren Erschließung sichergestellt sein. Schließlich entschieden sich die Ingenieure für eine Trasse, die von Charlottenburg aus am Nordrand des Tiergartens und neben dem Lehrter Güterbahnhof zum Lehrter Fernbahnhof führte. Die Linienführung ab dem Bahnhof Friedrichstraße gab der alte Königsgraben vor. Als Teil der alten Stadtbefestigung war der Königsgraben im Besitz des Staates und wurde nach seiner Verfüllung als preiswertes Bauland verwendet. Vor allem der Verlauf der Stadtbahn auf der Spreeinsel sowie in den angrenzenden Stadtvierteln war ein Ergebnis langwieriger Verhandlungen.

Als Vorbild für die Berliner Stadtbahn galt die Hochlegung der Eisenbahn in der Innenstadt von Hannover im Jahr 1872. Sämtliche Straßen und anderen Verkehrswege wurden unter ihr hindurchgeführt. In Berlin wurde das Niveau der Hochbahn so festgelegt, dass die Straßenunterführungen eine lichte Höhe von mindestens 14 preußischen Fuß aufwiesen, was einem Maß von rund 4,40 Metern entspricht. Dabei durften die Straßen nicht abgesenkt werden. Die Steigungen auf dem flachen Terrain waren gering. Zwischen den beiden Endpunkten beträgt der Höhenunterschied nur 70 Zentimeter. Sehr unterschiedlich war hingegen die Bauweise. Auf dem Gebiet von Charlottenburg wurde die Stadtbahn auf einem üblichen Bahndamm

Oben: Der „Görlitzer Bahnhof" wurde zwischen 1898 und 1901 als Hochbahnhof gebaut. Eröffnet wurde er am 18. Februar 1902 unter dem Namen „Oranienstraße".

„Kampf-Lokomotive" der Berliner Stadtbahn

Um 1912 fuhren die Züge auf den Stadt-Ring- und Vorortbahnen Berlins in einem Abstand von 2 1/2 Minuten, also mit 24 Zügen pro Stunde. Eine weitere Erhöhung der Zugfolge hielt man mit lokomotivbespannten Zügen für nicht möglich, so dass schon früh die Idee aufkam die Strecken zu elektrifizieren. Gegen diese Überlegungen sträubten sich natürlich die dortigen Lokomotivfabriken, die um den Verlust eines attraktiven Absatzmarktes fürchteten. Waren doch auf den Strecken rund um Berlin mehr als 500 Dampfloks in Verwendung. Der Verband norddeutscher Lokomotivfabriken, darunter auch Henschel, entwickelten und bauten eine neue leistungsfähige Maschine, mit der die Zahl der Züge gesteigert werden sollte. Es war eine 1'D1'-Drei-zylinder-Heißdampflok, die 1913 ihren Dienst aufnahm. Die Lok hatte auch noch eine Ölzusatzfeuerung, um einen möglichst rauchfreien Einsatz zu sichern. Bei Versuchsfahrten bewährte sich die Lok sehr gut. Trotz alledem war die Elektrifizierung nicht aufzuhalten. Die Lok kam nach Breslau und musste 1918 an Frankreich abgeliefert werden.

verlegt. Im Osten war die Dammschüttung mit Futtermauern eingefasst. Da die Bahn das eigentliche Stadtgebiet weder zerschneiden noch unansehnlich machen sollte, wurden für die Strecke durch den Tiergarten und das Zentrum der Bau gemauerter Viaduktbögen vorgeschrieben. Darüber hinaus baute die Bahnverwaltung auch in anderen Abschnitten aus freien Stücken die teureren Viadukte, da man die Räume unter den Brückenbauwerken selbst nutzen oder vermieten wollte.

Am 7. Februar 1882 war es so weit: Die Stadtbahn konnte eröffnet werden. Kurze Zeit später, am 15. Mai 1882, rollten auch die ersten Fernzüge über das neue Bauwerk, das zur Zeit seiner Eröffnung über neun Stationen verfügte. Es waren dies: Charlottenburg, Zoologischer Garten, Bellevue, Lehrter Bahnhof, Friedrichstraße, Börse, Alexanderplatz, Jannowitzbrücke und Schlesischer Bahnhof. Später kamen noch die Bahnhöfe Savignyplatz und Tiergarten hinzu.

Im Westen mündeten neben den Gleisen des Nordrings und des Südrings auch die Strecken aus Wetzlar, Magdeburg, Hamburg und Hannover in die Stadtbahn. Im Osten waren es die Bahnen aus Königsberg und Posen sowie aus Schlesien.

Ankommende und abfahrende Fernzüge wurden so weit wie möglich über die Stadtbahn geführt. Züge aus dem Westen fuhren also über Charlottenburg durch das Stadtgebiet bis zum Schlesischen Bahnhof. Umgekehrt wurden Züge aus dem Osten über den Schlesischen Bahnhof bis nach Charlottenburg geleitet.

Nach der Inbetriebnahme der Stadtbahn wurden der alte Hamburger Bahnhof in Moabit und der Ostbahnhof am Küstriner Platz aufgegeben. Alle anderen Kopfbahnhöfe aber blieben bestehen, da die Stadtbahn im ständig wachsenden Verkehr schon bald an die Grenze ihre Kapazität stieß. 1884 nutzten rund 14 Millionen Fahrgäste die Stadtbahn, 1890 waren es bereits 63 Millionen und zehn Jahre später 185 Millionen. Die Zugfolge verdichtete sich von anfangs 20 Minuten auf nur noch zweieinhalb Minuten im Jahr 1905.

Bereits 1899 legte die Union-Elektricitäts-Gesellschaft einen Entwurf für die Elektrifizierung des Streckennetzes der Stadtbahn vor. Doch die neue Technik war noch nicht ausgereift. Acht Jahre später wurde von Siemens-Schuckert erneut ein Entwurf vorgelegt, der einphasigen Wechselstrom als Betriebssystem vorsah. Doch auch dieser Vorschlag konnte nicht umgesetzt werden.

Erst nach der erfolgreichen Umstellung der Hamburger Vorortbahn Blankenese-Ohlsdorf auf elektrischen Betrieb wurden auch die alten Planungen zur Elektrifi zierung der Berliner Stadt-, Ring- und Vorortbahnen wieder aktuell. In den Jahren 1912 bis 1913, als der Verkehr immer mehr anstieg, beantragte das Ministerium der öffentlichen Arbeiten die Bewilligung von 123,5 Millionen Mark für die Elektrifizierung der Berliner Stadt- und Ringbahnen.

Um verschiedene technische Varianten prüfen zu können, bewilligte der Landtag im Juni 1913 einen Betrag von 25 Millionen Mark. Doch der Ausbruch des Ersten Weltkriegs verhinderte zunächst alle weiteren Arbeiten. Erst 1919 konnten die Arbeiten zur „Elektrisierung" der Nordstrecken der Berliner Stadt-, Ring- und Vortortbahnen wieder aufgenommen werden. Nach umfangreichen Bauarbeiten fuhr am 8. August 1924 der erste elektrisch angetriebene Zug mit neuen Wagen auf der Strecke Berlin–Bernau. Die Energieversorgung mit 800 Volt Gleichstrom erfolgte durch eine von unten bestrichene Stromschiene, die seitlich des Gleises montiert war. Ein Jahr später wurde die Vorortstrecke Berlin–Oranienburg auf elektrischen Betrieb umgestellt. 1927 folgte die dritte Strecke nach Velten. Gegenüber 1913 betrug der Verkehrszuwachs 73,1 Prozent. Gleichzeitig konnten die neuen Elektrotriebzüge die Fahrzeiten gegenüber den Dampfzügen um rund 22 Prozent unterbieten.

Im Juli 1926 beschloss die Deutsche Reichsbahn, die gesamte Stadt- und Ringbahn sowie Teile der anschließenden Vorortstrecken zu elektrifizieren. Die Arbeiten wurden mit Nachdruck betrieben, sodass der elektrische Betrieb am 11. Juni 1928 mit fünf Wagenzügen auf der Strecke von Potsdam über die Stadtbahn nach Erkner, am 15. Oktober 1928 auf der gesamten Stadtbahn und am 15. Mai 1929 auf dem ganzen Berliner Stadt- und Ringbahnnetz sowie auf einem großen Teil der Vorortstrecken aufgenommen werden konnte. Die Reisezeiten reduzierten sich merklich, die Zugfolge konnte von 24 auf 40 Züge in der Stunde erhöht werden. Der zuvor als notwendig erachtete sechsgleisige Ausbau der Stadt- und Ringbahn wurde durch die Einführung des elektrischen Betriebs zunächst überflüssig. Schon im ersten Jahr des vollelektrischen Betriebs war ein Anwachsen des Verkehrs um 15,5 Prozent zu verzeichnen. In der Zeit von Juni 1932 bis Mai 1933 wurden die Wannseebahn und die sogenannte Stammbahn Berlin–Zehlendorf-Mitte auf elektrischen Betrieb umgerüstet. Bei der Umstellung der Wannseebahn wurden drei neue Bahnhöfe gebaut.

Oben: Der Hochbahnhof „Nollendorfplatz" wurde schon im Jahr 1902 an der ersten Berliner Hochbahnstrecke eröffnet. Entworfen hatten den Bahnhof die Architekten Wilhelm Cremer und Richard Wolffenstein. Er ist der letzte Hochbahnhof der Strecke in westlicher Richtung. Ab der Kleiststraße in Höhe der Courbièrestraße verschwindet die U-Bahn als Untergrundbahn dann unter der Erde.

Unten: Nach der Elektrifizierung der Stadtbahn entstand in Berlin eine Vielzahl neuer Bahnhöfe, so auch der in Wannsee.

Landrücken-Tunnel

Verkehrsverbindung:	Schnellfahrstrecke Hannover–Würzburg (zweigleisig)
Ort:	Landrücken
Länge:	10 779 Meter
Anzahl der Röhren:	eine
Querschnitt:	81–99 m^2
Größte Überdeckung:	220 Meter
Baukosten:	320,7 Mio. DM
Baubeginn:	28. Sept. 1981
Betreiber:	DB Netz
Freigabe:	Mai 1988

Unten: Die Ansichtskarte zeigt den 3030 Meter langen Brandleitetunnel im Thüringer Wald.

Tunnels – technische Meisterleistungen

In der Zeit um 1900 wurden im Bereich der deutschen Mittelgebirge bedeutende Eisenbahnverbindungen gebaut, welche die neu entstehenden Verwaltungs- und Industriezentren Deutschlands verbanden. Beim Bau dieser Bahnstrecken galt es immer wieder Gebirge zu überwinden. Um schwierige Streckenführungen zu vermeiden, mussten vielfach die im Weg stehenden Gebirgszüge mit dem Bau von Tunnels gemeistert werden. Der Bau dieser Tunnels erforderte maximalen Einsatz der damals bekannten Technik und hohe menschliche Leistungsfähigkeit. Erschwert wurden diese Bauten vielfach durch die schwierigen geologischen Verhältnisse der Mittelgebirge. So entstanden Tunnels, meist zweigleisig ausgebaut, mit Längen zwischen drei und vier Kilometern.

Längere Tunnels gab es erst im Zusammenhang mit der 1991 fertiggestellten DB-Neubaustrecke Hannover–Würzburg. Der größte dieser Tunnels ist der 10 779 Meter lange Landrücken-Tunnel im Kreis Fulda.

Der Brandleite-Tunnel in Thüringen

1840 wurde der „Thüringische Eisenbahnverein" mit Sitz in Erfurt gegründet. Dieser Verein setzte sich das Ziel, die thüringischen Staaten in verkehrspolitischer Hinsicht zu vertreten. Die Inbetriebnahmen der Bahnlinie Halle–Eisenach im Jahr 1847 und der Werrabahn 1858 (Eisenach–Meiningen–Coburg) stellten einen großen Fortschritt in der verkehrstechnischen Erschließung Thüringens dar. Beide Bahnlinien umgingen jedoch den Thüringer Wald. Bereits seit den 1860er-Jahren bemühten sich eine Reihe von Städten und einflussreiche Unternehmer um den Bau einer Bahnstrecke, um die beginnende Industrialisierung dieses Landstrichs voranzubringen.

1867 entstand der Gedanke, eine Bahnverbindung Erfurt–Suhl–Meiningen zu schaffen. Nach dem Ende des Deutsch-Französischen Krieges 1870/71 rückte die Verwirklichung dieses Planes immer näher. Im Verlauf der Vorverhandlungen einigte man sich auf die Streckenführung Plaue–Gräfenroda–Zell St. Blasii–Suhl–Grimmenthal–Ritschenhausen. Mit der Inbetriebnahme der Bahnstrecke Arnstadt– Ilmenau im Jahr 1879 erhielt Plaue den Bahnanschluss über Arnstadt–Dietendorf nach Erfurt. Grimmenthal und Meiningen waren bereits durch die Werrabahn miteinander verbunden. In Ritschenhausen bestand Anschluss zur Bayerischen Staatsbahn. Damit konnte eine neue Verbindung Erfurt–Schweinfurt und Berlin–Erfurt–Stuttgart–Nürnberg–München entstehen. Das größte Problem beim Bahnbau Richtung Erfurt stellte die Überwindung des Rennsteigs dar. Nach langen Überlegungen entschloss man sich zum Bau eines Tunnels, der unter der Brandleite zwischen Zella St. Blasii und Gehlberg entstehen sollte.

Oben: Bei der Unterfangbauweise oder „belgischen Bauweise" beginnt man mit dem Ausbau und der Abstützung der Firste. Daran schließt sich die Ausführung des Widerlagers abschnittsweise durch seitliches Einschlitzen von einem Richtstollen aus an.

Die Vermessungsarbeiten für die künftige Bahnlinie und den Tunnel begannen im Juli 1879. Auf dem Rennsteig wurde dazu ein acht Meter hoher Holzturm errichtet, um den Verlauf der Tunnelstrecke exakt festlegen zu können. Als Nächstes wurde eine vier Meter breite Schneise in die Wälder des Rennsteigs geschlagen, um den vorgesehenen Tunnelverlauf zu markieren. Im Herbst 1880 richtete man die Baustellen auf der Ost- und Westseite des Rennsteigs für den Tunnelbau ein. Der Sitz der Bauabteilung war in Suhl. Dieser Abteilung unterstanden die Sektionen Oberhof, zuständig für die Ostseite, und Zella St. Blasii, zuständig für die Westseite.
Das Bauvorhaben zog viele Arbeiter aus Süddeutschland, aus Österreich-Ungarn und aus Italien in das ferne Thüringen. Anfang Dezember 1880 wurden bereits größere Mengen an Baumaterial in Zella St. Blasii gelagert, um im Januar 1881 mit der Einrichtung der Baustellen beginnen zu können. Auch jenseits des Rennsteigs wurden die Arbeiten aufgenommen.
Am 28. Mai 1881 begannen dann offiziell die Bauarbeiten auf beiden Tunnelseiten. Bis zu den künftigen Tunnelportalen mussten tiefe Einschnitte erstellt werden. Dazu wurden Schächte angelegt, von denen aus dann auf der Höhe des künftigen Gleisniveaus Unmengen von Gesteinsmaterial abgetragen wurden, um die Einschnitte freizulegen. Erst dann konnte mit der Herstellung des Richtstollens für den Brandleite-Tunnel begonnen werden.
Für den Bau des Tunnels selbst wurde die „Belgische Bauweise" gewählt. Hierbei wurde zunächst ein Richtstollen angelegt, der dann immer mehr ausgeweitet wurde. Danach entstanden das gemauerte Scheitelgewölbe und Schritt für Schritt der weitere Ausbruch. Im Juni 1881 begannen die eigentlichen Tunnelarbeiten. Verwendet wurden auf der Zellaer Seite sogenannte druckluftbetriebene Perkussions-Bohrmaschinen, auf der Ostseite hingegen druckwasserbetriebene Rotations-bohrmaschinen. Die notwendige Energie zum Antrieb der Maschinen wurde aus der

Unten: Steht man im Bahnhof von Oberhof an der Strecke Meiningen–Erfurt, ist man noch heute von dem gewaltigen Bauwerk des Brandleite-Tunnels beeindruckt. In einem tiefen Einschnitt, der sich unmittelbar an das Tunnelportal anschließt, verlässt die Bahn den Brandleite-Tunnel.

Oben: Ein für das Vortriebsschild notwendiges Segment ist auf Wagen der Materialbahn verladen und wird zum Zusammenbau von der kleinen Dampflok in das Innere des Distelrasen-Tunnels geschoben.

Mitte: Das Innere des Maschinenhauses am Südportal des Distelrasen-Tunnels. Von hier aus werden die Wasserdruckpressen für den Vortrieb des Tunnelschilds versorgt.

Gegenüber, unten: Als der Tunnelbau wegen gewaltiger Tonmassen in herkömmlicher Art nicht mehr fortgeführt werden kann, wird der „Schildvorbau" angewandt. Mit hydraulischen Pressen wird dabei ein eisernes Vortriebsschild in den Berg getrieben.

in reichlichem Maße an der Baustelle vorhandenen Wasserkraft gewonnen. Das harte Gestein und die im Berg immer wieder auftretenden gewaltigen Wassermassen bereiteten große Probleme. Allein auf der westlichen Baustelle strömten oftmals pro Sekunde bis zu 250 Liter Wasser zu. Häufig war der Wassereinbruch so groß, dass die Bohrmaschinen unter Wasser standen und die Bergleute sich nur mit Mühe vor den einbrechenden Wassermassen retten konnten. Der Querschnitt des Richtstollens betrug 8,5 Meter. Die Sicherung erfolgte durch Holzwerke. Zur Sprengung des Gesteins wurden Dynamit und Nitroglyzerin verwendet. Der Vortrieb pro Tag lag zwischen 3,80 und 4,50 Metern. Am 7. und 15. August 1881 kam es zu tödlichen Sprengunfällen im Tunnelinneren, bei denen vier Bergleute ums Leben kamen. Im Sommer 1882 begann dann der Ausbau des Richtstollens. Das dazu erforderliche Material kam aus einem nahe gelegenen Steinbruch.
Früher als erwartet erfolgte am 7. Februar 1883 der Durchschlag des Brandleite-Tunnels. Dieses denkwürdige Ereignis wurde mit Glockengeläut und Böllerschüssen den Bewohnern der umliegenden Gegend mitgeteilt.
Eine offizielle Feier mit Vertretern der Gemeinden, der Staatsregierung und der Eisenbahndirektion Magdeburg schloss sich am 21. Februar 1883 an. Aufgrund der genauen Vorarbeiten trafen die beiden Richtstollen im Tunnelinneren mit geringen Differenzen zwischen 21 und 30 Zentimetern aufeinander. Die nächsten 13 Monate wurden für den weiteren Ausbau des Tunnels benötigt. Der Schlussstein wurde am 19. März 1884 in den Gewölbescheitel des 3039 Meter langen Brandleite-Tunnels eingesetzt.
Der erste durchgehende Dienstzug auf der Strecke Erfurt–Ritschenhausen fuhr am 12. Juli 1884. Die eigentlichen Eröffnungsfeierlichkeiten fanden am 1. August 1884 unter reger Beteiligung der Bevölkerung statt. Der Brandleite-Tunnel war zur Zeit seiner Inbetriebnahme einer der größten Eisenbahntunnels in Mitteleuropa.

Der Distelrasen-Tunnel

Der Distelrasen-Tunnel zählte in der Zeit seiner Entstehung zu den gewaltigsten Bauvorhaben des Eisenbahnbaus. Der sogenannte „Landrücken", ein schmaler Höhenzug, verbindet die beiden Mittelgebirge Rhön und Vogelsberg. Seit Jahrhunderten ist er ein Hindernis für die Verkehrsverbindungen zwischen Nord- und Süddeutschland. Er bildet auch die Wasserscheide zwischen Rhein und Weser. Sein Scheitelpunkt ist der „Distelrasen".
Wegen der geologisch schwierigen Verhältnisse war es zur Überwindung des Landrückens notwendig, für die am 15. Dezember 1868 eröffnete Hanau-Bebraer Eisenbahn im Bahnhof Elm eine Spitzkehre einzurichten. Ein Umstand, der über viele Jahrzehnte die Abwicklung des Eisenbahnbetriebs auf diesem Abschnitt erschwerte.
Ende 1906 reiften Pläne, diesen misslichen Umstand zu beseitigen. Nach eingehenden Untersuchungen entschloss man sich, den Distelrasen von Südsüdwest nach Nordnordost durch einen nahezu 3,6 Kilometer langen, von Süd nach Nord stetig steigenden Tunnel zu durchqueren. Unweit der Station Flieden sollte dann diese Verbindung wieder in die Hauptstrecke Frankfurt–Bebra einmünden.

Oben: Das Südportal des Distelrasen-Tunnels ist fertiggestellt. Noch bringen Bauzüge Material in das Tunnelinnere und transportieren von dort ausgebrochenes Gestein nach draußen. Tonschichten sorgten für schwierige Arbeitsverhältnisse.

Die südliche Einfahrt in den Tunnel befindet sich in der steil ansteigenden Bergkuppe zwischen Mordgraben und Mätschbach. Das Nordportal liegt nördlich der Fuldahöfe bei Kautz zwischen der Fliede und der Frankfurt-Leipziger Landstraße.

Da von Anfang an die geologischen Verhältnisse als besonders schwierig beurteilt wurden, musste bei der Auswahl der Linienführung mit ganz besonderer Sorgfalt vorgegangen werden. In dem Gebiet, wo der Tunnel entstehen sollte, täufte man nicht weniger als 30 Bohrlöcher bis auf die mutmaßliche Tunnelsohle ab. Die Bohrlöcher waren bis zu 60 Meter tief, und es war wohl das erste Mal, dass man bei einem Tunnelbau den Gebirgsstock so gründlich durchforschte. Möglich war dies aber nur deshalb, weil der Tunnel relativ seicht liegt und sich das Gelände an der höchsten Stelle nur 75 Meter über die Tunnelsohle erhebt. Nachdem man sich durch diese Bohrungen ein möglichst genaues Bild der geologischen Verhältnisse des Gerbirgsstocks um den Distelrasen verschafft hatte, folgte die Ausschreibung der Tunnelarbeiten im Herbst 1908. Aber schon hier zeigte es sich, wie verschieden die an diesem Bauvorhaben interessierten Firmen die Schwierigkeiten des Tunnels einschätzen. Die Angebote für die ausgeschriebenen Arbeiten schwankten zwischen 4,3 und 14 Millionen Mark. Letztendlich erhielt das Bauunternehmen Grün & Bilfinger in Mannheim, dessen Angebot zwar nicht das niedrigste war, doch den

Vorstellungen der Behörden am nächsten kam, den Zuschlag. Die Bauleitung wurde dem Regierungsbaumeister a.D. Karl Hübler anvertraut.

Wegen der günstigeren Geländeverhältnisse wurde der Bau des Tunnels vom Südportal aus begonnen. Umfangreiche Materiallager sowie Abzweig- und Umladegleise zur Anlieferung von Maschinen, Geräten und Baumaterial wurden angelegt. Am Südportal wurden auch die Hauptbetriebswerkstätte für den Tunnelbau und Räumlichkeiten für die Bauleitung eingerichtet. Der lang anhaltende Frost im Winter 1908/09 sowie anschließendes Hochwasser behinderten die Einrichtung der Baustellen.

Im Frühjahr 1909 gelang es, die Arbeiten so weit voranzubringen, dass im Mai dieses Jahres mit der Tunnelmauerung begonnen werden konnte. Schon war der Sohlstollen etwa 200 Meter hinter das Südportal vorgerückt, da traf man völlig unerwartet auf Ton, der die Holzeinbauten des Stollens nach wenigen Wochen vollständig zerdrückte. Die stärksten Balken knickten wie Streichhölzer. Die Ursache dafür lag darin, dass der Ton von wasserhaltigen Braunkohleschichten durchzogen war, die innerhalb der Tonmasse Rutschflächen bildeten.

Oben: In den Tonstrecken brechen die stärksten hölzernen Verbauungen wie Zündhölzer.

Unten: In den Tunnelabschnitten, die durch Rot- und Sandstein führen, kann in herkömmlicher Bauweise gearbeitet werden. Die im vollen Tunnelprofil ausgebrochenen Strecken werden sofort ausgemauert.

Die geschilderten Umstände ließen erkennen, dass der Sohlstollen in der bisher praktizierten Holzbauweise nicht weiter ausgeführt werden konnte. Allein eine Bauweise mit stark dimensionierten Eisenträgern versprach Erfolg. Am vermuteten Nordende der Tonstrecke täufte man einen Arbeitsschacht ab, von dem aus die Arbeiten nach Süden zu ebenfalls in Angriff genommen wurden. Man arbeitete sich also durch den Ton von zwei Seiten her vor und kam Ende November 1909 zum Durchschlag. Damit war das Haupthindernis zumindest so weit überwunden, dass nördlich davon im Rot- und Sandstein durch Auffahren einer größeren Stollenstrecke die Arbeiten wieder kräftig vorangetrieben werden konnten. Der Stollen und die Ausweitung auf das volle Tunnelprofil sowie die Ausmauerung kamen zügig voran. Auf der Basis der bis dahin gemachten Erfahrungen entschloss man sich, den weiteren Vortrieb mithilfe eines eisernen Schildes mit nachfolgendem Einbau schwerer eiserner Ringe und deren Einbetonierung vorzunehmen. Das Vortriebsschild ist ein kräftiger eiserner Ring von etwa vier Metern Länge, der mithilfe von hydraulischen Pressen in den Ton gedrückt wird. Nach dem jeweiligen Vortrieb wurde sofort der frei werdende Raum mit einer eisernen Wandung gegen die andringenden Tonschichten verbaut. Dadurch wurde eine eiserne Röhre geschaffen, die zum Schutz gegen Verdrückungen noch mit kräftigen eisernen Rippen verstärkt wurde. Diese Rippen wurden dann vollständig mit Stampfbeton umhüllt und gewährten so einen sicheren Schutz gegen den starken Druck der Tonschichten.

Diese Betonröhre hatte eine Stärke von eineinhalb Metern und besaß eine Widerstandskraft, die einem entsprechenden Mauergewölbe von etwa drei Metern entsprach. Aber auch auf der übrigen Strecke wurde wegen des durchweg herrschenden heftigen Gebirgsdrucks sehr stark gemauert und das Gewölbe mit einer Wandung von mindestens 77 Zentimetern, meist aber 90 Zentimetern, ausgeführt. An Stellen, wo beim Ausbruch besonders starker Druck herrschte, betrug die Wandstärke mehr als 1,15 Meter.

Der angewandte Schildvorbau war aufgrund seiner ungeheuren Abmessungen von pionierhafter Bedeutung. Das Schild, das auf die beschriebene Weise den erforderlichen Raum für das Durchgangsprofil für zwei Gleise und die kräftigen Ausmauerungen schaffte, hatte einen Durchmesser von elf Metern und war damit zur damaligen Zeit das größte Druckschild der Welt. Es war das erste Mal, dass man es wagte, einen zweigleisigen Eisenbahntunnel im vollen Querschnitt auszuführen. Trotz all dieser Schwierigkeiten gelang es, pro Monat mit der Ausmauerung des Tunnels etwa 100 Meter voranzukommen, während das Schild in der selben Zeit etwa 15 Meter Tonstrecke bewältigte. Es bewegte sich also pro Tag etwa 60 Zentimeter voran, was eine bemerkenswerte Leistung darstellte. Auf einem Meter Länge galt es, 100 Kubikmeter Ton aus dem Tunnel zu schaffen, über zehn Tonnen Eisen einzubauen und 43 Kubikmeter Beton zu verarbeiten. Das Schild bestand aus diversen einzelnen Teilen, deren kleinstes ein Gewicht von rund 150 Kilogramm hatte. Es wurde von 20 kräftigen Wasserdruckpressen vorangetrieben, deren Antrieb von einer Dampfpumpe außerhalb des Südportals erfolgte. Mit den Wasserdruckpressen konnte eine maximale Kraft von etwa 5000 Tonnen erzeugt werden. Besonders schwierig war die Steuerung des Schildes, da es am Ende der Tonstrecke genau auf die dort bereits fertig gemauerte Tunnelröhre stoßen sollte. Trotz der unterschiedlichen Beschaffenheit der Erdschichten, deren Druck bald von rechts, bald von links her überwog, gelang es, das Schild so genau einzurichten, dass die Abweichung beim Zusammentreffen der beiden Bauabschnitte nur 16 Zentimeter betrug.

Ende November 1911 war der erste Vortrieb des Schildes erfolgt. Im Juni 1913 konnte er nach etwa 280 Metern Tonstrecke ausgebaut werden. Seine Hülle wurde im Berg belassen und einbetoniert. Noch während der Arbeiten in der Tunnelmitte machte man die überraschende Feststellung, dass am Nordportal ebenfalls schwierige geologische Verhältnisse mit unterschiedlichen Tonablagerungen vorhanden waren. Allerdings waren diese Tonablagerungen von ihrer Ausdehnung her wesentlich geringer als die am Süd-

Oben: Im November 1909 gelingt der Durchschlag der schwierigen Tonstrecke, die von zwei Seiten aus in Angriff genommen wird.

Unten: Auch auf der Nordseite des Distelrasen-Tunnels sind schwierige geologische Verhältnisse zu überwinden. Am 20. Januar 1914 durchbricht das Vortriebsschild die Erde und tritt ins Freie. Die Tunnelröhre wird um 15 Meter verlängert.

Oben: Durch den Distelrasen-Tunnel, der auch „Schlüchtener Tunnel" genannt wurde, verkehrten etwa 260 Personen- und Güterzüge pro Tag. Neben der alten Tunnelröhre verläuft heute parallel dazu eine neugebaute zweite Röhre, die im April 2011 in Betrieb ging.

Unten: Im Jahr 1872 wurde mit dem Bau des Anhalter Bahnhofes in Berlin begonnen. Acht Jahre sollten vergehen, bis dieser Bahnhof am 15. Juni 1880 fertiggestellt war und seinen Betrieb aufnehmen konnte.

portal. Der Bau des nördlichen Voreinschnitts zeigte, welche Schwierigkeiten am Nordportal gemeistert werden mussten. Genaue Bohrungen bestätigten die schlimmsten Vermutungen und ergaben für die Tonstrecke eine Länge von ungefähr 150 Metern. Im Frühjahr 1912 war man sich über die geologischen Verhältnisse im Klaren. Alle Vorbereitungen wurden getroffen, um auch die nördliche Tonstrecke mithilfe eines Schildes zu bewältigen. Die Anfertigung der für das Schild notwendigen Teile und deren Einpassung in die bereits vorhandene Tunnelröhre nahm fast ein weiteres Jahr in Anspruch.

Endlich, im Juni 1913, während das Schild im südlichen Tunnelteil seine letzten Meter zurücklegte, konnte das Nordschild erstmals am 10. Juni eingesetzt werden. Bis zum 20. Januar 1914 legte es eine Strecke von 140 Metern zurück und trat ins Freie. Nachdem das Schild in den Voreinschnitt vorgedrungen war, wurde die Tunnelröhre um nochmals 15 Meter verlängert. Somit hatte der Distelrasen-Tunnel eine gesamte Länge von 3575 Metern und zählte damit über Jahrzehnte hinweg zu den größten Tunnelbauwerken in Deutschland.

Die großen Bahnhofsbauten des späten 19. und des frühen 20. Jahrhunderts: Der Anhalter Bahnhof in Berlin, Eröffnung 1880

Die Berlin-Anhaltische Eisenbahn-Gesellschaft wurde 1836 mit dem Ziel gegründet, eine Bahn von Postdam über Riesa nach Leipzig zu bauen. Da jedoch dieses Projekt nicht verwirklicht werden konnte, wurde diese Gesellschaft aufgelöst. Neu entstand

daraus 1838 die Berlin-Anhaltische Gesellschaft, die sich zum Ziel setzte, eine Bahn von Berlin nach Köthen zu bauen. 1841 konnte diese Bahnverbindung ihren Betrieb aufnehmen. Zu gleicher Zeit entstand der erste Anhalter Bahnhof. In den nächsten Jahren entstanden Verbindungen nach Dresden, Bitterfeld, Halle und Leipzig. Der Bahnverkehr entwickelte sich gut, sodass um das Jahr 1870 trotz verschiedener Erweiterungsbauten der Bahnbetrieb im bisherigen Bahnhof nicht mehr bewältigt werden konnte. Ein Neubau war notwendig, der alte Bahnhof wurde abgerissen, auf seinem Areal entstand das neue Empfangsgebäude, der Anhalter Fernbahnhof.
Die Pläne für das neue Gebäude erstellte der in Berlin angesehene Architekt Franz Schwechten (1841 bis 1924). Er plante einen repräsentativen und aufwendigen Bau. Im Herbst 1874 konnte mit den ersten Bauarbeiten begonnen werden. Im darauffolgenden Jahr geriet die Berlin-Anhaltische Gesellschaft in den Strudel einer allgemeinen Finanzkrise. Die Folge war, dass der Bau für das gesamte Jahr 1876 eingestellt werden musste. Der Architekt war gezwungen, seine großzügigen Pläne einzuschränken, um die Baukosten zu senken. Trotz der Sparmaßnahmen gelang ein Bau von beeindruckender Größe. Am 15. Juni 1880 wurde der „Berlin-Anhaltische Eisenbahnhof" im Beisein von Kaiser Wilhelm I. und Otto von Bismarck eröffnet.
Die beiden Ecktürme des Bauwerks trugen Reliefs aus der griechischen Mythologie. Der eigentliche Frontbau des Bahnhofs war der Bahnsteighalle vorgelagert. Er hatte eine Höhe von 16 Metern und eine Breite von beachtlichen 100 Metern. Im Gegensatz zum alten Bahnhof wurde das Niveau der Gleisanlagen rund 4,5 Meter über das Terrain gelegt, womit man die lästigen niveaugleichen Kreuzungen zwischen Schiene und Straße bei der Bahnhofsausfahrt verhindern konnte.
Der Anhalter Bahnhof verband Berlin mit Wien, Budapest, Triest, Marienbad, Karlsbad, Rom, Mailand, Genua, Venedig, Marseille, Nizza, Cannes und Athen. Von den schweren Bombenangriffen auf Berlin war auch der Anhalter Bahnhof betroffen. Bei einem Luftangriff am 3. Februar 1945 wurden die Baulichkeiten schwer getroffen und brannten völlig aus. Nachdem der Bahnhof von den Trümmern geräumt war, wurde ein notdürftiger Bahnverkehr eingerichtet. Die in die Tiefe gestürzte Stahlkonstruktion des Hallendachs wurde zerschnitten und abtransportiert.
Der Bahnhof lag nach dem Ende des Krieges im Westteil Berlins. Der Zugverkehr wurde aus betrieblichen unf politischen Gründen in einem nur sehr bescheidenen Rahmen abgewickelt. Er beschränkte sich auf einige wenige Fern- und Personenzüge in die sowjetische Besatzungszone. Am 18. Mai 1952 wurde der Zugverkehr vollkommen eingestellt. Obwohl das Bauwerk wegen seiner ungewöhnlich guten Bausubstanz durchaus für eine Restaurierung und einen Wiederaufbau geeignet gewesen wäre, wurden die Ruinen 1959 gesprengt. Allein der Portikus blieb erhalten und erinnert an die Größe und Bedeutung des Anhalter Bahnhofs.

Nach Bombenhagel blieb nur noch ein Torso

Durch einen schweren Luftangriff auf Berlin sank der Anhalter Bahnhof am 3. Februar 1945 in Schutt und Asche. Er wurde schwer beschädigt und brannte völlig aus. Nach Kriegsende wurden die Trümmer entfernt, ebenso die eingestürzte Stahlkonstruktion des Hallendaches. Der Bahnhof konnte notdürftig seinen Betrieb wieder aufnehmen. Doch am 18. Mai 1952 wurde der Zugbetrieb endgültig eingestellt. Der Bahnhof wurde zum Abbruch freigegeben. 1959 erfolgte die Sprengung der noch verbliebenen Halle. Erhalten blieb bis heute der Portikus mit einem Teil der überdachten Vorfahrt.

Unten: Ansichtskarte des „Berliner Anhalter Bahnhofs" aus dem Jahr 1912. Der erste „Anhalter Bahnhof" wurde bereits am 1. Juli 1841 eingeweiht.

Der Zentralbahnhof in Frankfurt am Main, Eröffnung 1888

Vor der Eröffnung des „Centralbahnhofs" gab es in Frankfurt am Main insgesamt sechs Bahnhöfe. Am Westrand der Wallanlagen lagen nebeneinander die drei Westbahnhöfe. Es waren dies die Bahnhöfe der Taunusbahn (Frankfurt–Mainz–

Frankfurter Hauptbahnhof

Fläche des Baugeländes:	193 000 m²
Beginn der Bauarbeiten:	28. Mai 1883
Planung Funktionssystem, Stations- u. Gleisanlagen:	Alfred Hottenrott
Architekt des Empfangsgebäudes:	Hermann Eggert
Konstruktion der Gleishallen:	Johann Wilhelm, Schwedler
Länge der Fassade Empfangsgebäude:	206 Meter
Maße der Bahnsteighalle:	Breite: 168 Meter Tiefe: 186 Meter

Unten: Im Jahr 1880 wurde mit dem Bau des Zentralbahnhofes in Frankfurt am Main begonnen. 1884 war der Rohbau fertig und vier Jahre später konnte am 18. August 1888 die Einweihung erfolgen.

Wiesbaden), der Main-Weser-Bahn (Frankfurt–Gießen–Kassel) und der Main-Neckar-Bahn (Frankfurt–Heidelberg–Mannheim). Welch enorme Bedeutung diese Bahnhöfe hatten, belegen die Fahrgastzahlen aus dem Jahr 1863. In diesem Jahr frequentierten etwa drei Millionen Fahrgäste diese drei Frankfurter Bahnhöfe. Östlich der Stadt befand sich der 1848 eröffnete Ostbahnhof der Frankfurt-Hanauer Eisenbahn-Gesellschaft. Dieser Bahnhof war durch eine am Mainufer verlaufende Strecke, die von der Hessischen Ludwigsbahn betrieben wurde, mit den Westbahnhöfen verbunden. Im Süden der Stadt gab es noch den Frankfurt-Bebraer und den Offenbacher Bahnhof.

Sicherlich war dies eine wenig glückliche Situation, denn die Reisenden mussten vielfach umsteigen und dazu noch die Entfernungen zwischen den einzelnen Bahnhöfen meistern. Besonders prekär wurde die Situation im Frankreichkrieg der Jahre 1870/71, als vor allem die Truppen- und Verwundetentransporte ins Stocken gerieten.

1866 war die freie Stadt Frankfurt von Preußen annektiert worden, wodurch die künftige Entwicklung des Eisenbahnwesens in Frankfurt wesentlich von Preußen mitbestimmt wurde. Um die oben beschriebenen schwierigen Umstände zu beseitigen, entschlossen sich 1872 Preußen und die Hessische Ludwigsbahn zum Bau eines Zentralbahnhofs, nachdem ein Umbau der Westbahnhöfe verworfen worden war. 1874 wurde vom preußischen Staat die Planung und Bauleitung des neuen Frankfurter Bahnhofs dem königliche Eisenbahn- und Betriebsinspektor Alfred Hottenrott übertragen. Dessen Pläne sahen vor, die Gleise der Preußischen Staatsbahn von denen der Hessischen Ludwigsbahn zu trennen und Personen- und Güterbahnhöfe zu separieren. Hottenrott empfahl, den Bahnhof wesentlich weiter von der Stadt entfernt zu errichten.

Die Planungen für den Neubau zogen sich nahezu ein ganzes Jahrzehnt hin. Nachdem sich keine baldige Lösung abzeichnete, schaltete sich die Stadt Frankfurt

in die weitere Entwicklung ein. Endlich einigten sich 1875 die Stadt, die Preußische Staatsbahn und die Hessische Ludwigsbahn auf den Bau des neuen Hauptbahnhofs im sogenannten Galgenfeld weit vor den Mauern der Stadt. Nachdem die Stadt Frankfurt den Baugrund 1879 erworben hatte, stand dem Neubau nichts mehr im Wege. Für die Gestaltung des Bahnhofs schrieb im Jahr 1880 die preußische Akademie des Bauwesens in Berlin einen nationalen Architektenwettbewerb aus. Eine Vielzahl von Entwürfe wurde eingereicht. Im Januar 1881 kürte das Preisgericht den Sieger. Es war der Landesbauinspektor und Universitätsbaumeister Hermann Eggert aus Straßburg.

Bereits 1880 hatte man mit den Vorarbeiten für den Bahnhofsbau begonnen. Während das eigentliche Bahnhofsgelände mit einer Fläche von rund 64 Hektar um zwei Meter angehoben und eingeebnet wurde, musste das nördlich gelegene Gelände des zukünftigen Hauptgüterbahnhofs um einen Meter abgesenkt werden. Die Bauarbeiten und die Grundsteinlegung erfolgten im Mai 1883. Schon ein Jahr später war der Rohbau des Empfangsgebäudes fertiggestellt. Im Winter 1885 begann die Montage der eisernen Bahnsteighallen. Noch während der Innenausbau des Personenbahnhofs in vollem Gang war, wurde am 1. Oktober 1887 der Hauptgüterbahnhof eröffnet. Nach mehr als über 20 Jahren seit den ersten Planungen wurde am 18. August 1888 der Frankfurter Zentralbahnhof feierlich seiner Bestimmung übergeben. Das Gebäude zählte zu den größten Bahnhofsbauten seiner Zeit. Die gewaltigen Ausmaße des Empfangsgebäudes und seiner dahinterliegenden dreischiffigen Bahnsteighalle wurden erst durch den Bau des Leipziger Hauptbahnhofs 1915 übertroffen.

Oben: Der Hauptbahnhof in Frankfurt am Main zählte zu den größten Bahnhofsbauten seiner Zeit. Prächtig ausgestaltet war die Empfangshalle, in der sich die Fahrkartenschalter befanden.

Unten: Hinter dem Empfangsgebäude lag eine dreischiffige Bahnsteighalle, in die Züge aus- und einfuhren.

Der Hauptbahnhof in Dresden, Eröffnung 1898

Der Eröffnung der ersten deutschen Ferneisenbahn zwischen Leipzig und Dresden folgte im Raum Dresden der Bau weiterer Bahnlinien, die jeweils in separaten Bahnhöfen innerhalb der alten Residenzstadt endeten. Über Jahre hinweg mussten sich die Reisenden mit den unzureichenden Verbindungen zwischen den einzelnen Dresdner Stationen herumärgern.

Als sich Dresden dann im späten 19. Jahrhundert immer mehr von der Residenz- zur modernen Industrie- und Großstadt wandelte, wurde die verstreute Lage der Bahnhöfe immer unbefriedigender. Die Stadtväter entschlossen sich zu einer grundlegenden Umgestaltung der gesamten Bahnanlagen und somit zum Bau eines neuen leistungsfähigen und zentral gelegenen Hauptbahnhofs. 1890 begannen die Arbeiten, die sich über rund

Unten: Der Umbau der Gleisanlagen in Dresden zog sich ab 1890 über mehr als zehn Jahre hin. Im Rahmen dieser Umbauten entstand auch der Hauptbahnhof, der am 18. Juni 1895 fertiggestellt war.

Oben: Zwischen den beiden Seitenhallen ist das Empfangsgebäude plaziert, von dem aus der Zugang zu den Abfahrtsgleisen möglich ist.

Unten: Nördlich und südlich des Empfangsgebäudes liegen erhöht Seitenhallen, die für den Durchgangsverkehr bestimmt sind. Vor dem Empfangsgebäude selbst, niederer als die Seitenhallen, gibt es als Sackbahnhof eine Mittelhalle, in der die aus Westen kommenden Gleise enden.

zehn Jahre hinzogen und erst 1901 ihren Abschluss fanden. Als Standort für den neuen Hauptbahnhof wurde das Areal des alten Böhmischen Bahnhofs gewählt. Damit lag der Hauptbahnhof am Ende der Prager Straße, die sich zur bedeutendsten Geschäftsstraße und wichtigen Verkehrsachse der Stadt entwickelt hatte. Schon 1888 begannen die Planungen unter der Leitung der Architekten Ernst Giese und Paul Weidner. Der Entwurf sah eine Kombination von Kopf- und Durchgangsbahnhof vor. In einer großen Mittelhalle endeten die von Westen kommenden Gleise in Form eines Sackbahnhofs etwa auf dem Höhenniveau der umgebenden Stadt. Dieser Mittelhalle war das Empfangsgebäude vorangestellt, dessen prunkvolle Fassade sich zur Prager Straße hin entfaltete. Nördlich und südlich schlossen sich jeweils eine kleinere Seitenhalle an, in denen die rund 4,5 Meter höher gelegenen Gleise der Duchgangsstrecken untergebracht waren. Somit konnten insgesamt zwölf Gleise für den Personenverkehr genutzt werden. Hinzu kamen zwei Gleise für den durchgehenden Güterverkehr im Anschluss an die Südhalle.

Ohne größere Beeinträchtigungen des Eisenbahnverkehrs wurde ab 1892 zunächst die Südhalle errichtet, die am 18. Juni 1895 fertiggestellt war. Es folgten die Mittel- und die Nordhalle. Der neue Hauptbahnhof konnte nach einer Bauzeit von rund fünf Jahren am 16. April 1898 in Betrieb gehen. Die in Dresden beginnenden oder endenden Züge nutzten seither meist die tieferliegenden Gleise des Kopfbahnhofs. Der Durchgangsverkehr in Richtung Berlin und Leipzig sowie Bodenbach, Prag und Wien hingegen rollte über die Gleise der südlichen und nördlichen Seitenhallen.

Bei den schweren Bombenangriffen auf Dresden am 13. Februar 1945 wurde auch

der Hauptbahnhof schwer beschädigt. Nach dem Krieg wurde der Bahnhof wieder aufgebaut, verlor jedoch viel von seinem einstigen Glanz, da zahlreiche Schmuckelemente verloren gegangen waren.

Der Hamburger Hauptbahnhof, Eröffnung 1906

Noch um 1900 gab es in und um Hamburg verschiedene Bahnhöfe und Bahnlinien, die untereinander nur schlecht oder gar nicht verbunden waren. Die seit 1846 bestehende Eisenbahn Berlin–Hamburg endete im Berliner Bahnhof am Deichtormarkt. Die aus dem Jahr 1844 stammende Bahnlinie von Kiel erreichte das Stadtgebiet von Hamburg gar nicht, sondern hatte ihren Endpunkt im damals noch dänischen Altona am Hohen Elbufer. Eine Bahnverbindung zwischen Altona oder Harburg nach Hamburg gibt es lange Zeit nicht. Nach rund 20 Jahren, im Juli 1866, konnte die sogenannte Verbindungsbahn zwischen dem Altonaer Bahnhof und dem Klostertorbahnhof bzw. dem Berliner Bahnhof in Hamburg eröffnet werden. Knapp ein Jahr zuvor hatte die Lübeck-Büchener Eisenbahn-Gesellschaft am 1. August 1865 einen weiteren separaten Endbahnhof an der Spaldingstraße eröffnet.
Hinzu kam noch die Köln-Mindener Eisenbahn-Gesellschaft, die am 1. Dezember 1872 ihren Venloer Bahnhof dem Betrieb übergeben konnte. Die Entwicklung des Hamburger Eisenbahnnetzes war damit zwar abgeschlossen, eine Verbindung der Linien und Bahnhöfe untereinander gab es aber damit nicht.
Erst mit der Verstaatlichung der preußischen Privatbahnen wuchs die Eisenbahn in Hamburg zu einer Einheit zusammen. Immerhin verkehrte ab Sommerfahrplan 1885 ein Expresszug aus Berlin direkt bis zum Klostertorbahnhof, der sich als Zentralpunkt herausgebildet hatte, und weiter über die Verbindungsbahn bis nach Altona. Im Laufweg dieses Zuges, der umständlich und langsam quer durch Hamburg und Altona rollte, zeichnete sich bereits die notwendige Umgestaltung der Bahnanlagen ab. Ohnehin mussten die Trassen und Bahnhöfe mit dem sogenannten Zollanschluss Hamburgs neu geordnet werden. Das hieß, dass die Güterbahnhöfe in „zollinländische" Anlagen und in solche, die im „Zollausschlussgebiet" lagen, aufgeteilt wurden. Diese Maßnahme blieb auch für den Personenverkehr nicht ohne Folgen, sodass es zu grundlegenden Veränderungen des gesamten Eisenbahnnetzes kam.
Der Bahnhof Altona entstand im westlichen Teil 1895 und bis 1898 in seiner gesamten Anlage. Am 1. Mai 1897 wurde der neue Bahnhof Harburg in seiner heutigen Lage und Form eröffnet.
Die Umbauarbeiten in Hamburg selbst begannen im Jahr 1900. Sechs Jahre später wurden die neuen Bahnhöfe Damm-

Grundlegender Umbau der Bahnanlagen

Der Bau des Dresdener Hauptbahnhofs steht im Zusammenhang mit einer grundlegenden Umgestaltung der gesamten Bahnanlagen in Dresden in der Zeit zwischen 1890 und 1901: Die Bauarbeiten beginnen 1890 mit der Errichtung des Rangierbahnhofs Friedrichstadt. 1892 wird der erste Bauabschnitt des Hauptbahnhofs begonnen. 1896 ist die neue viergleisige Elbbrücke der Stadtbahn montiert und der Elbhafen fertiggestellt. Zwei Jahre später sind der neue Hauptbahnhof und die Haltestelle Wettiner Straße vollendet. Erst 1901 können die umfangreichen Arbeiten mit der Eröffnung des Bahnhofs Dresden-Neustadt abgeschlossen werden.

Wie in vielen anderen deutschen Städten entstand auch in Hamburg um 1900 ein großer zentraler Bahnhof.

Oben: Der Hamburger Hauptbahnhof in den 1930er-Jahren. An der Glasfront der Bahnhofshalle ist die Werbeschrift der Schokoladenfabrik „Stollwerck" zu lesen.

Die Züge rollen heute durch den ehemaligen Stadtgraben

In den frühen 1950er Jahren waren auch im Hamburger Hauptbahnhof die Spuren des Zweiten Weltkrieges noch deutlich zu sehen. Der VT 06 501 wartet auf Ausfahrt.

tor und Sternschanze in Betrieb genommen. Am 5. Dezember 1906 folgte der Hauptbahnhof. Nach dem Abbruch des Klostertorbahnhofs wurde die Strecke nach Harburg voll in Betrieb genommen und der Hannoversche Bahnhof geschlossen. Doch erst 1908, rund 20 Jahre nach dem allgemeinen Baubeginn, konnten die letzten Arbeiten zur Umgestaltung der Hamburger Bahnanlagen abgeschlossen werden.

Der Leipziger Hauptbahnhof, Eröffnung 1915

Nach 13-jähriger Bauzeit wurde am 4. Dezember 1915 der Leipziger Hauptbahnhof fertiggestellt. Der größte Kopfbahnhof Europas vereinte die sechs bisherigen Bahnhöfe der Stadt, den Dresdener, den Magdeburger, den Thüringer, den Berliner, den Eilenburger und den Bayerischen Bahnhof.

Erste Pläne, welche diese Leipziger Bahnhöfe, den Dresdener verbinden sollten, gingen auf das Jahr 1847 zurück. Konkretere Formen nahmen diese Ideen zu Bismarcks Regierungszeit an. Das Reichseisenbahnamt schlug die Errichtung eines gemeinsamen Bahnhofs der sächsischen und preußischen Linien vor. Doch die Verwirklichung scheiterte an der Kurzsichtigkeit der beteiligten Bahnen. Ihnen schien der Kostenvoranschlag von über 17,25 Millionen Mark zu hoch. Erst im Jahr 1898 kam es zu einer grundsätzlichen Einigung zwischen Sachsen und Preußen, nachdem dort die wichtigsten Eisenbahnlinien verstaatlicht worden waren. Diesen Zeitpunkt kann man als Geburtsstunde des Leipziger Hauptbahnhofs ansehen. Zwar existierten zu dieser Zeit bereits Verbindungslinien, die den einzelnen Kopfstationen einen Wagenaustausch gestatteten, aber diese Anlagen waren im Laufe der Zeit unzulänglich geworden.

Sachsen und Preußen einigten sich schließlich darauf, einen Kopfbahnhof zu bauen, obwohl eine ganze Reihe von Entwürfen auch einen Durchgangsbahnhof vorsah. Der Gedanke, das Stadtgebiet zu durchqueren, wurde jedoch nicht ganz aufgegeben. So war unter dem Empfangsgebäude ein Untergrundbahnhof geplant, der auch auf 700 Metern Länge fertiggestellt wurde. Seine Zufahrt lag einst in der nördlichen Hälfte des Gleisfelds. Abschließende Baumaßnahmen erfolgten aber nicht.

Mit der Planung des Leipziger Hauptbahnhofs wurden die beiden Dresdener Professoren William Lossow und Max Hans Kühne beauftragt. Der neue Leipziger Kopfbahnhof sollte den Dresdener, den Magdeburger und den Thüringer Bahnhof ersetzen. Der neu geplante Hauptbahnhof lag nicht weit vom Stadtkern Leipzigs.

Der erste Spatenstich erfolgte 1902 beim Vorort Wahren, im Nordwesten der Stadt. Am 16. November 1909 wurd der Grundstein für das Empfangsgebäude gelegt. Um den Jahreswechsel 1907/08 wurde der Thüringer Bahnhof als erster der drei benachbarten Kopfbahnhöfe abgerissen, es folgten der Magdeburger und der Dres-

Hauptbahnhof Leipzig

Der Bahnhof wurde in den 1990er-Jahren grundlegend saniert. Mit einer Grundfläche von 83.640 Quadratmetern ist der Leipzig Hauptbahnhof heute der größte Kopfbahnhof in Europa.

Unten: Der im Jahr 1915 eröffnete Leipziger Hauptbahnhof vereinte die bis dahin in Leipzig existierenden sechs Bahnhöfe.

Leipziger Bahnhöfe vor dem Bau des Hauptbahnhofs

Dresdener Bahnhof: eröffnet am 7. April 1839 (Verbindungen nach Dresden und Grimma)
Magdeburger Bahnhof: eröffnet am 18. August 1840 (Verbindungen nach Halle und Magdeburg)
Bayerischer Bahnhof: eröffnet am 19. September 1842 (Verbindungen nach Altenburg und Hof)
Thüringer Bahnhof: eröffnet am 22. März 1856 (Verbindungen nach Corbetha)
Berliner Bahnhof: eröffnet am 1. Februar 1859 (Verbindungen nach Bitterfeld)
Eilenburger Bahnhof: eröffnet am 1. November 1874 (Verbindungen nach Eilenburg)

dener Bahnhof. Im Jahr 1912 wurde zudem der Verkehr des Bayerischen Bahnhofs dem entstehenden Hauptbahnhof übertragen. Die Bauarbeiten erschwerte der Erste Weltkrieg. Doch im Großen und Ganzen konnten die Arbeiten fortgeführt werden. Zum 1. Mai 1915 übergab der Eilenburger Bahnhof seine Fernverkehrsaufgaben dem Hauptbahnhof.

Ab Herbst 1915 war der neue Hauptbahnhof dann voll betriebsfähig. Der Schlussstein wurde am 4. Dezember 1915 in der östlichen Halle gesetzt. Man wählte dazu den Grundstein des Dresdener Bahnhofsgebäudes von Leipzig. Die Gesamtkosten beliefen sich auf rund 123 Millionen Mark. Hinzu kamen noch 17 Millionen für die Gestaltung des Bahnhofsvorplatzes. Fortan teilten sich Sachsen und Preußen den Hauptbahnhof. Er besaß 26 Hallengleise und fünf, kurz vor der Halle endende Stumpfgleise. Im östlichen Teil des Empfangsgebäudes war die sächsische, im westlichen die preußische Verwaltung untergebracht. Die Fliegerangriffe im Zweiten Weltkrieg legten den Leipziger Hauptbahnhof in Schutt und Asche. Nach Kriegsende wurde er wieder aufgebaut und diente anschließend der Deutschen Reichsbahn der DDR. Der mittlere Teil des riesigen Bahnhofs war der Versorgung der Reisenden vorbehalten. Dort gab es große Vorratsräume, eine eigene Fleischerei, eine Bäckerei, eine Wäscherei und sogar eine Druckerei. Später übernahm die Mitropa den Gaststättenbetrieb im Leipziger Hauptbahnhof. Nach einem grundlegenden Umbau, der am 12. November 1997 abgeschlossen wurde, dient der Bahnhof der Deutschen Bahn AG heute als modernes Dienstleistungszentrum.

Oben: Der Leipziger Hauptbahnhof war zu seiner Zeit der größte Kopfbahnhof Europas.

Gegenüber: Die imposante Bahnsteighalle. Über die in der Bildmitte sichtbare große Treppe gelangt man zu den 26 Hallengleisen.

Brücken

Schon bei der 1839 eröffneten ersten Fernbahn in Deutschland von Dresden nach Leipzig war der Bau von Eisenbahnbrücken notwendig. Das heißt, dass schon früh die Konstruktion und die Erstellung dieser Bauwerke von großer Bedeutung waren. Auch für die in den folgenden Jahren erstandenen Bahnstrecken galt es immer wieder, Brücken zu bauen. Diese früh entstandenen Bauwerke waren in ihren teils gewaltigen Abmessungen technische Meisterleistungen, die uns noch heute Bewunderung und Anerkennung abringen.

Die Göltzschtalbrücke

Unten: Harmonisch fügt sich das gewaltige Bauwerk der Göltzschtalbrücke in die hügelige Landschaft des sächsischen Vogtlandes ein.

Im Zusammenhang mit dem Bau der Sächsisch-Bayerischen Eisenbahn entstand im Zuge der Bahnstrecke Leipzig–Hof bei Netzschkau die Göltzschtalbrücke, die größte aus Ziegeln gebaute Eisenbahnbrücke der Welt. Die Grundsteinlegung für den gewaltigen Brückenbau erfolgte am 31. Mai 1846. Die Statik und die Konstruktion wurden von Professor Schubert, dem Erbauer der „Saxonia", durchgeführt. Ingenieur und Bauleiter waren Ferdinand Dost und Oberbauleiter Major a. D. Robert Wilke.

Für den Bau dieser gigantischen Brücke veranstaltete der Bauherr, die Sächsisch-Bayerische Eisenbahn-Compagnie, im Januar 1845 ein Preisausschreiben. Gleichzeitig bildete sich im sächsischen Ministerium des Inneren eine technische Kommission, die die eingehenden Entwürfe und Vorschläge zum Brückenbau zu beurteilen hatte. Insgesamt gingen 74 Entwürfe ein, von

Von gewaltigen Ausmaßen war die Baustelle der Göltzschtalbrücke. Zur Errichtung des Gerüstes mussten 23 000 Fichten und Tannen gefällt werden. Zeitweise waren an der Brücke mehr als 1500 Arbeiter tätig.

Daten der Göltzschtalbrücke

Bauleiter:	Ferdinand Dost
Oberbauleiter:	Robert Wilke
Baubeginn:	31.05.1846
Fertigstellung:	15.07.1851
Länge:	575 Meter
Höhe:	78 Meter
Spannweite des Mittelteils:	30,3 Meter
Mauerwerk:	135 670 m^3
Verbaute Ziegelsteine:	12 323 000
Stärke der Pfeiler	unten: 5 Meter oben: 3 Meter
Breite der Fahrbahn:	8 Meter
Baugerüst:	331 000 Meter Holz

denen allerdings kein einziger ohne wesentliche Änderungen ausgeführt werden konnte. Die ausgeschriebene Prämie von 1000 Talern konnte nicht vergeben werden. Da keine zufriedenstellende Lösung aus dem Kreis der Bewerber vorlag, entschloss sich die Kommission, einen eigenen Entwurf zum Bau der Göltzschtalbrücke zu erarbeiten. Die Baukosten wurden ohne die Widerlager auf 1 200 000 Taler geschätzt.

Am 31. Mai 1846 wurde mit dem Bau der Brücke begonnen. Doch bald nach dem Baubeginn konnte der Bauherr, die Sächsisch-Bayerische Eisenbahn-Compagnie, die erforderlichen finanziellen Mittel nicht mehr aufbringen. Am 1. April 1847 wurde das Bauvorhaben vom sächsischen Staat übernommen. Der ursprüngliche Entwurf sah die großen Mittelbogen nicht vor. Bei der Gründung des Pfeilers, der in etwa in der Mitte der jetzigen großen Öffnungen errichtet werden sollte, fand man keinen tragfähigen Untergrund, sodass man beschloss, diesen Pfeiler entfallen zu lassen und mit der Verstärkung der Nachbarpfeiler zwei größere übereinanderliegende Bögen zu spannen.

Der Mittelbau der 575 Meter langen Brücke ist rund 78 Meter hoch und besteht aus zwei übereinanderliegenden Gewölben, von denen das obere eine lichte Weite von etwa 31 Metern hat. Die Weite des unteren Gewölbes beträgt etwa 29 Meter. Das gesamte Volumen des Mauerwerks wird mit 135 670 Kubikmetern angegeben.

Für die hölzernen Baugerüste wurden in der unmittelbaren Umgebung bei Lauschgrün 23 000 große Fichten und Tannen geschlagen. Insgesamt benötigte

man für die Gerüste 331 000 laufende Meter Holz von einer durchschnittlichen Stärke von 22 Zentimetern. Zeitweise waren mehr als 1500 Arbeiter in jeweils zwölfstündigen Tag- und Nachtschichten tätig. Mehr als 30 Bauarbeiter kamen beim Bau der Brücke ums Leben.

Am 14. September 1850, nach etwas mehr als fünf Jahren Bauzeit, wurde der Schlussstein gesetzt. Am 15. Juli 1851 konnte die Brücke ihrer Bestimmung übergeben werden. Die Angaben zu den Baukosten schwanken zwischen einer Summe von 2 200 000 und 2 314 000 Talern, was nahezu einer Verdoppelung der anfänglich kalkulierten Kosten gleichkam.

Die heute 160 Jahre alte Brücke erfuhr in den zurückliegenden Jahrzehnten immer wieder bauliche Erneuerungen. So wurde die Göltzschtalbrücke 1930 mit einer Fahrbahnwanne aus Stahlbeton versehen. Durch diese Maßnahme konnte die Fahrbahn verbreitert werden. In den letzten Tagen des Zweiten Weltkriegs konnte die von der Deutschen Wehrmacht geplante Sprengung verhindert werden. In den Jahren von 1955 bis 1958 wurde das Ziegelmauerwerk saniert. In den Jahren von 2006 bis 2008 wurde eine sogenannte Befahranlage zur sicheren und effizienten Instandhaltung der Brücke installiert.

Oben: Die Göltzschtalbrücke ist die größte aus Ziegeln gebaute Eisenbahnbrücke der Welt. Nach rund fünfjähriger Bauzeit konnte sie ab dem 15. Juli 1851 befahren werden.

Oben: Als die Müngstener Brücke 100 Jahre alt wurde, würdigte die Deutsche Post dieses Jubiläum mit einer Sondermarke.

Die Müngstener Brücke

Die Müngstener Brücke wurde im Verlauf der Bahnlinie von Remscheid nach Solingen als höchste deutsche Eisenbahnbrücke errichtet. In einer Bauzeit von rund drei Jahren war in einer Höhe von 107 Metern über dem Wasserspiegel der Wupper ein eiserner Brückenkoloss von rund 5000 Tonnen Gewicht, 500 Metern Länge und einer Bogenstützweite von 170 Metern entstanden. Bis heute gilt das Bauwerk als Meilenstein in der Technikgeschichte.

Unten: Noch klafft eine Lücke zwischen den beiden Brückenteilen. Die Arbeiten an der höchsten Eisenbahnbrücke Deutschlands begannen 1893 und konnten im Sommer 1897 abgeschlossen werden.

Anton von Rieppel (1852-1926)

1852	Geboren in Hopfen in der Oberpfalz
Nab 1874	Beschäftigung bei der „Süddeutschen Brückenbau A.G.".
1876	übernimmt Rieppel übernimmt die Leitung des Gustavsburger Werkes
1888	technische Oberleitung der gesamten Firma.
1898-1920	Generaldirektor der MAN
31.01.1926	nach langer Krankheit stirbt Rieppel in Nürnberg.

Gegenüber oben: Wunderbar beleuchtet zeigt sich die Hohenzollernbrücke. Im Hintergrund der Kölner Dom.

Gegenüber unten: Am 6. März 1945, kurz vor dem Ende des Zweiten Weltkrieges, wurde die Hohenzollernbrücke von der Deutschen Wehrmacht gesprengt. Beim Wiederaufbau wurden die festungsartigen Portalbauten nicht wieder errichtet.

Im Rahmen der allgemeinen Vorarbeiten schuf die königliche Eisenbahndirektion in Elberfeld 1889 erste Entwürfe für den Bau der Brücke. Das zuständige Ministerium empfahl schließlich die Ausarbeitung von drei verschiedenen Konstruktionsarten: eine Gerüst-, eine Ausleger- und eine Bogenbrücke. Ende 1891 lud die Eisenbahndirektion vier Brückenbaufirmen zur Abgabe ihrer Entwürfe und Berechnungen ein. Es waren dies die Aktiengesellschaft für Eisenindustrie und Brückenbau vormals J. C. Harkort in Duisburg, die Gutehoffnungshütte in Oberhausen und die Maschinenbau-Aktiengesellschaft Nürnberg. Monatelange Arbeiten folgten. Letzten Endes erhielt die Maschinenbau-AG Nürnberg den Zuschlag. Der Entwurf für den Bau der Müngstener Brücke entstand unter der Leitung von Anton von Rieppel (1852 bis 1926). Rieppel war der Chef der Brückenbauabteilung der Maschinenbau-AG Nürnberg. Das Werk befand sich in Gustavsburg und hatte langjährige Erfahrungen im Bau von eisernen Brücken. Die Kosten für den Brückenbau wurden auf eine Summe von 2 244 000 Mark berechnet. Die Pläne sahen eine Gerüstbrücke mit eingespanntem Bogen vor.

Im Juli 1893 wurde im Tal der Wupper eine Baustelle von gewaltigen Dimensionen eingerichtet. Auf der Solinger Seite entstand ein 7500 Quadratmeter großer Werkplatz, der über eine elektrisch betriebene Förderbahn mit den einzelnen Bauplätzen verbunden war. Die Arbeiter sprengten mit rund 1600 Kilogramm Pulver und 1400 Kilogramm Dynamit den Fels an der Stelle, wo die Bogenwiderlager gegründet wurden. Bis zum 23. Juli 1895 waren rund 10 900 Kubikmeter Mauerwerk für Fundamente und Widerlager erstellt. Dann wurde mit dem Bau der Eisenkonstruktion begonnen.

Während der Bogenschlussarbeiten im März 1897 zogen nahezu täglich heftige Stürme auf, die von schweren Gewittern begleitet wurden. Der Zeitplan drängte. Es wurde in drei Schichten auch nachts im Schein von Fackeln und elektrischem Licht gearbeitet. Im Verlauf der Arbeiten stürzten zwei Männer in die Tiefe und kamen ums Leben. Am Donnerstag, den 15. Juli 1897, kam Prinz Friedrich Leopold als Vertreter der kaiserlichen Familie im Hofzug in Solingen an. Der Zug setzte seine Fahrt zur Brücke fort, wo in der Mitte gehalten wurde und die Ehrengäste ausstiegen. Schließlich wurde die Brücke ihrer Bestimmung übergeben. Noch heute ist die Müngstener Brücke die höchste Eisenbahnbrücke Deutschlands.

Die Hohenzollernbrücke in Köln

Zu Beginn des 20. Jahrhunderts war die am 3. Oktober 1859 eröffnete sogenannte Dombrücke die einzige Verbindung zwischen dem linksrheinischen Kölner Hauptbahnhof und dem rechtsrheinischen Deutzer Personenbahnhof. Längst war die alte Gitterträgerbrücke an der Grenze ihrer Leistungsfähigkeit angelangt. So verkehrten 1894 im Kölner Hauptbahnhof täglich 186 Züge, 1907 waren es bereits 466. Speziell die Zufahrtslinien waren stets überlastet.

Auf der rechten Rheinseite vereinigten sich im Deutzerfeld die Linien von Gießen und Niederlahnstein, sowie von Elberfeld und Düsseldorf, um dann über die alte Dombrücke zu führen. 1907 rollen täglich rund 180 Personenzüge auf dieser Brücke über den Rhein. Hinzu kamen zahlreiche Leerfahrten, die zwischen dem

Hauptbahnhof und den neu entstandenen Abstellanlagen im Deutzerfeld abzuwickeln waren. Zusammen mit den Güterzügen waren die beiden Gleise auf der Dombrücke mit 370 bis 380 Zugfahrten pro Tag belegt. Da der Verkehr innerhalb von nur 20 Stunden am Tag abgewickelt wurde, fuhr zur Betriebszeit alle drei Minuten ein Zug über die Brücke.

Zwar brachte die zwischen 1906 und 1910 errichtete zweigleisige Südbrücke bei Köln eine gewisse Entlastung, doch der ständig steigende Eisenbahnverkehr verlangte auch zwischen dem Hauptbahnhof und Deutz nach einer neuen Lösung. Nach langwierigen Planungs- und Konstruktionsarbeiten und einer öffentlichen Ausschreibung konnte im Juni 1907 mit dem Bau begonnen werden.

Die mit dem Neubau beauftragten Firmen MAN aus Gustavsburg und J. C. Harkort aus Duisburg verarbeiteten dabei rund 16 000 Tonnen Flusseisen. Auf beiden Seiten des Rheines entstanden gewaltige Portalbauten, die im neuromanischen Stil festungsartig die Einfahrt zur Brücke markierten. Der Platz vor diesen Portalen wurde durch Reiterstandbilder der vier letzten preußischen Könige geziert.

Der Bau der Hohenzollernbrücke in den Jahren 1907 bis 1911 gestaltete sich schwierig. Während der Bauzeit musste sowohl der Eisenbahn- als auch der Straßenverkehr aufrecht erhalten werden. Nachdem diese oftmals aufwändigen und schwierigen Bauarbeiten abgeschlossen waren, konnte in den frühen Morgenstunden des 7. März 1909 mit dem Personenzug Nr. 300 von Elberfeld der erste Zug über die neue Rheinbrücke in den Hauptbahnhof einfahren. Doch erst zwei Jahre später, am 22. Mai 1911, besuchte Kaiser Wilhelm II. (1859 bis 1941) Köln, um das neue Brückenbauwerk mit vier Gleisen und der Straßenfahrbahn dem Verkehr zu übergeben.

Daten der Hohenzollernbrücke

Bauweise: drei nebeneinander liegende Brücken (zwei jeweils zweigleisige Eisenbahnbrücken, eine Straßenbrücke)
Konstruktion: eiserne Bogenfachwerke mit Zugbändern
Beginn der Bauarbeiten: 19. Juni 1907
erstmals von einem Zug befahren am: 7. März 1909
offizielle Eröffnung: 22. Mai 1911
Öffnungsmaße: 118,9x167,8x122,6 Meter
Lichte Weite zwischen den Hauptträgern
Eisenbahnbrücken: 7,9 Meter
Straßenbrücke: 11,2 Meter
Baukosten: 13 Millionen Mark

DIE LUXUSZÜGE: WELTBERÜHMT UND ELEGANT

Pfalz

Vorhergehende Seiten: Eine aus vier Wagen bestehende „Rheingold-Garnitur" ist im Jahr 1937 als FFD 102, geführt von der 18 517, am Rhein entlang unterwegs.

Oben: Der Ostende-Wien-Express war einer der ersten Luxuszüge der Compagnie Internationale des Wagons-Lits.

Unten: Aus dem Hauptbahnhof von München fährt um 1900 der Orient-Express aus, der mit einer Lok der bayerischen Gattung P 3/5H bespannt ist.

Der „Orientexpress", eine Legende auf Schienen

Zwar handelt sich bei dem weltberühmten „Orientexpress" um keinen direkten deutschen Zug, doch soll seine Geschichte gewürdigt werden, verkehrte er doch auf dem Weg in den Osten über Jahrzehnte hinweg durch Deutschland.

Noch heute verbindet man mit diesem Namen Luxus und Eleganz auf Schienen. Hochgestellte Herrschaften, vermögende Kaufleute und Unternehmer benutzten diesen Zug, ebenso wie türkische Effendis, Sultane, Schauspieler, Schriftsteller und Botschafter. Die dunkelblau lackierten Salon- und Schlafwagen waren teuer und wertvoll eingerichtet. Für die Innenausstattung sorgten die namhaftesten Künstler und Designer ihrer Zeit.

Ein belgischer Ingenieur namens Georges Nagelmackers (1845 bis 1905) hatte Mitte des 19. Jahrhunderts die Idee eines europäischen Luxuszugs, da der Reiseverkehr in diesen Jahren zwischen West- und Südosteuropa stark angewachsen war. Nagelmackers erhielt schon 1872 die erste Konzession für eine Schlafwagenverbindung von Paris nach Wien. Durch den Erfolg dieser Fahrten bestätigt, gründete er im Oktober des gleichen Jahres ein eigenes Unternehmen, die „Compagnie Internationale des Wagons Lits et des Grands Express Europeens". Im Oktober 1882 verkehrte an drei Tagen von Paris nach Wien ein nur aus Schlafwagen, Speisewagen und Gepäckwagen bestehender Zug, um diese neue Idee zu bewerben. Der Erfolg war einmalig, die Reisenden waren begeistert.

Georges Nagelmackers' Ziel war es aber, diesen Zug, der bald schon den Namen Orientexpress trug, von Wien aus weiter nach Konstantinopel (heute Istanbul), die damalige Hauptstadt des Osmanischen Reichs, verkehren zu lassen. 1883 kam es zum Vertragsabschluss der CIWL mit den acht Bahngesellschaften, über deren Gleise dieser Zug verkehren sollte. Es waren dies: die Französische Ostbahn, die Reichseisenbahnen in Elsaß-Lothringen, die Großherzoglich

Oben: Unterhalb des Nockerberges in München hat die E 16 17 auf ihrer Fahrt nach Salzburg den Luxuszug L 5, den Orient-Express, am Haken.

Badische Staatseisenbahn, die Königlich Württembergische Staatseisenbahn, die Königlich Bayerische Staatsbahn, die Kaiserlich-königliche Staatseisenbahn in Österreich und die Königlich Rumänische Eisenbahn.

Am 4. Oktober 1883 verkehrte offiziell der erste Orientexpress vom Pariser Ostbahnhof aus. Unter den Fahrgästen befanden sich Minister aus Frankreich, Belgien, Deutschland, Österreich-Ungarn sowie Abgesandte des osmanischen Sultans. Auch die Generalsekretäre aller beteiligten Bahnverwaltungen nahmen an der Reise teil. Die Reise führte von Paris über Stuttgart, München, Simbach, Wien, Budapest, Temesvar bis an das Ufer der Donau bei Bukarest. Dort war die Bahnreise zu Ende, da es zu dieser Zeit noch keine weiterführenden Eisenbahnverbindungen gab. Die Fahrgäste setzten mit einer Dampfbarkasse über die Donau und stiegen in die Orientbahn um, die sie bis zur Hafenstadt Warna am Schwarzen Meer brachte. Mit einem Dampfer des Österreichischen Lloyds erreichten die Reisenden endlich das Ziel Konstantinopel. Erst fünf Jahre nach der Jungfernfahrt des Zuges, im Jahr 1888, waren die Gleise durchgehend bis an den Bosporus verlegt, und der „Orientexpress" konnte sein Ziel auf Schienen erreichen.

Zwischen 1912 und 1913 war die Bahnverbindung nach Konstantinopel mehrmals durch die Balkankriege unterbrochen. In der Zeit der beiden Weltkriege verkehrte der „Orientexpress" nicht. Zwar gab es in den 1950er-Jahren nochmals neue Verbindungen von und nach Warschau, Prag, Stockholm, Oslo und Rom. Doch die Zeit der großen und eleganten Expresszüge und damit auch die Zeit des „Orientexpress" war für immer vorbei. Der „Simplon-Orient-Express" verkehrte im Jahr 1962 zum letzten Mal.

Der „Rheingold"-Luxuszug der Deutschen Reichsbahn

Am 15. Mai 1928 wurden von der Deutschen Reichsbahn auf der Strecke Hoek van Holland (–Amsterdam)–Köln–Mainz–Basel zwei Züge in Betrieb genommen, die sich hinsichtlich Luxus und Komfort mit dem berühmten Orientexpress und mit sonstigen europäischen Luxuszügen messen konnte.

Oben: Die vielen für den „Orient-Express" entstandenen Plakate bekannter Künstler machten schon damals Appetit auf die Zugreise in den Orient. Dieses Plakat entstand im Jahr 1891.

Oben: Vor der Kulisse der Stadt Andernach rollte 1936 der „Rheingold" bespannt mit der Schnellzuglok 18 529 vorbei.

Unten: Dieses Bild gewährt einen Blick in einen der luxuriös ausgestatteten Wagen. Elegant gekleidete Damen und Herren an prächtig gedeckten Tischen werden vom Zugpersonal aufmerksam betreut.

Die bahninterne Bezeichnung der Züge lautete FFD 101 bzw. FFD 102. Der allgemein gebräuchliche Name dieses Fernschnellzugs war jedoch „Rheingold". Der „Rheingold"-Express sollte es den englischen Reisenden ermöglichen, in weniger als 24 Stunden von London über Hoek van Holland durch das romantische Rheintal in die Schweiz zu gelangen. Der „Rheingold"-Express verkehrte zeitlich so, dass in Hoek van Holland der Anschluss an den aus dem englischen Harwich kommenden Kanaldampfer gewährleistet war. Der Fahrplan des Zuges wurde so gestaltet, dass der gesamte deutsche Streckenabschnitt von Zevenaar über Emmerich nach Basel bei Tageslicht zurückgelegt werden konnte. Auf deutschem Boden hielt der Zug in den ersten Jahren in Duisburg, Düsseldorf, Köln, Mainz, Mannheim, Karlsruhe, Baden-Baden und Freiburg im Breisgau. Später kamen als weitere Haltepunkte noch Emmerich und Koblenz hinzu. In Mainz, Mannheim, Karlsruhe und Freiburg im Breisgau bestanden sofortige Anschlüsse in das übrige Süddeutschland bis hin zur österreichischen Grenze. Auch das Weltbad Baden-Baden und die vielen Luftkurorte des Schwarzwalds konnten von den Reisenden aus Großbritannien und Nordwesteuropa mit diesem neuen Zug auf höchst angenehme Weise erreicht werden.

Durch den Einsatz von sogenannten Salon-Speisewagen im „Rheingold"-Express war es möglich, dass der Reisende während der gesamten Fahrt auf seinem bereits vor Fahrtantritt gebuchten Platz verbleiben konnte. Speisen und Getränke wurden vom bestens geschulten Personal an den Sitzplätzen serviert.

Die Deutsche Reichsbahn ließ insgesamt vier Arten von Rheingold-Wagen bauen: Erste-Klasse-Wagen mit 28 Plätzen, Erste-

Klasse-Wagen mit 20 Plätzen und Küche; Zweite-Klasse-Wagen mit 43 Plätzen und Zweite-Klasse-Wagen mit 29 Plätzen und Küche. Je ein Küchenwagen und ein ausschließlicher Fahrgastwagen wurden zusammengekuppelt und bildeten so eine „Verpflegungseinheit".

Die Wagen waren ganz aus Stahl gebaut. Der Wagenkasten war 22,20 Meter lang und hatte eine innere Breite von 2,70 Metern. Die Gesamtlänge über den Puffern betrug 23,50 Meter. Besonders lange Drehgestelle der Bauart Görlitz sorgten für einen ruhigen und sicheren Lauf. Für eine gründliche Lüftung der Wagen sorgten zahlreiche Dachlüfter, die zum Teil noch durch elektrische Deckenventilatoren unterstützt wurden. Jeder Wagen hatte einen Raum für das Handgepäck. Im Küchenwagen befand sich neben der Küche auch eine Anrichte.

Die für die Fahrgäste der ersten Klasse bestimmten Wagen verfügten über Großraumabteile. Aber auch Einzelabteile mit zwei oder vier Plätzen waren vorhanden. Die Wagen der zweiten Klasse hatten zwei Großraumabteile, die durch Glastüren voneinander getrennt waren. Um den Reisenden in allen Wagen von allen Plätzen aus eine prächtige Sicht zu ermöglichen, waren die Fenster großzügig dimensio-

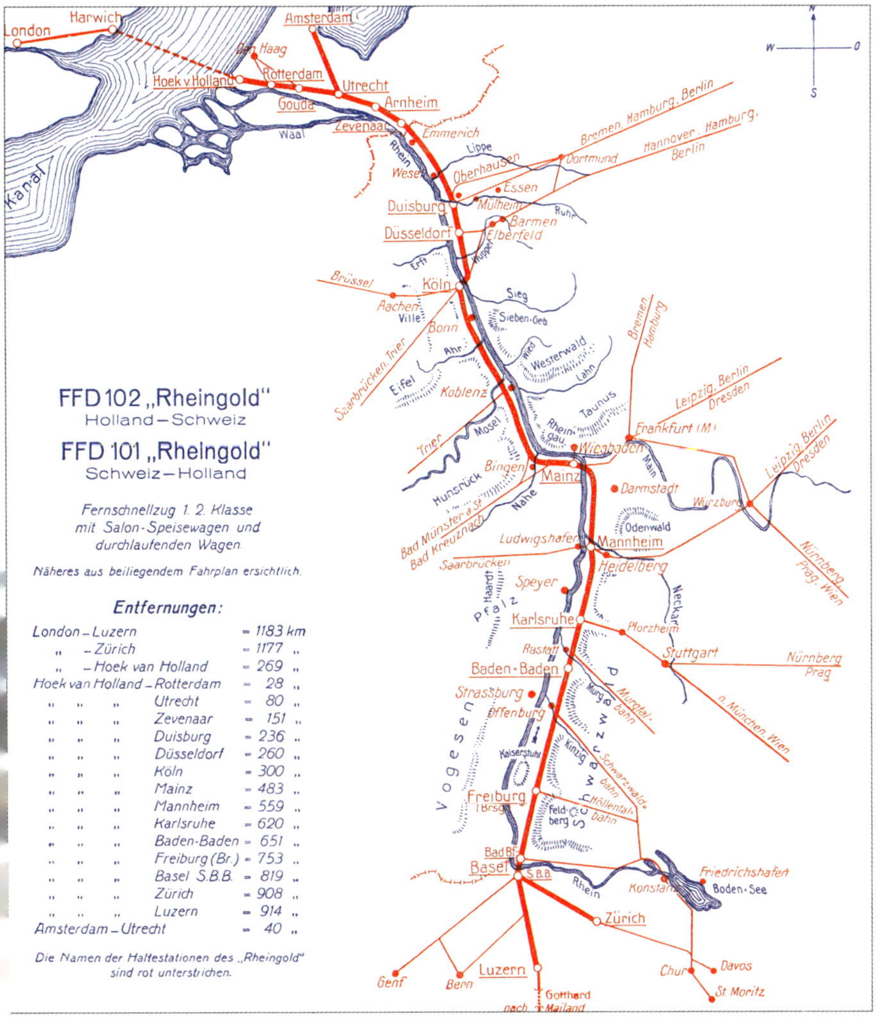

Oben: In den vom Verlag Velhagen & Klasing herausgegebenen Monatsheften, Jahrgang 1928/29, wurde in einem Artikel der „Rheingold-Expresszug" behandelt. Die Abbildungen zeigen die Inneneinrichtung folgender Wagen: Salonspeisewagen II. Klasse, Salonspeisewagen I. Klasse, Salonspeisewagen II. Klasse und Salonspeisewagen I. Klasse.

Oben: Auch in England wurde für die Fahrt mit dem deutschen Luxuszug „Rheingold" geworben.

Unten: Auch dieses klassische Plakat warb für den „Rheingold", der in und außerhalb Deutschlands bei den Reisenden, die sich eine solche Fahrt leisten konnten, höchstes Ansehen genoß.

niert. Die Fensterbreite betrug in der ersten Klasse 1,40 Meter, in der zweiten Klasse 1,20 Meter. Für Beleuchtung sorgten drei Reihen von Leuchten an der Decke der Wagen und elegante Tischlampen mit Schirm auf jedem Fenstertisch. Die Ausstattung der „Rheingold"-Wagen wurde von Innenarchitekten geplant. Nur edelste und beste Materialien wurden bei der Ausstattung verwendet. So bestanden die Wandverkleidungen und Einbauten aus exotischen Hölzern, wie zum Beispiel aus Teakholz oder Mahagoni und ähnlich edlen Hölzern. In der erste Klasse gab es einzelne frei platzierbare Polstersessel mit langen Rückenlehnen und Ohrstücken. Jeder Platz der ersten Klasse war ein Fensterplatz. In den Großraumwagen stand an jedem Fenster ein Tisch mit zwei Sesseln. Der Tisch war mit einer starken Glasplatte belegt und diente bei Bedarf als Esstisch. In den Abteilen und Ecken der Salonwagen der ersten Klasse gab es auch Sessel mit niedrigen Lehnen, die bei Bedarf zusätzlich um den Tisch gruppiert werden konnten. Der wesentlichste Unterschied der zweiten Klasse zur ersten Klasse bestand darin, dass die Polstersessel der zweiten Klasse fest eingebaut waren. An der einen Wagenseite war vor jedem Fenster ein Tisch mit vier Sesseln und an der anderen Seite ein Tisch mit je zwei Sesseln angeordnet. So hatte ein Drittel der Reisenden der zweiten Klasse keinen direkten Fensterplatz, was aber wegen der großen Abmessungen der Fenster die Aussicht auf die Landschaft kaum beeinträchtigte. In allen Wagen waren die Stühle mit verschiedenen gemusterten Plüschüberzügen versehen. Die Fußböden waren vollkommen mit Teppichen ausgelegt, deren Farben und Muster mit der übrigen Wageneinrichtung im Einklang standen. Jeder Wagen hatte eine andere Stoff- und Farbenkomposition, was die Exklusivität dieses Zuges besonders betonte. Die Wagen waren bis zur Fensterbrüstungsleiste violett lackiert, die Fensterfront cremefarbig. Das Dach trug einen silbergrauen Anstrich. Oberhalb der Fenster verlief ein violetter Streifen, der in goldenen Lettern die Aufschrift „Deutsche Reichsbahn" in der Mitte und „Mitropa" an beiden Enden trug. Lange, durchlaufende goldene Absatzlinien trennten die einzelnen Farbbereiche. Der Packwagen, der zur Beförderung der großen Gepäckstücke diente, war vom Untergestell bis zum Dach violett lackiert.

Für den „Rheingold"-Express gab es keine speziellen Lokomotiven. Allerdings war es selbstverständlich, dass die einzelnen Bahnverwaltungen ihr jeweils bestes Lokomotivmaterial zur Verfügung stellten.

In den Niederlanden waren es von 1928 bis 1930 die Dampfloks der Reihe 3700, eine 2'C-Schnellzugtype. Die Deutsche Reichsbahn sah auf ihrem nördlichen Abschnitt von Zevenaar bis nach Mannheim in erster Linie den

Einsatz von bayerischen S 3/6 des Bahnbetriebswerks Wiesbaden mit 2000 Millimeter hohen Kuppelrädern vor. Es handelte sich dabei um die Maschinen 18 441, 18 445, 18 447, 18 450 und 18 451. Bald gesellten sich zu diesen Maschinen weitere, allerdings kleinrädrige S 3/6 hinzu.
Nach dem Langlauf von über 410 Kilometern von Zevenaar bis nach Mannheim - darunter befand sich ein Streckenabschnitt von mehr als 180 Kilometern, den es ohne Halt zu durchfahren galt - musste der Zug in Mannheim „Kopf machen". Ab hier kamen dann die edlen Renner der Baureihe 18.3 des Bahnbetriebswerks Offenburg zum Einsatz, um den Zug nach Basel zu bringen. Doch schon 1930 erhielt Offenburg die ersten Maschinen der Baureihe 01, die in kurzer Zeit die wunderbaren badischen IVh-Lokomotiven aus diesem Dienst verdrängten. Ab 1937 übernahmen die 01er auch die Leistungen im nördlichen Streckenabschnitt des „Rheingold"-Zuges. Interessant ist in diesem Zusammenhang, dass es immer wieder beim Ausfall von Maschinen der Reihe 18.5 bzw. 01 vorkam, dass die Loks der Reihe 18.3 über Mannheim hinaus die Leistungen vor dem „Rheingold" zu übernehmen hatten. Dabei meisterten die für solche Langläufe bestens geeigneten IVh-Maschinen die nahezu 650 Kilometer lange Distanz ohne geringste Probleme.
Die Stammstrecke des „Rheingold"-Express war die Relation Hoek van Holland-Köln-Basel. Außerdem verkehrten aber auch noch Salonwagen zwischen Amsterdam und Basel, die in Utrecht von einem Flügelzug aufgenommen sowie abgegeben wurden. In den Sommermonaten liefen einige Wagen von Holland nach Zürich und Luzern. Diese wurden im Bahnhof Basel-SBB mit den Wagen des französischen Zuges „Edelweiß" (Amsterdam-Brüssel-Straßburg-Basel) zu einem neuen Zug zusammengestellt. Im Sommer 1939 wurde der Lauf der Salon-Speisewagen von Hoek van Holland erstmals über den Gotthard bis nach Mailand verlängert.

Oben: Der Luxuszug „Blauer Enzian", der ab 1950 zwischen München und Hamburg verkehrte, war mit Dampflokomotiven der Baureihe 01 bespannt.

Der erste Luxuszug der Deutschen Bundesbahn, der „Blaue Enzian"

Ab dem Winterfahrplan 1950/51 setzte die Deutsche Bundesbahn bei ihren Fernschnellzügen neben Dieseltriebwagen auch lokbespannte Züge ein, die aus drei bis vier Polsterwagen und einem Speisewagen bestanden. Der Wagenpark dieser „blauen Fernschnellzüge" bestand anfänglich aus Stahlwagen der Einheitsbauart, die neben einer Vollaufarbeitung im Inneren den typischen blauen Außenanstrich mit den DB-Initialen in erhabenen Buchstaben erhielten.
Schon 1952 erinnerte sich die Deutsche Bundesbahn an den noch existierenden ehemaligen „Henschel-Wegmann-Zug", der den Krieg als Lazarettzug überstanden hatte. Da diese Wagen noch gut erhalten waren, wurden sie instandgesetzt und als Fernschnellzug F 55/56 „Blauer Enzian" auf der Nordsüdstrecke zwischen Hamburg und München verwendet. Die Aufarbeitung des in der Regel aus fünf Wagen bestehenden Zuges erfolgte durch das Herstellerwerk Wegmann & Co. in Kassel. Dabei wurde die Raumaufteilung den damals gültigen Vorstellungen und Bedürfnissen angepasst. Die Abteile zweiter Klasse wurden in solche der ersten Klasse umgebaut. Außer den Abteilen in den üblichen Dimensionen ent-

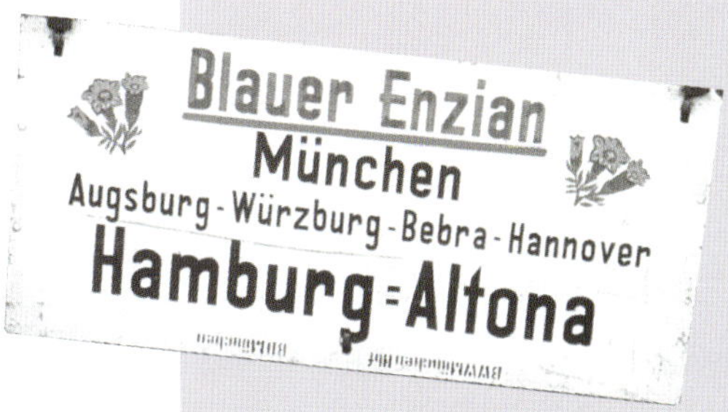

Oben: Einer der ersten Luxuszüge der neu erstandenen Deutschen Bundesbahn war der „Blaue Enzian", der ab 1952 zwischen München und Hamburg verkehrte. Sein Wagenmaterial bestand aus dem des Henschel-Wegmann-Stromlinienzugs.

Rechts: Einen besonderer Reisegenuss bot der Kanzelwagen des „Blauen Enzian". Im Kanzelabteil fanden 14 Personen Platz.

Unten: Nach der Ankunft des „Blauen Enzian" in München wird die Zuggarnitur von einer Elektrolok in das Vorfeld des Bahnhofs abgezogen. Die Aufnahme stammt aus dem Jahr 1958.

standen aus zwei bisherigen Abteilen einige Doppelabteile, die großzügig ausgestattet waren. In den drei Mittelwagen gab es ein Schreibabteil. Um die Laufgüte der Wagen zu verbessern, erhielten die Drehgestelle der Bauart Görlitz III eine vierte Federung.

Die beiden Aussichtswagen wurden weiterhin verwendet. Der eine dieser Wagen, der 10 401, hatte in seinem „Kanzelabteil" einen Gepäckraum, dem sich ein Maschinenraum mit zwei Dieselaggregaten zur Energieversorgung des Zuges anschloss. Anschließend folgten eine Küche und ein Speiseraum. Der zweite Kanzelwagen hatte im Aussichtsabteil 14 Drehsessel, bewegliche Tische und eine bequeme Eckbank. Er trug die Bezeichnung 10 405. Als besondere Neuerung verfügte der gesamte Zug über eine Klimaanlage.

Seinen ersten großen Auftritt hatte der modernisierte Zug auf der Verkehrsausstellung 1953 in München. Die Lackierung des Zuges war blau, die Dächer und die Beschriftungen waren silbergrau, die Schürzen schwarz. Bespannt wurde der „Blaue Enzian" zwischen Hamburg und Hannover von Lokomotiven der Baureihe 03.10, zwischen Hannover und Fulda von Maschinen der Reihe 01.10, auf der Strecke Fulda–München mit Lokomotiven der Reihe 01, die von den Bahnbetriebswerken Treuchtlingen oder Würzburg stammten. Später erfolgte die Traktion zwischen Treuchtlingen und München mit Elektrolokomotiven. Einen gravierenden Einschnitt bei der Bespannung des „Blauen Enzian" brachte der Einsatz der Diesellokomotiven der Reihe V 200 ab dem Jahr 1957. Sie beförderten den Zug nunmehr in einem Langlauf von 688 Kilome-

Oben: Ab 1957 wurde der „Blaue Enzian" mit den neuen Diesellokomotiven der Reihe V 200.0 bespannt. Dabei konnte eine Fahrzeitreduzierung von 30 Minuten erzielt werden.

tern von Hamburg bis nach Treuchtlingen. Der Fahrzeitgewinn betrug rund 30 Minuten.

Da für den Einsatz auf der Strecke Hamburg-München eine zweite Zuggarnitur erforderlich war, wurden dazu weitere Schürzenwagen der Bauart 1939/40 umgebaut. Einer dieser Wagen erhielt an seiner Stirnseite ein Aussichtsabteil. Dieser Zug war nicht klimatisiert. Über Jahre hinweg zählte der „Blaue Enzian" zu den Spitzenzügen der Deutschen Bundesbahn. Im April des Jahres 1959 wurde er aus dem Dienst genommen, um dann 1962 verschrottet zu werden.

Der „Rheingold" und der „Rheinpfeil" der Deutschen Bundesbahn

Schon zu Beginn der 1950er-Jahre hatte sich auf der Basis des allgemeinen wirtschaftlichen Aufschwungs in Westdeutschland auf den Gleisen der Deutschen Bundesbahn eine Reihe hochwertiger Fernreisezüge etablieren können. Dabei seien als Beispiel die Züge „Rheinblitz", „Rheinpfeil" oder „Loreley-Express" genannt. Im Laufe der Jahre gelang es immer wieder, die Fahrpläne dieser Züge zu verbessern und deren Kurswagenläufe den Wünschen der Reisenden anzupassen. Ab 1958 war es dann möglich, diese hochwertigen Reisezüge mit neuen, 26,4 Meter langen Wagen der ersten Klasse verkehren zu lassen.

Trotz all dieser positiven Entwicklungen im Fernreiseverkehr war es der DB bis dahin noch nicht gelungen, an die glorreichen Zeiten des legendären „Rheingold"-Zuges anzuknüpfen. Um diese Lücke zu schließen, beauftragte 1960 die Deutsche Bundesbahn das Zentralamt in Minden, für diesen traditionsreichen Zug ein komplett neues Wagenmaterial zu entwickeln, das sich durch Komfort, Technik und Innenausstattung von den bis dahin zur Verfügung stehenden Fahrzeugen abheben

Oben: Im Rahmen einer Werbeveranstaltung verteilen zwei charmante Damen an die Fahrgäste das weltberühmte „Kölnisch Wasser 4711".

Als am 14. Mai 1965 der elektrische Betrieb auf der Ruhr-Sieg-Strecke aufgenommen wurde, verkehrte ein von der E 10 1312 geführter Sonderzug, der zwei Dome Cars (Kanzelwagen) mit sich führte. Die Aufnahme entstand bei Lenhausen.

E 10 1265–1270 und 1308–1312

Erstes Baujahr:	1962
Gesamtserie:	11 Loks
Bauart:	Bo' Bo'
Länge über Puffer:	16 490 Millimeter
Gesamtachsabstand:	11 300 Millimeter
Treibraddurchmesser:	1250 Millimeter
Dienstgewicht:	86 Tonnen
Anzahl der Fahrmotoren:	4 Elektromotoren
Antrieb:	Gummiringfeder
Anfahrzugkraft:	275 kN
Stundenleistung:	3700 kW bei 132 km/h
Dauerleistung:	3620 kW bei 135 km/h
Höchstgeschwindigkeit:	160 km/h

sollte. Auch die für die Traktion vorgesehenen Elektrolokomotiven sollten der neuesten Technik entsprechen. Die Höchstgeschwindigkeit des neuen Zuges sollte bei 160 Stundenkilometern liegen.

Die neuen Wagen entstanden bei den in Kassel ansässigen Firmen Crede und Wegmann sowie bei der Maschinenbau GmbH in Donauwörth. Die Speisewagen wurden von den in Spandau ansässigen Werken von Orenstein & Koppel gefertigt. Es kamen zunächst vier Wagentypen zur Ausführung. Mit diesem Wagenmaterial konnten zwei Zuggarnituren mit je 307 Sitzen gebildet werden, die sich bei eventuellem Bedarf durch Verstärkungswagen vergrößern ließen.

Alle Fahrzeuge wurden als Ganzstahlwagen gebaut. Die bewährten Drehgestelle der Bauart Minden-Deutz erhielten wegen der Maximalgeschwindigkeit von 160 Stundenkilometern zusätzlich noch Magnetschienenbremsen. Eine zentrale Klimaanlage sorgte im Inneren der Wagen für eine gleichbleibende Temperatur. Als vielbewunderte Neuheit erhielten die Wagen wärmereflektierende, mit Gold bedämpfte Doppelscheiben. In den Abteil- und Speisewagen hatten die Fenster eine Breite von 1,40 Metern, in den Großraumwagen eine solche von 0,90 Metern. Die Mehrzahl der Sitze in den Großraumwagen und in der Aussichtskuppel des „Dome Cars" (Aussichtswagen) konnten in die jeweilige Fahrtrichtung gedreht werden. Neben der allgemein üblichen Beleuchtung mit Leuchtstoffröhren gab es an jedem Platz eine Leselampe. Die Abteile und Durchgänge waren mit Velourssteppichen ausgelegt.

Die Wagen hatten glatte Außenwände. Der Fensterbereich hatte einen cremefarbenen, der untere Teil des Wagenkastens einen blauen Anstrich. Das Dach wurde hellsilberfarben, die Schürze grau lackiert. Auf den Aussichtswagen prangte unterhalb der Glaskuppel der Name „Rheingold". Als Zuglokomotiven dienten die Elektrolokomotiven E 10 1308 bis E 10 1312, die jedoch zum Zeitpunkt des ersten

Einsatzes des neuen „Rheingold" noch nicht zur Verfügung standen. Bis zu deren Erscheinen wurde der Zug mit den Maschinen E 10 1265 bis E 10 1270 bespannt. Mit dem Sommerfahrplan 1962 nahm der Fernschnellzug F 9/10 seinen Dienst zwischen Hoek van Holland und Basel auf. Die Fahrzeit von 1939 mit zehn Stunden, 36 Minuten hatte sich auf acht Stunden, 45 Minuten verkürzt. Im Jahr 1965 wurde der Zuglauf über Basel hinaus bis nach Genf verlängert. Im gleichen Jahr wurden der „Rheingold" und der „Rheinpfeil" in das TEE-Netz der Deutschen Bundesbahn integriert. Die Wagen erhielten eine creme-rote TEE-Lackierung. Mit Wirkung zum 31. Mai 1987 verschwand dieser Zug aus den Fahrplänen der DB.
Zur Ausstattung des ab 1963 auf der Relation Hannover-Dortmund-Köln-München verkehrenden Fernschnellzugs „Rheinpfeil" beschaffte die Deutsche Bundesbahn weiteres Wagenmaterial, das dem des „Rheingold"-Zuges entsprach. Es waren dies: sechs Großraumwagen der Bauart Ap4üm, zwölf Seitengangwagen Av4üm, drei Speisewagen und zwei Dome Cars.
Die Aussichtswagen der Züge „Rheingold" und „Rheinpfeil" waren in Europa einzigartig. Sie waren ausschließlich für den Einsatz in den Fernschnellzügen „Rheingold" und „Rheinpfeil" bestimmt. Im Oberdeck hatten diese Wagen einen Aussichtsraum mit 22 Sitzplätzen in der Sitzordnung 1 + 2, von denen sich 18 in die jeweilige Fahrtrichtung drehen ließen. Die vollverglaste Kuppel hatte in der „Rheingold"-Ausführung acht schmale Fenster, in der „Rheinpfeil"-Ausführung vier breite Fenster. An dem einen Ende der Wagen waren zwei Abteile mit je sechs Sitzplätzen sowie das Zugsekretariat und am anderen Ende, das in der Regel an die Küchenseite des Speisewagens gekuppelt war, eine Bar mit 15 Sitzplätzen vorhanden. Im Untergeschoss der Wagen befanden sich eine Telefonzelle sowie ein Packraum, ein Postabteil und der Maschinenraum. Unterhalb der Aussichtskuppel trugen die Wagen des Baujahrs 1962 den Schriftzug „Rheingold", die des Baujahrs 1963 den Schriftzug „Deutsche Bundesbahn".

Die Metropolitan-Züge der Deutschen Bahn AG

Die „Metropolitan Express Train GmbH" wurde am 17. Dezember 1996 als hundertprozentige Tochter der Deutschen Bahn AG gegründet. Das Unternehmens bot Geschäftsreisenden eine hochwertige Zugverbindung auf der Relationen Köln–Hamburg an. Der Zug verkehrte an Werktagen viermal je Richtung, am Samstag einmal und am Sonntag zweimal. Die Fahrzeit betrug drei Stunden und 20 Minuten. Zur Verfügung standen zwei Züge, bestehend aus jeweils drei Office-, zwei Club- und zwei Silence-Wagen. Die Anzahl der Sitzplätze lag bei 351. Bespannt wurden die „Metropolitan-Züge" in der Regel von den Elektrolokomotiven 101 130 und 101 131 mit Steuerwagen. Die Höchstgeschwindigkeit lag bei 220 Stundenkilometern. Für das Design war das Hamburger Architekturbüro „von Gerkan, Marg und Partner" verantwortlich. Gebaut wurden die Wagen von der Firma Fahrzeugtechnik Dessau AG.
Den Innenausbau in Holz, Edelstahl und Leder lag bei der Firma Deutsche Werkstätten Hellerau in Dresden. Die Wagen und die beiden Lokomotiven waren silbern lackiert. Die Wartung der Züge hatte das ICE-Werk Hamburg-Eidelstedt übernommen. Der Einsatz der „Metropolitan-Züge" war jedoch nur von kurzer Dauer. Wegen zu geringer Nachfrage wurden die Züge im Dezember 2004 aus dem Betrieb genommen.

Links: Am 6. August 1974 war die 103 201 mit dem TEE bei Bonn unterwegs.

01 146

DIE DEUTSCHE REICHSBAHN: VEREINHEITLICHUNG UND UNGEWÖHNLICHE LOKOMOTIVEN

Vorhergehende Seiten: Vom 14. Juli bis zum 10. Oktober 1935 fand auf dem Eisenbahnareal an der Allersberger Straße in Nürnberg eine große Fahrzeugausstellung zum 100-jährigen Jubiläum der Deutschen Eisenbahn statt. Gezeigt wurden die neuesten Fahrzeugentwicklungen der Deutschen Reichsbahn-Gesellschaft. Darunter befand sich auch die zum Bestand des Bahnbetriebswerks Würzburg gehörende 01 146, die im gleichen Jahr von der Lokomotivfabrik Krupp gebaut worden war. Die 01 146 war zur Demonstration mit Rangierfunk ausgerüstet.

Unten: Mit der Übernahme der Länderbahnen durch die Deutsche Reichsbahn gelangten eine Vielzahl unterschiedlichster Lokomotiven in deren Bestand. Hier eine ehemalige preußische S 10, die nunmehr der Baureihe 17.0-1 zugeordnet ist.

Die Deutsche Reichsbahn entsteht

Am 31. März 1920 schlossen das Deutsche Reich und die Länder Preußen, Hessen, Bayern, Sachsen, Württemberg, Baden, Mecklenburg-Schwerin und Oldenburg einen Staatsvertrag, der den Übergang der Ländereisenbahnen an das Reichs regelte. Das gesamte Personal der einst selbstständigen Bahnen wurde übernommen. Das Deutsche Reich zahlte den Ländern eine Abfindung.

Grund für die „Verreichlichung" der Eisenbahnen waren die Reparationsleistungen, die von den Siegermächte nach dem Ende des Ersten Weltkriegs an Deutschland gestellt wurden und von denen das deutsche Eisenbahnwesen hart betroffen war. Wie im Waffenstillstandsabkommen festgelegt, waren 5000 gebrauchsfertige Lokomotiven, 150 000 Eisenbahnwagen sämtlich in benutzbaren Zustand sowie mit allen Reservestücken ausgestattet, abzuliefern. In Deutschland war man der Ansicht, dass diese Forderungen nur von einer „Reichseisenbahn" erbracht werden könnten, da die einzelnen Länder nach dem Krieg hoch verschuldet waren.

1919 hatte eine parlamentarische Regierung das monarchistische Staatssystem abgelöst. Die preußische Vormachtstellung war großteils beseitigt, die kleinstaatlichen Bestrebungen eingeschränkt. Am 11. August 1919 bekam die neu erstandene Republik eine Verfassung, in der die Eisenbahnfrage eine nicht unbedeutende Rolle spielte. Dort hieß es: „Aufgabe des Reiches ist es, die dem allgemeinen Verkehr dienenden Eisenbahnen in sein Eigentum zu übernehmen." Die Übernahme der Länderbahnen durch das Reich sollte spätestens zum 1. April 1921 erfolgen.

Da aber auch die Finanzhoheit der Länder auf das Reich überging, wurde die Sanierung der durch den Krieg heruntergewirtschafteten Eisenbahn so akut, dass

Links: Die Baureihe 64 war eine erfolgreiche Konstruktion aus der Zeit der Deutschen Reichsbahn. Sie wurde ab 1928 in einer Stückzahl von 520 Maschinen beschafft.

die Übernahme um ein Jahr vorgezogen wurde. So unterzeichneten die deutschen Länder am 31. März 1920 einen entsprechenden Vertrag mit der Reichsregierung. Damit war die Zeit der Länderbahnen zu Ende gegangen, die Deutsche Reichsbahn war entstanden. Der Übernahmepreis von 39 Milliarden Mark wurde mit den Schulden in Höhe von 31 Milliarden Mark verrechnet. Die Deutsche Reichsbahn hatte am 1. April 1920 einen Personalbestand von 1 095 316 Beamten, Angestellten und Arbeitern. Das Streckennetz hatte eine Ausdehnung von 53 560 Kilometern.

Einheitliche Lokomotiven für die Deutsche Reichsbahn

Nach dem Entstehen der Deutschen Reichsbahn gab es in deren Bestand rund 350 verschiedene Typen an Dampflokomotiven, die von den Länderbahnen übernommen worden waren. All diese Maschinen hatten keine einheitlichen Baunormen und keine einheitlich zu verwendenden Ersatzteile. So bestand eine der wesentlichen Aufgaben der noch jungen Reichsbahn darin, die Zahl der Loktypen zu reduzieren und eine einheitliche Verwendung von Bau- und Ersatzteilen einzuführen. Es galt Lösungen zu finden, um im Rahmen einer gewissen Einheitlichkeit bei den verschiedenen Lokomotivtypen auf die Verwendung möglichst vieler baugleicher Einzelteile zu achten. Ein weiteres markantes Ziel war es, dass innerhalb jeder Lokomotivgattung alle für den Ersatz infrage kommenden Teile nach einheitlichen Toleranzen und Abmessungen bearbeitet wurden. Diese genormten Ersatzteile mussten ohne Nacharbeit in sämtliche Einheitsloks, gleich von welcher Lokomotivfabrik die Maschinen stammten, eingebaut werden können.
Um diese Vorhaben umzusetzen, nahm am 1. Oktober 1922 das sogenannte „Vereinheitlichungsbüro" unter der Leitung des Chefkonstrukteurs der Firma Borsig,

Aufgaben der Lokomotivnorm

Ein zu Beginn der Reichsbahn nahezu unüberwindliches Problem war die Ersatzteilhaltung für die Lokomotiven. Jede einzelne Gattung – auch wenn es nur kleine Stückzahlen waren – erforderte ihre eigenen Ersatzteile und ihre speziellen Werkzeuge bei der Instandhaltung. Nicht einmal die Schrauben waren genormt und noch viel weniger die Bauteile. So war es absolut notwendig, dass die künftig zu beschaffenden Lokomotiven folgende Kriterien erfüllten:

1. Die Zahl der Lokomotivtypen muss möglichst klein sein.
2. Innerhalb jeder Type muss die Bildung von „Spielarten" möglichst vermieden werden.
3. Möglichst viele Bauelemente sollen quer durch möglichst viele Typen zeichnungsgleich sein.
4. Zeichnungsgleiche Teile müssen austauschbar hergestellt werden.
5. Bei der Ausbesserung der Lokomotiven muss die Austauschbarkeit gewahrt bleiben.

Baureihe 02

Hersteller:	Henschel und Maffei
Baujahr:	1925
Gesamtserie:	10 Loks
Bauart:	2' C1' h4v
Spurweite:	1435 mm
Zylinderdurchmesser:	2 x 460/720 mm
Kolbenhub:	660 mm
Kesseldruck:	16 bar
Rostfläche:	4,41 m^2
Verdampfungsheizfläche:	237,56 m^2
Länge über Puffer:	23 750 mm
Treib-/Kuppelraddurchm.:	2000 mm
Laufraddurchmesser:	850 mm
Dienstgewicht:	113,50 t
Höchstgeschwindigkeit:	130 km/h

Oben: Die von Henschel 1925 gebaute 02 001 war die erste Einheitslokomotive, die von der Reichsbahn in Dienst gestellt wurde.

August Meister, seine Arbeit auf. Neue „Einheitslokomotiven" sollten die Länderbahnloks ersetzen. Im März 1923 lagen die Entwürfe für die neuen Lokomotivtypen vor, die eine Schnellzug-, fünf Güterzug-, vier verschiedene Personenzug-, drei Rangier- und zwei Nebenbahnlokomotiven umfassten.
Im Sommer 1925 verließ dann als erste Einheitslokomotive die Schnellzuglok 02 001 die Werkstore der Firma Henschel in Kassel. Sie war eine der zehn Vergleichsmuster zu den Maschinen der Baureihe 01, die bald darauf in Berlin von Borsig und AEG ausgeliefert wurden. Auch in ihrem äußerlichen Erscheinen traten die neuen Lokomotiven der Reichsbahn völlig verändert auf. Das einst bunte Farbenkleid der Länderbahnlokomotiven wich einem einheitlichen schwarzen Anstrich, wobei das Fahrwerk eine rote Lackierung erhielt.

Die Baureihe 01

Die schweren Lokomotiven der Baureihe 01 bestimmten über Jahrzehnte hinweg das Bild der in Deutschland verkehrenden Schnellzüge. Von Nord bis Süd und von West bis Ost waren sie allerorts anzutreffen. Bis zum Ende des Dampflokomotivbetriebs waren sie zu sehen. Noch heute sind diese beeindruckenden Maschinen dank privater Engagements für museale Einsätze betriebsfähig erhalten. Kein Wunder, dass diese Lokomotiven allen Eisenbahnbegeisterten noch immer ein Begriff sind. Grund genug, das Entstehen dieser Lokomotiven näher zu betrachten.
Bevor jedoch die ersten Einheitslokomotiven der Deutschen Reichsbahn entstanden, darunter auch die Loks der Baureihe 01, musste eine Vielzahl von Voraussetzungen und grundsätzlichen Gegebenheiten erarbeitet und festgelegt werden.

So war zum Beispiel festzulegen, ob die neuen schweren Schnellzuglokomotiven als Zwei- oder Vierzylinder-Lokomotiven entstehen sollten. Maßgebend an der Entwicklung dieser neu zu beschaffenden Lokomotiven war der über viele Jahre bestimmend tätige Lokomotiv-Bauartdezernent Richard Paul Wagner beteiligt. Von nicht minder maßgebender Funktion war der Chefkonstrukteur der weltweit bekannten Lokomotivfabrik Borsig, August Meister. Ihre Vorstellungen und Ansichten beeinflussten nachhaltig das Entstehen der deutschen Einheitslokomotiven.

Durch eine Studienreise in die Vereinigten Staaten von Amerika zu mehreren führenden US-amerikanischen Eisenbahngesellschaften verschaffte sich Wagner Vorstellungen vom Aussehen und von der Bauart der neuen Einheitslokomotivtypen. Zweifellos flossen diese Erkenntnisse in den Bau der großen Maschinen der Deutschen Reichsbahn ein. Diese Loks zeichneten sich durch ein formschönes, harmonisches und zugleich ästhetisches Aussehen aus, das auf den Betrachter einen wuchtigen und kraftvollen Eindruck machte. Auf die bei dieser Reise gemachten Erkenntnisse mag auch die Zuwendung Wagners zur einstufigen Dampfdehnung in der Form der Zwillingsmaschine beruhen, die bei den großen Lokomotiven der Deutschen Reichsbahn, den Reihen 01 und 43, ihre bevorzugte Anwendung fand.

Nachdem die Hauptverwaltung der Deutschen Reichsbahn, das Eisenbahnzentralamt in Berlin und der engere Lokomotivausschuss sich einig waren, die wichtigsten und die am stärksten belasteten Hauptstrecken sobald als möglich für eine Achslast von 20 Tonnen auszubauen, stand der Beschaffung der neuen leistungsstarken Lokomotiven nichts mehr im Wege. Diese von den Gremien gefasste Entscheidung fiel auch mit dem Erstarken der Wirtschaft nach dem Ende der Inflation zusammen. Die Folge waren eine starke Belebung und eine starke Zunahme sowohl des Reise- als auch des Güterverkehrs, wobei zu beachten ist, dass in diesen Jahren der Straßen- und damit der Fernlastverkehr nur eine untergeordnete Rolle spielten.

Als erste Bauarten des neuen Typenprogramms entstanden die schweren 2'C1'-Schnellzug- und 1'E-Güterzuglokomotiven. Der Grund für den bevorzugten Bau dieser Maschinen lag darin, dass zur Zeit der Gründung der Deutschen Reichsbahn ein erheblicher Mangel an leistungsfähigen Lokomotiven für den Schnellzug- und für den Güterverkehr bestand. Die ersten 20 Einheitsschnellzuglokomotiven wurden Anfang 1926 von den Herstellerfirmen der Deutschen Reichsbahn übergeben. Die zehn ersten 01-Zwillingsmaschinen lieferten die Firmen Borsig in Berlin und die AEG-Lokomotivfabrik in Hennigsdorf. Von den zehn Vierzylinder-Verbundlokomotiven der Reihe 02 baute Maffei in München nur zwei Stück, während die restlichen acht Lokomotiven von Henschel & Sohn in Kassel stammten.

Von der Baureihe 01 wurden nach der Erprobung und der Durchführung einer Reihe konstruktiver Änderungen und Verbesserungen bis zum Jahr 1938 insgesamt 232 Lokomotiven gebaut.

Für die deutschen Einheitslokomotiven war die schwere und gedrungene Bauart mit großen Kesseln und breitem Rost, mit senkrechten Stehkessel-Seitenwänden, mit einem kurzen, aber weiten Schornstein, einem kräftigen Barrenrahmen und einem schweren Triebwerk typisch. Es war sicherlich eine Vereinigung preußischer Lokomotivbau-Tradition und der Anwendung amerikanischer Baugrundsätze aus der

August Meister

Der Chefkonstrukteur von Borsig, August Meister, war maßgebend an der Gestaltung der Einheitslokomotiven beteiligt.

Unten: In den von der Lokomotivfabrik Henschel in regelmäßiger Folge herausgegebenen Firmenjournalen wurden auf den Titelbildern immer wieder die neuesten Einheitsloks gezeigt.

Oben: Stolz blickt der Meister vom Führerstand einer Schnellzuglok der Baureihe 01.

Unten: Vor dem Schuppen des Bahnbetriebswerkes Hannover-Ost zeigen sich die Schnellzugloks 01 053, 01 055, 01 057 und die 01 059. Gebaut wurden sie 1928 von Schwartzkopff in Berlin.

Zeit der 1920er-Jahre. Eine gewisse äußere Ähnlichkeit der Baureihe 01 mit den amerikanischen Pacific-Lokomotiven jener Zeit wie zum Beispiel mit der in den Jahren 1914 bis 1928 gebauten Klasse K-4s der Pennsylvania Railroad ist nicht zu leugnen.

Mit dem ursprünglich für diese Maschinen vorgesehenen Leistungsprogramm war man wohl etwas zu weit über das Ziel hinausgeschossen. Man ging nämlich davon aus, dass die schweren 2'C1'-Maschinen der Reihe 01 in der Lage sein sollten, Schnellzüge von 800 Tonnen Gewicht in der Ebene mit 110 Stundenkilometern befördern zu können. Die hierzu erforderliche Maschinenleistung von etwa 2400 PS am Zughaken konnte von keiner Altbau-01 erbracht werden. Die Leistungsuntersuchungen von 01-Lokomotiven ergaben maximale Zughakenleistungen von rund 1800 Pferdestärken bei allerdings nur 60 Stundenkilometern Geschwindigkeit. Bei 110 Stundenkilometern fiel ihre Leistung bereits auf etwa 600 PS ab. Die durchgeführten Messfahrten führten dazu, dass ab 1936 für die Baureihe 01 in der Ebene bei einer Geschwindigkeit von 110 Stundenkilometern eine maximale Anhängelast von 650 Tonnen vorgegeben werden konnte. Bis zum ersten Halbjahr 1926 standen von

den Baureihen 01 und 02 je zehn Maschinen im Betrieb. Die 01 001 und die 02 002 wurden in Grunewald vor Messwagen eingehenden Untersuchungen unterzogen. Die restlichen Maschinen wurden zu je drei Lokomotiven zur betrieblichen Erprobung an die Bahnbetriebswerke Erfurt-P, Hamm und Hof verteilt.

Vom November 1925 an wurde die 02 002 auf der Strecke Berlin–Halle vor Schnellzügen mit mehr als 600 Tonnen Gewicht geprüft. Dabei zeichnete sich die Lokomotive durch einen ruhigen Lauf aus. Ihr Dampfverbrauch lag günstiger als der der auf gleicher Strecke ein Jahr später untersuchten 01 001. Mängel oder Schäden am Triebwerk waren nicht festzustellen.

Die erste eingehende Erprobung der 01 001 fand von März bis Juni 1926 auf der Strecke Berlin–Eisenach statt. Dabei stellte man fest, dass die Lok bis etwa 115 Stundenkilometer relativ ruhig lief. Über diese Geschwindigkeit hinaus traten jedoch wegen des wenig ausgeglichenen Zweizylinder-Triebwerks Zuckbewegungen und Vibrationen auf.

1927 entschloss sich die Deutsche Reichsbahn zum alleinigen Weiterbau der Baureihe 01. Die Loks der Baureihe 02 wurden in den Jahren von 1937 bis 1942 zu Zwillingslokomotiven der Reihe 01 umgebaut.

Oben: Blick vom Führerstand einer Dampflok auf die Strecke.

Ungewöhnliche Lokomotiven der Deutschen Reichsbahn: Die Turbinenlok T 18 1002

Im September 1924 gab die Deutsche Reichsbahn der Lokfabrik Maffei in München den Auftrag zum Bau einer Dampfturbinenlokomotive nach dem Zoelly'schen System. In ihrer Leistung sollte diese Lok den bayerischen Maschinen der Reihen 18.4-5 entsprechen. Diese neue Turbinenlok sollte im Stande sein, schwere Schnellzüge in der Ebene mit 100 Stundenkilometern zu befördern. Die Höchstgeschwindigkeit wurde auf 120 Stundenkilometer festgelegt.

Unten: Nur wenige Monate nach der Übernahme der T 18 1002 durch die DR im März 1929 entstand dieses Foto. Am 8. Juli 1929 stand die T 18 1002 vor den Hallen des Münchener Hauptbahnhofs.

T 18 1002

Baujahr:	1926
Hersteller:	Maffei, München
Bauart:	2' C 1'
Spurweite:	1435 Millimeter
Turbinendrehzahl:	max. 8800 U/min
Kesseldruck:	22 bar
Rostfläche:	3,5 m^2
Länge über Puffer:	24 135 Millimeter
Treibraddurchmesser:	1750 Millimeter
Laufraddurchm. vorne:	850 Millimeter
Laufraddurchm. hinten:	1206 Millimeter
Dienstgewicht:	104 Tonnen
Höchstgeschwindigkeit:	120 km/h

Oben: Nach dem Ende des Zweiten Weltkriegs bleibt von der T 18 1002 nur mehr der Kessel erhalten. Auf dem Rahmen der 52 1850 wird er in den Ausbesserungswerken Ingolstadt und München-Freimann als Prüfanlage verwendet.

Durch den vorgegebenen Achsdruck von 20 Tonnen war es möglich, von Haus aus den Kesseldruck auf 22 bar festzusetzen. Wegen der zu erwartenden Dampfersparnis und der zusätzlichen Kondenseinrichtung konnte der Kessel gegenüber der Regelbauart kleiner gehalten werden. Dadurch war es möglich, das Turbinenaggregat über dem vorderen Drehgestell anzuordnen.

Die Turbine trieb über ein beidseitig neben dem Lokrahmen angeordnetes Doppelvorgelege eine Blindwelle an, von der aus über einen Kurbeltrieb die Kraftübertragung auf die Treibräder erfolgte. Die Zwischenräder des Getriebevorgeleges waren wegen einer gleichmäßigen Belastung der Zähne mit einem in Umfangsrichtung elastisch gelagerten Zahnkranz ausgeführt. Die ähnlich wie bei einem Federtopfantrieb radial angeordneten Druckfedern ermöglichen dem Zahnkranz eine erhebliche Verschiebung gegenüber dem Radstern in beide Drehrichtungen. Zusätzliche ringförmige federbelastete Bremsscheiben dienen zur Schwingungsdämpfung.

Vorwärts- und Rückwärtsturbine waren im Ursprungszustand auf der gleichen Achse montiert und in einem gemeinsamen Gehäuse untergebracht. Bei 120 Stundenkilometern Höchstgeschwindigkeit hatte die Turbine eine Drehzahl von 8800 Umdrehungen pro Minute. Diese Drehzahl wurde im Verhältnis 24 : 1 auf die Blindwelle übertragen. Die Vorwärtsturbine bestand aus einem zweikränzigen Geschwindigkeitsrad als Hochdruckteil, einem Gleichdruckrad und fünf Überdruckrädern. Die durch die Überdruckstufen auftretenden Axialkräfte wurden von einem auf der Hochdruckseite angeordneten Labyrinthkolben aufgenommen. Die Rückwärtsturbine war als dreikränziges Geschwindigkeitsrad konstruiert, das bei Vorwärtsfahrt leer mitlief. Die Frischdampfzuführung wurde für die Vorwärts- und Rückwärtsturbine durch je vier einzelne Düsengruppen geregelt. Die Steuerung erfolgte für beide Turbinen über Nockenstangen, die von Steuerspindeln betätigt wurden. Die Handhabung der Steuerung war die gleiche wie bei einer Kolbendampfmaschine. Anstelle der Anzeige des Füllungsgrads wurde auf dem Steuerbock im Führerhaus die Stellung der einzelnen Düsenventile angezeigt. Während der Fahrt arbeiteten in der Regel nur drei Düsengruppen. Allein beim Anfahren und bei hoher

Leistung konnte die vierte Gruppe dazugeschaltet werden. Die Saugzuganlage der T 18 1002 bestand aus einer kleinen schnell laufenden Turbine mit einer Drehzahl von 6000 bis 7000 Umdrehungen pro Minute. Die Heizgase wurden durch einen ringförmigen Trichter angesaugt, um 180 Grad umgelenkt und gelangten dann in den Kamin. Die Lok war mit zwei Vorwärmern ausgerüstet, die zu beiden Seiten des Langkessels lagen.

Der Rückkühler war auf dem vierachsigen Tender installiert und nahm davon etwa zwei Drittel des zur Verfügung stehenden Raumes ein. Zwischen Kohlenbehälter und Kühlanlage waren in einem Schacht die Hilfsturbine zum Antrieb der Kühlwasserpumpe und der Lüfter eingebaut.

Nach der Fertigstellung wurde die Maffei-Turbinenlok am 18. März 1929 unter der Bezeichnung T 18 1002 offiziell an die Deutsche Reichsbahn übergeben. Nach dem Abschluss der Versuche in Berlin kam die T 18 1002 zum Bahnbetriebswerk München-Hauptbahnhof, um von dort aus im Schnell- und Eilzugverkehr auf den Strecken München–Nürnberg und München–Lindau eingesetzt zu werden. Oftmals musste sie wegen immer wieder anfallender Reparaturarbeiten aus dem Betrieb genommen werden. Besonders fiel der hohe Dampfverbrauch auf. Der Grund hierfür lag in den starken Ventilationsverlusten der Rückwärtsturbine und im hohen Dampfverbrauch der Hilfsaggregate. Um diese Missstände zu beseitigen, wurde die Turbinenanlage Anfang der 1930er-Jahre durch eine verbesserte Ausführung ersetzt. Dabei erhielt die T 18 1002 eine spezielle Rangierturbine für Vor- und Rückwärtsfahrt, wodurch die Leistungsfähigkeit der Hauptturbine erhöht werden konnte. Nach dem Umbau erhöhte sich die Zuverlässigkeit der Turbinenlok merklich. Der Dampfverbrauch ging zurück. Im Jahr 1943 wurde sie wegen Kriegsschäden abgestellt und am 6. Oktober 1943 ausgemustert.

H 02 1001

Baujahr:	1929
Hersteller:	Schwartzkopff
Bauart:	2' C 1'
Spurweite:	1435 Millimeter
Hochdruckzylinder:	220 mm Durchmesser
Niederdruckzylinder:	600 mm Durchmesser
Kolbenhub:	660 Millimeter
Druck Hochdruckdampferzeuger:	120 bar
Druck Niederdruckwärmetauscher:	14 bar
Länge über Puffer:	23 750 Millimeter
Treibraddurchmesser:	2000 Millimeter
Laufraddurchm. vorne:	850 Millimeter
Laufraddurchm. hinten:	1250 Millimeter
Dienstgewicht (Lok):	115 Tonnen
Höchstgeschwindigkeit:	120 km/h

Ein Sonderling, die Hochdrucklok H 02 1001

Um den gewaltigen Kohlen- und Wasserverbrauch, den die bei der Deutschen Reichsbahn eingesetzten Dampflokomotiven verursachten, zu senken, wurde Ende

Unten: Im Jahr 1929 baut die Lokfabrik Schwartzkopff den „Sonderling" H 02 1001.

Oben: Zu den absoluten Raritäten zählt diese Aufnahme, die die H 02 1001 am 27. August 1931 bei einer Versuchsfahrt im Hauptbahnhof von Magdeburg zeigt.

der 1920er- und Anfang der 1930er-Jahre eine Vielzahl von unterschiedlichsten Versuchen unternommen.

Die Reichsbahn gab der Berliner Maschinenfabrik in Berlin-Wildau den Auftrag zum Bau einer Schnellzuglokomotive mit einem Betriebsdruck von 120 Bar. Die Dampferzeugung erfolgte auf einem völlig anderen Weg. Die Wände und die Decke der Feuerbüchse bestanden aus einem System enger Röhren, an die auf beiden Seiten zwei Sammelrohre angeschlossen waren. Dem Rohrsystem der Feuerbüchse war ein weiteres Rohrbündel angefügt, das vor der Feuerbüchse lag. Dieses Rohrbündel saß in einer Art Verbrennungskammer. Durch beide Rohrsysteme wurde mithilfe einer Hochdruck-Umwälzpumpe Dampf mit 100 bis 120 bar Druck geschickt. Dabei wurde der Dampf auf 450 Grad Celsius überhitzt. Ein Teil des Dampfes strömte in die beiden außen liegenden Hochdruckzylinder der Lok. Der Rest des hochgespannten und überhitzten Dampfes wurde dem Hochdruckverdampfer zugeführt. Dieser Verdampfer war eine Trommel von 4094 Millimetern Länge, 840 Millimetern lichtem Durchmesser und hatte eine Wandstärke von 31 Millimetern. Sie war teilweise mit Wasser gefüllt. In dieser Trommel herrschte derselbe Überdruck wie im Hochdrucküberhitzer. Der Heizdampf trat durch ein Rohr mit feinen Bohrungen in das Wasser der Hochdrucktrommel ein, gab seine Überhitzungswärme ab und verdampfte das Wasser. Aus dem Dampfraum der Trommel saugte eine Umwälzpumpe den Nassdampf ab und drückte ihn in den Hochdruck-überhitzer. Das Umwälzspiel konnte von Neuem beginnen. Nachdem der Dampf in den Hochdruckzylindern seine Arbeit geleistet hatte, trat er mit einem Druck von 18 bar in den Wärmetauscher ein, nachdem die mitgerissenen Ölreste aus der Zylinderschmierung an einen Ölabscheider abgegeben wurden.

Der Wärmetauscher war ein Niederdruckkessel mit einem Druck von 14 Bar. Es war ein normaler Lokkessel, den Heizrohre durchzogen. Diese Rohre wurden jedoch nicht durch Rauchgase beheizt, sondern vom Abdampf der Hochdruckzylinder. Der Dampf gab seine Wärme an das Kesselwasser ab und verdampfte es und wurde zu Wasser. Das Kondens-

Unten: Blick in den Führerstand der Hochdrucklokomotive H 02 1001.

wasser wurde von der Hochdruckspeisepumpe durch ein in den Heizgasen liegendes System von Rohrschlangen wieder dem Hochdruckverdampfer zugeführt. Der im Wärmetauscher erzeugte Dampf von 14 Bar überhitzte sich im Niederdrucküberhitzer auf 350 Grad Celsius. Von hier aus strömte er auf den unter der Rauchkammer liegenden Niederdruckzylinder zu. Nach getaner Arbeit trat der Dampf, wie üblich, durch das Blasrohr und den Kamin ins Freie. Das Speisewasser des Wärmetauschers wurde in einem Vorwärmer, der vom Abdampf des Hochdruckzylinders beheizt wurde, auf circa 100 Grad vorgewärmt. Der Hochdruckdampf lief in einem geschlossenen Kreislauf.

Im Hochdruckkessel mit 120 Bar Druck wurde das Wasser durch Einblasen des stark überhitzten Dampfes gleichen Druckes verdampft. Der Sattdampf von ebenfalls 120 Bar Druck wurde durch die Umwälzpumpe in den Überhitzer gedrückt. Der Überhitzer bestand aus den die Feuerbüchse umschließenden Rohren und vorgeschalteten Rohrschlangen. Der Heißdampf strömte zum Teil als Heizdampf in den Hochdruckkessel und zum Teil in die Hochdruckzylinder. Von hier gelangte er in den Wärmetauscher und wurde zuletzt als Speisewasser in den Hochdruckkessel zurückgepumpt. Der im Wärmetauscher erzeugte Niederdruckdampf wurde überhitzt und dem Niederdruckzylinder zugeführt. Zur Inbetriebnahme der Lok war Fremddampf erforderlich. Die H 02 1001 war eine Dreizylinderlok mit Zweiachsantrieb. Bei den Versuchsfahrten zeigte sich immer wieder, dass die komplizierte Konstruktion dem harten täglichen Eisenbahnbetrieb nicht gewachsen war. Immer wieder fielen während der Fahrt die empfindlichen Pumpen aus, die Dampferzeugung brach zusammen, die Lok blieb liegen. Die Deutsche Reichsbahn übernahm die Maschine nicht in ihren Bestand. 1939 wurde sie im Herstellerwerk abgestellt. Angeblich soll sie erst 1945 verschrottet worden sein.

Die Kriegslokomotiven der Baureihe 52

Als die Deutsche Wehrmacht im Sommer 1941 Russland den Krieg erklärte, wurde klar, dass von der Deutschen Reichsbahn enorme Transportleistungen zu erbringen waren. Da mit dem vorhandenen Lokomotivpark die erforderlichen Leistungen nicht erbracht werden konnten, forderte das Oberkommando der Wehrmacht den Bau von neuen Wagen und Lokomotiven.

Bereits im Herbst 1941 begannen die Vorbereitungen, um die dringend benötigten Lokomotiven in großer Zahl und in kürzester Zeit bauen zu können. Trotz aller kon-

Baureihe 52

Baujahr:	1942
Hersteller:	alle Lokomotivhersteller
Gesamtserie:	6276 Lokomotiven
Bauart:	1' E h2
Spurweite:	1435 Millimeter
Zylinderdurchmesser:	600 Millimeter
Kolbenhub:	660 Millimeter
Kesseldruck:	16 bar
Länge über Puffer:	22 975 Millimeter
Kuppelraddurchmesser:	1400 Millimeter
Laufraddurchmesser:	850 Millimeter
Dienstgewicht (Lok):	84 Tonnen
Höchstgeschwindigkeit:	80 km/h

Unten: Die entgültige Ausführung der „Kriegslokomotive" mit Wannentender von dem Lokomotivmaler Werner Reiche aus Leipzig im grauen Reichsbahn-Anstrich zu Papier gebracht.

52 1953

Die Vereinfachungen der Baureihe 52 im Verhältnis zur Baureihe 50:

Rahmen, Fahrwerk, Zylinder und Steuerung
- Verwendung von Blechrahmen wegen einfacherer Fertigung
- Verzicht auf Achslagerstellkeile
- Achslagergleitplatten aus Kunststoff
- Treibachslager nach der Bauart Mangold
- stählerne Achslagerschalen mit Messingstreifen, die die Notlaufeigenschaften gewährleisten sollen
- Ausguss der Achslagerschalen mit Weißmetall WM 10 bzw. mit Metta 44
- Achswellen ohne Bund
- Treib- und Kuppelstangen bestehen aus unbearbeitetem Walzmaterial mit angeschweißten Stangenköpfen
- Stangenlagerbüchsen aus Stahl mit Rotguss bzw. mit WM 10 Metta 44 ausgeschleudert
- das Kolbenstangentraglager kann nicht nachgestellt werden
- der Schieberstangen-Kreuzkopf entfällt
- an die Stelle von Zylinder-Sicherheitsventilen treten gusseiserne Bruchscheiben
- die Druckausgleich-Kolbenschieber, Bauart Schultz, werden durch einfache Kolbenschieber der Bauart Winterthur ersetzt; das Luftsaugventil entfällt
- Rauchkammerstreben fehlen

Kessel und Armaturen
- Speisedom und Vorwärmer entfallen
- nur mehr ein Sandkasten
- Kolbenspeisepumpe wird durch einen zweiten Injektor ersetzt
- einteiliger Überhitzer-Sammelkasten
- Sicherheitsventile der Bauart Ackermann
- neuartige materialsparende Windleitbleche der Bauart Witte
- völlig geschlossenes Führerhaus

Tender
- Loks erhalten überwiegend Wannentender in Leichtbauweise nach der Art der Leichtbau-Kesselwagen

Die Lokomotiven wurden mit umfangreichen Frostschutzeinrichtungen ausgestattet.

Der Gesamtpreis einschließlich Tender beläuft sich pro Lokomotive auf 150 000 Reichsmark.

struktiven und fertigungstechnischen Vereinfachung musste die geplante Lokomotive allen Erfordernissen eines Einsatzes im Osten entsprechen. Nach der Auffassung der Deutschen Reichsbahn kam hierfür nur eine vereinfachte Ausführung der Lokbaureihe 50 infrage.
Gemäß Vereinbarung vom 7. März 1942 wurde festgelegt, dass der Lokomotiv- und Waggonbau im Rahmen der Fertigungen für die Wehrmacht vom Reichsminister für Bewaffnung und Munition gesteuert wird. Gleichzeitig entstand ein Ausschuss für Schienenfahrzeuge, der alle Maßnahmen zur Vereinfachung der Konstruktion und Produktion regeln sollte. 16 Lokomotivfabriken wurden an dieser Entwicklung beteiligt. Es gelang beim Bau der Kriegslokomotive gegenüber der Friedensausführung, die erforderlichen Bauteile von 6000 Einzelteile auf 5000 zu senken, von denen wiederum 3000 Teile vereinfacht wurden. Diese „Entfeinerung" brachte auch eine wesentliche Einsparung der knapp gewordenen hochwertigen Metalle mit sich. So konnten bei den Achslagern pro Lok 310 Kilogramm Kupfer und etwa 51 Kilogramm Zinn eingespart werden. Die neuartige Fertigung der Pleuel-Stangen sparte allein eine Tonne Stahl und 98 Arbeitsstunden. Insgesamt beliefen sich die Einsparungen pro Lokomotive auf zwölf Tonnen Stahl und eine Verringerung der Arbeitszeit um etwa 30 Prozent. Mit dem gleichfalls neu entwickelten Wannentender konnte das Gesamtgewicht der einzelnen Kriegslok von 165 Tonnen auf 130 Tonnen gesenkt

Gegenüber: Mit den langen Kondenstendern gehören die Loks der „Baureihe 52 Kon" zu den außergewöhnlichsten Triebfahrzeugen auf deutschen Schienen.

Unten: Die ehemalige Kondenslokomotive 52 1955 war nach dem Krieg als Heizlok im Bahnbetriebswerk Augsburg abgestellt.

werden. Am 8. Juni 1942 teilte der Ausschuss für Schienenfahrzeuge mit, dass die unter diesen Voraussetzungen entstehende Lokomotive die neue Baureihen-Bezeichnung 52 erhalten sollte.

Am 15. August 1942 wurde der Auftrag zum Bau der Lokomotiven der Baureihe 52 an die Industrie erteilt. Bereits am 12. September des gleichen Jahres lieferte die Lokomotivfabrik Borsig in Berlin unter der Fabriknummer 15 446 die 52 001 aus. Die Inbetriebnahme wurde mit einer großen Propaganda-Veranstaltung verbunden. Nachdem die 52 001 auf dem Gelände der Firma Borsig in Hennigsdorf bei Berlin vorgestellt worden war, ging sie gemeinsam mit der 1940 noch in Friedensausführung gebauten 50 377 auf eine mehr als 5000 Kilometer lange Rundfahrt durch das gesamte „Großdeutsche Reich". Bis Februar 1944 wurden 7210 derartige Maschinen gebaut. Die 52 001 überstand die Wirren des Krieges, gelangte zur DB und wurde am 18. Oktober 1954 ausgemustert.

Adolf H. Wolff

Der Konstrukteur Adolf Wolff war ab 1932 bei Borsig in Berlin tätig. Am Bau der Stromlinienloks der Deutschen Reichsbahn war er maßgebend beteiligt.

Oben: Ungewöhnlich geformt war die Rauchkammertüre der Versuchslokomotive 03 154.

Die Stromlinienlokomotiven der Deutschen Reichsbahn

Die Deutschen Reichsbahn entschloss sich 1932, Dampflokomotiven zu beschaffen, die im Planbetrieb mit Geschwindigkeiten von über 120 Stundenkilometern verkehren sollten, um den Schnellzugverkehr auf bestimmten Relationen attraktiver zu machen. Dabei wurden Geschwindigkeitsbereiche von bis zu 150 Stundenkilometern erwogen, um den seit Februar 1933 verkehrenden Dieseltriebwagen der Bauart Hamburg Paroli bieten zu können.

Mit der Konstruktion und dem Bau solcher Maschinen wurden die Borsig-Lokomotivwerke in Berlin beauftragt. Um die ideale Bauform für die geplanten Stromlinienlokomotiven zu finden, veranlasste Borsig Modellversuche im Windkanal der Technischen Hochschule Berlin, die überraschend positive Ergebnisse brachten. Diese Versuche führten zur Festlegung der endgültigen Stromlinienform. Um diese Vorgaben in der Praxis testen zu können und um betriebliche Erfahrungen zu sammeln, wurde eine Schnellzuglok der Baureihe 03, die 03 154, mit einer Triebwerksverkleidung versehen. Durch Rollvorhänge und Klappen war das Triebwerk zugänglich. Gleichzeitig erhielt die Maschine eine parabolische Rauchkammertür und ein windschnittiges Führerhaus. Die in dieser Form von Borsig gebaute Maschine wurde am 15. März 1934 von der Deutschen Reichsbahn in Dienst gestellt. Das Ergebnis der Versuchsfahrten mit der 03 154, bei denen Geschwindigkeiten von 150 Stundenkilometern erreicht wurden, belegte, dass die angebrachten Triebwerksschürzen eine nur mäßige Erhöhung der Lagertemperaturen mit sich brachten. Zum anderen konnte festgestellt werden, dass sich die Leistung am Zughaken merklich erhöhte. Es konnte festgestellt werden, dass durch die strömungsgünstigere Form der Lokomotive insgesamt ein positives Ergebnis erzielt wurde.

Die konstruktive Entwicklung und der Bau der großen Stromlinienlokomotiven konnten somit in Ruhe weitergeführt werden. Auf der geschilderten Basis entstanden ab 1934 die Maschinen der Baureihe 05, die ausgerüstet mit 2300 Millimeter großen Treibrädern, für eine Höchstgeschwindigkeit von 175 Stundenkilometern

Oben: Die interessante Verkleidung der 03 154. Diese Maschine mit ihrem eigenartigen Aussehen spielte bei der Entwicklung der späteren Stromlinienloks der Reihen 01.10, 03.10 und 05 eine wichtige Rolle.

bestimmt waren. Es waren Dreizylinderlokomotiven mit der Achsfolge 2' C 2'. Gebaut wurden drei Loks. Die 05 001 wurde 1935 auf der Nürnberger Jubiläumsausstellung zur 100-Jahr-Feier der Deutschen Eisenbahnen gezeigt. Am 11. Mai 1936 gelang es, bei einer Fahrt mit der Lokomotive 05 002 auf der Strecke Hamburg–Berlin mit einem Zug von rund 200 Tonnen Gewicht die bis dahin mit einer Dampflokomotive noch nie erreichte Geschwindigkeit von 200,4 Stundenkilometern zu erzielen. Die Laufruhe war im gesamten Geschwindigkeitsbereich sehr gut. Kessel- und Maschinenleistung waren völlig ausreichend und die Verbrauchszahlen günstig. Noch bevor die erste Lokomotive der Baureihe 05 zur Ablieferung kam, entschloss sich die Deutsche Reichsbahn, auch eine der damals in Serie gebauten Loks der Reihe 03 zu Vergleichszwecken mit einer der Baureihe 05 ähnlichen Stromlinienverkleidung auszurüsten. Diese Lokomotive mit der Nummer 03 193 wurde gleichfalls von Borsig gebaut und im Jahr 1935 an die DR abgeliefert. Sie stand wie die 05 ebenfalls auf der Strecke Berlin–Hamburg in Betrieb.

Die Versuche mit den teil- sowie vollverkleideten Maschinen 03 154 und 03 193 zeigten eindeutig den Einfluss der Stromlinienverkleidung auf die Leistung und ließen klar erkennen, dass zum Erreichen eines günstigen Gesamtwirkungsgrads bei schnell fahrenden Lokomotiven auf eine Stromlinienverkleidung nicht verzichtet werden sollte.

Der Leistungsgewinn wurde durch das verhältnismäßig einfache Mittel einer Blechverkleidung erreicht, die kaum Unterhaltskosten erforderte und deren Herstellungskosten durch den Leistungsgewinn mehrfach aufgewogen wurde. Die im praktischen Betrieb erzielbaren Gewinne sowie Ersparnisse waren natürlich davon abhängig, wie lange die jeweils zugelassene Höchstgeschwindigkeit auf der betreffenden Strecke eingehalten werden konnte. Die durchschnittliche Geschwindigkeit der 05-

Oben: Eine zeitgenössische Postkarte zeigt die 05 002, die spätere Weltrekordlok, im Hamburger Hauptbahnhof.

19 1001, Dampfmotorlok

Baujahr:	1941
Hersteller:	Henschel, Kassel
Bauart:	1' Do 1'
Spurweite:	1435 Millimeter
Zylinderdurchmesser:	8 x 300 Millimeter
Kolbenhub:	300 Millimeter
Kesseldruck:	20 bar
Länge über Puffer:	23775 Millimeter
Treibraddurchmesser:	1250 Millimeter
Laufraddurchm. vorne:	1000 Millimeter
Laufraddurchm. hinten:	1250 Millimeter
Dienstgewicht:	109,3 Tonnen
Höchstgeschwindigkeit:	175 km/h

Gegenüber: Zusammen mit dem „Henschel-Wegmann-Zug" wurde 1935 die Stromlinien-Tenderlok 61 001 in Dienst gestellt. Dieser Zug verkehrte auf der Strecke Berlin - Dresden. Das Zweizylinder-Triebwerk der Maschine gab jedoch immer wieder Anlass zu Klagen.

Loks mit einem 240-Tonnen-Zug auf der Strecke Berlin–Hamburg lag bei 123,7 Stundenkilometer.

Interessant ist auch festzustellen, dass die Stromlinienlok 03 193 im Vergleich zu einer 03 ohne Verkleidung jährlich im Durchschnitt um 15 Prozent weniger Kohle verbrauchte. Auch der Wasserverbrauch war geringer, sodass eine größere Reichweite möglich war.

Während mit den bisher genannten Stromlinienlokomotiven D-Zug-Wagen der üblichen Bauart eingesetzt wurden, tauchte bei der Deutschen Reichsbahn Mitte der 1930er-Jahre der Wunsch auf, die durch die dieselelektrischen Schnelltriebwagen erzielten Leistungen auch mit Dampfzügen zu erzielen. Im Jahr 1935 wurde ein solcher Zug, bestehend aus einer 2'C2'-Zwillingstender-Lokomotive mit vier Leichtbauwagen im Gesamtgewicht von etwa 125 Tonnen, von Henschel & Sohn (Lok) in Verbindung mit Wegmann & Co. (Wagen) gebaut. Die planmäßige Höchstgeschwindigkeit der Lok betrug 175 Stundenkilometer. Der Treibraddurchmesser lag wie bei den Lokomotiven der Baureihe 05 ebenfalls bei 2300 Millimetern. Diese Maschine wurde bei der Deutschen Reichsbahn als 61 001 bezeichnet. Sie verkehrte auf der Strecke Berlin–Dresden. 1937 kam die dreizylindrige 2'C3'-Tenderlok 61 002 hinzu.

Das Bedürfnis, schneller zu fahren, blieb nicht allein auf leichte Züge beschränkt. Auch bei schweren Reisezügen sollte die Geschwindigkeit durch leistungsstarke Maschinen merklich gesteigert werden. Es entstanden zwei mächtige Stromlinienloks mit vier gekuppelten Achsen, und zwar die 2'D2'-Maschinen 06 001 und 06 002. Sie stammten aus der Lokomotivfabrik Krupp und waren zur Beförderung von bis zu 650 Tonnen schweren Schnellzügen in hügeligem Gelände bestimmt. Die Höchstgeschwindigkeit lag bei 140 Stundenkilometern. Die Loks hatten ein Drillingstriebwerk. Der Kessel stammte von der schweren Güterzuglok der Baureihe 45. Nachdem aus damaliger Sicht die Notwendigkeit der Stromlinienverkleidung für hohe Fahrgeschwindigkeiten durch Versuchs- und Messfahrten und praktische Erfahrungen festgestellt war, begann die Deutsche Reichsbahn solche Maschinen in größerer Stückzahl zu beschaffen. Es handelte sich dabei um 2'C1'-Lokomotiven der Reihen 01.10 und 03.10 mit Drillingstriebwerken. Der Treibraddurchmesser betrug bei beiden Loktypen 2000 Millimeter. Die Höchstgeschwindigkeit wurde auf 140 Stundenkilometer festgelegt. Gebaut wurden die 01.10 von der Berliner Maschinenbau AG. Es entstanden aber wegen des Ausbruchs des Zweiten Weltkriegs nur 55 Maschinen. Die erste Lokomotive dieser leistungsstarken Art ging 1939 in Betrieb. Die 60 Maschinen der Reihe 03.10 stammen von Borsig, Krupp und Krauss-Maffei.

Den Abschluss in der Entwicklung der Stromlinienlokomotiven bildet die 19 1001. Diese mit Dampfmotoren ausgerüstete Maschine hatte die für eine Dampflok ungewöhnliche Achsfolge 1' Do 1'. Sie stammte von Henschel & Sohn und war die 25 000ste Lokomotive dieser traditionsreichen Lokfabrik. 1941 wird sie an die Deutsche Reichsbahn übergeben. Ab Mai 1943 wurde dieser technisch vielversprechende Prototyp im D-Zug-Dienst auf der Strecke Berlin–Hamburg erfolgreich eingesetzt. Nach dem Kriegsende wurde die Lok auf Befehl der amerikanischen Militärregierung nach Amerika gebracht und dort auf verschiedenen Eisenbahnausstellungen präsentiert.

Baureihe E 95

Hersteller:	AEG, Henningsdorf
Erstes Baujahr:	1927
Gesamtserie:	6 Loks
Bauart:	1' Co + Co 1'
Spurweite:	1435 Millimeter
Länge über Puffer:	20900 Millimeter
Gesamtachsabstand:	17600 Millimeter
Treibraddurchmesser:	1400 Millimeter
Laufraddurchmesser:	850 Millimeter
Dienstgewicht:	138,5 Tonnen
Anzahl der Fahrmotoren:	6 Elektromotoren
Antrieb:	Tatzlager
Stundenleistung:	2778 kW bei 49 km/h
Dauerleistung:	2418 kW bei 53 km/h
Höchstgeschwindigkeit:	70 km/h

Unten: Diese Werbepostkarte der Firma AEG stammt aus dem Jahr 1927 mit der E 95 01 vor einem schweren Kohlezug.

Markante elektrische Triebfahrzeuge

In der Mitte der 1920er-Jahre plante die neu entstandene Deutsche Reichsbahn, eine der am stärksten frequentierten Bahnstrecken Schlesiens zu elektrifizieren. Es handelte sich dabei um den sowohl im Reise- als auch im Güterverkehr Richtung Berlin viel befahrenen 82 Kilometer langen Abschnitt Breslau–Liegnitz–Arnsdorf. Für die anstehenden Leistungen waren neue Lokomotiven notwendig. Der Grund für die Elektrifizierung war, dass auf der genannten Strecke ein Großteil des Transports der oberschlesischen Steinkohle Richtung Berlin erfolgte. Nach den Planungen der Deutschen Reichsbahn sollten die für diese Bahnstrecke neu zu beschaffenden Lokomotiven zweimal drei angetriebene Achsen mit je 20 Tonnen Achslast und an jedem Lokende eine Laufachse haben. Als Höchstgeschwindigkeit wurden 65 Stundenkilometer gefordert. Die maximale Zugkraft sollte 36 Tonnen betragen. Die neuen Maschinen mussten in der Lage sein, auf der genannten Strecke Güterzüge von bis zu 2200 Tonnen zu befördern.

Die E 95, die schwerste Elektrolokomotive Deutschlands, Baujahr 1927

Die Firma AEG wurde mit der Konstruktion und dem Bau dieser neuen zweiteiligen Lokomotiven beauftragt. Im März des Jahres 1926 lag dann der endgültige Entwurf für eine 1'Co + Co 1'-Maschine mit Tatzlager-Motoren vor. Sechs Lokomotiven wurden bestellt. Der elektrische Teil wurde je zur Hälfte von AEG und von den Siemens-Schuckert-Werken gebaut. Anfang Dezember 1927 lieferte AEG die erste Lokomotive, die E 95 01, ab. Das geforderte Leistungsprogramm konnte ohne Probleme erfüllt werden. Damit ging die schwerste und leistungsfähigste Elektrolokomotive der Deutschen Reichsbahn in Betrieb.

Die Strecke aber, für die die Loks der Reihe E 95 gebaut wurden, wurde nie elektrifiziert. So kam es, dass diese Lokomotiven auf der schlesischen Gebirgsbahn im Abschnitt Dittersbach–Lauban–Görlitz im schweren Güterzugdienst eingesetzt wurden. Um die Leistungsfähigkeit dieser 138 Tonnen schweren Lokomotiven, die mit einem Tatzlagera-Antrieb ausgerüstet waren, zu testen, wurden wiederholt Probefahrten durchgeführt. So verkehrte am 24. März 1928 die E 95 03 auf besagter Strecke mit einem 2568 Tonnen schwerern Güterzug ohne Beanstandungen. Damit konnte der damals in Fachkreisen umstrittene Tatzlager-Antrieb seine Bewährungsprobe bestehen. Auf der Basis der mit der E 95 gemachten Erkenntnisse entstanden in den späteren Jahren die Elektrolokomotiven der Baureihen E 93 und E 94.

Bis kurz vor dem Ende des Zweiten Weltkriegs blieben alle sechs E 95 in Schlesien. Erst in den letzten Wochen vor Kriegsende gelangten sie in den Raum Halle und mussten 1946 als Reperationsleistung an die UdSSR abgeliefert werden. Von dort kamen sie 1952 in desolatem Zustand wieder vollzählig nach Deutschland zurück. In den Ausbesserungswerken Dessau und Magdeburg wurden die E 95 01, -02 und -03

Oben: Als schwerste und leistungsfähigste Elektrolokomotiven der Deutschen Reichsbahn-Gesellschaft gelten die Loks der Baureihe E 95. Die E 95 02 wird heute von Liebhabern beim Bw Halle-P. betreut und gepflegt.

wieder aufgearbeitet. Die weiteren drei E 95 wurden verschrottet. Das Einsatzgebiet der betriebsfähigen E 95 war der Raum Merseburg, wo sie vor schweren Kohlezügen eingesetzt wurden. Beheimatet waren sie anfänglich beim Bahnbetriebswerk Leipzig-Wahren und ab 1960 beim Bahnbetriebswerk Halle-P. Bis zum Jahr 1970 wurden alle drei E 95 aus dem Dienst genommen. Die E 95 02 blieb als Trafostation in Halle erhalten. Im Jahr 1978 wurde sie dann in den Bestand des Verkehrsmuseums Dresden übernommen. Heute steht sie in Halle. Nach umfangreichen Instandsetzungsarbeiten soll diese Maschine in den musealen Betriebsdienst gehen.

Die Elektrolokomotiven der Baureihe E 18, Baujahr 1935

Anfang der 1930er-Jahre gab es in Deutschland drei große elektrifizierte Streckennetze, die nicht miteinander verbunden waren. Dabei handelte es sich um die Netze in Süddeutschland, in Mitteldeutschland und in Schlesien. Nachdem ab 1932 das Verkehrsaufkommen deutlich anstieg, entschloss sich die Deutsche Reichsbahn unter anderem zur durchgehenden Elektrifizierung der wichtigen Nordsüdstrecke München–Berlin. Zugleich sollten damit die beiden bis dahin eigenständigen elektrischen Streckennetze in Süd- und Mitteldeutschland verbunden werden. Neue und besonders leistungsfähige Elektrolokomotiven waren notwendig, um den gestiegenen Verkehr zu bewältigen. Schon im Jahr 1928 hatte die Deutsche Reichsbahn die

Oben: Ein Werbeplakat aus der Zeit der Deutschen Reichsbahn.

Oben: Bei Stockheim in Oberfranken fährt der Schnellzug D 39 mit der E 18 44 als Zuglokomotive von München nach Berlin.

Baureihe E 18

Erstes Baujahr:	1935
Gesamtserie:	55 Loks
Bauart:	1' Do 1'
Länge über Puffer:	16 920 Millimeter
Gesamtachsabstand:	12 800 Millimeter
Treibraddurchmesser:	1600 Millimeter
Laufraddurchmesser:	1000 Millimeter
Dienstgewicht:	108,5 Tonnen
Anzahl der Fahrmotoren:	4 Elektromotoren
Antrieb:	Federtopf
Stundenleistung:	3040 kW bei 117 km/h
Dauerleistung:	2840 kW bei 122 km/h
Höchstgeschwindigkeit:	150 bis 180 km/h

schweren Schnellzuglokomotiven der Baureihe E 17 in Dienst gestellt. Wenige Jahre später folgten dann die dreiachsigen Loks der Baureihe E 04. Mit diesen Maschinen erhielt die Deutsche Reichsbahn-Gesellschaft erstmals in großem Umfang Elektrolokomotiven mit Einzelachsantrieb.

Obwohl sich diese Maschinen im täglichen Betrieb gut bewährten, sollten im Rahmen der geplanten Elektrifizierungsmaßnahmen neue Lokomotiven modernster Bauart beschafft werden. Diese Loks sollten über eine Höchstgeschwindigkeit von 150 Stundenkilometern verfügen.

Nach langwierigen Planungsarbeiten lieferte AEG im Mai 1935 die erste Lok der Baureihe E 18 an die Deutsche Reichsbahn. Die E 18 01 wurde dem Bahnbetriebswerk München-Hbf. zugeteilt, wo sie ihre ersten Test- und Probefahrten unternahm. Sowohl beim Personal als auch bei den Fahrgästen erregte diese elegante Maschine großes Aufsehen. Unterschied sie sich doch durch ihre windschnittige Form von allen bisher bekannten Elektroloks. Die Testfahrten mit den Loks E 18 01 bis E 18 04 brachten hervorragende Ergebnisse. Daraufhin bestellte die Deutsche Reichsbahn 1939 weitere Loks dieser Baureihe. Doch der Ausbruch des Zweiten Weltkriegs im September 1939 verhinderte den Bau aller bestellten Maschinen. Die leistungsstarken, aber relativ langsamen Baureihen E 44 und E 94 wurden als kriegswichtig eingestuft und als sogenannte „Kriegs-Elektro-Lokomotiven" KEL 1 und KEL 2 weitergebaut. Der E18-Auftrag wurde deshalb storniert und in einen Auftrag für Kriegsloks der Baureihen E 44 und E 94 umgewandelt. Immerhin durften die bereits begonnenen Loks bis zur Betriebsnummer E 18 053 fertiggestellt werden.

Als im Jahr 1935 in Nürnberg das Jubiläum „100 Jahre deutsche Eisenbahnen" gefeiert wurde, durfte diese neue Loktype natürlich nicht fehlen. Die E 18 02 wurde deshalb, im halbfertigen Zustand, auf der großen Jubiläumsausstellung in Nürnberg ausgestellt. Leipzig-Hbf. West, München-Hbf. und Stuttgart-Rosenstein waren die ersten Heimatbetriebswerke der Prototypen E 18 01 bis E 18 04, wo die Maschinen zunächst zu Personalschulungen und Testfahrten eingesetzt wurden. Die ersten

Planleistungen wurden auf den süddeutschen Strecken von München über Augsburg nach Stuttgart und von Nürnberg sowie von München nach Regensburg gefahren.

Im März 1936 wurden dann die ersten E 18 für das schlesische Netz ausgeliefert und beim Bahnbetriebswerk Hirschberg beheimatet. Für die acht Loks, E 18 10 bis E 18 17, wurde ein sechstägiger Umlaufplan aufgestellt, der neben einigen Personenzugleistungen auch drei Eilzugpaare sowie das einzige Schnellzugpaar auf der 203 Kilometer langen Schlesischen Gebirgsbahn von Görlitz über Lauban, Hirschberg und Waldenburg-Dittersbach nach Breslau-Freiburger Bahnhof enthielt. Erst im Sommer 1936 kamen die ersten neu angelieferten E 18 aus der Serienlieferung auch in das mitteldeutsche Eisenbahnnetz. Die E 18 25 machte den Anfang und kam Mitte August ins Bahnbetriebswerk Leipzig-Hbf. West. Gleichzeitig wurden auch die E18-Bestände in Stuttgart und München aufgestockt. Im Dezember 1937 erhielt auch das Bahnbetriebswerk Augsburg Lokomotiven der Baureihe E 18, die hauptsächlich auf der Strecke nach Nürnberg zum Einsatz kamen. Nachdem Österreich 1938 vom Deutschen Reich vereinnahmt worden war, erweiterte sich das Einsatzgebiet für die Lokomotiven der Reihe E 18 nach Osten.

Die E 18 22 auf der Pariser Weltausstellung 1937

Die Münchener E 18 22 war erst wenige Wochen alt, als sie für eine Präsentation auf der Pariser Weltausstellung des Jahres 1937 ausgewählt wurde. Die Lokomotive wurde auf Hochglanz gebracht und verließ am 17. Februar das Bahnbetriebswerk München-Hbf. in Richtung Frankreich. Die Maschine wurde im „Gare des Invalides" in Paris ausgestellt und erregte beim Publikum erhebliches Aufsehen. Doch damit nicht genug: Das internationale Preisgericht zeichnete die Lokomotive mit insgesamt vier Preisen aus: Dreimal bekam die Lok einen „Grand Prix" und einmal ein „Diplome d'Honneur". Die drei Grand Prix wurden vergeben für den Gesamtaufbau der Maschine, für die Einrichtung und die Ausstattung des Führerstands sowie für die Fahrmotoren der Lokomotive. Das Diplom d'Honneur wurde dem vollständig geschweißten Rahmen der Lokomotive zuteil. Auch andere Fahrzeuge aus deutscher Produktion, darunter die erste Großdiesellok der Welt mit hydraulischer Kraftübertragung, die V 140 001, wurden mit Preisen ausgezeichnet, womit der deutsche Lokomotivbau seinen bis dahin größten Erfolg verbuchen konnte. Mit ihren Preisen „dekoriert", kehrte die E 18 22 am 17. Dezember 1937 in ihre bayerische Heimat zurück.

Links: Die ausgebaute Radsatzgruppe der E 18 37. Im Hintergrund ist die hochgehobene Lokomotive zu sehen.

Oben: Diese Aufnahme zeigt die komplizierte Konstruktion des sogenannten Federtopfantriebes, der bei den Lokomotiven der Baureihe E 18 verwendet wurde.

Oben: An einem Tag der „offenen Tür" hängt die 118 047-0 am Kran im Ausbesserungswerk München-Freimann, das über viele Jahre hinweg für den Erhalt der Baureihe E 18 zuständig war.

Die 1939 erfolgte Elektrifizierung der Strecke Nürnberg–Saalfeld brachte die nächste große Veränderung im Einsatz dieser Maschinen mit sich. Weitere Einsatzorte wurden die Bahnbetriebswerke Nürnberg-Hbf. und Halle-P. Die für die Frankenwaldbahn benötigten Lokomotiven wurden neu angeliefert oder aus anderen Bahnbetriebswerken abgezogen und in Nürnberg und Saalfeld beheimatet.

Am 7. Januar 1940 wurde die E 18 053 als letzte Maschine ausgeliefert. Die ursprünglich bis zur Ordnungsnummer E 18 092 bestellten Lokomotiven konnten aufgrund des Krieges nicht mehr gebaut werden.

In den beginnenden 1940er-Jahren waren die Einsätze der Lokomotiven in den drei elektrischen Netzen unterschiedlich. Die schlesischen Loks verkehrten weiterhin mit Schnell-, Eil- und Personenzügen auf der Schlesischen Gebirgsbahn zwischen Görlitz und Breslau. Ihre täglichen Laufleistungen lagen bei rund 500 Kilometern. Die Leipziger Loks zogen rund 80 Prozent der elektrisch bespannten Schnellzüge in Mitteldeutschland und rollten von Leipzig aus über Dessau oder Halle bis nach Magdeburg.

Die süddeutschen Maschinen hatten das größte Einsatzgebiet zu bewältigen. Sie befuhren die Hauptstrecken von München nach Stuttgart, Nürnberg und Regensburg und kamen über Salzburg auch auf die Westbahn bis nach Attnang-Puchheim in Richtung Wien oder von Nürnberg aus über die Frankenwaldbahn bis nach Saalfeld.

Die Elektrifizierung der Strecke von Nürnberg nach Leipzig kam trotz des Krieges weiter voran. Auf dem Abschnitt zwischen Saalfeld und Weißenfels rollten am 6. Mai 1941 die ersten elektrischen Züge. Doch erst am 2. November 1942 war der durchgehende elektrische Betrieb von Leipzig bis München möglich. Die elektrischen Netze in Mitteldeutschland und in Süddeutschland waren damit verbunden. Im Februar 1943 erhielt das Bahnbetriebswerk Salzburg die erste von drei „reichsdeutschen" E 18, die in der Mozartstadt den Bestand an acht Lokomotiven der Baureihe E 18.2 verstärken sollten, welche bereits vor dem Krieg von den Österreichischen Bundesbahnen bestellt worden waren. Von Salzburg aus bespannten die Lokomotiven vor allem Personenzüge nach Innsbruck, Attnang-Puchheim sowie nach Spittal an der Drau, aber auch nach München. Die E 18 42 und die E 18 046 verblieben nach dem Krieg in Österreich und wurden später in 1118.001 und 1018.101 umgezeichnet. Im Februar 1945 wurden die in Schlesien beheimateten Loks der Reihe E 18 in Richtung Westen abgefahren und den Bahnbetriebswerken München, Nürnberg und Pressig-Rothenkirchen zugeteilt.

Als der Zweite Weltkrieg 1945 zu Ende war, waren von den einst 53 Lokomotiven der Baureihe E 18 nur noch 24 Stück betriebsfähig, der Rest war beschädigt abgestellt. Ein Teil von ihnen hatte bei Luftangriffen auf München, Stuttgart und Leipzig so schwere Schäden erlitten, dass sie ausgemustert werden mussten und ein Wiederaufbau nicht mehr infrage kam. Aufgrund der neuen politischen Grenzen in Europa verteilten sich die verbliebenen Maschinen auf drei später eigenständige Bahnverwaltungen: In der amerikanischen Besatzungszone fanden sich 36 und in der sowjetischen Zone neun Lokomotiven. In Österreich waren neben den acht E 18.2 auch zwei „reichsdeutsche" E 18 stehen geblieben.

Bei der Deutschen Bundesbahn wurden die letzten Maschinen im Juli 1984 abgestellt. Bei der Deutschen Reichsbahn der DDR wurde die letzte Maschine, die E 18 019, mit Wirkung zum 30. November 1991 aus dem Betrieb genommen. Die bei den Österreichischen Bundesbahnen verbliebenen E 18 wurden gewissen Umbauten unterzogen und dabei den betrieblichen Bedingungen unseres Nachbarlandes angepasst. Sie trugen die Baureihen-Bezeichnungen 1018 und 1118. Im Jahr 1992 wurde die letzte Maschine ausgemustert.

Oben: An der 1938 gebauten E 18 44 wurden Anfang der 1950er Jahre von der Deutschen Bundesbahn Strömungsmessungen durchgeführt. Die Lok wurde 1984 ausgemustert.

Unten: Ellok E 18 202 der Österreichischen Bundesbahnen. Die Lok war zum Zeitpunkt der Aufnahme in Salzburg stationiert.

Oben: Am 2. September 1939 ist die E 19 02 auf der Frankenwaldrampe in der Nähe von Steinbach am Wald mit einem schweren Eilzug unterwegs.

Die E 19, die „Edelrenner" der Deutschen Reichsbahn, Baujahre 1939 und 1940

Bis zum Jahr 1937 hatte die Deutsche Reichsbahn mehr als 30 der neuen Schnellzuglokomotiven der Baureihe E 18 in Betrieb genommen, die sich bestens bewährten. Aufgrund dieser Erfahrungen entschloss sich die Deutsche Reichsbahn, vier Prototypen einer leistungsstärkeren „Schnellfahrlokomotive" zu bauen. Der Grund für den Bau dieser „Superlokomotiven" war das Vorhaben, Fernschnellzüge auf der noch zu elektrifizierenden Magistrale Berlin–München mit einer maximalen Geschwindigkeit von 180 Stundenkilometern verkehren zu lassen.

Am 15. Mai 1939 konnte der elektrische Betrieb auf der Strecke Nürnberg–Saalfeld aufgenommen werden. Man war überzeugt, in den folgenden Jahren die Elektrifizierung der Strecke bis nach Berlin fortführen zu können. Dabei ging man auf der Relation München–Berlin von einer Fahrzeit für Schnellzüge von fünf Stunden und 50 Minuten aus. Doch der Ausbruch des Zweiten Weltkriegs machte all diese Vorhaben zunichte.

Auf der Basis der E 18 sollten die neuen elektrischen Hochleistungsloks entstehen. Dabei wurden 1937 AEG und Henschel/Siemens mit dem Bau von je zwei Prototypen beauftragt. AEG lieferte am 19. Januar 1939 die E 19 01 an die Deutsche Reichsbahn. Am 28. Februar 1939 folgte die Auslieferung der E 19 02.

Die Maschinen E 19 11 und E 19 12 stammten von Henschel & Sohn in Kassel. Der elektrische Teil wurde von den Siemens-Schuckert-Werken in Berlin geliefert. Am 20. September 1939 ging die E 19 11 in Dienst. Die Aufnahme in den Betriebsdienst erfolgte erst im Mai 1940. Die zweite Maschine von Henschel/Siemens, die E 19 12, wurde als letzte Lok der Baureihe E 19 an die Reichsbahn übergeben. Dies war im Juli 1940. Als die Maschinen der Baureihe E 19 in Betrieb gingen, trugen die damals bei der Deutschen Reichsbahn verkehrenden Elektrolokomotiven eine blaugraue Lackierung. Um diese für ihre Zeit ungewöhnlichen Lokomotiven besonders hervorzuheben, erhielten die vier Maschinen der Baureihe E 19 eine auffällige Farbgebung. So war bei der E 19 02 der gesamte Aufbau einschließlich der großen Frontschürzen und der Sandkästen rot lackiert. Der gesamte Dachbereich war silberfarben gehalten, der Rahmen schwarz. Die beiden Frontpartien zierte ein großer plastisch ausgeformter Hoheitsadler aus Aluminiumguss. An beiden Längsseiten waren Halbreliefs des Reichsadlers angebracht. Hinzu kamen bei den Maschinen E 19 01 und E 19 02 drei auflackierte umlaufende silbergraue Zierstreifen, die bei den beiden anderen Maschinen E 19 11 und E 19 12 als aufgesetzte silberfarbene Deckleisten ausgeführt waren.

Nachdem alle vier Maschinen dem Versuchsamt in München für Test- und Probefahrten zur Verfügung gestanden hatten, wurden sie beim Bahnbetriebswerk Nürnberg-Hbf. beheimatet. Im planmäßigen Verkehr waren sie zwischen München und Saalfeld eingesetzt. Ab Anfang Mai 1941 dehnte sich ihr Einsatzgebiet bis nach Weißenfels und ab November 1942 auch bis nach Leipzig aus. Bemerkenswerte Laufleistungen wurden in diesen bereits von den Kriegsereignissen geprägten Jahren nicht erbracht. Besonders bei den beiden Lokomotiven E 19 11 und E 19 12 sorgten verschiedene Schäden und Störungen für längere Aufenthalte im Ausbesserungswerk München-Freimann und bei der Herstellerfirma des elektrischen Teils. Die E 19 11 wurde bei Luftangriffen Anfang Juli 1943 und im Frühjahr 1945 erheblich beschädigt. Ende des Zweiten Weltkriegs waren nur noch die E 19 01 und E 19 12 betriebsfähig. Die E 19 11 und die E 19 02 wurden durch Fliegerangriffe beschädigt.

Als der Zweite Weltkrieg beendet war, gelangten alle vier Maschinen zur Deutschen Bundesbahn. Sie wurden wieder instand gesetzt und waren ab 1950 wieder einsatzbereit. Zusammen mit den Lokomotiven der Baureihe E 18 verkehrten sie vor Eil- und Schnellzügen von Nürnberg nach München, Regensburg und Ludwigsstadt sowie nach Stuttgart.

Als die Deutsche Bundesbahn zu Beginn des Jahres 1968 bei ihren Fahrzeugen das EDV-Nummernsystem einführte, wurden die vier Maschinen, die nunmehr die Baureihen-Bezeichnung 119 trugen, zum Bahnbetriebswerk Hagen-Eckesey umstationiert. Von hier aus verkehrten sie vor schnellen Reisezügen zwischen Aachen und Hannover. Die in ihrer Technik ungewohnten Maschinen waren dort beim Lok- und Werkstättenpersonal wenig beliebt. Nach nur knapp zwei Jahren kehrten alle vier E 19 wieder in ihre fränkische Heimat zum Bahnbetriebswerk Nürnberg-Hbf. zurück. Die E 19 01 hatte im Herbst 1948 bei ihrer Wiederinstandsetzung durch die Lokomotivfabrik Krauss-Maffei einen grünen Anstrich erhalten. Im November 1958 wurde der Lokomotivkasten blau und das Fahrwerk schwarz lackiert. In dieser Farbgebung war dann die E 19 01 bis zu ihrer Abstellung im September 1977 unter-

Baureihe E 19

Erstes Baujahr:	1939
Gesamtserie:	2 Loks
Bauart:	1' Do 1'
Länge über Puffer:	16 920 Millimeter
Gesamtachsabstand:	12 800 Millimeter
Treibraddurchmesser:	1600 Millimeter
Laufraddurchmesser:	1100 Millimeter
Dienstgewicht:	113 Tonnen
Anzahl d. Fahrmotoren:	4 Elektromotoren
Antrieb:	Federtopf
Stundenleistung:	4000 kW bei 180 km/h
Dauerleistung:	3720 kW bei 180 km/h
Höchstgeschwindigkeit:	180 km/h

Oben: Der Führerstand einer Lok der Baureihe E 19. In der Mitte des Tisches ist der mit einem Holzgriff versehene Knebel zu sehen, mit dem die Fahrstufen aufgeschaltet werden können. An der Wand daneben sind die beiden Bremsventile zu erkennen. In der Bildmitte sind übereinander drei Instrumente angebracht, von denen das unterste der Tachometer ist.

Oben: In welch solider Bauweise die Lokomotivrahmen der E 19-Maschinen hergestellt wurden, zeigt diese Aufnahme.

Unten: Eine Hohlwelle mit Zahnkranz, die zusammen mit den Federtöpfen in die Treibachse eingebaut wird.

wegs. Ausgemustert wurde diese Lokomotive im November des gleichen Jahres.
Auch die E 19 02 trug einen grünen Farbanstrich. 1975 bekam auch sie wie die E 19 01 eine blau-schwarze Farbgebung. Im Oktober 1977 wurde die E 19 02 von der Ausbesserung zurückgestellt. Als letzte Lokomotive ihrer Baureihe wurde sie im Januar 1978 ausgemustert und anschließend verschrottet.
Allein die E 19 11, die im Jahr 1950 im AW München-Freimann eine Hauptuntersuchung erhalten hatte, erstrahlte wieder in ihrem traditionellen roten Glanz. Nur für kurze Zeit trug die E 19 11 diese Farbe. Schon im Februar 1953 wurde sie grünschwarz lackiert. In dieser Farbgebung schied sie wegen eines Schadens am Haupttransformator im Juni 1975 aus dem Dienst. Auch sie wurde, nach ihrer Ausmusterung im Dezember 1975, verschrottet.
Ende 1952 erhielt die Die E 19 12 einen bei der DB üblichen blauen Anstrich. 1966 wurde dieser Anstrich nochmals erneuert. Ausgemustert wurde sie im April 1977.
Die Konstruktion des Fahrwerks war für eine Höchstgeschwindigkeit von bis zu 225 Stundenkilometern ausgelegt. Im regulären Zugbetrieb blieb die maximale Geschwindigkeit jedoch auf 180 Stundenkilometer begrenzt.
Eine besondere Beachtung verdient die Bremsausrüstung der E19-Maschinen. Damals galt ein Vorsignalabstand von 1000 Metern. Um bei einer Geschwindigkeit von mehr als 140 Stundenkilometern einen Bremsweg von unter 1000 Metern sicherzustellen zu können, erhielten die Lokomotiven der Baureihe E 19 eine neu entwickelte zweistufige Druckluft-Schnellbremse, die zusammen mit einer elektrischen Widerstandsbremse arbeitete. Die Bremswiderstände zur Ableitung der in Wärme umgesetzten Bremsleistung von kurzzeitig einigen 1000 Kilowatt waren bei der E 19 11 und E 19 12 im großen Dachaufbau untergebracht. Bei einem entsprechenden Bremsvorgang öffneten sich die Stirnseiten automatisch. Alle Radsätze hatten zweiseitige Bremsklötze.
Der Fahrzeugkasten glich in seinen Abmessungen dem der E 18. In ihrer Bauausführung unterschieden sich die E 19 11 und E 19 12 vor allem durch die geänderte Anordnung von Lüftergittern und Maschinenraumfenstern sowie durch den wesentlich höheren Dachaufbau der AEG-Lokomotiven. Die elektrische Ausrüstung der E 19 11 und E 19 12 unterschied sich von der AEG-Bauart durch die Verwendung von Doppelmotoren, die über Getriebe und den bekannten AEG-Federtopf-Hohlwellenantrieb auf den dazugehörenden Treibradsatz wirkten. Sie wurden als klassische Wechselstrom-Kommutator-Motoren über ein 15-stufiges Niederspannungsschaltwerk mit Zusatz-Feinstufen-Schaltwerk gesteuert.
Die für die damalige Zeit ungewöhnlich hohen Leistungen dieser neuen Maschinen wurden bei verschiedenen Versuchs- und Messfahrten untersucht. Vor einem 750 Tonnen schweren Schnellzug kam die E 19 01 auf eine größte Leistung von 5280 Kilowatt, die später von der E 19 11 mit 5700 Kilowatt, nahezu 8000 PS, noch übertroffen wurde. Bei verschiedenen Probefahrten wurde wiederholt ohne Probleme die Höchstgeschwindigkeit von 200 Stundenkilometern erreicht. Bis zum Erscheinen der E 03 im Jahr 1965 blieben die Maschinen der Baureihe E 19 damit die leistungsfähigsten und schnellsten deutschen Elektrolokomotiven.
Von den Lokomotiven der Baureihe E 19 blieben zwei Maschinen erhalten. Es handelt sich dabei um die E 19 01 von AEG und die E 19 12 von Henschel/Siemens.

Die schweren Güterzuglokomotiven der Baureihe E 94, Baujahr 1940

Mitte der 1930er-Jahre wuchs das Verkehrsaufkommen der Reichsbahn enorm an. Der Güterverkehr sollte beschleunigt werden. Um hier eine Lösung zu schaffen, bestellte die Reichsbahn im November 1937 die ersten elf Lokomotiven der Baureihe E 94. Die AEG in Hennigsdorf übernahm die Entwicklung dieses Loktyps sowohl für den mechanischen als auch für den elektrischen Teil. Grundlage für diese neuen Maschinen war die Konstruktion der Loks der Baureihe E 93, die seit 1933 im Dienst standen. Das Leistungsprogramm für die neuen Maschinen der Reihe E 94 sah in der Ebene die Beförderung eines 2000 Tonnen schweren Zuges mit 85 Stundenkilometern vor. In einer Steigung von 25 Promille sollten 600 Tonnen schwere Züge noch mit 50 Stundenkilometern bewegt werden können.

Neben der AEG wurden auch die Berliner Siemens-Schuckert-Werke für den elektrischen Teil und die Münchner Lokomotivfabrik Krauss-Maffei an der Herstellung der E 94 beteiligt. Später vergab die Deutsche Reichsbahn auch Aufträge an die österreichischen ELIN-Werke und an die Wiener Lokomotivfabrik Floridsdorf.

Unten: Seitenansicht der Baureihe E 93 mit Vermaßung.

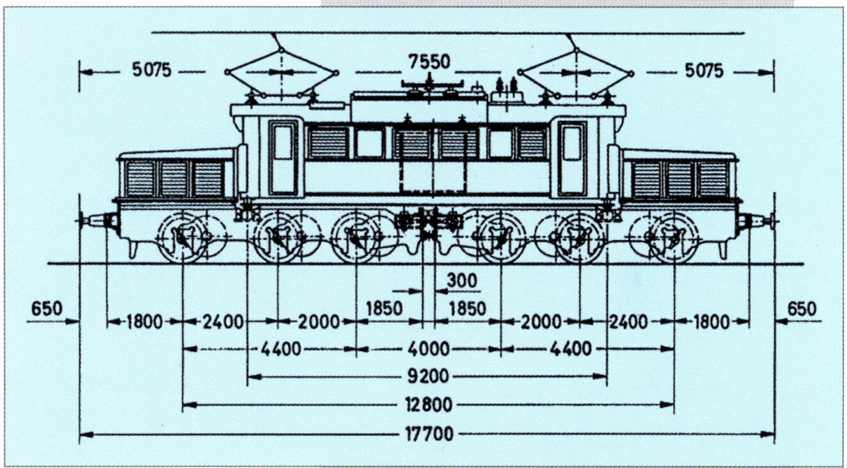

Im Vergleich zur Vorgängerbaureihe E 93 unterschied sich die E 94 rein optisch durch die fischbauchförmigen Längsträger des Lokomotivkastens. Auch die Gestaltung der Stirnfenster, der Dachaufbau, der größere Radsatzabstand und die zusätzlichen Lüftungslamellen waren äußerlich erkennbare Unterscheidungsmerkmale.

Bis 1945 hatte die Deutsche Reichsbahn insgesamt 285 Lokomotiven der Baureihe E 94 in Auftrag gegeben. Doch bis zum Ende des Zweiten Weltkriegs konnten die AEG, die Siemens-Schuckert-Werke und Krauss-Maffei nur insgesamt 145 Maschinen fertigen. Es handelte sich um die Loks mit den Betriebsnummern E 94 001 bis E 94 136 und E 94 151 bis E 94 159.

Die in Österreich bei Elin zu fertigenden Loks E 94 143 und E 94 144 wurden wegen mangelnder Kapazitäten im Rohbau von Wien ins Ausbesserungswerk München-

Unten: Die E 94 280 mit dem Personen-Eilzug E 554 im Jahr 1954 im Bahnhof von Donauwörth.

Freimann überführt, wo sie komplettiert werden sollten. Am 12. Juli 1944 fielen sie jedoch einem Bombenangriff zum Opfer. Auch die fabrikneue E 94 083 wurde am 10. März 1943 unmittelbar vor ihrer Abnahme bei einem Luftangriff auf das Bahnbetriebswerk München-Hbf. zerstört. Ein ähnliches Schicksal ereilte die E 94 010 in München-Freimann und die E 94 015 in Innsbruck.

Baureihe E 94

Erstes Baujahr:	1940
Gesamtserie:	146 Loks
Bauart:	Co' Co'
Länge über Puffer:	18 600 Millimeter
Gesamtachsabstand:	13 700 Millimeter
Raddurchmesser:	1250 Millimeter
Dienstgewicht:	118 bis 121 Tonnen
Anzahl der Fahrmotoren:	6 Elektromotoren
Antrieb:	Tatzlager
Stundenleistung:	3240 kW bei 75,5 km/h
Dauerleistung:	3090 kW bei 77 km/h
Höchstgeschwindigkeit:	90 bis 100 km/h

Ursprünglich waren die E 94 für den Einsatz auf der Geislinger Steige, im Franken- und Thüringerwald sowie auf der Strecke Nürnberg–Saalfeld vorgesehen. Durch den Anschluss Österreichs ans Deutsche Reich dehnte sich das Einsatzgebiet der Baureihe E 94 erheblich aus. Es kamen hinzu die Bergstrecken des Arlbergs, der Tauern und des Brenners.

Die E 94 001, als erste Maschine ihrer Baureihe, wurde im Mai 1940 dem Bahnbetriebswerk Innsbruck zugewiesen. Bis September 1940 folgten auch die E 94 002 bis E 94 006. Rund ein Drittel der bis 1945 beschafften E94-Lokomotiven tat auf österreichischen Strecken Dienst. Weitere E94-Standorte in der sogenannten „Ostmark" waren Salzburg, Schwarzach-St. Veit, Spittal am Millstättersee und Bludenz.

Die Innsbrucker Loks leisteten schwere Dienste auf der Brennerbahn, die im Zeichen der strategisch wichtigen Kohle- und Nachschubtransporte nach Italien in den Brennpunkt des Eisenbahnbetriebs im Alpenraum gerückt war. Güterzüge, die aus Richtung Norden in Innsbruck ankamen, wurden in der Regel von zwei E 94 übernommen, wobei eine Maschine als Zuglok und die andere als Schiebelokomotive diente. Zudem liefen Innsbrucker Lokomotiven vor durchgehenden Güterzügen zwischen München und dem Brenner.

Ende 1940 hatte sich in Salzburg mit 20 Maschinen der größte E94-Bestand in Österreich gebildet. Die Loks zogen schwere Güterzüge auf dem bis Attnang-

Unten: Das Bahnbetriebswerk Salzburg gehörte zu den ersten Hochburgen der Baureihe E 94. Auch nach dem Krieg verblieben dort zahlreiche Maschinen, an denen mitunter der Eigentümer „Österreich" angeschrieben wurde.

Puchheim elektrifizierten Abschnitt der Westbahn in Richtung Wien. Besonders wichtig war der Verkehr auf der Tauernbahn, die zu diesem Zeitpunkt bis Spittal-Millstättersee elektrisch betrieben wurde.
Die bis zu zehn E 94 in Schwarzach-St. Veit waren ebenso wie die Lokomotiven in Spittal-Millstättersee vor allem für den Schiebe- und Vorspanndienst auf der Tauernbahn zuständig. Das Bahnbetriebswerk Bludenz, das im Juni 1943 als letzte Reichsbahn-Dienststelle in Österreich Lokomotiven der Baureihe E 94 zugeteilt bekam, setzte seine Lokomotiven vor allem auf der Arlbergbahn ein. Sowohl auf der Westrampe von Bludenz bis Langen am Arlberg als auch auf der Ostrampe von Landeck bis St. Anton galt es schwere Reise- und Güterzüge zu befördern.
Als erste Dienststelle in Deutschland bekam im Oktober 1940 das Bahnbetriebswerk Pressig-Rothenkirchen am Fuße der Frankenwaldrampe die Loks der Baureihe E 94. Diese neuen Elektrolokomotiven verkehrten vor schweren Güterzügen bis nach Saalfeld, Lichtenfels und Nürnberg. Als am 2. November 1942 der durchgehende elektrische Zugbetrieb von Nürnberg bis Leipzig möglich war, fuhren die E 94 aus Pressig-Rothenkirchen auch bis nach Weißenfels.
Im Dezember 1941 erhielt auch das oberbayerische Bahnbetriebswerk Rosenheim seine ersten beiden E 94er, die vor allem im kriegswichtigen Güterverkehr zu den Stahlwerken in Linz sowie im Brennerverkehr bis nach Innsbruck eingesetzt wurden. Auch das Bahnbetriebswerk Kornwestheim konnte im Frühjahr 1942 die ersten E 94 einsetzen. Die Loks sollten helfen, die Zugdichte auf der Geislinger Steige zu erhöhen. In Süddeutschland wurden bis Dezember 1943 auch die Bahnbetriebswerke München-Ost, Augsburg und Freilassing mit der E 94 versorgt. In Mitteldeutschland wurden nur einige wenige Maschinen in Probstzella, Saalfeld und Leipzig-Wahren beheimatet.
Neben Süddeutschland und Österreich bildete sich in Schlesien ein weiterer Schwerpunkt des E94-Einsatzes. Speziell auf der schlesischen Gebirgsbahn zwischen Breslau und Görlitz waren schwerste Güterzüge zu bespannen. So erhielt Waldenburg-Dittersbach schon zum Jahreswechsel 1940/41 drei fabrikneue E 94. Bis Januar 1943 wuchs der Bestand auf 16 Maschinen an, die zusammen mit Loks der Baureihe E 95 den schweren Kohlenverkehr übernahmen. Auch im Görlitzer Bahnbetriebswerk Schlauroth tauchten im Juli 1942 die ersten E 94 auf.
Die Lokomotiven in den schlesischen Bahnbetriebswerken wurden gegen Ende des Zweiten Weltkriegs von der zurückweichenden Ostfront überrollt. Einige Loks sollten vor der heranrückenden Roten Armee in Sicherheit gebracht und nach Bayern und Österreich abgefahren worden sein. Die verbliebenen Loks kamen zum großen Teil als Reparationsleistungen nach Russland. In der Sowjetunion wurden die Loks, darunter auch Maschinen der Reihe E 94, auf Breitspur umgebaut und bei Versuchen mit dem deutschen Stromsystem eingesetzt. Erst Mitte der 1950er-Jahre konnte die DDR diese Lokomotiven „zurückkaufen".
Als nach Kriegsende 1945 neue Grenzen gezogen wurden, verteilten sich die E 94 wie folgt: Süddeutschland 66, Mitteldeutschland 17, Berlin-West eine, Schlesien zwölf, Österreich 47 und Tschechoslowakei zwei Lokomotiven. Darüber hinaus standen bei der AEG im sowjetisch besetzten Hennigsdorf bei Berlin die weitgehend fertiggestellten E 94 160 und die E 94 161. Weitere Lokomotiven waren bei Krauss-

Oben: Unter anderem im Ausbesserungswerk München-Freimann wurden die Lokomotiven der Baureihe E 94 regelmäßig gewartet. Blick in eine der Werkshallen mit mehreren Maschinen.

E 94 als Reparationsleistung

Viele der in Schlesien und in der sowjetischen Besatzungszone verbliebenen E 94 werden nach dem Krieg als Reparationsleistung in die UdSSR abgefahren. Dort werden sie zwischen 1948 und 1951 zusammen mit E44-Lokomotiven auf der Strecke Workuta–Kotlas getestet, die mit Einphasen-Wechselstrom mit 15 kV und 16 2/3 Hz betrieben wird. Zu diesem Zweck erhalten die Loks die russische Mittelpufferkupplung; die Radsätze werden auf 1524-Millimeter-Breitspur gepresst. Bis zum Oktober 1952 kehren insgesamt 27 Maschinen nach Ostdeutschland zurück; vier Stück werden bis 1954 an die Bundesbahn verkauft.

Oben: Eine Reise mit dem „Gläsernen Zug" in den 1930er-Jahren.

Unten: Am 14. September 1935 wurde der elT 1999, der spätere ET 91 02, von der Deutsche Reichsbahn abgenommen. In den folgenden Wochen schlossen sich die ersten Probefahrten an. Bei einer dieser Fahrten entstand diese Aufnahme im Bahnhof Bischofswiesen auf der Strecke Freilassing–Berchtesgaden.

Maffei in München und bei der Wiener Lokomotivfabrik Floridsdorf in Arbeit. Letzten Endes gab es bei der Deutschen Bundesbahn einschließlich der Nachbauten insgesamt 124 Lokomotiven der Reihe E 94. Bei der Deutschen Reichsbahn der DDR waren es 23 Loks. Österreich nahm an den dort verbliebenen 44 Maschinen verschiedene Umbauten und Verbesserungsmaßnahmen vor und bezeichnete diese Lokomotiven als Reihe 1020.

ET 91, der „Gläserne Zug"

Zu Beginn der 1930er-Jahre machte die Deutsche Reichsbahn große Anstrengungen, das Reisen mit der Bahn attraktiver zu machen. Mit diesen Maßnahmen war man bemüht, der neu aufkommenden Konkurrenz des Omnibusses entgegenzutreten.

Um den Reisenden speziell auf den diversen Alpenbahnen im süddeutschen Raum einen besonderen Reisegenuss zu ermöglichen, bestellte die Reichsbahndirektion München im Jahr 1933 zwei elektrische Aussichtstriebwagen bei der Waggonfabrik AG Fuchs in Heidelberg, die im Sommer 1935 an die Deutsche Reichsbahn geliefert wurden. Ihre Betriebsnummern lauteten elT 1998 und elT 1999. Die elektrische Ausrüstung stammte von der AEG in Berlin. Durch die spezielle Bauweise dieser Fahrzeuge sollten den Fahrgästen beste Sichtverhältnisse von allen Plätzen aus garantiert sein. Der Aussichtstriebwagen elT 1998 wurde auch auf der Ausstellung „100 Jahre Deutsche Eisenbahnen" 1935 in Nürnberg gezeigt.

Ab dem 6. Januar 1936 konnte der Probebetrieb aufgenommen werden. Die Abnahmefahrt fand am 27. Februar 1936 von München nach Kufstein und zurück statt.

Die gesamte Erprobung war dann bis Anfang April 1936 abgeschlossen. Der zweite elektrische Aussichtstriebwagen, der elT 1999, wurde am 30. Juli 1935 von den Herstellerfirmen an die Deutsche Reichsbahn geliefert. Seine Abnahme erfolgte im September des gleichen Jahres.

Ab dem Frühjahr 1936 wurden die beiden elektrischen Aussichtstriebwagen elT 1998 und elT 1999 beim Bahnbetriebswerk München-Hauptbahnhof beheimatet und von dort aus eingesetzt. Da sich diese Fahrzeuge großer Beliebtheit erfreuten, wurden von der Bahn im Winter 1936 und 1937 an bestimmten Verkehrstagen Sonderfahrten angeboten. Sie führten von München aus nach Mittenwald, Innsbruck und Kufstein. Eine weitere beliebte Reiseroute war die Rundfahrt München–Salzburg–Bischofshofen–Wörgl–Kufstein–München. Bereits in diesen Jahren bürgerte sich für die beiden Triebwagen die Bezeichnung „Gläserner Zug" ein. Die „Karwendelrundfahrt" oder die „Große Alpenrundfahrt" erfreuten sich bei den Reisenden stets großer Beliebtheit. Die Einsatzmöglichkeiten des „Gläsernen Zuges" waren in diesen Jahren allerdings auf den Süden Deutschlands und ins angrenzende Österreich beschränkt, da nur diese Strecken elektrifiziert waren. 1940 erhielten die beiden Triebwagen die neuen Bezeichnungen ET 91 01 und ET 91 02.

Bei einem Bombenangriff auf München am 9. März 1943 brannte der ET 91 02 aus und musste ausgemustert werden.

Der zweite elektrische Aussichtstriebwagen, der ET 91 01, wurde nach diesem Bombenangriff nach Bichl an der Strecke Tutzing–Kochel gebracht. Im dortigen Lokschuppen wurde das wertvolle Fahrzeug eingemauert und überstand so unbeschadet den Krieg. Im Sommer 1949 wurde er voll betriebsfähig aufgearbeitet. Der Triebwagen wurde dem Fahrzeugbestand des Bahnbetriebswerks München-Hauptbahnhof zugeteilt.

Das Einsatzgebiet des ET 91 01 blieb auch nach dem Krieg auf die wenigen elektrifizierten Strecken in Süddeutschland und im angrenzenden Österreich beschränkt. Als sich dann aber im Laufe der nächsten Jahrzehnte die Elektrifizierung des deutschen und ausländischen Eisenbahnnetzes immer mehr ausbreitete, konnten mit dem „Gläsernen Zug" auch weiter entfernte Reiseziele erreicht werden. So war der ET 91 01 in Bremerhaven, Aachen, Trier, Basel und Passau sowie ab dem Ende der 1950er-Jahre auch in der Schweiz unterwegs. Aber nicht nur Eintagesfahrten absol-

Baureihe ET 91

Erstes Baujahr:	1935
Gesamtserie:	2 Triebwagen
Bauart:	Bo' 2'
Länge über Puffer:	20 600 Millimeter
Drehgestellmittelabstand:	13 815 Millimeter
Raddurchmesser:	950 Millimeter
Dienstgewicht:	45,4 Tonnen
Anzahl der Fahrmotoren:	2 Elektromotoren
Antrieb:	Tatzlager
Stundenleistung:	390 kW bei 72 km/h
Dauerleistung:	350 kW bei 74 km/h
Höchstgeschwindigkeit:	110 km/h

Oben: Eine Gruppe bayerischer Trachtler mit dem „Gläsernen Zug" zwischen Garmisch und Mittenwald. Im Hintergrund die „Viererspitze".

Rechts: Einen Tag nach dem tragischen Unfall in Garmisch, am 13. Dezember 1995, entstand diese Aufnahme. Sie zeigt deutlich das Maß der Zerstörung am „Gläsernen Zug".

Oben: Fabrikschilder des ET 91 01.

vierte der ET 91 01 unter der Regie der Bundesbahndirektion München, sondern auch Mehrtagesreisen wie nach Hamburg, Königswinter, Montreux, Lugano, Interlaken, Graz und Wien wurden angeboten. Diese Fahrten erfreuten sich bei den Reisenden größter Beliebtheit.

Als im Januar 1968 die Deutsche Bundesbahn für ihre Fahrzeuge neue EDV-Bezeichnungen einführte, erhielt der Triebwagen die neue Bezeichnung 491 001-4.

Im Jahr 1972 legte er mehr als 87 000 Kilometer zurück. Eine beachtliche Laufleistung.

Bis zum Jahr 1979 erreichte der ET 91 01 eine Gesamtlaufleistung von mehr als 2 000 000 Kilometern. Zu den beliebtesten Reisezielen zählten die Orte Innsbruck, St. Anton, Matrei am Brenner, Reutte in Tirol oder Spital am Millstättersee.

Am 12. Dezember 1995 wurde der „Gläserne Zug" bei einer Karwendelrundfahrt in Garmisch-Partenkirchen durch einen schweren Frontalzusammenstoß mit einer österreichischen E-Lok der Reihe 1044 schwer beschädigt. Bei dem Unfall kam ein Reisender ums Leben, 46 Fahrgäste wurden zum Teil schwer verletzt.

Trotz anfänglicher Planungen wurde der ET 91 01 aus Kostengründen nicht wieder aufgearbeitet. Zum 31. Dezember 1997, nach einer Dienstzeit von mehr als 60 Jahren, wurde der beliebte Ausflugstriebwagen ausgemustert. Heute steht der „Gläserne Zug" im Augsburger Bahnpark.

Oben: Führertisch des „Gläsernen Zuges".

Die Elektro-Schnelltriebwagen der Reihe ET 11

Anfang der 1930er-Jahre nahm die Deutsche Reichsbahn mit bis zu 160 Stundenkilometer schnellen Dieseltriebwagen der Bauarten „Hamburg" und „Leipzig" einen innerdeutschen Städte-Schnellverkehr auf. Da im Süden Deutschlands bereits einige der Hauptstrecken elektrifiziert waren und eine durchgehende Elektrifizierung der Strecke München–Nürnberg–Leipzig–Berlin in Planung war, befasste sich die Deutsche Reichsbahn in dieser Zeit auch mit dem Bau von elektrischen Schnelltriebwagen.

Der erste der drei Triebwagen erhielt die Bezeichnung elT 1900. Er entstand in Esslingen in Zusammenarbeit mit BBC, von wo der elektrische Teil des Fahrzeugs stammte. Dieser Triebwagen erhielt einen Buchli-Antrieb. Der weitere Triebwagen, der elT 1901, kam von MAN und wurde im elektrischen Teil von den Siemens-Schuckert-Werken ausgerüstet. Er erhielt im Gegensatz zum elT 1900 einen Tatzlager-Antrieb. Den dritten elektrischen Schnelltriebwagen, den elT 1902, fertigten MAN und AEG. Ausgeliefert wurden die drei Triebwagen im Juni 1935, im Juli 1936 und im September 1937. Ab dem Jahr 1940 erhielten sie von der Deutschen Reichsbahn die geänderten Bezeichnungen ET 11 01 bis ET 11 03. Die Fahrgastabteile waren aufwendig und luxuriös ausgestattet. Auf der großen Fahrzeugparade in Nürnberg wurde der elT 1900 vorgestellt.

Die offizielle Abnahme des elT 1900 fand am 9. Dezember 1935 statt. Die in ihn gesetzten Erwartungen erfüllte er voll und ganz. So war er in der Lage, nach 150 Sekunden bereits seine Spitzengeschwindigkeit von 160 Stundenkilometern zu erreichen.

Baureihe ET 11

Erstes Baujahr:	1935
Gesamtserie:	9 Triebwagen
Bauart:	Bo' 2' + 2' Bo'
Länge über Puffer:	43 585 Millimeter
Drehzapfenabstand:	13 900 Millimeter
Treibraddurchmesser:	1100 Millimeter
Laufraddurchmesser:	950–970 Millimeter
Dienstgewicht:	104–113,5 Tonnen
Antrieb:	Buchli, Tatzlager und Federtopf
Stundenleistung (Buchli):	1413 kW bei 144 km/h
Dauerleistung (Buchli):	1250 kW bei 159 km/h
Höchstgeschwindigkeit:	160 km/h

Im Frühjahr 1938 steht der elT 1902 für eine Probefahrt im Hauptbahnhof von München.

Oben: Der zweiteilige ET 11 in der Version der Deutschen Bundesbahn.

Unten: Ein Blick in den elegant ausgestatteten Speiseraum eines elektrischen Schnelltriebwagens der Reihe ET 11. Die Aufnahme stammt aus dem Jahr 1958.

Der beim Bahnbetriebswerk München-Hbf. beheimatete elT 1900 nahm vermutlich Anfang August 1936 seinen Plandienst auf. Als FDt 721/722 verkehrte er von München aus nach Stuttgart und nach Berchtesgaden. Als ab Juli 1936 der zweite Elektro-Schnelltriebwagen, der elT 1901, zur Verfügung stand, konnte ein weiteres Zugpaar, der FDt 720/723, der ebenfalls auf der Relation München–Stuttgart verkehrte, eingesetzt werden. Im Februar 1938 kam der dritte Triebwagen, der elT 1902, hinzu. Die planmäßige Reisegeschwindigkeit lag bei 120 Stundenkilometern.

Mit dem Beginn des Zweiten Weltkriegs endete der planmäßige Einsatz dieser elektrischen Schnelltriebwagen. In den ersten Kriegsjahren verkehrten diese Triebzüge im Sonderverkehr. Ab Anfang 1943 wurden sie abgestellt. Der ET 11 03 befand sich bis Kriegsende im Ausbesserungswerk Lauban in Schlesien. Nach dem Ende des Krieges tauchte er schwer beschädigt in München auf. Ab April 1946 war er dann wieder betriebsbereit. Der ET 11 02 blieb bis Oktober 1947 außer Betrieb. Der ET 11 01 konnte bereits im Sommer 1945 seinen Dienst wieder aufnehmen. Mit dem Winterfahrplan 1948/49 konnten die Einsätze dieser eleganten Triebwagen zwischen München und Berchtesgaden wieder aufgenommen werden.

In der Zeit vom November 1950 bis zum Juli 1952 wurden die drei ET 11 bei Rathgeber in München und bei WMD in Donauwörth diversen Umbauten und einer vollkommenen Aaufarbeitung unterzogen. Dabei bekamen der ET 11 01 und -02 neue Drehgestelle. Die Fahrzeuge erhielten eine blau-hellgraue Lackierung. 1955 wurde der ET 11 01 mit einem Tatzlager-Antrieb ausgerüstet. Im Jahr 1957 erfolgte ein weiterer Umbau, wobei die Triebwagen mit einem Speiseraum mit Küche versehen wurden. Die

Oben: Am 22. November 1929 absolvierte die V 32 01 ohne wesentliche Probleme eine Probefahrt von Stuttgart nach Augsburg.

Triebwagen führten nur noch die erste Klasse. Ihr Anstrich war nunmehr rot. Der ET 11 01 und der ET 11 02 verkehrten im Sommerfahrplan 1953 zwischen München und Nürnberg. Ab dem 25. November 1957 verkehrten sie als „Münchner Kindl" zwischen München und Frankfurt/Main. Der planmäßige Einsatz der ET 11 im hochwertigen Fernverkehr endete im März 1959. Der ET 11 02 und der ET 11 03 wurden 1961 ausgemustert. Der ET 11 01 versah noch bis 1971 beim Bundesbahn-Zentralamt in München seinen Dienst. Er ist als historisches Fahrzeug bei der Deutschen Gesellschaft für Eisenbahngeschichte im Museum in Neustadt/Weinstraße erhalten.

Unten: Anzelge der Maschinenfabrik Esslingen.

Der Dieselmotor beginnt seinen Siegeszug: Die Diesel-Druckluft-Lok V 32 01, Baujahr 1929

In den 1920er-Jahren gab es zwischen der Deutschen Reichsbahn und dem russischen Eisenbahnministerium ein Abkommen zur Entwicklung leistungsstarker Diesellokomotiven. Die in diesen Jahren in Deutschland gebauten russischen Maschinen beruhten auf dieser Vereinbarung. Den deutschen Beitrag stellten die Entwicklung und der Bau einer 2'C2'-Diesellokomotive mit pneumatischer Leistungsübertragung dar. Gebaut wurde diese Maschine von der Maschinenfabrik Esslingen. Der Bau wurde 1924 begonnen, zog sich aber bis zur Fertigstellung nahezu fünf Jahre hin, ehe die ersten Probefahrten unternommen werden konnten.

V 32 01, V 120 001

Hersteller:	Maschinenfabrik Esslingen
Baujahr:	1927
Bauart:	2' C 2'
Spurweite:	1435 Millimeter
Antrieb:	6-Zylinder-MAN-U-Boot-Dieselmotor
Leistung:	1200 PS/400 U/min
Länge über Puffer:	16 330 Millimeter
Treibraddurchmesser:	1600 Millimeter
Laufraddurchmesser:	850 Millimeter
Dienstgewicht:	124,6 Tonnen
Höchstgeschwindigkeit:	80 km/h

Unten: In einer höchst eleganten Farbgebung zeigt sich der „Fliegende Hamburger" aus dem Jahr 1932.

Der Aufbau war gekennzeichnet durch einen Sechszylinder-Viertaktmotor von MAN – Maschinenfabrik Augsburg-Nürnberg –, der mithilfe von Druckluft gestartet werden konnte. Seine Leistung betrug 1200 PS. Mit diesem Motor verbunden war ein Kolbenkompressor, der die für die beiden Lokomotivzylinder erforderliche Druckluft erzeugte. Die Druckluft wurde zuvor über einen abgasbeheizten Luftvorwärmer geleitet und auf eine Zylinder-Eintrittstemperatur von 330 Grad Celsius bei 1000 PS sowie 360 Grad Celsius bei 1200 PS gebracht.

Die Lokomotive, von der Deutschen Reichsbahn als V 32 01 bezeichnet, arbeitete dann wie eine Dampflokomotive. Triebwerk samt Heusinger-Steuerung entsprachen dem einer normalen Dampflok, nur dass anstelle von Dampf die Druckluft von maximal sieben bar zur Arbeitsleistung verwendet wurde. Die Lösung schien vielversprechend, da sie die einfache Mechanik und die Elastizität der Dampflokomotive mit der guten Wärmebilanz des Dieselmotors zu vereinen schien. In der Praxis hingegen ergaben sich aber viele Probleme, die nur schwer zu lösen waren.

Dies war auch der Grund, dass die V 32 01 erst 1929 zur Auslieferung kam. Im Herstellerwerk wurden die ersten Rollversuche unternommen. Ihnen schlossen sich Streckenfahrten im Raum Stuttgart an. Nach dem gewünschten Leistungsprogramm sollte sie in der Lage sein, 230 Tonnen Zuggewicht auf einer Steigung von 25 Promille mit 20 Stundenkilometern zu befördern. Die Anfahrzugkraft sollte bei zwölf Tonnen liegen. Die Maschine war schwarz lackiert, das Fahrwerk hatte einen roten Anstrich. Die an den beiden Frontseiten befindlichen großen Kühler hatten eine silberne Farbgebung.

Die Abnahmefahrt fand am 22. November 1929 statt. Der Zug, bespannt mit der V 32 01, bestand aus zehn Schnellzugwagen mit einem Gesamtgewicht von 233 Tonnen. Er startete in Stuttgart-Obertürkheim mit dem Fahrziel Augsburg. Auf diesem Weg galt es die Geislinger Steige ohne Schubunterstützung zu meistern. Bei der Fahrt über die Rampe fiel die Geschwindigkeit bis auf 20 Stundenkilometer ab, wobei der Motor, wie es in den alten Fahrberichten heißt, nicht voll ausgelastet war. Im flotten Eilzugtempo ging es dann ohne nennenswerte Störungen nach Augsburg.

Schon bald nach der Abnahmefahrt wurde die V 32 01, später als V 120 001 bezeichnet, mit eigener Kraft zur Lokomotiv-Versuchsabteilung nach Berlin-Grunewald überführt. Dort wurde sie im Rahmen ihrer Erprobung auf der Strecke zwischen Berlin und Magdeburg vor Messzügen untersucht. Nach dem Abschluss der Untersuchungen kehrte die V 32 01 zurück, um in den nächsten Jahren zwischen Stuttgart und Bruchsal vor Eilgüterzügen eingesetzt zu werden. 1932 wurde sie ausgemustert und verschrottet. Die Idee einer Diesel-Druckluft-Lokomotive konnte sich nicht durchsetzen. Die V 32 01 ist ein Einzelstück geblieben.

Oben: 1933 wartet der „Fliegende Hamburger" vor der alten Bahnhofshalle in Hamburg-Altona auf die Abfahrt.

Der „Fliegende Hamburger", ein Mythos aus der Reichsbahnzeit, Bajahr 1932

Von der Deutschen Reichsbahn wurde 1931 die Waggon- und Maschinenbau AG in Görlitz mit dem Bau eines zweiteiligen dieselelektrischen Schnelltriebwagens beauftragt. Seine Bezeichnung lautete SVT 877 a/b. Schon ein Jahr später war der Triebwagen so weit fertiggestellt, dass er zum Einbau der beiden jeweils 302 kW starken Maybach-Dieselmotoren nach Friedrichshafen gebracht werden konnte. Erste Versuchsfahrten wurden im Oktober 1932 zwischen Friedrichshafen und Ulm durchgeführt, wobei Spitzengeschwindigkeiten von 160 Stundenkilometern erreicht wurden.

Am 15. Mai 1933 startete im Lehrter Stadtbahnhof in Berlin der neue Schnelltriebwagen zu seiner ersten offiziellen Präsentationsfahrt. Nach zwei Stunden, 18 Minuten erreichte er den Hauptbahnhof in Hamburg, wo er von einer großen Menge Schaulustiger erwartet wurde. Ab dem Sommer 1933 verkehrte der Schnelltriebwagen auf der Relation Berlin–Hamburg planmäßig. Schnell erhielt er die Bezeichnung „Fliegender Hamburger".

Bis zum Mai 1939 war der SVT 877 a/b beim Bahnbetriebswerk Berlin-Lehrter Bahnhof stationiert. Seine nächste Heimat war Hamburg-Altona. In der Kriegszeit befand er sich betriebsfähig in Bludenz in Vorarlberg.

Nach dem Krieg war er in Landau/Pfalz beheimatet und ab 1949 in Offenburg. Bei der DB erhielt er die neue Bezeichnung 04 000 a/b und verkehrte zwischen Basel und Frankfurt. Seine weiteren Stationierungen waren die Bahnbetriebswerke Dortmund-Bbf., Frankfurt-Griesheim und Hamburg-Altona. Im Juni 1957 wurde er ausgemustert.

Oben: Auf dem Weg nach Berlin verläßt der SVT 877 den Hamburger Hauptbahnhof.

SVT 877, VT 04 000
„Fliegender Hamburger“

Baujahr:	1932
Bauart:	2' Bo' 2'
Spurweite:	1435 Millimeter
Länge über Puffer:	41 920 Millimeter
Drehgestellmittenabst.:	16 900 Millimeter
Treibraddurchmesser:	1000 Millimeter
Laufraddurchmesser:	900 Millimeter
Dienstgewicht:	85,1 Tonnen
Motorisierung:	2 x V12-Zylinder-Dieselmotoren
Leistungsübertragung:	elektrisch
Leistung:	2 x 302 kW
Höchstgeschwindigkeit:	160 km/h

Unten: Mit hoher Geschwindigkeit eilt der SVT 877 „Fliegender Hamburger“ durch den Sachsenwald in der Nähe von Hamburg. Für die Strecke Berlin–Hamburg benötigt er zwei Stunden und 14 Minuten.

Im Dezember 1932 nahm ein Reporter der „Leipziger Neuesten Nachrichten“ an einer Versuchsfahrt des Schnelltriebwagens „Fliegender Hamburger“ von Berlin nach Hamburg teil. Hierzu sein Bericht:

„Schlank, schmal und äußerst geschmeidig schmiegt sich der lange Schnelltriebwagen an den Bahnsteig des Lehrter Bahnhofs in Berlin. Er wirkt wie Bild gewordene Technik. Es ist gleichsam das Gesicht des Dämons ‚Tempo', der unser Verkehrswesen beherrscht. Dann steigt man gemütlich, einer nach dem anderen, vorn in den schönen Wagen ein. Mitropa-Personal verstaut in der Garderobe hinter dem Führerstand Mäntel, Hüte und Köfferchen. Und dann verteilen sich alle auf die Sitze. In schöner, gediegener Unterpolsterung macht man es sich bequem, entweder in dem vorderen Teil des Triebwagens, oder, indem man durch den Büffetraum in der Mitte hindurchgeht, im hinteren Wagenteile. 102 Fahrgäste haben gemütlich Platz. Insgesamt ist der Wagen 42 Meter lang. Von Anfang an weiß jeder, der den soliden Luxus der Innenausstattung sieht, dass er eine sehr ruhige Fahrt vor sich hat. Die Reise mit diesem schnellen Express nach Hamburg ist eine Verlockung.

Um 10.32 Uhr morgens startete der ‚Fliegende Hamburger' auf dem Lehrter Bahnhof. Das Publikum auf den Bahnsteigen stand staunend davor. Der Wagen hat eine hohe Anfangsgeschwindigkeit, schon nach wenigen Fahrtmetern ist er bei einer Geschwindigkeit von 60 Stundenkilometern angelangt. Aber das war noch gar nichts, hinter Wittenberge sollte es erst richtig losgehen! Vorläufig fing der ‚Fliegende Hamburger' erst einmal klein an. Bis Spandau steigerte er sich schon zu 110 Stundenkilometer. Das war normale D-Zugs-Geschwindigkeit. Der Wagen tat gleich dar, dass er etwas viel Feineres ist als ein D-Zug, er ratterte und knatterte nämlich gar nicht in dem Maße, wie man es bei einem D-Zuge gewohnt ist.

Mit 110 – 120 – 130 – 140 – 150 Stundenkilometer Geschwindigkeit ging die Fahrt auf Wittenberge zu. Dadurch wurde es vor der Station Wittenberge notwendig, die Geschwindigkeit erheblich abzubremsen, denn sonst wäre der Streckenfahrplan durcheinandergeraten. Die Blockstellen, Bahnübergänge usw. würden vom zu frühen Eintreffen des Schnelltriebwagens, der seinen Gästen hatte zeigen wollen, was er konnte, überrascht worden sein. Vorn im Führerstand neben dem diensthabenden „Kapitän' war es ein Vergnügen, hinter Wittenberge mit dabei zu sein, zu sehen, wie der Wagen an Geschwindigkeit wieder aufholte und dabei bis zu 162 Stundenkilometer kam. Man saß wie im Auto bei schneller Fahrt. Der Führerstand sieht fast so aus wie der des Zeppelins. Schaltbretter mit Anzeigern und anderen Instrumenten, und oben darüber die Sichtscheiben, die der Regenwischer sauber hält. Wie im Fluge glitt der Wagen über die Schienen. Hamburg lockte! Hamburgs Weite und dahinter das große Meer – es ist immer schön, der Waterkante entgegenzufahren! Schließlich glitt der Schienenzeppelin geräuschlos im Hamburger Hauptbahnhof, Berliner Bahnsteig, ein, von einer erst stumm staunenden, dann lebhaft Bravo rufenden Bevölkerung begrüßt."

Oben: Vor dem SVT 877 haben sich bei einer Testfahrt die zuständigen Ingenieure und Techniker zu einem Foto zusammengefunden.

Ein Meilenstein im Bau von Großdieselloks, die V 140 001, Baujahr 1935

Mitte der 1930er-Jahre ging die Entwicklung von Großdiesellokomotiven in Deutschland nur sehr schleppend voran. Die Deutsche Reichsbahn zeigte wenig Interesse. Trotz dieser Umstände stellte das Zentralamt der Deutschen Reichsbahn in München im Sommer 1934 ein Leistungsprogramm für eine neu zu entwickelnde große Strecken-Diesellokomotive auf. Zu dieser Entwicklung trug sicherlich bei, dass die damaligen Schnelltriebwagen mit hydraulischer Kraftübertragung erfolgreich eingesetzt werden konnten. Die neue Diesellok mit hydraulischer Kraftübertragung sollte folgende Vorgaben erfüllen:

- Auf Nebenbahnen mussten 500 Tonnen schwere Güterzüge auf einer 10-Promille-Steigung mit 30 Stundenkilometer befördern werden können.
- Auf Hauptbahnen sollte die Lok eine maximale Geschwindigkeit von 100 Stundenkilometern erreichen. Der größte zulässige Achsdruck durfte 17 Tonnen nicht übersteigen.
- Die Lokomotive sollte im Wendezugbetrieb verkehren können.

Oben: Die Blindwelle der V 16 101, aufgenommen 1935 bei der 100-Jahrausstellung in Nürnberg.

Unter diesen Vorgaben entwarf die Lokomotivfabrik Krauss-Maffei in München die geplante Lokomotive in enger Zusammenarbeit mit dem Reichsbahn-Zentralamt München. Der Achsdruck wird auf 15 Tonnen begrenzt. Die gewählte Achsfolge 1' C 1' sollte einen sicheren und ruhigen Lauf in beide Fahrtrichtungen gewährleisten. Von MAN stammte der Dieselmotor. Das Flüssigkeitsgetriebe wurde von Voith in Heidenheim geliefert. Nach nur achtmonatiger Bauzeit war die neue dieselhydraulische Lokomotive fertig. Sie erhielt anfänglich die Bezeichnung V 16 101, die ab 1936 in V 140 001 geändert wurde. Der von MAN gelieferte Antriebsmotor war eine Achtzylinder-Maschine mit Büchi-Aufladegebläse. Die Leistung lag bei 1400 Pferdestärken. Es war ein langsam laufender Motor. Neben dem Antriebsmotor gab es noch einen weiteren, aber wesentlich kleineren Dieselmotor auf der V 140 001. Seine Leistung lag bei 120 Pferdestärken und war mit einem Generator und einem

Oben: Mit der V 16 101, später als V 140 001 bezeichnet, fanden nach ihrer Inbetriebnahme immer wieder ausgedehnte Prüf- und Testfahrten statt. Hier steht der Versuchszug mit einem sechsachsigen Messwagen am 19. Juni 1939 im Bahnhof von Bayrischzell.

Kompressor gekuppelt. Gestartet wird dieser Dieselmotor elektrisch. Die von ihm angetriebene Lichtmaschine liefert Strom für die Beleuchtung und zudem für die 24-Volt-Batterie. Der Generator erzeugte Gleichstrom von 220 Volt zum Antrieb der Hilfsmaschinen wie Lüfter, Pumpen und Luftpresser für die Bremsanlage. Der Kompressor lieferte Luft mit 60 bar Druck zum Starten der großen Dieselmaschine. Die vom Kompressor erzeugte Luft wurde in speziellen Luftflaschen gespeichert.

Das Voith-Flüssigkeitsgetriebe bestand aus einem Drehmomentwandler und zwei Kupplungen für die verschiedenen Geschwindigkeitsbereiche. Von der Blindwelle des Getriebes aus erfolgte der Antrieb der drei Kuppelachsen über Kuppelstangen. Der Hauptdieselmotor trieb über eine Voith-Maurer-Kupplung den Hochgang des Getriebes an. Der Wandler bestand aus dem Pumpenrad auf der Antriebswelle und dem Turbinenrad auf der Abtriebswelle sowie einem feststehenden Leitrad am Gehäuse. Die beiden Kupplungen waren unter sich gleich und bestanden aus einem Pumpen- und einem Turbinenrad. Nach Erreichung einer Geschwindigkeit von 48 Stundenkilometern schaltete sich die Kupplung I und bei 70 Stundenkilometer die Kupplung II selbsttätig ein. In der Steigung schaltete sich jeweils die betreffende Kupplung oder der Wandler ein, wenn die Geschwindigkeit auf den Wert der Umschaltgrenze sank. Der Rahmen der Lokomotive war aus Blech mit 25 Millimeter Stärke gefertigt und vollständig geschweißt. In die Seitenwände der Lokomotive waren die Kühler eingesetzt, auf deren Innenseite sich Luftschächte befanden, durch die ein im Dach angeordneter Lüfter die Kühlluft ansaugte. Eine elektrische Kühlwasserpumpe sorgte für den Wasserumlauf. Für die Zugheizung wurde ein von Krauss-Maffei entwickelter Dampfkessel mit Ölfeuerung in die Lokomotive eingebaut. Die Steuerung der Maschine erfolgte elektrisch und stammte von BBC.

Unten: Bevor die V 16 101 mit eigener Kraft nach Nürnberg zur 100-Jahrfeier der Deutschen Eisenbahn fuhr, präsentierte sie sich auf dem Werkhof Krauss-Maffei in München.

Am 17. Juli 1935 fuhr die V 140 001 mit eigener Kraft – ohne vorher eine Probefahrt unternommen zu haben – die knapp 200 Kilometer lange Strecke von München nach Nürnberg. Dort wurde sie auf der 100-Jahr-Feier der Deutschen Reichsbahn als neueste technische Entwicklung der deutschen Lokomotivindustrie vorgestellt.
Trotz mancher „Kinderkrankheiten" war die V 140 001 eine wegweisende Konstruktion im Bau von Großdiesellokomotiven. Die in sie gesetzten Erwartungen erfüllte sie voll. In manchen Punkten wurden die Erwartungen sogar übertroffen. Besonders der ruhige Lauf der Maschine auch im Geschwindigkeitsbereich von 100 Stundenkilometern überzeugte. Ihre Leistung lag etwas höher als die der Dampflokomotiven der Baureihe 38.10.
Einen nochmaligen Höhepunkt im Lebenslauf der V 140 001 stellte die Weltausstellung des Jahres 1937 in Paris dar. Auf dieser Weltausstellung wurde dieser Lok wegen ihrer herausragenden Konstruktion der „Grand Prix" verliehen. Der Ausbruch des Zweiten Weltkriegs im Jahr 1939 stoppte jedoch alle Aktivitäten und weitere Entwicklungen auf diesem Gebiet. Die Lok wurde aus dem Verkehr gezogen und abgestellt. Bei einem Fliegerangriff brannte die 140 001 aus. Ihr Schicksal schien besiegelt.
Nach Kriegsende zeigte allerdings die amerikanische Besatzungsmacht an dem Prototyp großes Interesse. Dieses Interesse brachte der V 140 001 ein zweites Leben. Im Jahr 1947 wurde mit der Wiederaufarbeitung der Lok begonnen. Bei MAN und Voith wurden Motor und Getriebe instandgesetzt. Von BBC wurde die gesamte Elektroinstallation erneuert. Bei Krauss-Maffei in München erfolgte der Zusammenbau der Lokomotive. Nach dem Abschluss der Instandsetzungsarbeiten wurden 1947 und 1948 Mess- und Probefahrten durchgeführt, die wiederum voll befriedigten. Das Ausbesserungswerk Nürnberg nahm am 30. Juli 1948 die wieder aufgearbeitete 140 001 ab, nachdem sie am 9. Juli 1948 eine erfolgreiche Probefahrt von Nürnberg aus nach Bayerisch Eisenstein absolviert hatte. Anschließend wurde sie beim Bahnbetriebswerk Frankfurt-Griesheim stationiert. Von Frankfurt/Main aus verkehrte sie planmäßig im Eil- und Schnellzugdienst nach Heidelberg und nach Nürnberg.
Mit Verfügung vom 13. Oktober 1953 musterte die Deutschen Bundesbahn die 140 001 aus. Bereits zu diesem Zeitpunkt stand fest, dass die Maschine museal erhalten wird. Als Leihgabe des Verkehrsmuseums Nürnberg kam die Lokomotive zur Technischen Hochschule nach Karlsruhe. Im Jahr 1978 wurde sie dem Deutschen Museum in München übergeben. Heute steht sie in der „Lokwelt" Freilassing, einer Außenstelle des Deutsche Museums, als ein Meilenstein in der Entwicklung von Großdiesellokomotiven mit hydraulischer Kraftübertragung.

Oben: Die erste Großdiesellok war mit einem Großdieselmotor von MAN in Augsburg und einer hydraulischen Kraftübertragung ausgerüstet.

V 16 101, V 140 001

Baujahr:	1935
Hersteller:	Krauss-Maffei (Lok), MAN (Motor), Voith (Getriebe)
Höchstgeschwindigkeit:	100 km/h
Länge über Puffer:	14 400 mm
Achsstand:	10 000 mm
Achsfolge:	1'C1'
Durchmesser Laufräder:	850 mm
Durchmesser Kuppelräder:	1400 mm
Dienstgewicht:	83 t
Kraftstoff:	1500 Liter
Leistungsübertragung:	hydraulisch
Leistung:	1030 kW

Präsentation in Nürnberg auf der 100-Jahrfeier im Jahr 1935. Zwei Jahre später ausgestellt auf der Weltausstellung in Paris. Im Krieg schwer beschädigt. Wiederaufarbeitung 1947/1948. Im Jahr 1953 erfolgt die Ausmusterung. Denkmal in der Technischen Hochschule in Karlsruhe. Seit 1978 im Deutschen Museum in München.

WELTREKORDE: GESCHWINDIGKEIT AUF DEUTSCHEN SCHIENEN

05 001

Vorhergehende Seiten: Auf dem Werkhof von Borsig in Berlin-Tegel haben sich am 8. März 1935 vor der fabrikneuen 05 001 eine größere Zahl von Mitarbeitern zu einem gemeinsamen Foto versammelt.

Baureihe 05

Erstes Baujahr:	1935
Gesamtserie:	2 Loks
Bauart:	2' C 2' h3
Spurweite:	1435 Millimeter
Zylinderdurchmesser:	450 Millimeter
Kolbenhub:	660 Millimeter
Kesseldruck:	20 bar
Rostfläche:	4,70 m^2
Verdampfungsheizfläche:	256,00 m^2
Länge über Puffer:	26265 Millimeter
Treib- und Kuppelraddurchmesser:	2300 Millimeter
Laufraddurchmesser:	1100 Millimeter
Dienstgewicht (Lok):	129,9 Tonnen
Höchstgeschwindigkeit:	175 km/h

Rechts: Am 11. Juni 1963 wird die im Ausbesserungswerk Weiden restaurierte 05 001 dem Verkehrsmuseum in Nürnberg übergeben. In Erinnerung an die Weltrekordfahrt der 05 002 am 11. Mai 1936 haben sich versammelt: in der vorderen Reihe rechts sitzt der Heizer Ernst Höhne, in der Mitte der Lokführer Oscar Langhans, neben ihm seine Frau. Im Hintergrund stehen von links nach rechts: Walter Helberg, Paul Roth, Adolf Wolff und Friedrich Röhrs.

Die 05 002, die schnellste Dampflok der Welt

Zu Beginn der 1930er-Jahre widmete sich die Deutsche Reichsbahn der Entwicklung ihrer ersten Stromlinien-Dampflokomotiven. Um dieses Vorhaben in die Tat umzusetzen, wurden 1933 die Borsig-Lokomotivwerke mit der Entwicklung von zwei 2'C2'-Stromlinien-Lokomotiven beauftragt. Im März und April 1935 waren diese mächtigen Maschinen fertig und konnten an die Reichsbahn übergeben werden. Werbewirksam wurden sie im Beisein von Presse, Rundfunk und Wochenschau dem Publikum präsentiert.

Eine besondere Bedeutung sollte die 05 002 erreichen, konnte sie doch am 11. Mai 1936 auf der Strecke Hamburg–Berlin den Geschwindigkeitsweltrekord für Dampflokomotiven einfahren. Ein Zeitgenosse, der an der denkwürdigen Fahrt teilnahm, hat hierzu folgendes aufgezeichnet:

„Im Mai 1936 fanden wieder einmal Vorführungsfahrten statt. Auf der Strecke Hamburg–Berlin wurde die 05 002 mit Mess- und Schnellzugwagen der neuesten Bauart eingesetzt. Da am Vortag einer der Wagen einen Schaden erlitten hatte, beförderte die 05 002 am 11. Mai 1936 nur vier Wagen mit einem Zuggewicht von 197 Tonnen. Der Fahrplan sah von Hamburg bis Berlin keinen Halt vor. Die fahrplanmäßige Geschwindigkeit lag bei 180 km/h. Vor Wittenberge musste der Zug unerwartet einen Halt einlegen. Um die durch den Aufenthalt verlorene Zeit einzuholen, musste auf der restlichen Strecke bis nach Berlin die Geschwindigkeit erhöht werden. Für die zu erwartende Schnellfahrt waren die Umstände günstig. An diesem Tag herrschte feuchtes und trübes Wetter. Alle Lager der Maschine waren in Ordnung. Auch fehlte der oftmals störende Seitenwind, die Schienen waren feucht, so dass die 05 002 schon nach kurzer Zeit eine Geschwindigkeit von 195 km/h erreichte.

Links: Für das Lokpersonal, Lokführer Oscar Langhans und Heizer Ernst Höhne, gab es nach der Rekordfahrt Sekt. Im Vordergrund mit Hut Reichsbahn-Generaldirektor Dorpmüller.

Britische „Mallard"

Die englische „Mallard" nahm der 05 002 nur zwei Jahre nach ihrem Weltrekord den Titel der schnellsten Dampflok der Welt ab.

Bei dieser Geschwindigkeit setzte ein uns wohlbekanntes Heulen am Schornstein ein, das sich wie eine Dampfersirene anhörte und eine sehr hohe Kesselleistung anzeigte. Ein weiterer Umstand spornte die Lokomotivmannschaft an. Sie hatte in Hamburg von Reisegästen erfahren, dass einer der dreiteiligen dieselelektrischen Schnelltriebwagen auf der Strecke Hannover–Hamburg die 200 km/h-Grenze erreicht habe. Als nun die 05 immer schneller fuhr, dachte niemand mehr an Lenkerbolzen- und Radreifenbrüche. Das Kesselmanometer stand fest auf 20 atü, Wasser im Kessel war genügend vorhanden.

Der Lokomotivführer Oscar Langhans fragte, ob er die Steuerung einige Zähne vorlegen könne. Kurze Zeit später lag der Zeiger des Tachometers am Anschlag. Als die Geschwindigkeit von 200 Stundenkilometer erreicht war, gab der Messwagen ein langanhaltendes Hupsignal nach vorne auf die Lok. Da man aber den Tachometerangaben nicht voll traute, wurde auf der Lokomotive noch etwas draufgehalten. Man wollte auf keinen Fall mit 199,5 km/h dastehen. Der Aufenthalt auf dem Führerstand einer mit 200 Stundenkilometer dahinfahrenden Dampflokomotive mit 200 Tonnen Dienstgewicht ist keine gemütliche Angelegenheit. Der Lokomotivführer durfte die Strecke auch nicht einen Moment aus den Augen lassen.

Links: Bevor mit der Konstruktion der Stromlinienlokomotiven der Baureihe 05 begonnen wurde, erfolgten Versuche mit Lokomotivmodellen im Windkanal.

Die legendäre Schnellzugdampflokomotive der Baureihe 01.10

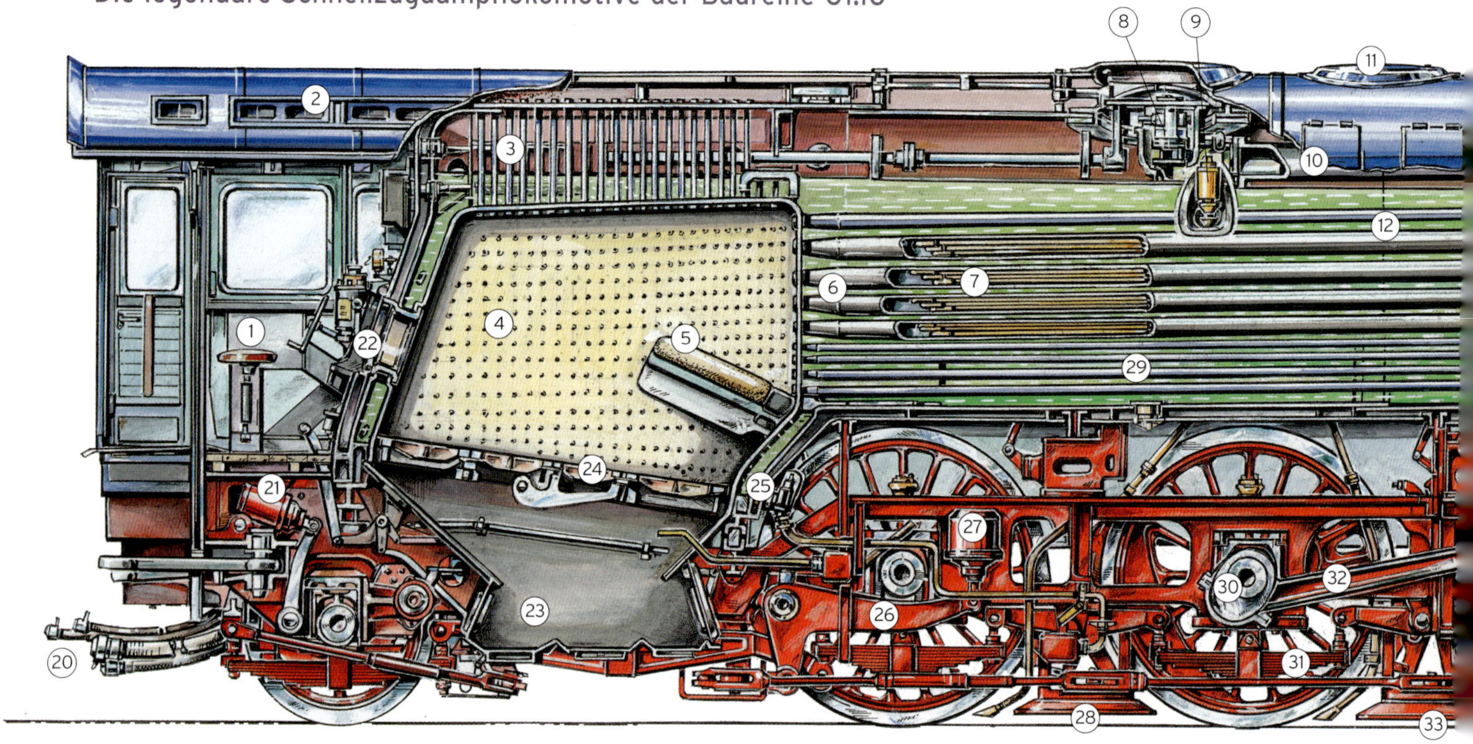

Stromlinientender 2'3 T 38 St.

30 Steuerungsantrieb (Kröpfung) für Innenzylinder
31 Tragfederpaket
32 Schwingenstange für Innenzylinder
33 Indusi-Fahrzeugmagnet
34 Ausgleichshebel zwischen zwei Tragfederpaketen
35 Schwinge mit Lagerblock für den Innenzylinder
36 1. Antriebsachse – Kurbelwellenkröpfung (Wange)
37 Treibstange des Innenzylinders
38 Sandstreurohr
39 vorderes Laufdrehgestell
40 Kreuzkopf des Innenzylinders
41 Lenkerhebel
42 Verteilhebel
43 Blasrohr
44 Kolbenstange und Kolben des Innenzylinders
45 Zylinder innen
46 äußere Rauchkammertür in der Stromlinienverkleidung

Legende – Lokomotive

1 Schwenksitz des Heizers
2 Entlüftungsklappen Führerhausdach
3 Deckenstehbolzen
4 Stehkessel
5 Feuerschirm
6 Rauchrohr
7 Überhitzerrohrbündel
8 Dampfreglergehäuse
9 Signalpfeife
10 Reglerrohr
11 Sanddom
12 Kesselwasser-Füllung

13 Dampfsammelkasten, Nassdampf
14 Dampfsammelkasten, Heißdampf
15 Funkenkorb in Siebform
16 Schornstein
17 Windleitblech links
18 Oberflächenvorwärmer
19 Rauchkammertür innen
20 Verbindungsschläuche zum Tender (Wasser, Luft, Heizdampf)
21 Bremszylinder
22 Feuerungstür
23 Aschekasten
24 Kipprost
25 Abschlammventil
26 Bremskraft-Übertragungshebel
27 Bremszylinder
28 Indusi-Fahrzeugmagnet (induktive Zugsicherung)
29 Heizrohr

Oben: Die Stromlinien-Schnellzuglokomotive der Baureihe 01.10 in der Auslieferungsversion des Jahres 1939.
Unten: Der Stromlinien-Tender 2'3 T 38 St. der Baureihe 01.10.

Legende – Tender

47 Verschiebbare Abdeckbleche über dem Kohlenspeicher
48 Wassereinfüllluke
49 Im Tender gelagerte Radsätze
50 Prallblech im Tenderwasser
51 Wasservorrat
52 Zweiachsiges Tenderdrehgestell
53 Kohlenvorrat auf der Schräge
54 Bremsgestänge

Am 4. Mai 1938 verlässt die 05 002 vor dem Fernschnellzug FD 23 den Hauptbahnhof von Hamburg.

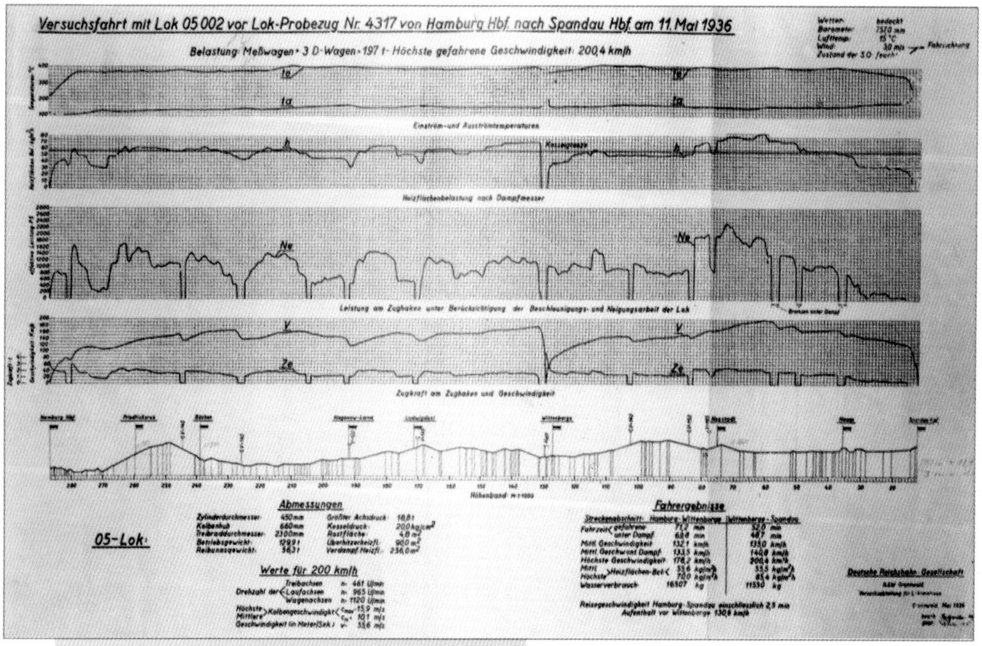

Oben: Im Messwagen, der die 05 002 bei ihrer Rekordfahrt begleitete, wurden die Daten dieser Fahrt aufgezeichnet.

Was sich inzwischen im Zug ereignet hatte, konnte die Lokomotivmannschaft nicht ahnen. Auch dort lagen die vier Geschwindigkeitsmesser, zwei anzeigenden und zwei schreibende, längere Zeit am Anschlag. In Berlin, Lehrter Bahnhof, kam der im Zug mitreisende Generaldirektor der Deutschen Reichsbahn, Julius Dorpmüller, mit der Speisewagenbesatzung zur Lokomotive, bot ihrer Besatzung Sekt an und lud sie zum Abendessen des Verwaltungsrates ein. Die Auswertungen ergaben, dass man an diesem Tage über mehrere Kilometer hinweg eine mittlere Geschwindigkeit von 200,4 Stundenkilometer erreicht hatte."

Ab dem 15. Mai 1936 wurden die 05 001 und die 05 002 dem regulären Betrieb übergeben. Mit einer üblichen Zuglast von 200 Tonnen verkehrten sie zwischen Hamburg und Berlin. Die Fahrzeit für die 286 Kilometer lange Strecke betrug planmäßig 145 Minuten, was einer Reisegeschwindigkeit von über 118 Stundenkilometern entsprach.

Die Schnellfahrten der E 10 299 und E 10 300 der Deutschen Bundesbahn

Bei den Vorbereitungen zum Bau der Vorserienlokomotiven der Baureihe E 03 musste eine Vielzahl von Bauteilen und Ausrüstungen entwickelt und erprobt werden. Es waren dies neue Stromabnehmer, neue Fahrleitungen, neu konstruierte Laufwerke und Antriebe, automatische Spannungssteuerungen und Signalübertragungen auf die Lokomotive. All diese Einrichtungen mussten der künftig zu fahrenden Geschwindigkeit von 200 Stundenkilometern entsprechen.

Um grundlegende Erkenntnisse für die Konstruktion, speziell aber für die günstigste Antriebsform der künftigen Schnellfahrlokomotiven der Baureihe E 03 zu finden, führte die Deutsche Bundesbahn ab 1963 auf der Strecke Baiersdorf–Forchheim–Bamberg Schnellfahrversuche durch. Dabei diente der Abschnitt Baiersdorf–Forchheim als Anlaufstrecke. Vor der Durchführung der Schnellfahrten mussten umfangreiche Investitionen an der Strecke selbst vorgenommen werden.

In Zusammenarbeit mit verschiedenen Spezialfirmen wurden 14 Streckenabschnitte von je etwa 1,6 Kilometern Länge mit Fahrleitungen unterschiedlicher Konstruktion überspannt. Diese Konstruktionen unterschieden sich hinsichtlich der Aufhängung des Fahrdrahts am Tragseil, der Aufhängung des Tragseils selbst sowie der mecha-

Oben: Das Drehgestell der E 10 299 (oben) und das Drehgestell der E 10 300 (unten).

Unten: Im Bahnhof von Bamberg stehen die beiden Schnellfahrlokomotiven E 10 299 und E 10 300 und warten auf ihren nächsten Einsatz. Am 28. Oktober 1963 erreichte die E 10 299 erstmals 200 Stundenkilometer.

Oben: Nach den Testfahrten wurden regelmäßig die Temperaturen der Achslager gemessen.

E 10 299 und E 10 300

Baujahr:	1963
Gesamtserie:	2 Loks
Bauart:	Bo Bo
Spurweite:	1435 Millimeter
Länge über Puffer:	16490 Millimeter
Gesamtachsabstand:	11300 Millimeter
Treibraddurchmesser:	1250 Millimeter
Dienstgewicht:	89 Tonnen
Anzahl der Fahrmotoren:	4 Elektromotoren
Antrieb:	Henschel-Verzweiger (E 10 299), SSW-Gummiring-Kardan (E 10 300)
Dauerleistung:	3620 kW
Dauerzugkraft:	78 kN
Höchstgeschwindigkeit:	200 km/h

nischen Zug-Vorspannung und ihres Einflusses auf die Elastizität des Fahrdrahtes. Auch wurden bei den Probefahrten zwölf verschiedene Stromabnehmer-Bauarten erprobt. Einen besonderen Stellenwert nahm natürlich die Lauftechnik der Fahrzeuge ein. Hier waren es besonders die Drehgestelle mit den starren oder elastischen Achslagerführungen, mit primären und sekundären Federsystemen, die Kraftübertragung vom Fahrmotor zum Radsatz und die Art der Kastenabstützung. Die Schnellfahrten in einem Geschwindigkeitsbereich von bis zu 200 Stundenkilometern begannen im Oktober/November 1963. Zur Verfügung standen die beiden von Henschel gebauten Loks E 10 299 und E 10 300. Sie waren mit speziellen, neu konstruierten Schnellfahr-Drehgestellen ausgerüstet. Diese Drehgestelle zeichneten sich durch eine verbesserte Achslagerfederung aus. Die E 10 299 hatte einen neu entwickelten „Henschel-Verzweigerantrieb", bei dem die Kupplung zwischen Hohlwelle und Radsatz mit Gelenkhebeln erfolgte. Die E 10 300 hingegen verfügte über einen aus dem Gummiringantrieb weiterentwickelten Gummiring-Kardan-Hohlwellenantrieb. Beide Antriebe bewährten sich und führten zu einer spürbaren Verminderung der auf das Gleis wirkenden Kräfte. Mit diesen verbesserten Drehgestellen konnten das BZA München und das Eisenbahn-Versuchsamt problemlos Fahrten bis zu 200 Stundenkilometern durchführen. Dies war ohne Änderung der Getriebeübersetzung möglich, weil die Fahrmotoren im Werk mit 25 Prozent über Drehzahl hinaus geprüft wurden und die neuen, unabgenutzten Radreifen eine zusätzliche Sicherheit boten.

Am 28. Oktober 1963 erreichte die E 10 299 die magische Grenze von 200 Stundenkilometern. Die mit einer elektronischen Geschwindigkeitsregelung ausgerüstete E 10 300 folgte am 22. November 1963 mit demselben Spitzenwert. Diese Fahrten bildeten für die Deutsche Bundesbahn die Grundlage dafür, mit planmäßigen Reisezügen Geschwindigkeiten von 180 bis 200 Stundenkilometern zu erzielen. Als bestgeeignete Stromabnehmer erwiesen sich damals der zum DBS 54a weiterentwickelte Einheits-Scherenstromabnehmer und der neue Einholm-Stromabnehmer SBS 65. Nachfolgend ein Bericht eines Fahrgasts, der die Möglichkeit hatte, an einer der Schnellfahrten mit der E 10 300 teilzunehmen: „An einem diesigen Morgen der Osterwoche des Jahres 1964 fahre ich von Nürnberg nach Bamberg. Dort sehe ich am Nordende des dritten Bahnsteiges die E 10 300 mit ihrem leuchtend roten Messwagen. Schüchtern zeige ich dem Wagenmeister meine Berechtigung, die mir erlaubt, in dem Messwagen mitgenommen zu werden. Er stellt mich dem Chef des Messwagens vor, der mich ebenso wie seine Mitarbeiter freundlich begrüßt. An einem langen Arbeitstisch, auf dem eine Vielzahl von Messinstrumenten stehen, nehme ich Platz. In wenigen Minuten soll es losgehen.

Fünfmal wird heute der Versuchszug die Teststrecke befahren. Der kurze Zug fährt mit schiebender Lokomotive mit maximal 90 bis 100 Stundenkilometern nach Baiersdorf, wo wir auf einem Seitengleis die Abfahrtszeit zurück nach Norden abwarten. Nach zehn Minuten geht's los. Bis Forchheim geht es mit 140 Stundenkilometern. Am Südende des Bahnhofes beginnt dann mit ‚Fliegendem Start' die eigentliche Versuchsfahrt. In kurzer Zeit ist die Geschwindigkeit von 200 Stundenkilometern erreicht. Nach knapp sieben Minuten zwingt uns die Einfahrt in den Bahnhof Bamberg schon zum Bremsen."

All diese bis zu 200 Stundenkilometer schnellen Fahrten wären sicher sinnlos gewesen, wenn damit nicht die Entwicklung einer neuen Bremstechnik verbunden gewesen wäre. Die übliche Druckluftbremse lässt bei dem in Deutschland gebräuchlichen Abstand zwischen Vorsignal und Hauptsignal von 1000 Metern nur Höchstgeschwindigkeiten von 140 Stundenkilometern in der Ebene zu. Unter Einsatz der Magnet-Schienenbremse sind auch 160 Stundenkilometer möglich.

Es war also ein Zugsicherungssystem erforderlich, das die Geschwindigkeit des Zuges ständig überwachte, in Abhängigkeit von der weit voraussehbaren Signalstellung den Bremsweg überprüfte, in die automatische Geschwindigkeitsregelung der Lok eingriff und notfalls rechtzeitig eine Bremsung einleitete. Der Lokführer wurde von der Signalbeobachtung entlastet und bekam alle notwendigen Informationen direkt auf dem Führerpult angezeigt. Das bewirkte die von Siemens entwickelte Linienzugbeeinflussung (LZB), die damals mit zwei im Gleis verlegten Hochfrequenzkabeln arbeitete.

Oben: Der Führerraum der E 10 300 mit einem „Nachführgerät".

Geschwindigkeitsweltrekord für den Intercity Experimental der DB

Schon zweieinhalb Jahre stand der Versuchszug Intercity Experimental der Baureihe 410 im Dienst, als sich die Deutsche Bundesbahn entschloss, mit diesem Fahr-

Unten: Ausgerüstet mit einer Messlanze für aerodynamische Messungen zeigt sich der IC-Experimental.

Oben: Im MBB-Werk in Donauwörth wurden die Mittelwagen des IC-Experimental, Reihe 410, gefertigt. Am 31. Juli 1985 zeigte sich dort der Versuchszug der Presse.

Oben: Hoch konzentriert steuert der Triebwagenführer den ICE der Reihe 410. Die Anzeigeinstrumente sind auf dem Führerpult übersichtlich angeordnet.

zeug in Geschwindigkeitsbereiche vorzustoßen, die von keinem Eisenbahnfahrzeug bisher erreicht wurden. Den Weltrekord für Schienenfahrzeuge hielt seit 1981 der französische TGV mit 380 Stundenkilometern.

Nach umfangreichen Vorbereitungen begannen ab dem 22. April 1988 die Hochgeschwindigkeitsfahrten auf der Neubaustrecke Würzburg–Fulda mit dem Ziel, den bestehenden Rekord des TGV zu überbieten.

Am 28. April erreicht der vierteilige Triebzug erstmals die Marke von 400 Stundenkilometer. In den folgenden Tagen konnte die Geschwindigkeit bis auf 404 Stundenkilometer gesteigert werden. Doch nicht genug damit. Für den 1. Mai wurden drei weitere Hochgeschwindigkeitstestfahrten angesetzt. Bei der ersten Fahrt raste der Zug durch den Morgennebel, erreichte jedoch nur 385 Stundenkilometer, da sich die Elektronik im Triebkopf wegen zu hoher Fahrdrahtspannung selbsttätig zurückgeschaltet hatte. Um 11 Uhr startete der Zug im Würzburger Hauptbahnhof zur zweiten Fahrt. Mit an Bord waren neben dem Vorstandsvorsitzenden der Deutschen Bundesbahn, Reiner Gohlke, auch Bundesforschungsminister Heinz Riesenhuber (CDU) und Bundesverkehrsminister Jürgen Warnke. In den Wagen selbst waren zahlreiche Messinstrumente installiert, die alle wichtigen Daten über den Fahrtverlauf registrierten und auswerteten. Der Lokführer konnte mithilfe einer digitalen Anzeige die genaue Geschwindigkeit bis auf eine Stelle hinter dem Komma exakt ablesen.

Der Zug beschleunigte rasant, der IC Experimental wurde immer schneller. Bei Kilometer 308,6 erreichte der Zug den speziell für die Fahrten im Hochgeschwindigkeitsbereich über 350 Stundenkilometer präparierten Streckenabschnitt zwischen dem Hohe-Wart-Tunnel und dem Überholbahnhof Mottgers bei Kilometer 284,4. Im rasenden Tempo rauschte der Zug durch den Überholbahnhof Rohrbach. Die Strecke liegt nun in einem leichten Gefälle, wodurch der Zug noch besser beschleunigen konnte. Schon bald hinter dem 5528 Meter langen Mühlberg-Tunnel wurde die Marke von 400 Stundenkilometern überschritten. Weiter steigt die Geschwindigkeit. Genau um 11.12 Uhr und 38 Sekunden erreichte der Intercity Experimental auf der Maintalbrücke bei Kilometer 291,46 die Weltrekordgeschwindigkeit von 406,9 Stundenkilometern. Der Jubel im Führerstand und unter den Fahrgästen war groß. Als der Überholbahnhof Mottgers erreicht wird, waren seit der Abfahrt in Würzburg nur 15 Minuten vergangen. Die Weltrekordfahrt war reibungslos und ohne jegliche Probleme verlaufen.
Dieser Erfolg brachte der Deutschen Bundesbahn weltweite Anerkennung. Die Fahrten waren auch Voraussetzung für den heutigen Hochgeschwindigkeitsverkehr in Deutschland, wo von den ICE-Zügen der Reihe 403 planmäßige Geschwindigkeiten von 300 Stundenkilometern erreicht werden.
In diesem Zusammenhang sei darauf hingewiesen, dass im Jahr 2011 der Weltrekord für Schienenfahrzeuge seit dem 3. April 2007 von einem französischen TGV mit einer Geschwindigkeit von 574,8 Stundenkilometern gehalten wird. Dieser Rekord wurde auf der Strecke Paris–Straßburg mit einem 234 Tonnen schweren TGV des Typs V 150 erreicht. Der Rekord aller Züge konnte 2007 in Japan auf der Magnetschwebebahn Maglev mit 581 Stundenkilometern erzielt werden.

ICE in Geldnot

Obwohl die DB mit der Weltrekordfahrt am 1. Mai 1988 weltweites Aufsehen erregte, war es um die Serienbeschaffung der Züge nicht zum Besten bestellt. Zweimal musste die Bundesbahn angesichts leerer Kassen gegenüber der Schienenfahrzeugindustrie ihre Erklärungsfrist verlängern. Schließlich lud der Bahn-Vorstand die beteiligten Firmen zu einer „ICE-Gipfelkonferenz" nach Frankfurt ein, bei der „nach ganz neuen Wegen" in der Finanzierung gesucht werden sollte.

Unten: Am 1. Mai 1988 schrieb der IC-Experimental Eisenbahngeschichte, als er auf der Neubaustrecke Würzburg - Fulda die beeindruckende Geschwindigkeit von 406,90 km/h erreichte. Damals Weltrekordfahrt.

V 200 001

AUFBRUCH IN EINE NEUE ZEIT: WIRTSCHAFTSWUNDER UND ICE

Vorhergehende Seiten: In der Zugförderung kündigen sich Anfang der 1950er Jahre bei der Deutschen Bundesbahn grundlegende Veränderungen an. Die Diesellokomotive schickt sich an Schritt für Schritt die alte Dampflokomotive abzulösen. V 200 001 bei einer ihrer ersten Versuchsfahrten am 21. Mai 1953 in Lindau. Noch fehlt die endgültige Lackierung.

Oben: Problematisch bleibt die Reparatur der Wagen, da kaum Ersatzteile vorhanden sind.

Die ersten Nachkriegsjahre

Deutschland war in eine amerikanische, eine britische, eine französische und in eine russische Besatzungszone geteilt. Nahezu alle Verkehrswege waren unterbrochen. Stark betroffen war vor allem die Eisenbahn. So waren 3500 Kilometer Gleise, 13 000 Weichen und 20 100 Brücken zerstört. Allein auf den Gleisen der späteren Deutschen Bundesbahn waren weit über 100 000 beschädigte Personen- und Güterwagen abgestellt. Lokomotiven waren in großer Zahl unbrauchbar. Allein die Kriegsschäden an den Eisenbahnanlagen in der amerikanischen und britischen Zone beliefen sich auf etwa drei Milliarden Mark.

Trotz dieser bedrückenden Umstände musste der Verkehr so schnell wie möglich wieder in Gang gebracht werden, hing doch die Versorgung der Bevölkerung vor allem in den Großstädten von der Eisenbahn ab. Der rund 1800 Kilometer lange „Eiserne Vorhang" trennte West- und Ostdeutschland. Nur an sechs Stellen blieb zwischen den beiden Hälften Deutschlands die Verbindung auf dem Schienenweg erhalten.

Durch die veränderte politische Lage und durch die Teilung Deutschlands in Ost und West entstanden veränderte Verkehrsströme. Die einst wichtigen Westostverbindungen gab es nicht mehr. Die Nordsüdstrecken gewannen an Bedeutung.

Bei einem Luftangriff auf den Augsburger Hauptbahnhof wurden die Gleisanlagen schwer beschädigt.

Oben: Katastrophale Verhältnisse herrschten im Reiseverkehr kurz nach Kriegsende. Personenwagen waren Mangelware. Die Städter mussten zu ihren überlebenswichtigen Hamsterkäufen aufs Land in offenen Güterwagen fahren.

Die Gründung der Deutsche Bundesbahn

Zum 1. Oktober 1946 wurden die Schienennetze der britischen und der US-Zone vereint. Sitz der gemeinsamen Verwaltung war Bielefeld, später Offenbach. In diesen beiden Zonen waren nach Kriegsende nur 36,6 Prozent der Dampflokomotiven und knapp 70 Prozent der Wagen betriebsfähig. Vergleichbar schlecht war die Situation in der französischen Zone, in der sich zum 1. Juli 1947 die „Betriebsvereinigung der Südwestdeutschen Eisenbahnen" bildete. Zum 1. Oktober 1948 wurde für die Eisenbahn in der britischen und US-amerikanischen Zone die Bezeichnung „Deutsche Reichsbahn im vereinigten Wirtschaftsgebiet" eingeführt. Nach der Gründung der Bundesrepublik Deutschland vereinigten sich mit Wirkung zum 7. September 1949 die Bahnen der drei Westzonen zur Deutschen Bundesbahn.

Im Rahmen des allgemeinen wirtschaftlichen Aufschwungs nahm der Reise- und Güterverkehr merklich zu. Knapp 11 000 Dampflokomotiven standen zur Verfügung, weitere 2400 Maschinen befanden sich in der Ausbesserung oder warteten auf Instandsetzung.

Oben: Dieses an Lokomotiven und Wagen angebrachte Logo der Deutschen Bundesbahn wurde am 3. Januar 1955 eingeführt. Es entstand nach einem Entwurf von Prof. Ege von der Meisterschule für das deutsche Buchdruckerhandwerk in München.

Hans-Christoph Seebohm

In der Zeit von 1949 bis 1966 war Seebohm Verkehrsminister der Bundesrepublik Deutschland. Unter seiner Ära machte die Elektrifizierung der bahnstrecken in Westdeutschland erhebliche Fortschritte.

Allerdings war festzustellen, dass der Lokomotivpark stark veraltet war. Gut 90 Prozent der Lokomotiven waren vor 1920 gebaut worden. Gleichzeitig besaß aber die Bundesbahn einige hundert Schnellzuglokomotiven der leistungsfähigen Baureihen 01 und 03. Reichlich vorhanden waren Güterzuglokomotiven der Baureihen 52 und 42, die in den letzten Jahren für Kriegstransporte gebaut wurden. Zudem gab es 1949 immerhin noch 410 elektrische, 60 Diesel- und 450 Kleinlokomotiven, sowie 180 elektrische Triebwagen, 140 Dieseltriebwagen und 50 elektrische Speichertriebwagen. Das Streckennetz hatte eine Ausdehnung von 30 344 Kilometern, von denen 1290 Kilometer elektrifiziert waren.

Das Neubauprogramm der DB: Dampflokomotiven

Als ab Herbst 1947 die ersten Gelder zum Wiederaufbau des westdeutschen Eisenbahnwesens aus dem amerikanischen „Marshallplan" zur Verfügung standen, befasste sich die neu erstandene Deutschen Bundesbahn mit dem Neubau von Triebfahrzeugen. Schon 1947 hatte die im englischen Besatzungsgebiet liegende Hauptverwaltung der Deutschen Reichsbahn in Bielefeld und die für das amerikanische Besatzungsgebiet zuständige Verwaltung in Stuttgart den „Fachausschuss Lokomotiven" wieder ins Leben gerufen. Dieser Ausschuss war für die Planung und den Neubau von Lokomotiven zuständig.
Am 11. Mai 1948 trat dann dieser Ausschuss in Göttingen erstmals zusammen. Vorsitzender war Dezernent Friedrich Witte vom Zentralamt in Göttingen. Dabei

Mit kräftigen Auspuffschlägen verlässt eine aus dem Neubauprogramm der Deutschen Bundesbahn stammende Lokomotive der Baureihe 23 den Bahnhof von Rot am See in der Nähe von Crailsheim.

Oben: Die Tenderlokomotive 65 001 näherte sich im Januar 1951 in einer der Werkhallen der Lokfabrik Krauss-Maffei ihrer Fertigstellung.

wurden die ersten Grundsätze und Richtlinien für den Bau neuer Dampflokomotiven festgelegt, wobei eine Vielzahl der in den Kriegszeiten gemachten Erfahrungen Berücksichtigung fanden. Am 8. Dezember 1948 hatte das Eisenbahnzentralamt von der Hauptverwaltung der Deutschen Reichsbahn im „Vereinigten Wirtschaftsgebiet" der drei Westzonen den Auftrag erhalten, sich mit der Entwicklung neuer Lokomotiven zu beschäftigen. Man kam überein, dass die Baureihen 23 neu, 78 neu, 93 neu und 94 neu als erste Maschinen zu beschaffen seien. Um die Entwicklung und den Bau der geplanten neuen Lokomotiven voranzubringen, beauftragte das Zentralamt in Göttingen am 4. März 1949 die Lokomotivfabriken Henschel, Krauss-Maffei, Krupp und Esslingen mit der Vorlage entsprechender Entwürfe. Im Rahmen der sogenannten „neuen Baugrundsätze" für den Bau der neuen DB-Dampflokomotiven wurden folgende Kriterien festgelegt:

1.) allgemeine Vorgaben
- ansprechende Formgebung mit einem möglichst glatten und ruhigen Äußeren
- Lokomotiven mit Schlepptender sollten ein geschlossenes Führerhaus mit Schränken und einer guten Entlüftung erhalten.
- Die Anzeigeinstrumente sollten inklusive der Steuerungsskala in Pultform zusammengefasst werden.
- Eine gute Isolierung des Kessels im Führerhaus ist vorzusehen.
- Wegen guter Zugänglichkeit und Reduzierung der Hitzeentwicklung im Führerhaus sind Stutzen für die Dampfverteilung außen vor dem Führerhaus zu platzieren.
- Für das Lokpersonal sind federnde, gepolsterte umklappbare Drehsitze mit aufsteckbarer Lehne vorzusehen.
- Alle Lokomotiven erhalten kleine Einheitswindbleche.
- Zur Nutzung der Abdampfwärme sollen die Maschinen Mischvorwärmeranlagen erhalten.
- Alle Typen sind mit Vorwärmeranlagen auszurüsten.

Oben: In wenigen Augenblicken wird der Kessel der 82 034 auf den Rahmen gesetzt werden. Die Aufnahme entstand 1951 in den Werkhallen der Maschinenfabrik Esslingen.

Oben: Zu den wesentlichen Neuerungen der Neubaudampfloks der DB gehörte die in vieler Hinsicht eingesetzte Schweißtechnik. Hier Schweißarbeiten an der Rohrwand einer Lok der Reihe 82.

2.) Kessel

- Die Kessel sollen möglichst ebene Wände haben, die Feuerbüchsen müssen von unten einzubauen und die Rostfläche sparsam bemessen sein, wobei zur Erhöhung der Strahlungsheizfläche eine Verbrennungskammer vorgesehen sei. Als Baustoff soll Stahl der Güte St 34 verwendet werden. Als Kesseldruck kommen 14 bzw. 16 Bar infrage.
- Bei der Feuerung soll Kohle guter Qualität verwendet werden.
- Der Aschkasten soll der Bauart Stühren entsprechen. Die Loks erhalten Feuerbüchsen aus Stahl.
- Je nach Bedarf und Verwendung sind die Kessel mit einer Verbrennungskammer auszustatten.
- Die Kessel sind als Schweißkonstruktionen zu fertigen.
- Die Maschinen erhalten Heißdampfregler.

3.) Rahmen

- Als Regelbauart wird der Barrenrahmen zugrunde gelegt. Allerdings können auch, wenn es sinnvoll erscheint, geschweißte Blechrahmen verwendet werden.

4.) Laufwerk

- Lagerschalen und Gleitplatten sind aus Rotguss zu fertigen. Die Lokomotiven sollen über Stellkeile verfügen.
- Eine gute Kurvenläufigkeit war zu gewährleisten. Bei der Baureihe 94 neu müssen wegen der vorgesehenen Höchstgeschwindigkeit von 70 Stundenkilometern Beugniot-Hebel eingebaut werden.

5.) Triebwerk
- Für die geplanten Neubaulokomotiven waren Zweizylinder-Triebwerke vorgesehen.

6.) Tender
- Der Tender für die Baureihe 23 neu soll ein nur geringes Eigengewicht haben.
- Der Tender soll eine Schweißkonstruktion sein.

Um diese Vorgaben umzusetzen, traf sich Anfang September 1949 der Fachausschuss erneut. Dabei stand der Bau der ersten Neubaudampflokomotiven auf dem Programm. Die Konstruktion dieser Maschinen war ein Kompromiss aus den verschiedenen Entwürfen der an der Ausschreibung beteiligten Lokfabriken, wobei Henschel die wesentlichen Vorgaben leistete. Die Baureihe 78 neu wurde vom Programm gestrichen.
Der erste endgültige Entwurf betraf die Baureihe 82. Schon im Dezember 1950 konnten von Krupp die ersten Lokomotiven der Baureihe 82 fertiggestellt werden.

Oben: Ein für eine Lok der Reihe 82 als Schweißkonstruktion fertiggestellter Tenderkasten.

Elektrolokomotiven

In den westlichen Besatzungszonen befanden sich nach dem Kriegsende rund 1290 Kilometer elektrifizierte Strecken. 30 Prozent der elektrischen Anlagen waren zerstört oder beschädigt. Doch trotz dieser erheblichen Schäden fuhren schon am 22. Mai 1945 auf den Teilstrecken München-Pasing–Augsburg und München-Pasing –Garmisch-Partenkirchen die ersten elektrischen Züge. Stück für Stück wurde das

Unten: Auf der viel befahrenen Strecke Nürnberg - Regensburg - Passau liegt in der Nähe von Beratzhausen das imposante Bauwerk der Laaberbrücke. Im Sommer 1954 donnern die E 94 268 und die E 94 050 vor einem schweren Güterzug über das Bauwerk.

DB-Personenzuglok 23 024 mit Rollenlagern, Baujahr 1953, der Lokomotivfabrik Jung, Jungenthal

2'2T31-Tender der DB-Baureihe 23

Legende – Lokomotive

1 Führerhaus-Lüftungsklappen
2 Feuerungstür
3 Reglerhebel
4 Steuerungshandrad
5 Steuerungsbock mit Skale
6 Übertragungswelle der Steuerung
7 Deckenstehbolzen
8 Feuerschirm in der Feuerkiste
9 Feuerkiste, Seitenwand
10 Waschlukendeckel
11 Sicherheitsventil
12 Rauchrohre
13 Hilfsabsperrventil im Dampfdom
14 Reglerrohr
15 äußerer Betätigungshebel der Steuerung
16 Luftbehälter
17 Signalpfeife
18 Dampfsammelkasten mit Mehrfach-Ventilregler
19 Überhitzerrohre
20 Rauchkammer mit Vorwärmer
21 einstellbarer Führerstandsitz
22 Bauteile der induktiven Zugsicherung
23 Bremssohle mit Belüftungsteilen
24 Bremsgestänge
25 Achslagerführung im Lokrahmen
26 großer Bremshebel als Winkelhebel
27 Bremszylinder
28 zweistufige Luftpumpe
29 Kuppelstangen
30 Treibstange/Pleuel-Stange
31 Schwingenstange
32 Schwinge
33 Kreuzkopf
34 Kreuzkopf-Gleitbahn
35 Zylinderhähne
36 Kolben mit Kolbenringen
37 Zylinderlaufbahn
38 Kolbenschieber
39 Zylindersicherheitsventil
40 Schienenräumer

Legende – Tender

41 Tenderaufstieg/Trittstufen
42 Füllöffnung für das Kesselspeisewasser
43 Kesselspeisewasser
44 Schürgestänge im Behälter
45 innere Aussteifungen und Prallbleche
46 Kohlevorrat
47 eingelassene Trittstufen in der Tenderseitenwand
48 Schienenräumer
49 Bremssohle
50 Längsfederpaket oberhalb des Achslagers
51 Querfederpakete
52 Achslagerführungen
53 Bremsluftbehälter
54 selbsttragendes und geschweißtes Tendergehäuse
55 Kuppelgestänge zur Lokomotive

Baureihe E 44

Baujahr:	1932
Gesamtserie:	176 Loks
Bauart:	Bo' Bo'
Spurweite:	1435 Millimeter
Länge über Puffer:	15290 Millimeter
Gesamtachsabstand:	9800 Millimeter
Treibraddurchmesser:	1250 Millimeter
Dienstgewicht:	78 Tonnen
Anzahl der Fahrmotoren:	4 Elektromotoren
Antrieb:	Tatzlager
Stundenleistung:	2200 kW bei 76 km/h
Dauerleistung:	1860 kW bei 86 km/h
Anfahrzugkraft:	196 kN
Höchstgeschwindigkeit:	90 km/h

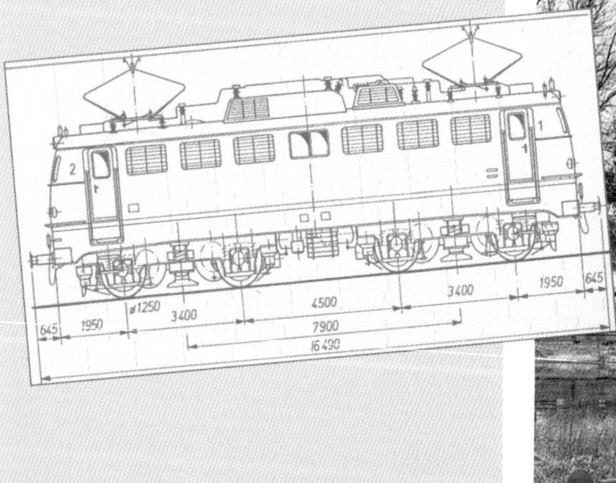

kriegsbeschädigte Netz instand gesetzt. Anfang 1946 war dann das gesamte elektrifizierte Netz in Süddeutschland wieder in Betrieb.

Problematisch war der geringe Bestand an betriebsfähigen Elektrolokomotiven. So war 1946 rund die Hälfte aller Elektroloks beschädigt abgestellt. Einige Lokomotiven der Reihen E 44 und E 94, die bei Kriegsende halb fertig in den Lokomotivfabriken standen, konnten fertig gebaut und an die Reichsbahn der Westzonen abgeliefert werden.

Der Ausbau des elektrischen Zugbetriebs wurde immer wichtiger. Als erste, nach dem Krieg neu elektrifizierte Bahnstrecke konnte am 2. Oktober 1949 ein für den Stuttgarter Vorortverkehr bestimmter 11,8 Kilometer langer Abschnitt in Betrieb gehen. Am 15. Mai 1950 folgte mit der Strecke Regensburg–Nürnberg die erste elektrifizierte Fernbahn nach dem Zweiten Weltkrieg.

Die wachsende Wirtschaftskraft der jungen Bundesrepublik und die zunehmende Konkurrenz des Straßenverkehrs drängten die Bundesbahn zur Modernisierung ihres Betriebs. Die Absicht war, innerhalb der nächsten 20 bis 30 Jahre etwa 6000 Kilometer der westdeutschen Bahnstrecken zu elektrifizieren. Das Ruhrgebiet und seine Zufuhrstrecken aus Süddeutschland sowie die Durchgangsstrecken zu den Nachbarländern sollten dabei vorrangig behandelt werden. Tatsächlich konnte das elektrische Netz bis 1970 auf über 8000 Kilometer ausgebaut werden.

Das umfangreiche Elektrifizierungsprogramm aus dem Jahr 1950 erforderte neue elektrische Lokomotiven. Der dringendste Bedarf wurde vorerst durch den Nachbau von Loks der Baureihen E 18, E 44 und E 94 gedeckt. Erst 1956 beendete die Deutsche Bundesbahn die Beschaffung von Elektrolokomotiven aus der Vorkriegszeit.

Anfang Dezember 1950 bestellte die Bundesbahn fünf Baumusterlokomotiven, die als E 10 bezeichnet wurden. Am 23. August 1952 konnte die E 10 001 als erste elek-

Rechts: Die fabrikneue E 10 107 kurz vor ihrer Auslieferung. Der Serienbau begann im Jahr 1954.

trische Neubaulokomotive angeliefert werden. Alle fünf Prototypen der Baureihe E 10 wurden umfangreichen Untersuchungen unterzogen. Die E 10 003 beispielsweise kam zu Probefahrten auf die Arlbergstrecke nach Österreich, wo sie auf der 31-Promille-Rampe zwischen Bludenz und St. Anton am Arlberg einen Zug mit 383 Tonnen Gewicht in einer S-Kurve mit nur 180 Metern Radius ohne Schwierigkeiten aus dem Stand heraus anfuhr und beschleunigte.
Das Ziel der Deutschen Bundesbahn jedoch war der Bau von elektrischen Lokomotiven, die sowohl im Reise- als auch im Güterverkehr ihre Verwendung finden konnten. So entstanden drei verschiedene Bo'Bo'-Typen und eine Co'Co'-Lokomotive für verschiedene Einsatzgebiete. Die geplanten Lokomotiven der Baureihen E 10.1, E 40, E 41 und E 50 sollten in möglichst vielen Bauteilen übereinstimmen. Schließlich war noch der Bau einer Co'Co'-Schnellzuglokomotive vorgesehen, die zunächst die Baureihenbezeichnung E 01 erhielt und mit 160 bis 180 Stundenkilometern Höchstgeschwindigkeit vor Schnellzügen bis 600 Tonnen Gewicht eingesetzt werden sollte. Diese Maschine wurde später mit geänderten Grunddaten in Form der E 03 verwirklicht. Nie umgesetzt wurden hingegen die Planungen für eine zwei- und eine dreiachsige Rangierlokomotive sowie für eine Zweikraftrangierlokomotive, die auf Gleisen mit und ohne Fahrleitung fahren sollte. Endlich bestellte die Deutsche Bundesbahn im Oktober 1954 eine erste größere Serie von elektrischen Neubaulokomotiven und erhöhte ein Jahr später die Aufträge auf 69 Maschinen der Baureihe E 10.1, 80 Maschinen der Baureihe E 40, 44 Loks der Reihe E 41 und 41 Lokomotiven der Baureihe E 50. Weitere Bestellungen folgten.
Am 27. Juni 1956 wurde die E 41 001 als erste Lok dieser Serie ausgeliefert, womit das bis dahin größte Beschaffungsprogramm für elektrische Lokomotiven in Deutschland begonnen hatte. Die ersten Loks der anderen Baureihen folgten in kurzen Abständen: die E 10 101 am 4. Oktober 1956, die E 40 004 am 21. Januar 1957 und die beiden E 50 001 und E 50 002 am 3. Januar 1957.
Die Produktion von Elektrolokomotiven für die Deutsche Bundesbahn war voll angelaufen. Am 3. Oktober 1963 wurde die 1000. elektrische Neubaulokomotive der DB übergeben. Am 1. August 1966 gab es bereits 1500 neue Elektrolokomotiven auf bundesdeutschen Schienen. Am 6. August 1973 verließ die 140 879 als letzte Lok aus dem Neubauprogramm für Eloks der Deutschen Bundesbahn die Werkhallen. Die Ersatzteilbeschaffung und die Wartung der Lokomotiven konnten erheblich vereinfacht und wesentlich wirtschaftlicher durchgeführt werden.

Baureihe E 41

Baujahr:	1956
Gesamtserie:	451 Loks
Bauart:	Bo' Bo'
Spurweite:	1435 Millimeter
Länge über Puffer:	15660 Millimeter
Gesamtachsabstand:	10500 Millimeter
Treibraddurchmesser:	1250 Millimeter
Dienstgewicht:	67 Tonnen
Anzahl der Fahrmotoren:	4 Elektromotoren
Antrieb:	Gummiringfeder
Stundenleistung:	2400 kW bei 97,8 km/h
Dauerleistung:	2310 kW bei 102 km/h
Anfahrzugkraft:	206 kN
Höchstgeschwindigkeit:	120 km/h

Die Situation der Deutschen Reichsbahn der DDR nach 1945

Die Teilung Deutschlands und damit auch der Reichsbahn deutete sich schon bald nach Kriegsende an. Die Fronten zwischen den westlichen Alliierten und der Sowjetunion verhärteten sich zunehmend.
Am 7. Oktober 1949 proklamierte der Volksrat die „Deutsche Demokratische Republik". Drei Tage später, am 10. Oktober 1949, übertrug die „Sowjetische Militäradministration in Deutschland" alle Verwaltungsaufgaben an die provisorische Regierung. Damit wurde die Eisenbahn dem Verkehrsminister der DDR

Rechts: Das im Krieg zerstörte Ausbesserungswerk in Halle an der Saale wurde von der Deutschen Reichsbahn ab dem Sommer 1946 wieder aufgebaut.

Oben: In den ersten Monaten nach Kriegsende waren die Reisemöglichkeiten mit der Eisenbahn auf ein Minimum beschränkt. Die wenigen verkehrenden Züge, wir hier ein Zug von Berlin-Anhalter Bahnhof nach Elsterwerda im Oktober 1945, wurde von den Reisenden auf allen nur möglichen Plätzen genutzt. Dicht besetzt sind die Umlaufbleche der 03 157.

unterstellt. Der Name „Deutsche Reichsbahn" wurde beibehalten. Während sich in den westlichen Besatzungszonen, speziell mithilfe der Amerikaner, schon bald wieder ein wirtschaftlicher Aufschwung abzeichnete, hatte die sowjetisch besetzte Zone unter den Reparationsleistungen an Russland schwer zu leiden. Ab 1947 mussten die noch intakten Lokomotiv- und Waggonfabriken ausschließlich für die Sowjetunion produzieren. Den Transport dieser Güter nach Russland hatte die am Boden liegende Deutsche Reichsbahn auf ihre Kosten zu übernehmen. Es wurden dazu sogenannte „Lokomotivkolonnen" gebildet, die aus den besten Lokomotiven und Wagen der DR bestanden und dem Kommando der sowjetischen Besatzungsmacht unterstellt waren.

Zu diesen Problemen kam noch hinzu, dass zum Wiederaufbau der Eisenbahn nahezu sämtliche Mittel fehlten. Ein Bericht vom Oktober 1948 stellte fest, dass es für die Aufarbeitung des defekten Lokomotivbestands weder Radreifen noch Heiz-, Rauch- und Überhitzerrohre zur Instandsetzung der Lokomotivkessel gibt. So war es kein Wunder, dass der Zustand der Lokomotiven immer schlechter wurde und viele

Maschinen vor Ablauf ihrer Untersuchungsfristen abgestellt wurden. Da für die Dampflokomotiven vielfach nicht die richtigen Schmiermittel zur Verfügung standen, kam es immer wieder zu Heißläufern an den Loks und zu Schäden an Luft- und Speisepumpen. Es fehlte an Roststäben, Bremssohlen, Schrauben, Muttern und Splinten sowie an Dichtungs- und Ausgussmaterial für die Lokomotiven. Auch die Wageninstandhaltung litt unter fehlenden Ersatzteilen. Diese Situation hielt über viele Jahre an. Erst Mitte der 1950er-Jahre konnten zumindest die dringendsten Bedürfnisse, wenn auch nur sehr langsam, befriedigt werden.
Um den anhaltenden Lokomotivmangel wenigstens teilweise in den Griff zu bekommen, begann die Deutsche Reichsbahn ab 1953 damit, abgestellte Lokomotiven der verschiedensten Bauarten wieder betriebsfähig aufzuarbeiten. Darunter befand sich eine Vielzahl der von den Privatbahnen vereinnahmten Maschinen. Viele notwendige Ersatzteile konnten wegen fehlender Finanzmittel nicht besorgt werden wie etwa Achsen, Rädern oder Dampfzylinder. All diese Maßnahmen führten aber letzten Endes zu keiner befriedigenden Lösung. Nachdem auch bei der Deutschen Reichsbahn Mitte der 1950er-Jahre eine merkliche Zunahme des Eisenbahnverkehrs zu verzeichnen war, wurde klar, dass eine Verbesserung der geschilderten Situation allein in der Beschaffung neuer Lokomotiven lag.

Oben: Im zerstörten Anhalter Bahnhof in Berlin stand Ende 1945 die 74 1221 mit ihrem Zug. Die auf dem Wasserkasten angebrachte Aufschrift „Pog" dokumentiert, dass die Lok zum Bahnbetriebswerk Potsdamer Güterbahnhof gehörte.

Das Neubauprogramm der DR: Dampflokomotiven

Auf der Basis des Fünfjahresplans für die Jahre 1951 bis 1956 leiteten die Verantwortlichen der DR erste Schritte zur Beschaffung neuer Lokomotiven ein. Zur Umsetzung dieser Aufgabe wurde ein Lokomotivausschuss gegründet, der aus Vertretern der Deutschen Reichsbahn und der Industrie bestand und im September 1952 seine Arbeit aufnahm.
Folgende Vorschläge wurden erarbeitet:

- eine 2'C1'-Heißdampf-Vierzylinder-Verbund-Schnellzuglokomotive, geplante Stückzahl 100 – nicht gebaut
- eine 1'C 1'-Heißdampf-Zweizylinder-Personenzuglokomotive, geplante Stückzahl 500, gebaut 113 Stück als Baureihe 23.10
- eine 1'E-Heißdampf-Zweizylinder-Güterzuglokomotive, geplante Stückzahl 1200, gebaut 88 Stück als Baureihe 50.40
- eine 1'D 2'-Heißdampf-Zweizylinder-Tenderlokomotive für Hauptbahnen, geplante Stückzahl 800 – gebaut 88 Stück als Baureihe 65.10
- eine 1'C 2'-Heißdampf-Zweizylinder-Personenzugtenderlokomotive, Projekt nicht weiter verfolgt
- eine E-Heißdampf-Zweizylinder-Verschiebelokomotive mit Tender, geplante Stückzahl 200, nicht gebaut
- eine 1'D 2'-Heißdampf-Zweizylinder-Tenderlokomotive für Nebenbahnen, geplante Stückzahl 750 – gebaut 27 Stück als Baureihe 83.10

Unten: Bestens gepflegt stand die 65 1050 vor ihrem Lokschuppen. Ab Beginn der 1960er-Jahre zählte diese Maschine zum Bestand des Bw Dresden-Altstadt.

Oben: Mächtig dampfend rangiert im Bahnhof Neudorf eine Lok der Reihe 99.77-79 im Erzgebirge auf der Strecke Cranzahl–Oberwiesenthal.

Legt man diese geplanten Stückzahlen zugrunde, so hätten innerhalb weniger Jahre insgesamt 3550 Neubaulokomotiven beschafft werden sollen. Unter Berücksichtigung der in diesen Jahren beschränkten Produktionsmöglichkeiten und den teilweise fehlenden Rohstoffen ein wenig realistisches Vorhaben, wie auch die Zahl der letztendlich gebauten 359 Neubaulokomotiven, einschließlich der 41 neu gebauten Schmalspurlokomotiven beweist.

Von den geplanten neuen normalspurigen Loktypen wurden dann lediglich vier neue Baureihen verwirklicht. Hinzu kam noch die Baureihe 25, von der aber nur zwei Prototypen gefertigt wurden.

Schwierig und mühsam war der Bau neuer Dampfloks für die Deutsche Reichsbahn. Allein die Tatsache, dass der Bau der bewährten und in ihrer Bauweise sehr stabilen Barrenrahmen nicht möglich gewesen war, da die russischen Besatzer die zur Fertigung dieses Bauteils erforderlichen Walzstraßen in die Sowjetunion antransportiert hatten. Die Folge war, dass sämtliche Neubauloks mit geschweißten Blechrahmen ausgerüstet werden mussten, die schon bald nach Inbetriebnahme dieser Maschinen wegen zu geringer Festigkeit zu erheblichen Problemen führten.

Wie dringend die Beschaffung neuer Maschinen war, belegen folgende Daten: Während 1936 der Anteil der Lokomotiven mit einem Alter von über 20 Jahren bei etwa 20 Prozent des gesamten Bestands lag, betrug er 1953 bei den Loks der Deutschen Reichsbahn 78 Prozent.

Unter realistischer Einschätzung der Bedürfnisse der DR wäre für eine einigermaßen befriedigende Betriebssituation bis 1960 die Beschaffung von 1290 Dampflokomotiven, 210 Streckendieselloks sowie rund 150 vierachsigen Triebwagen notwendig gewesen. Auch die Lokomotiven der schmalspurigen Bahnstrecken in der DDR waren von den Kriegsereignissen und den Reparationsleistungen an Russland

Rechts: Nicht nur für die Befeuerung von Loks, sondern auch für die Beheizung der Wohnungen wurden Braunkohlebriketts verwendet. Auf ein Pferdefuhrwerk verladen wurde das Heizmaterial vom Bahnhof aus zu den einzelnen Wohnungen gebracht. Im Hintergrund die 94 2136-3 des Bahnbetriebswerks Aue.

Übersichtskarte zum Kursbuch der Deutschen Reichsbahn
Deutsche Demokratische Republik

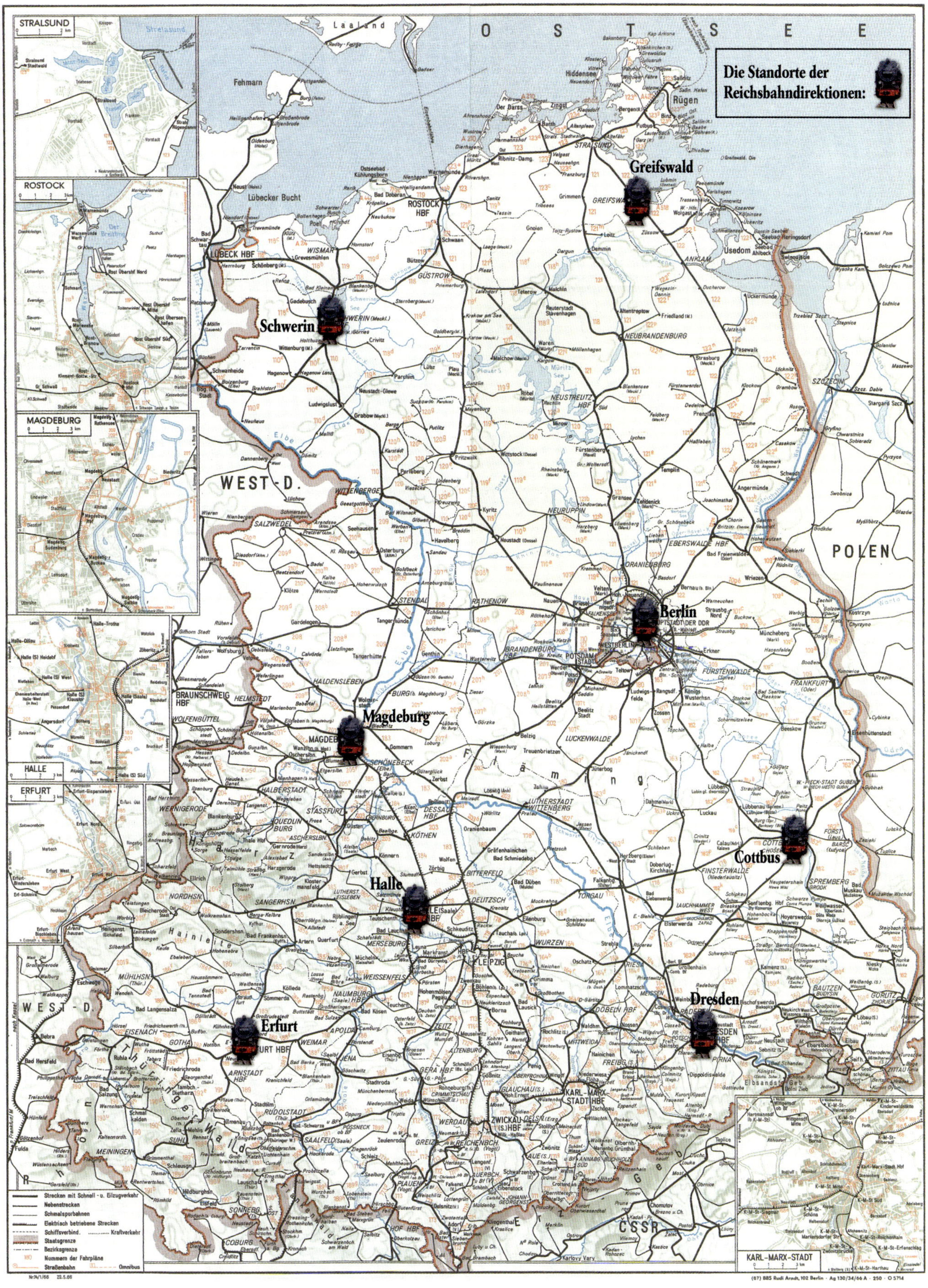

DR-Personenzuglok 23 1113, Baujahr 1959, der Lokomotivfabrik Karl Marx Babelsberg

2'2T28Tender der DR-Baureihe 23.10

Legende – Lokomotive

1 Steuerrad
2 Deckenstehbolzen
3 Feuerschirm
4 Feuer
5 Sicherheitsventil
6 Reglerdom
7 Rauchrohre
8 Sandkasten
9 Reglerrohr
10 Schieberschubstange
11 Signalpfeife
12 Überhitzersammelkasten
13 Überhitzerrohrsatz
14 Schieber-Zylinder-Gehäuse
15 Funkenfänger
16 Schornstein
17 Mischvorwärmer
18 Windleitblech
19 Bremsklötze
20 hinterer Laufradsatz
21 Bissel-Achsgestell
22 Aschkasten
23 Bremsgestänge
24 Tragfederpaket
25 Luftbehälter
26 Kuppelstangen
27 Heizrohr
28 Gegenkurbel
29 Schwingenstange
30 Treibstange
31 Schwinge
32 Kreuzkopf
33 Lenkerstange
34 Voreilhebel
35 Kreuzkopf-Gleitbahn
36 Zylinderlaufbahn
37 Kolben mit Kolbenringen
38 Zylinderventil
39 vorderes Krauß-Helmholtz-Gestell
40 zweistufige Luftpumpe
41 vorderer Laufradsatz
42 Schienenräumer
43 Lampe

Legende - Tender

44 Tender-Lampe
45 Einfüllöffnung für Speisewasser
46 Speisewasservorrat
47 Kohlenfüllung
48 Tender-Kuppeleisen
49 Schraubenfedern
50 Blattfederpakete, quer
51 hinteres Tenderdrehgestell
52 Luftbehälter
53 Neigungsfläche für den Kohlenvorrat
54 Aussteifung und Prallbleche
55 vorderes Tenderdrehgestell

Baureihe E 11

Baujahr:	1960
Gesamtserie:	2 Loks
Bauart:	Bo' Bo'
Spurweite:	1435 Millimeter
Länge über Puffer:	16 260 Millimeter
Gesamtachsabstand:	11 300 Millimeter
Treibraddurchmesser:	1350 Millimeter
Dienstgewicht:	82,5 Tonnen
Anzahl der Fahrmotoren:	4 Elektromotoren
Antrieb:	Tatzlager
Stundenleistung:	2800 kW bei 98 km/h
Dauerleistung:	2600 kW bei 95 km/h
Anfahrzugkraft:	220 kN
Höchstgeschwindigkeit:	120 km/h

nicht verschont geblieben. Die dadurch entstandenen Lücken galt es auszugleichen. Bereits im Jahr 1951 begannen im VEB Lokomotivbau „Karl Marx" in Babelsberg die ersten Konstruktions- und Fertigungsarbeiten.
Die Neubaulokomotiven der Baureihen 99.77-79 und 99.23-24 orientierten sich an den bewährten Einheitslokomotiven aus der Vorkriegszeit. Der wesentliche Unterschied zu ihren Vorgängerinnen bestand darin, dass sie nach neuen Baugrundsätzen gefertigt wurden, welche die weitgehende Anwendung der Schweißtechnik vorsahen.

Elektrolokomotiven

Im Juli 1945 gab es in der sowjetisch besetzten Zone Deutschlands rund 495 Kilometer elektrisch betriebene Bahnstrecken. Im August des gleichen Jahres konnte auf gewissen Streckenabschnitten der elektrische Betrieb wieder aufgenommen werden.
Ende März 1946 befahlen die russischen Machthaber jedoch den gesamten elektrischen Betrieb in der sowjetisch besetzten Zone einzustellen. Sämtliche elektrischen Anlagen wurden abgebaut und als Reparationsleistung inklusive aller Triebfahrzeuge nach Russland verbracht.
Jahre sollten vergehen, ehe wieder ein elektrischer Zugbetrieb aufgenommen werden konnte. Erst am 1. September 1955 kam mit der Eröffnung der 35,9 Kilometer langen Strecke Leipzig-Halle–Magdeburg wieder ein bescheidener elektrischer Betrieb zustande.
In diesen Jahren wurden immer wieder Diskussionen über die Frage des geeigneten Stromsystems bei der geplanten Neuelektrifizierung geführt. Dabei wurde zunächst das 3000-Volt-Gleichstromsystem in Erwägung gezogen, das damals nicht nur in der Sowjetunion, sondern auch in Polen und in der Tschechoslowakei verwendet

E 11 001, hier als 109 001 bezeichnet, am 24. Februar 1995 im Hauptbahnhof von Leipzig.

Oben: Die 155 075-5 hat 1996 ihren Zug nach Leipzig gebracht und rollt nach getaner Arbeit ins Bw.

wurde. In Russland und Frankreich wurde das System mit Wechselstrom von 25 Kilovolt Spannung und 50 Hertz Frequenz eingesetzt. Letzten Endes jedoch entschied sich die Deutsche Reichsbahn für die Beibehaltung des bisher in ganz Deutschland verwendeten Stromsystems von 15 000 Volt Spannung bei 16 2/3 Hertz Frequenz.

Mitte der 1950er-Jahre konnten die ersten bescheidenen Schritte bei der Neuelektrifizierung der Bahnstrecken in der DDR getan werden. Am 27. Juni 1955 wurden im Bahnhof Köthen die ersten Fahrten mit Elektrolokomotiven durchgeführt. In den kommenden Jahren konnten die Arbeiten zügig vorangebracht werden, sodass am 12. Januar 1957 die gesamte 86 Kilometer lange Strecke Halle–Magdeburg wieder elektrisch befahren werden konnte.

Am 9. Juli 1958 erfolgte die Eröffnung des elektrischen Betriebs zwischen Dessau und Leipzig. Bis 1959 war die Länge der elektrisch betriebenen Strecken auf 270 Kilometer angewachsen. Trotz aller wirtschaftlichen Probleme gelang es der Deutschen Reichsbahn bis zum Jahr 1991 circa 3970 Kilometer Strecke mit Einphasenwechselstrom 15 kV, 16 2/3 Hz zu betreiben.

In den ersten Jahren des elektrischen Betriebs waren Elektrolokomotiven aus der Vorkriegszeit im Einsatz. Dabei sollen die gewaltigen Aufwendungen zur Instandsetzung all der aus Russland ab dem Jahr 1952 wieder zurückkehrenden Eloks nicht vergessen werden, die sich nahezu ausschließlich in einem erbärmlichen Zustand befanden.

Ab 1961 war es der Deutschen Reichsbahn der DDR möglich, neue Lokomotiven in Dienst zu stellen. Es waren dies die Personen- und Schnellzugloks der Baureihen E 11 und E 42, die zu einer Stärkung des elektrischen Fahrzeugparks beitrugen. Ab 1974 kamen dann noch die leistungsstarken sechsachsigen Maschinen der Reihe 250 hinzu.

Baureihe E 42

Baujahr:	1962
Gesamtserie:	292 Loks
Bauart:	Bo' Bo'
Spurweite:	1435 Millimeter
Länge über Puffer:	16 260 Millimeter
Gesamtachsabstand:	11 300 Millimeter
Treibraddurchmesser:	1350 Millimeter
Dienstgewicht:	82,5 Tonnen
Anzahl der Fahrmotoren:	4 Elektromotoren
Antrieb:	Tatzlager
Stundenleistung:	2920 kW bei 72 km/h
Dauerleistung:	2740 kW bei 76 km/h
Anfahrzugkraft:	245 kN
Höchstgeschwindigkeit:	100 km/h

Umgebaute Dampfloks:

Stück:	alt:	neu:
35	01	01.5
16	03.10	03.10

Betriebsnummer wurde beibehalten:

85	39	22
80	41	41

Betriebsnummer wurde beibehalten:

208	50	50.35
200	52	52.80
56	58	58.30
52	03	03

Hinzu kommen noch fünf Versuchsloks der VES-M Halle:

18 201, 18 314, 19 015, 022, 23 001

Oben: Das Führerhaus der mit Kohlenstaubfeuerung ausgerüsteten 25 1001 des Bahnbetriebswerks Arnstadt.

Rechts: Vermutlich Anfang der 1970er-Jahre entstand diese Aufnahme im Bahnbetriebswerk Blankenburg im Harz. Neben den beiden Loks 50 3708 und 50 3569 haben sich auch die 03 2207 und eine Maschine der Baureihe 65.10 im weiten Rund des Ringlokschuppens eingefunden.

Die Reko-Dampfloks der Deutsche Reichsbahn

Ab dem Jahr 1957 begann die Deutsche Reichsbahn zahlreiche in ihrem Bestand befindliche Dampflokomotiven zu „rekonstruieren". Das Ziel war, die Leistungsfähigkeit dieser Maschinen zu erhöhen und ihre Einsatzzeit zu verlängern.

Kernstück aller „Rekonstruktionen" waren neu konstruierte Ersatzkessel, die nach modernen Baugrundsätzen entstanden. Die Aufrüstung vieler Dampflokomotiven mit neuen Kesseln erschien auf lange Sicht wirtschaftlicher und sinnvoller als eine aufwendige Reparatur der alten Bauteile. Diese Neubaukessel waren eine komplette Schweißkonstruktion. Die Dampferzeuger wurden mit einer Verbrennungskammer ausgerüstet, die für eine erhöhte Dampferzeugung sorgte. Die neuen Kessel waren einheitlich gefertigt, sodass eine freie Austauschbarkeit auch bei Lokomotiven unterschiedlicher Baureihen möglich war. Bei einer „Rekonstruktion" wurden aber nicht nur neue Kessel eingebaut, sondern auch verschlissene Großbauteile, zum Teil unter Abänderung der ursprünglichen Konstruktion, erneuert. So wurden beispielsweise alte Gusszylindern durch eine moderne Schweißkonstruktion ersetzt. Federführend bei all diesen „Rekonstruktionen" war die Versuchsanstalt der Deutschen Reichsbahn in Halle.

Oftmals veränderte sich durch diese Maßnahmen das Erscheinungsbild der Maschinen grundsätzlich. Als Beispiel dafür sei auf die neu erstandenen Schnellzuglokomotiven der Baureihe 01.5 verwiesen. Die erste Dampflok, die nach diesen neuen Kriterien 1957 entstand, war die 50 3501.

Oben: Die 41 364 gehört seit 1983 der Dampflok-Gesellschaft München. Die Lokomotivfabrik Jung baute die Maschine im Jahr 1940.

Ölfeuerung für Dampflokomotiven

Mitte der 1950er-Jahre stieg der Kohlebedarf in der Bundesrepublik Deutschland ständig an. Die inländische Kohleförderung konnte den steigenden Bedarf kaum noch decken. So war 1957 die Deutsche Bundesbahn gezwungen, etwa 15 Prozent ihres Kohlebedarfs zu höheren Preisen aus den USA zu importieren.
Die Bundesbahn entschloss sich daher, einen Teil ihrer Dampflokomotiven auf Feuerung mit schwerem Heizöl umzustellen. Die erste Maschine, die in dieser Form umgerüstet wurde, war die 01 1100 vom Bahnbetriebswerk Kassel. Ihre Ölfeuerung erhielt sie im Juli 1956. Messungen ergaben, dass die Leistung durch den Einbau der Ölfeuerung von bisher 2200 auf 2470 Pferdestärken gesteigert worden konnte. Der Brennstoffverbrauch lag bei knapp elf Tonnen Öl auf 1000 Kilometer.
In den kommenden Jahren wurden bei der DB weitere Lokomotiven auf Ölfeuerung umgebaut Es waren dies 58 schwere Schnellzug- und Güterzuglokomotiven der Baureihen 01.10, 10, 41, 44 und 50.40. Bis 1963 waren es insgesamt 109 Lokomotiven, die bei der DB eine Ölfeuerung erhielten.
Mit der 44 195 begann die Deutsche Reichsbahn der DDR im Mai 1959 den Umbau von insgesamt 95 Lokomotiven der Baureihe 44 auf Ölhauptfeuerung. In den nächsten Jahren erhielten auch Lokomotiven der Reihen 01.5, 03.10, 44, 50.35, 50.40 und 95 diese Feuerungstechnik.

Baureihe 41 (DB) mit Ölfeuerung und Neubaukessel

Umbau auf Ölfeuerung:	ab 1958 (40 Loks)
Bauart:	1' D 1' h2
Zylinderdurchmesser:	520 mm
Kolbenhub:	720 mm
Kesseldruck:	16 bar
Rostfläche:	3,87 m²
Verdampfungsheizfläche:	177,54 m²
Länge über Puffer:	23 905 mm
Treib-/Kuppelraddurchm.:	1600 mm
Laufraddurchmesser:	1000 mm
Höchstgeschwindigkeit:	90 km/h

Der Intercity-Verkehr der DB

Ende 1968 setzte der Vorstand der Deutschen Bundesbahn eine Arbeitsgruppe ein, um auf dem Schienennetz der DB die Einsätze für den geplanten Intercity-Verkehr vorzubereiten. Es trafen sich Fachleute für den Fahrplan, den Oberbau, die Fahr-

Oben: Zahlreiche Dieseltriebzüge der Baureihe 601 wurden 1971 vom TEE-Verkehr abgezogen und in Intercity-Diensten eingesetzt. Die markanten Triebköpfe trugen deshalb an der Stirnfront bald nicht mehr das TEE-Logo, sondern eine Blechtafel mit dem Schriftzug „Intercity".

Unten: Mit dieser Postkarte warb die Deutsche Bundesbahn für den neuen Intercity-Verkehr.

zeuge und für die Gestaltung des Tarifwesens. Sie hatten den Auftrag, bis Mai 1969 das vorgesehene Betriebsprogramm der Intercity-Züge im Detail auszuarbeiten. Das Ziel dieses neuen Verkehrsprogramms war es, auf vier miteinander verknüpften Linien 33 Städte im Zwei-Stunden-Takt miteinander zu verbinden und damit eine neue Ära auf deutschen Schienen einzuläuten.

Um das erarbeitete Betriebsprogramm zu verabschieden, traten am 1. August 1969 die Vorstandsmitglieder der Bundesbahn zusammen. Aber noch eine Vielzahl von Aufgaben galt es zu meistern. In Zusammenarbeit mit den einzelnen Oberbetriebsleitungen und Bundesbahndirektionen musste umgehend das geplante Intercity-Netz in die bestehenden Fahrpläne eingearbeitet werden. Dabei war höchste Eile geboten. Denn der Start der Intercity-Züge war bereits für den Beginn des Winterfahrplans 1971 vorgesehen. Ein längeres Abwarten kam für die Bundesbahn nicht infrage, da sich die Konkurrenz von Flugzeug und Automobil immer drückender bemerkbar machte. Der Fernverkehr, der für die Bundesbahn lukrative Einnahmen brachte, solle auf gar keinen Fall den Mitbewerbern überlassen werden.

Die deutschen Lokomotiv- und Waggonbaufirmen arbeiteten in vollem Umfang, um die für den neuen Intercity-Verkehr benötigten Fahrzeuge termingerecht zur Verfügung stellen zu können. Schon im Mai 1970 nahm die 103 109 als erste Serienlokomotive der Baureihe 103.1 den Dienst bei der Bundesbahn auf. Bis Mai 1974 wurden insgesamt 145 Maschinen dieser Baureihe, die als Paradelokomotiven für die Intercity-Züge vorgesehen waren, abgeliefert. Die Höchstgeschwindigkeit dieser sechsachsigen Maschinen betrug 200 Stundenkilometer bei einer Nennleistung von 10 000 und einer maximalen Zehn-Minuten-Leistung von rund 14 000 Pferdestärken. Auch in neues Wagenmaterial wurde großzügig investiert: Allein 1971 übernahm die Bundesbahn 320 neue Reisezugwagen, die größtenteils für den IC-Verkehr bestimmt waren. Diese Wagen verfügten über großzügige und klimatisierte Fahrgasträume. Zusätzlich wurden zahlreiche Dieseltriebzüge der Baureihe 601 aus dem TEE-Verkehr abgezogen und in den Intercity-Dienst eingebunden. Die markanten Triebköpfe trugen deshalb an der Stirnfront bald nicht mehr das TEE-Logo, sondern eine Blechtafel mit dem Schriftzug „Intercity".

Mit dieser Flotte an modernen Fahrzeugen startete die Bundesbahn am 26. September 1971 ihr lange vorbereitetes Großprojekt „Intercity", das von einer umfangreichen Werbeaktion begleitet wurde. Plakate unter dem Motto „Deutschland im 2-Stunden-Takt" klebten an allen Bahnhöfen. Der einheitliche Zuschlag für die Intercity-Züge, die nur die erste Wagenklasse führten, betrug acht Mark und beinhaltete die Gebühr für eine Sitzplatzreservierung. Die bereits bestehenden Trans-Europ-Expreß-Züge (TEE) werden in das IC-Netz mit eingebunden.

In zwei Punkten können die ehrgeizigen Ziele der Bundesbahn anfangs aber noch nicht verwirklicht werden. Sowohl die Streckenhöchstgeschwindigkeit von 160 Stundenkilometern als auch die Reisezeiten bleiben mit der Einführung des Intercity-Verkehrs zunächst unverändert. Die fehlenden Finanzmittel verhindern ein großzügiges Programm zum Ausbau der Strecken. Die Lokomotiven der Baureihe 103 und das neue Wagenmaterial, die eigentlich für 200 Stundenkilometer Höchstgeschwindigkeit ausgelegt waren, mussten sich mit ihren Intercity-Zügen mit

Baureihe E 03.0

Baujahr:	1965
Gesamtserie:	4 Loks
Bauart:	Co' Co'
Länge über Puffer:	19 500 Millimeter
Gesamtachsabstand:	14 100 Millimeter
Treibraddurchmesser:	1250 Millimeter
Eigenmasse:	110 Tonnen
Anzahl der Fahrmotoren:	6 Elektromotoren
Antrieb:	Henschel-Verzweiger
Stundenleistung:	6420 kW bei 200 km/h
Dauerleistung:	5950 kW bei 200 km/h
Anfahrzugkraft:	314 kN
Höchstgeschwindigkeit:	200 km/h

Noch bevor die E 03 004 im Juni 1965 von der Deutschen Bundesbahn offiziell abgenommen wird, präsentiert sich die fabrikneue Maschine am 11. Mai 1965 in der Nähe von Gemünden dem Pressefotografen der DB.

Elektrolokomotive der Baureihe 103.1

Moderne Elektrotechnik der 1970er-Jahre: Bau der Reihe 103: Die empfindlichen Bauteile des Antriebs bedurften einer fachgerechten Wartung. Die Fahrmotoren mit den Zahnradübersetzungen gehörten zu den kompliziertesten Bauteilen.

Legende – Lokomotive

1 Fahrschalter
2 Führerbremsventil
3 Führerstandsfenster zum Öffnen
4 Einholmstromabnehmer, angelegt
5 Lüftungsgitter, obere Reihe
6 Lüftungsgitter, untere Reihe
7 Dachaufbau Maschinenraum
8 Gerätegerüst Nr. 10
9 Haupttrafo
10 Hochspannungsdachleitung mit Isolatoren
11 Kühltür zum Ölkühler-Lüfter
12 Bremswiderstand mit Lüfter
13 Schnell-Trennschalter
14 Druckanlage Hamla, davon drei, nur Kopfteile am Rahmen fest
15 Einholstromabnehmer, eingezogen
16 Führerstandstür
17 Zugstangen zur Bremskraftübertragung
18 Bahnrämmer
19 Sandstreuer
20 Antrieb: Großrad mit Zahnkranz
21 Hohlwelle mit Antriebsstern
22 Motorwelle mit Antriebszahnrad (Ritzel)
23 Fahrmotoren
24 Indusi-Magneten
25 Antriebsdrehgestell
26 Abstützung des Fahrzeugbrückenabnehmers durch Flexicoil-Schraubenfedern gegenüber dem Drehgestellrahmen
27 Schraubenfederung
28 Kühlluftführung zum Fahrmotor
29 Sandstreuer-Vorratsbehälter am Drehgestellrahmen
30 Hauptluftbehälter
31 Antriebsmotor für den Luftpresser
32 zweistufiger Kolbenluftpresser (Hauptluftpresser)
33 Schwingungsdämpfer

Oben: Mit einer großen Feier verabschiedete die Deutsche Bundesbahn am Wochenende 10. und 11. September 1977 ihre letzten Dampflokomotiven. Die Feierlichkeiten fanden im Bahnbetriebswerk Rheine statt. Tausende von Menschen waren gekommen, um ihre schwarzen Lieblinge noch einmal zu erleben.

Oben: Mit zu den letzten bei der Deutschen Bundesbahn betriebsfähigen Dampflokomotiven zählten die hier abgebildeten Maschinen 043 606-3, 41 018 und 042 073-7. Diese Loks blieben als Museumsmaschinen bis heute erhalten.

einer maximalen Geschwindigkeit von 160 Stundenkilometern vorerst begnügen. Rund 20 Jahre lang war der Intercity das Symbol für den gehobenen Schnellverkehr in Deutschland. Erst die Einführung des ICE-Verkehrs am 2. Juni 1991 löst ihn in seiner Funktion als Spitzenangebot der Bundesbahn ab.

Deutschlands Dampfloks verabschieden sich

Mit einem großen Fest auf dem Gelände des Bahnbetriebswerks Rheine in Westfalen feierte die Deutsche Bundesbahn am Wochenende, dem 10. und 11. September 1977, den endgültigen Abschied von der Dampflokomotive aus dem planmäßigen Bahnbetrieb. 142 Jahre nach der Eröffnung der ersten Eisenbahn in Deutschland hatte die Dampflokomotive in Westdeutschland ausgedient. Stolz verkündete die DB: „Unsere Loks gewöhnen sich das Rauchen ab."

Während noch 1953 über 10 000 Dampflokomotiven bei der Bundesbahn ihren Dienst versahen, war deren Zahl bis zum Jahr 1973 auf 829 Maschinen zurückgegangen. Das Ende der Dampftraktion zeichnete sich zu diesem Zeitpunkt bereits deutlich ab. In den Ausbesserungswerken wurden an den Dampflokomotiven kaum noch größere Reparaturen vorgenommen. Selbst kleinere Schäden führten zur vorzeitigen Abstellung. Mit zu den letzten aktiven Dampflokomotiven der DB zählten Lokomotiven der Baureihen 41 und 44.

Die absolut letzte Dampflokleistung im Namen der Deutschen Bundesbahn erbrachte am Nachmittag des 26. Oktobers 1977 die 043 903 mit der Überstellung eines Hilfsgerätewagens von Rheine nach Emden.

Bei der Deutschen Reichsbahn der DDR standen die Dampflokomotiven noch etwas länger im Dienst. Die letzten Maschinen wurden vom Bahnbetriebswerk Halberstadt aus eingesetzt. Am 29. Oktober 1988 bespannte die 50 3559-7 letztmalig den Umlauf Halberstadt–Thale–Halberstadt. Mit dieser Leistung war auch bei der Deutschen Reichsbahn der DDR der Dampflokbetrieb zu Ende gegangen.

Unberücksichtigt bei dieser Betrachtung bleiben die Dampflokomotiven der DR im Bereich der Schmalspurbahnen, die sich dort noch wesentlich länger im täglichen Einsatz halten konnten.

Die ersten Drehstromlokomotiven der DB

Mit der Ablieferung der 120 005, der letzten Prototyplok der Baureihe 120.0, beginnt die eigentliche Erprobungsphase der neuen Drehstromlokomotiven. Mit Spannung verfolgen Fachleute der Bundesbahn und der beteiligten Lokomotivbaufirmen die Einsätze der Lokomotiven, in die hohe Erwartungen gesetzt werden. Nachdem im Jahr 1977 die Lieferverträge für fünf Lokomotiven der Prototyp-Baureihe 120.0 abgeschlossen wurden, folgte in den Jahren 1979 und 1980 die Auslieferung dieser ersten drehstromangetriebenen Triebfahrzeuge der Deutschen Bundesbahn. In den ersten Wochen und Monaten nach der Abnahme wurden diese Lokomotiven eingehend geprüft und erprobt. Als Ergebnis mussten die Transformatoren umgebaut werden. Aus diesem Grund zog sich die Auslieferung aller fünf Lokomotiven über ein ganzes Jahr hin. Dann endlich begann die Betriebserprobung. Zunächst sollte geprüft werden, ob die Lokomotiven tatsächlich die

Baureihe 120.0

Baujahr:	1979
Gesamtserie:	5 Vorserien-Loks
Bauart:	Bo' Bo'
Länge über Puffer:	19 200 Millimeter
Gesamtachsabstand:	13 000 Millimeter
Treibraddurchmesser:	1250 Millimeter
Dienstgewicht:	83,2 Tonnen
Anzahl der Fahrmotoren:	4 Elektromotoren
Antrieb:	BBC-Gelenk-Kardan
Dauerleistung:	5600 kW
Anfahrzugkraft:	340 kN
Höchstgeschwindigkeit:	160 km/h
120 005:	200 km/h

Unten: In den Jahren 1979 und 1980 nahm die Deutsche Bundesbahn ihre ersten fünf Elektrolokomotiven mit Drehstromantrieb in Dienst. Diese Maschinen der Reihe 120.0 waren wegweisend für die Entwicklung der heutigen Elektrolokomotiven.

Störungen und ihre Ursachen

Bis zum Frühjahr 1983 legen die fünf Prototyplokomotiven 120 001 bis -005 insgesamt rund zwei Millionen Kilometer zurück, davon die Lokomotive 120 005 rund 200 000 Kilometer mit einer Geschwindigkeit von 200 Stundenkilometern vor 550 bis 600 Tonnen schweren Zügen. Nach rund einer Million Kilometern wurde im Mai 1981 eine Zwischenanalyse zur Schadanfälligkeit veröffentlicht: Demnach lag die störungsfreie Laufleistung je Lokomotive im Durchschnitt bei rund 14 500 Kilometern. Die registrierten Störungen, die zur Stellung von Hilfslokomotiven führten, hatten folgende Ursachen:

Steuerelektronik:	17 Störungen
Leistungselektronik:	6 Störungen
Hilfsbetriebeumrichter:	14 Störungen
konventionelle Elektrik:	7 Störungen
mechanischer Teil:	6 Störungen

erwarteten Leistungen erbringen würden. Von folgenden Bedingungen wurde ausgegangen:

- 700-Tonnen-Reisezüge mit 160 Stundenkilometern
- 1500-Tonnen-Schnellgüterzüge mit 100 Stundenkilometern
- 2200-Tonnen-Güterzüge mit 80 Stundenkilometern
- 2700-Tonnen-Ganzzüge mit 80 Stundenkilometern

Bei den fünf Prototypen 120 001 bis 120 005 sollten in kürzester Zeit alle Probleme beseitigt werden, um die Voraussetzungen für die Serienfertigung zu schaffen. Zeitgleich wurden drei Lokomotiven im Betrieb erprobt, während zwei Maschinen umfangreichen messtechnischen Untersuchungen im elektrischen und mechanischen Teil unterzogen wurden.

Alle fünf Lokomotiven wurden dem Bahnbetriebswerk Nürnberg-Rangierbahnhof zugeteilt, wo sie im schweren Güterzugdienst mit Anhängelasten von bis zu 1600 Tonnen erprobt wurden. Aber auch vor leichten Wendezügen mit vielen Haltestellen und im schnellen Reisezugdienst mit 200 Stundenkilometern Höchstgeschwindigkeit und bis zu 600 Tonnen schweren Zügen wurden sie verwendet.

Nach einem Jahr der Erprobung war festzustellen, dass noch erhebliche Nacharbeiten erforderlich waren. Die Zahl der aufgetretenen Störungen und Schäden war hoch. Ende 1981 wurde daraufhin eine Reihe von Änderungen an den Lokomotiven durchgeführt. Doch auch nach diesen Umbauten konnten die Maschinen noch nicht befriedigen, sodass diese Lokomotiven im Sommer 1982 und Februar 1983 erneut in die Werkstätten gerufen wurden. Dort wurden das Laufverhalten, die Bremsanlage und die elektrischen Einrichtungen verbessert.

Aufsehen erregten vor allem Vergleichsfahrten mit sechsachsigen Lokomotiven der Baureihe 151. Nach den genannten Verbesserungen und mit einer optimal eingestellten Steuerung übertrafen die vierachsigen Lokomotiven der Reihe 120 sogar die Anfahrgrenzlasten ihrer sechsachsigen Schwesterlokomotiven. Die Baureihe 120 konnte in einer 26,3-Promille-Steigung in einem 380-Meter-Gleisbogen selbst bei nassen Schienen unter Sanden noch einen 815 Tonnen schweren Zug anfahren. Die Anfahrgrenzlast der Baureihe 151 lag bei gleichen Bedingungen bei 795 Tonnen. Bei Beschleunigungsfahrten zwischen 60 und 80 Stundenkilometern zeigte sich die stufenlos gesteuerte Baureihe 120 der Baureihe 151 in der Anhängelast um rund 15 Prozent überlegen. Die Probelokomotiven der Reihe 120 hatten bewiesen, dass sie ein umfangreiches Zugförderungsprogramm abdecken konnten.

Ein ungewöhnliches Projekt, der Lufthansa Airport Express

Der Hintergrund für dieses ungewöhnliche Projekt hatte zweierlei Ursachen. Zum einen suchte die Deutsche Lufthansa nach Möglichkeiten, den Flugverkehr auf den Kurzstrecken zwischen Düsseldorf und Frankfurt sowie zwischen Köln und Frankfurt wirtschaftlicher zu gestalten, und zum anderen war die Bundesbahn bemüht, für die drei Elektrotriebzüge der Reihe 403 eine sinnvolle Verwendung zu finden. So kam es zu einer weltweit einmaligen Zusammenarbeit zwischen DB und Lufthansa. Die Triebwagen erhielten ein spezielles Lufthansa-Design, um sich von den sonstigen

Zügen der DB abzuheben. Am 27. März 1982 konnte der erste Lufthansa Airport Express zwischen Düsseldorf-Hauptbahnhof und Frankfurt-Flughafen seinen Betrieb aufnehmen. Trotz anfangs schwacher Resonanz stieg die Auslastung dieser Züge auf bis zu 51 Prozent im Jahr 1991.

Zum 27. Mai 1990 konnte die zweite Airport-Express-Linie zwischen Stuttgart-Hbf. und dem Flughafen Frankfurt eröffnet werden. Eingesetzt wurden hier lokbespannte Züge, die in ihrer Gestaltung den Triebwagen entsprachen.

Oben: Im Rahmen einer Zusammenarbeit zwischen Deutscher Bundesbahn und Lufthansa wurde ab März 1982 der sogenannte „Lufthansa Airport Express" auf den Gleisen der DB eingeführt. Eingesetzt wurden dabei Triebwagen der Reihe 403 und kurze Züge bespannt mit Maschinen der Reihe 103. Ein 403 im Hauptbahnhof von Köln.

Unten: Zwischen Stuttgart und Frankfurt ist ein Airport Express mit einer Lok der Reihe 103 unterwegs.

Oben: Die Deutsche Bundespost gab zum „Start des Hochgeschwindigkeitsverkehrs" eine 60-Pfennig-Briefmarke mit ICE-Motiv und Ersttagsstempel vom 2. Juni 1991 heraus.

Mitte: In Anwesenheit des Vorstandvorsitzenden der Deutschen Bundesbahn, Reiner Gohlke, wurde bei Krauss-Maffei am 26. September 1988 der erste Serientriebkopf an die DB übergeben.

Unten: Am Gleis 13 des Münchener Hauptbahnhofes entstand 1991 mit dem fabrikneuen 401 009 diese Aufnahme.

Auch auf dieser Relation war der Start schwierig. Doch schon 1991 nutzten mehr als 218 000 Fahrgäste die Züge zwischen Düsseldorf und Frankfurt. Rund 3000 Flüge konnten eingespart werden. Wegen der erfolgreichen Zusammenarbeit entschloss man sich, dass die Lufthansa-Tickets auch in regulären Intercity-Zügen genutzt werden können. In diesen Zügen gab es spezielle Erste-Klasse-Abteile für die Reisenden der Lufthansa. Durch dieses neue Angebot konnte die Zahl der Verbindungen auf der Rheinstrecke Frankfurt–Düsseldorf von täglich vier auf 16 Züge in jeder Richtung gesteigert werden. Damit war aber auch das Ende der Lufthansa-Airport-Züge gekommen. Am 22. Mai 1993 verkehrten die letzten dieser ungewöhnlichen Züge.

Deutsche Bundesbahn eröffnet ICE-Verkehr

Bei der Deutsche Bundesbahn begann mit dem Sommerfahrplan am 2. Juni 1991 der planmäßige Hochgeschwindigkeitsverkehr mit ICE-Triebzügen. Damit wurde in Deutschland mit speziellen Hochgeschwindigkeitszügen und Hochgeschwindigkeitsstrecken ein komplett neues Bahnsystem eingeführt. Das Ziel all dieser Investitionen war es, der Bundesbahn nennenswerte Marktanteile im Wettstreit mit dem Automobil und dem Flugzeug zu sichern.
Zweifelsohne gilt die Aufnahme des ICE-Verkehrs als die größte technische Innovation und Investition der Deutschen Bundesbahn. Wurde doch damit in vielerlei Hinsicht technisches Neuland beschritten. Nahezu 18

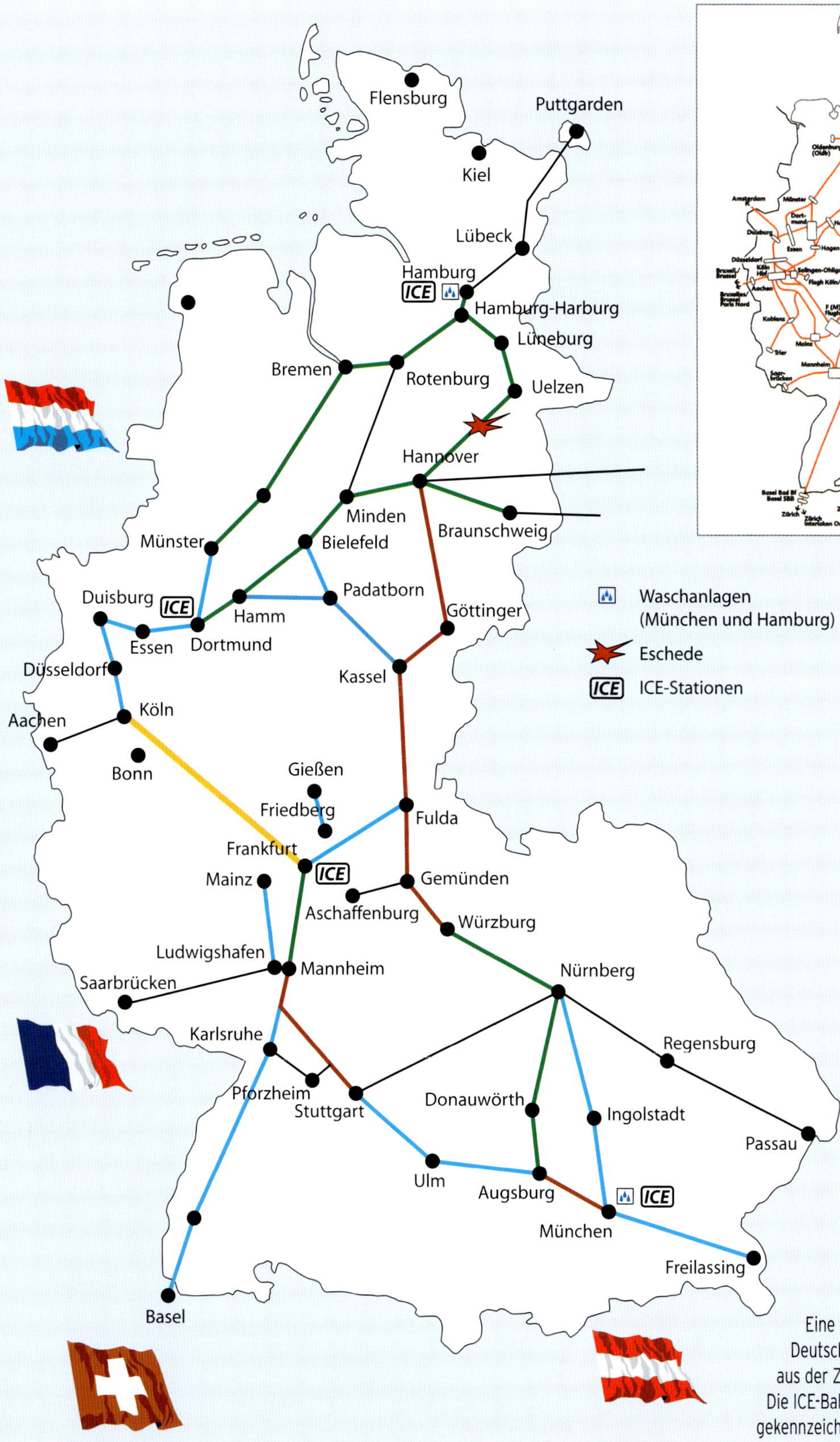

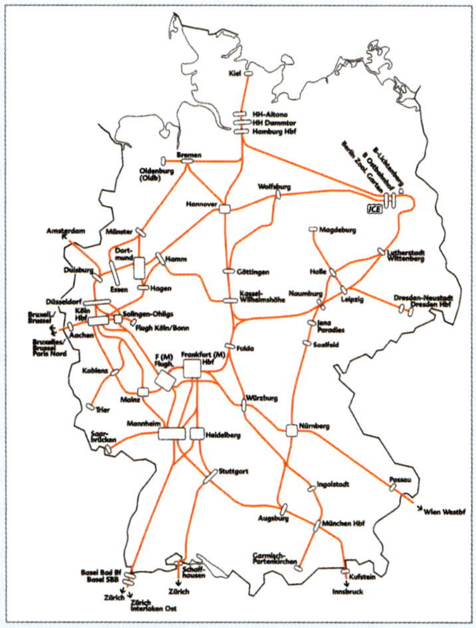

Eine Übersicht über die ICE-Strecken der Deutschen Bundesbahn in Westdeutschland aus der Zeit der Eröffnung des ICE-Verkehrs. Die ICE-Bahnhöfe sind mit dem Zeichen „ICE" gekennzeichnet.

Oben: Elegant und gediegen war die Innenausstattung der frühen ICE-Züge der Reihe 401. Hier der Bistrobereich in einem Speisewagen.

Jahre Planungs- und Bauzeit für die beiden Neubaustrecken Hannover–Würzburg und Mannheim–Stuttgart waren bis zur Fertigstellung nötig. Umfangreiche Baumaßnahmen galt es in Angriff zu nehmen und zu vollenden. Das geleistete Volumen ist auch heute noch beeindruckend. Gebaut wurden: 970 Kilometer Gleis; 384 Brücken mit insgesamt 35 Kilometern Länge; 76 Tunnels mit zusammen 152 Kilometern Länge, 99 Kilometer Dämme, 119 Kilometer Einschnitte und zehn Bahnhöfe. Parallel dazu lief das Hochbauprogramm für Betriebsgebäude entlang der Strecke. Dazu gehörten unter anderem der Neubau des ICE-Bahnhofs Kassel-Wilhelmshöhe, die Anpassung von 14 Bahnhöfen an den Standard des ICE und der Neubau des Kreuzungsbahnhofs Vaihingen an der Enz. Für die Instandhaltung der eingesetzten Triebzüge wurde in Hamburg-Eidelstedt ein völlig neues Betriebswerk nach den Erfordernissen der ICE-Züge errichtet. Dort ist es möglich, ohne den Zug zu verfahren, die Inspektions- und die Instandhaltungsarbeiten, die Innenreinigung, das Catering usw. zu erledigen.

Die ersten ICE-Züge konnten vielfach erst in letzter Minute abgeliefert werden. So konnte beispielsweise der zuletzt gebaute ICE vor dem 2. Juni 1991 nur eine einzige Probefahrt absolvieren. Der Grund für diese Problematik lag darin, dass durch das Finanzministerium die Bestellung der Züge mehrere Monate verspätet erfolgte. Damit gerieten natürlich auch die Herstellerfirmen der ICE-Fahrzeuge in Verzug. Wenn man diese oftmals schwierigen Umstände betrachtet, so verlief die ICE-Premiere vielfach besser als erwartet.

Alle Fahrzeuge, Strecken und Hochbauten mussten termingerecht zum Sommerfahrplan 1991 fertiggestellt sein. Mit dem Fahrplanwechsel sollte nicht nur der ICE-Verkehr aufgenommen werden, sondern es galt auch eine bis dahin nicht bekannte Neuerung den Taktfahrplan einzuführen. So verwundert es nicht, dass in allen zuständigen Stellen und Einrichtungen der Deutschen Bundesbahn auf Hochtouren gearbeitet wurde. Bereits am Samstag vor dem Fahrplanwechsel wurden ICE-Einheiten als planmäßige Intercitys an ihre Ausgangspunkte im Süden überführt. Um möglichen Ausfällen vorzubeugen, wurden für etwa zwei Wochen zusätzliche

Unten: Mit Wirkung zum 29. Mai 1991 nahm der ICE-Verkehr in Westdeutschland seinen Betrieb auf. Auch die neu erbauten Hochgeschwindigkeitsstrecken wurden erstmals offiziell befahren. Eben rollt ein ICE 401 über eine Brücke der Neubaustrecke Würzburg - Hannover.

Triebfahrzeug- und Personalreserven an verschiedenen Orten eingerichtet. Die am Bau der Triebzüge beteiligten Firmen stellten vorübergehend ein 70 Mann starkes Team bereit, um bei eventuellen Problemen sofort eingreifen zu können.
In den ersten Tagen des Einsatzes der neuen Hochgeschwindigkeitszüge machten immer wieder die zwischen den einzelnen Wagen und den Triebköpfen angebrachten Windleitprofile Probleme, da sie sich bei hohen Geschwindigkeiten von ihren Befestigungen lösten. Um Beschädigungen vorzubeugen, wurden die Profile an allen Zügen abgebaut. Weitere Schwierigkeiten gab es im elektrischen Teil der Triebköpfe. Bei den sogenannten Netzfilterkondensatoren traten Schäden auf, die zum Kurzschluss und zur Zerstörung dieses Bauteils führten. Für die Bordrechner stand anfänglich noch nicht die passende Software zur Verfügung, um die Verriegelung der Einstiegstüren nach dem Schließvorgang im Triebkopf zu signalisieren. So war es notwendig, dass die Zugführer und Zugbegleiter das Einklappen der Trittstufen einzeln kontrollieren mussten, wodurch sich die Abfahrt der Züge oftmals verzögerte. In Süddeutschland kam es in den ersten Tagen verstärkt zu Ausfällen der Triebköpfe, was vor allem auf Bedienungsfehler zurückzuführen war. Auch die Funktion der Toiletten bereitete Schwierigkeiten. Die Zahl der Verspätungen lag in den ersten Tagen in einem vertretbaren Rahmen.

Vereinigung Deutsche Bundesbahn und Deutsche Reichsbahn zur DB AG

Zum 1. Januar 1994 vereinigten sich die DR und die DB zur Deutsche Bahn Aktiengesellschaft. Die DB AG soll nach wirtschaftlichen Gesichtspunkten geführt werden und die bisherige Behördenbahn ersetzen. Kernpunkt der Reform ist eine Aufteilung der Bahn in einzelne Geschäftsbereiche. Als erste Schritte auf dem Weg zur DB AG wurden folgende Maßnahmen getroffen: Einrichtung der Konzernzentrale in Berlin, Installierung der Geschäftsbereiche, Einrichtung der Regionalbereiche, Niederlassungen und Zweigniederlassungen. Der Geschäftsbereich Fernverkehr etablierte sich mit sieben Regionalbereichen, der Geschäftsbereich Nahverkehr wurde in 21 Regionalbereiche aufgeteilt. Der Geschäftsbereich Ladungsverkehr wurde in 31 Bereiche aufgeteilt. Beim Geschäftsbereich Stückgutverkehr wurden insgesamt 41 Niederlassungen mit 121 Zweigniederlassungen gegründet. Neu entstand der Geschäftsbereich Netz, der für die Gleisanlagen und Trassen zuständig ist und 15 Bereiche umfasst. Lokomotiven und Triebwagen wurden zusammen mit dem Personal dem Geschäftsbereich Traktion zugeordnet. Der Geschäftsbereich Werke umfasst 29 Regionalbereiche mit 125 Werken. Schließlich entstand noch der Geschäftsbereich Bahnbau, in dem sich der Oberbau, die Signal-, Telekommunikations- und Elektrotechnik sowie der Hochbau vereinigten.
Die hoheitlichen Aufgaben werden dem Eisenbahn-Bundesamt übertragen, das als selbstständige Bundesoberbehörde eingerichtet wurde. Das Eisenbahn-Bundesamt ist zuständig für die Planfeststellung von Schienenwegen, die Ausübung der Eisenbahnaufsicht sowie die Erteilung und den Widerruf von Betriebsgenehmigungen. Der Sitz dieser Behörde ist Bonn. Als weitere Bundesbehörde entsteht das sogenannte Bundeseisenbahnvermögen.

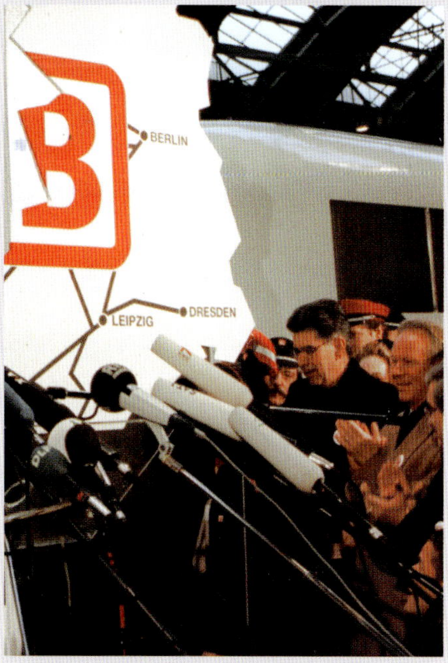

Oben: Durch eine Änderung des Grundgesetzes war die Bahnreform möglich geworden. Auf dem Foto sind Bundesverkehrsminister M. Wissmann (links) und Bahnchef H. Dürr zu sehen.

Unten: Am 10. Januar 1994 fand ein Festakt im Berliner Hauptbahnhof im Rahmen der Wiedervereinigung der beiden deutschen Bahnen statt.

DIE MODERNE BAHN: MIT DER DEUTSCHEN BAHN AG IN DIE ZUKUNFT

Vorhergehende Seiten: Die ICE-Züge der Reihe 406 nahmen im Jahr 1999 ihren Betrieb auf. Die Aufnahme zeigt einen ICE-Zug der Reihe 406 der Niederländischen Staatsbahn.

Von Paris nach Köln in 3 Stunden 15 Minuten

Seit dem 14. Dezember 1997 verbindet der Hochgeschwindigkeitszug „Thalys" die Städte Köln und Paris. Dieser Zug wird von der internationalen Gesellschaft „Thalys International" mit Sitz in Brüssel betrieben. Diese Gesellschaft ist eine Tochter der französischen und der belgischen Staatsbahnen. Partner sind die niederländische Eisenbahn und die DB AG.

Die Züge sind französischer Herkunft und haben eine elektrische Ausrüstung, mit der sie unter vier verschiedenen Stromsystemen fahren können.

Für den Verkehr nach Deutschland stehen 17 Züge zur Verfügung, von denen sieben der SNCB, sechs der SNCF, zwei der NS und zwei der DB AG gehören. Mit Zwischenhalten in Aachen, Lüttich und Brüssel starteten am 14. Dezember 1997 die ersten fahrplanmäßigen Triebzüge der Bauart Thalys von Köln nach Paris. Seit dem 29. August 2011 fährt je ein Zug pro Tag über Köln hinaus bis nach Essen mit einem Halt in Düsseldorf und Duisburg. Im ersten Betriebsjahr waren rund 800 000 Fahrgäste zu verzeichnen. 70 Prozent davon nutzten die Verbindungen zwischen Deutschland und Frankreich. Bis Ende 2007 war die Zahl der Reisenden zwischen Köln und Paris auf rund 8,5 Millionen angestiegen. Heute beträgt die Fahrzeit von Paris nach Köln drei Stunden 15 Minuten.

Unten: Mit dem Thalys wurde Deutschland an das erste europäische Hochgeschwindigkeitsnetz angeschlossen. Von Düsseldorf und Köln aus stellen die rotsilbern lackierten Triebzüge schnelle Verbindungen nach Lüttich, Brüssel und Paris her. Im Bild der Thalys 4322 in Köln-Deutz.

Oben: Von Bedeutung im französischen Schnellverkehr sind die „TGV"-Züge. Am 20. August 1999 stehen zwei dieser Züge im Bahnhof von Paris-Montparnasse.

Mit dem französischem TGV nach Deutschland

Seit Jahren besteht zwischen der Deutschen Bahn AG und der SNCF sowohl auf technischer als auch auf wirtschaftlicher Basis eine enge Zusammenarbeit.
Die ersten Ideen für eine konkrete Zusammenarbeit auf dem Sektor Fernverkehr zeichneten sich im November 2001 ab. Das Ziel war sowohl Hochgeschwindigkeits- als auch Güterzuge europaweit ohne jegliche Grenzaufenthalte verkehren zu lassen.
In Frankreich verkehrt seit dem 22. September 1981 der weltweit bekannte Hochgeschwindigkeitszug TGV (Train à grande vitesse = Zug mit großer Geschwindigkeit), der sich seit Jahrzehnten bei den Fahrgästen großer Beliebtheit erfreut.
Der Zug ist bis heute äußerst erfolgreich, sodass das Streckennetz des TGV in Frankreich rund 7000 Kilometer umfasst, wobei sieben Strecken als Hochgeschwindigkeitstrecken betrieben werden. Auf diesen Strecken werden Geschwindigkeiten von bis zu 320 Stundenkilometern gefahren.
Auf dem Gedankengut eines gemeinsamen Europas, in dem Frankreich und Deutschland eine tragende Rolle spielen, entstand die Idee, die Hochgeschwindigkeitszüge beider Länder auch im jeweiligen Nachbarland verkehren zu lassen. Auf dieser Basis verkehrte ab dem 10. Juni 2007 erstmals planmäßig ein TGV-Zug in Deutschland. Befahren wurde die Strecke Paris–Straßburg–Karlsruhe–Stuttgart. Die Fahrzeit betrug drei Stunden, 39 Minuten.
Noch im gleichen Jahr, wirksam zum 9. Dezember, wurde die Verbindung mit einem Zugpaar von Stuttgart aus über Ulm und Augsburg nach München weitergeführt. Auch auf der ICE-Strecke Paris–Saarbrücken–Frankfurt am Main gibt es eine tägliche Verbindung mit einem TGV.

TGV-Duplex der SNCF

Vmax:	300 km/h
Dauerleistung:	8800 kW
Stromsysteme:	25 kV/50 Hz
	1500 V =
Neigetechnik:	nein

Die „Privaten“ und die Dispoloks

Mit der Gründung der Deutschen Bahn AG im Januar 1994 waren die Voraussetzungen für den „diskriminierungsfreien Zugang zum Eisenbahnnetz für private Eisenbahnunternehmen“ geschaffen. Das heißt, dass neben der DB AG auch andere Eisenbahnunternehmen ihre Transportleistungen auf dem Schienennetz der DB AG gegen eine gewisse Trassengebühr abwickeln konnten.

Aus heutiger Sicht ist festzustellen, dass sich die privaten Eisenbahnunternehmen in nicht unerheblichem Maße im Transportwesen auf der Schiene behaupten konnten. Natürlich fand auch hier ein harter Wettbewerb statt, aus dem nur die Besten erfolgreich hervorgingen. Anfänglich bewarben sich hier auch kleine und kleinste Unternehmen, um an dem großen Kuchen teilzuhaben. Letzten Endes überlebten aber nur große Unternehmen, die über entsprechenden finanziellen Rückhalt verfügen. Als auf diesem Sektor erfolgreiche Unternehmen seien als Beispiele die Betriebe der Prignitzer Eisenbahn, von Rail4chem oder HGK (Häfen und Güterverkehr Köln) genannt. Diese Betriebe wurden jedoch inzwischen von überregionalen Unternehmen aufgekauft und übernommen. So vereinnahmte Arriva die Prignitzer Eisenbahn, die Regentalbahn sowie die Osthannoversche Eisenbahn. Ein weiteres bedeutendes Eisenbahnunternehmen ist die Veolia, die sowohl im privaten Güterverkehr, aber auch ganz speziell im privaten Personenverkehr tätig ist und sich dort einen guten Namen gemacht hat.

Oben: Vielfach nahmen die „Privaten“ Fahrzeuge in Betrieb, die von der einen oder anderen Staatsbahn schon ausgemustert waren. Die Diesellok V 200.1 kam aus der Tschechei und der Triebwagen VT 98 von der DB. Beide Loks tun nun bei der PEG ihren Dienst.

Unten: Knapp 100 Jahre lang beschränkte sich der Verkehr der Augsburger Localbahn auf das Stadtgebiet der Schwabenmetropole. Dann übernahm die „AL“ im Sommer 1998 auch den gesamten Güterverkehr zwischen Augsburg und den südlich gelegenen Städten Landsberg am Lech, Schongau und Peiting. Die hohen Zuggewichte und die extremen Steigungen bei Schongau und Hohenfurch machen dabei mitunter den Einsatz von bis zu drei Dieselloks vor einem Zug notwendig.

Oben: Die W 232.04 „Lore", ex 242 004 „Ludmilla", der Firma Ernst Schauffele.

Arriva und Veolia zählen derzeit sicherlich zu den namhaftesten privaten Eisenbahnunternehmen in Deutschland. Bei der Arriva handelt es sich um eine hundertprozentige Tochter der Deutschen Bahn, die in ganz Europa Bus- und Eisenbahnlinien betreibt. Nicht viel anders verhält es sich bei der Veolia Verkehr GmbH, die in Deutschland das größte Bahn- und Busunternehmen ist. Bis April 2006 firmierte sie unter dem Namen Connex Verkehr GmbH. Veolia betreibt in vier Regionalbereichen, Nordost, West, Südwest und Süd, seine Geschäfte. Diese Firma ist das führende private Nahverkehrsunternehmen in Deutschland.

Das Bestehen vieler, speziell kleinerer Eisenbahnbetriebe ist dem im Januar 2001 gegründeten Unternehmen Dispolok GmbH, einer Tochter von Siemens Transportation Systems, zu verdanken. Die kleinen Eisenbahnunternehmen waren in der Regel nicht in der Lage, sich neue oder revidierte Lokomotiven zu kaufen. Nur die Möglichkeit, sich für gewisse Zeiträume oder auch für gewisse Auftragsabwicklungen Triebfahrzeuge anzumieten, ermöglichte ihre Existenz. Die Dispolok GmbH bot sowohl Elektroloks als auch Diesellokomotiven zur Miete an. Es handelte sich dabei um Maschinen aus der Serienfertigung von Siemens, die in ihrer Ausführung Lokomotiven entsprachen, die an Eisenbahnunternehmen in ganz Europa geliefert wurden. Im Frühling des Jahres 2006 standen 105 Maschinen zur Vermietung zur Verfügung.

Am 21. September 2006 wurde die Dispolok GmbH von der Firma Mitsui Rail Capital Europe übernommen, einer Tochtergesellschaft des japanischen Mischkonzerns Mitsui & Co. Heute zählt dieses Unternehmen zu den größten dieser Sparte. Seit Januar 2008 trägt die Firma die Bezeichnung MRCE Dispolok GmbH. Mehr als 150 Maschinen stehen zur Verfügung.

Oben: Die Firma Siemens-Dispolok zählte in Deutschland zu den ersten Unternehmen, die Lokomotiven an private Eisenbahnunternehmen auf Zeit verlieh.

Oben: Auf dem Weg von Leipzig nach Nürnberg durcheilt eine zweimal siebenteilige Garnitur der ICE-Baureihe 411 im Mai 2001 den Bahnhof von Bad Kösen. Noch zeugt das alte Stellwerk von inzwischen vergangener Eisenbahntechnik.

Die Intercity-Züge der deutschen Bahn AG

In der Ära der Deutschen Bahn AG spielten die Hochgeschwindigkeitszüge von Anfang an eine bedeutende Rolle. Das Streckennetz, das mit einer Geschwindigkeit von mehr als 200 Stundenkilometern befahren werden kann, hat eine Ausdehnung von 1263 Kilometern. Darunter sind 234 Kilometer, auf denen die ICE-Züge planmäßig 300 Stundenkilometer erreichen. Um das Hochgeschwindigkeitsnetz weiter auszudehnen, befinden sich derzeit, das heißt Stand November 2011, weitere 495 Kilometer im Bau bzw. im Ausbau, auf denen die Züge mehr als 200 Stundenkilometer erreichen werden. Der momentan aufwendigste Abschnitt, der sich im Bau befindet, ist die 230 Kilometer lange Strecke Ebensfeld–Erfurt–Leipzig/Halle, die künftig mit 300 Stundenkilometern befahren werden soll. Neben diesen Strecken, die betrieben bzw. an denen gebaut wird, sind weitere 671 Kilometer in Planung. Darunter sind aber auch Abschnitte, die eine Höchstgeschwindigkeit von „nur" 200 Stundenkilometern erlauben. Die Deutsche Bahn AG hat seit ihrem Bestehen, das heißt seit dem 1. Januar 1994, immer wieder neue ICE-Hochgeschwindigkeitszüge angeschafft.

Oben: Bei Krauss Maffei in München entstanden für den ICE 2 unter anderem die Führerhäuser.

Baureihe 402 – ICE 2, Baujahr 1996

Bestehen die Züge des ICE 1 aus zwei Triebköpfen mit fest dazwischen eingereihten Wagen, so handelt es sich bei den Garnituren der Baureihe 402 um Halbzüge, die je nach Bedarf miteinander gekuppelt werden können. In ihrer Dimension und Leistung entsprechen sie ihrem Vorgänger. Zwei Einheiten können mit einer automatischen Kupplung zu 16-teiligen Vollzügen vereint werden. Die Triebköpfe der Reihe 402 werden von Siemens und Krauss-Maffei gebaut, wobei ABB-Henschel die Drehgestelle liefert. Die Steuerwagen stammen von MAN, die Mittelwagen werden von Duewag, LHB, AEG-ASN und DWA geliefert. Insgesamt wurden 44 Halbzüge gefertigt.

Am 29. September 1996 kamen die ersten Züge zum planmäßigen Einsatz, wobei jedoch zu diesem Zeitpunkt noch nicht alle Steuerwagen von der Herstellerfirma angeliefert wurden. Erst am 24. Mai 1998 konnten die ICE2-Garnituren in der gewünschten Form und Zusammenstellung ihren Betrieb aufnehmen. Ein Zug der Reihe 402 bietet rund 370 Fahrgästen einen Sitzplatz. Als Beispiel ihres Einsatzes sei die Strecke Hamburg/Bremen–Hannover–Würzburg–Augsburg–München genannt, wobei in Hannover eine Vereinigung mit einem weiteren Zug der Reihe 402 erfolgte. Nach einer rund 14-jährigen Einsatzzeit wurden die Intercity-Züge der Reihe 402 ab 2010 einem sogenannten „Re-Design" unterzogen. Das heißt, die Fahrzeuge wurden speziell in ihrer Innenausstattung modernisiert und erneuert.

Unten: Vier Triebwagen der Reihe 402 sind in den Werkhallen von Krauss-Maffei in Arbeit.

ICE – Der Intercity-Express

Deutscher ICE für Amerika?

Der im Sommer auf dem Streckennetz der Deutschen Bundesbahn eingeführte Hochgeschwindigkeitsverkehr sorgte im Inland aber auch speziell im Ausland für Aufsehen. Auch in Übersee, in Amerika, wurde diese Entwicklung mit großem Interesse verfolgt. Es bestand nämlich Ende der 1990er Jahre in den USA die Absicht auch im Land der unbegrenzten Möglichkeiten einen Hochgeschwindigkeitsverkehr einzurichten. Interesse zeigte die US-amerikanische Eisenbahngesellschaft Amtrak. Zur Auswahl für einen Einsatz in Amerika standen Hochgeschwindigkeitszüge aus Schweden, Frankreich und Deutschland. Um in das wirtschaftlich viel versprechende Geschäft zu kommen, stattete die deutsche Industrie für rund 8,5 Millionen Euro einen ICE-Versuchszug für Amerika aus.

Es handelte sich dabei um eine ICE 1-Einheit mit sechs Mittelwagen, die nach ihrer Fertigstellung per Schiff nach Baltimore gebracht wurde.

Die fahrten durch Amerika begannen am 29. Juli 1993. Die Stationen waren Sacramento, Washington, Orlando, Providence, San Diego, Maryland, Cleveland, Chicago, Oakland, Pittsburgh, Los Angeles und Boston. Trotz sehr positiver Resonanz aus den Fachkreisen des amerikanischen Eisenbahnwesens kam kein Abschluss zustande. Man entschied sich aus Kostengründen für den französischen TGV.

Legende – Lokomotive

1 Übergangsbalg
2 Einholmstromabnehmer, angelegt
3 Dachisolatoren
4 Einholmstromabnehmer, Ruhelage
5 Lüftungsgitter
6 Gerippeprofil (U)
7 Dachlangträger
8 Aggregatschränke, alle Geräte in verschlossenen Schränken untergebracht
9 GFP-Formteil
10 Führersitz
11 Führerpult
12 Scheibenwischer
13 Frontklappe zum Öffnen
14 Primärfederung
15 Sekundärfederung
16 Querdämpfer
17 Triebdrehgestell-Rahmen
18 Schlingerdämpfer
19 Sandung
20 Zugkraft-Anlenkung durch Zugdruckstange
21 linker äußerer Längsträger (Kastenprofil)
22 Antriebsbremseinheit
23 Antriebhohlwelle
24 Außenbelüfter, vierpoliger, Drehstrom-Asynchronmotor
25 Sand-Vorratsbehälter
26 Frontspoiler
27 Notkupplung (Abschleppkupplung)

Baureihe 411

Baujahr:	1996
Gesamtserie:	60 Triebwagen
Bauart:	2' 2' + (1A)' (A1)' + (1A)' (A1)' + 2' 2' + (1A)' (A1)' + (1A)' (A1)' + 2' 2'
Länge über Puffer:	184 400 Millimeter
Dienstgewicht:	402 Tonnen
Anzahl der Fahrmotoren:	8 Elektromotoren
Dauerleistung:	4000 kW
Anfahrzugkraft:	200 kN
Höchstgeschwindigkeit:	230 km/h

Unten: Im Hauptbahnhof von Nürnberg wartet der ICE 403 525-9 am 22. Juni 2001 auf seine Weiterfahrt. Links ist eine im Regionalverkehr eingesetzte Elektrolokomotive der Baureihe 143 zu sehen.

Baureihen 411 und 415, ab Baujahr 1999

Die Deutsche Bahn AG bestellte 1994 bei einem Konsortium, das aus den Firmen Siemens, Duewag, DWA und Fiat bestand, Neigetechnikzüge für den Intercity-Verkehr. Durch diese Technik kann sich der ICE-T (T = englische Bezeichnung für die Neigetechnologie „tilting system") um acht Grad in die Kurve neigen und sie bis zu 30 Prozent schneller durchfahren als konventionelle Züge.

Die Triebzüge wurden ab 1999 in zwei Varianten geliefert: zum einen als fünfteilige Einheiten mit der Baureihenbezeichnung 411 und als siebenteilige Züge mit der Bezeichnung 415. Die Antriebsleistung beträgt vier Megawatt. Die maximale Geschwindigkeit beläuft sich auf 230 Stundenkilometer. Nach der Inbetriebnahme dieser Fahrzeuge gab es Probleme mit den Drehgestellen, mit den Klimaanlagen und den Kupplungen, die jedoch bald behoben werden konnten.

Eingesetzt werden diese Neigezüge auf kurvenreichen Strecken Mittel- und Süddeutschlands, wo aufgrund ihrer Technik merkliche Fahrzeitverkürzungen erzielt werden können.

Im Jahr 1999 beschloss die DB AG weitere Neigezüge zu beschaffen. Legte man bei der Lieferung der ersten Bauserie Wert auf aufwendige und solide Innenausstattung, so sollte bei der zweiten Lieferserie, einer Weiterentwicklung der siebenteiligen ICE-Züge der Reihe 411, die Innenausstattung kostengünstiger gestaltet werden. An der Ausschreibung beteiligten sich Siemens, Bombardier und Alstom. Im März 2001 erteilte die DB AG den Auftrag zum Bau von 28 weiteren allerdings fünfteiligen Triebzügen mit Neigetechnik, deren Baureihen-Bezeichnung 415 lautet. Grundlegend entsprechen diese Triebzüge denen der Reihe 411.

Großer Wert wurde bei den Neigetechnikzügen der Reihe 415 auf Optimierung im Bereich der Instandhaltung gelegt. Von den ICE-Triebzügen mit Neigetechnik der Reihen 411 und 415 wurden insgesamt 71 Garnituren von der DB AG in Betrieb genommen. Fünf der Reihe 415 erhielten eine spezielle technische Ausrüstung für den Einsatz in der Schweiz.

Baureihen 403 und 406 – ICE 3, Baujahr ab 2000

Der ICE 3 ist Deutschlands schnellster Zug mit einer zugelassenen Höchstgeschwindigkeit von 330 Stundenkilometern. In seiner Technik setzt er neue Maßstäbe. Der Zug besteht aus acht Wagen, die mit weiteren Triebwagen der gleichen Bauart gekuppelt werden können. Jede Garnitur hat einen Unterflurantrieb mit einer Leistung von 8000 kW.

Seit dem Jahr 2000 ist dieser ungewöhnliche Zug im Einsatz. Insgesamt beschaffte die Deutsche Bahn AG 63 Einheiten dieser Bauart, wovon 37 Züge für den innerdeutschen Verkehr bestimmt sind. Weitere 13 Einheiten, die die Baureihen-Bezeichnung 406 tragen, verfügen über eine elektrische Mehrsystemausrüstung, die einen Einsatz in Frankreich, Holland und Belgien ermöglicht.

Da diese Züge enorme Geschwindigkeiten erreichen, wurde auf ein leistungsstarkes Bremssystem besonders geachtet. Vorhanden sind eine generatorische, eine pneumatische und eine Wirbelstrombremse. Diese verschleißfrei arbeitende Bremse zählt zu den interessantesten Einrichtungen dieser ICE-3-Züge. Dabei werden zwischen den Radsätzen befestigte Elektromagnete beim Bremsvorgang über die Schiene abgesenkt und entwickeln ohne jede Berührung eine gut dosierbare magnetische Bremskraft.

Aber nicht nur durch ihre Technik überzeugen die ICE-3-Triebzüge, sondern auch der Fahrkomfort bei höchsten Geschwindigkeiten lässt keine Wünsche offen. Für ein angenehmes Reisen sorgen die schwingungsarmen, luftgefederten Drehgestelle.

Der ICE 3 ist ohne Zweifel das Paradestück der Deutschen Bahn AG.

Baureihe 406

Baujahr:	1997
Gesamtserie:	17 Triebwagen
Bauart:	Bo' Bo' + 2' 2' + Bo' Bo' + 2' 2' + 2' 2' + Bo' Bo' + 2' 2' + Bo' Bo'
Länge über Puffer:	200 320 Millimeter
Dienstgewicht:	432 Tonnen
Anzahl der Fahrmotoren:	16 Elektromotoren
Dauerleistung:	8000/4300 kW
Anfahrzugkraft:	300 kN
Höchstgeschwindigkeit:	bis 330 km/h

Baureihe 605 – Diesel, Baujahr 2001

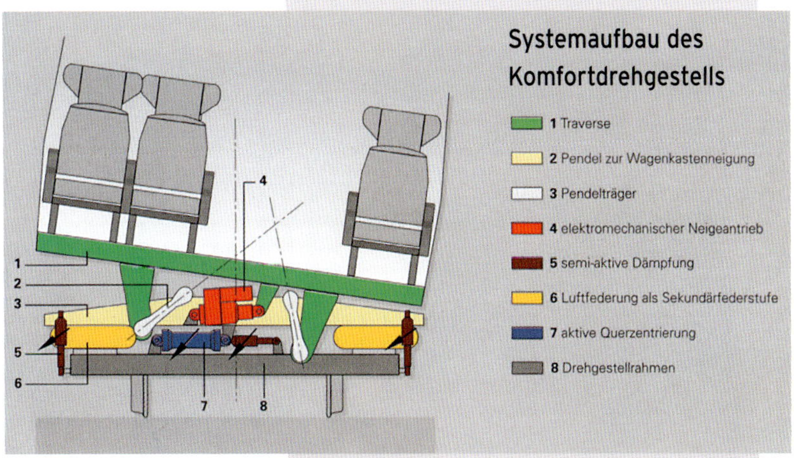

Oben: Schematische Darstellung der bei den Triebwagen der Reihe 605 verwendeten Neigetechnik. Bei schneller Fahrt durch Kurven neigt das System den Wagenkasten um maximal acht Grad. Dadurch kann die Wirkung der Fliehkraft auf die Fahrgäste merklich gemindert werden. Außerdem ist eine bis zu 30 Prozent höhere Bogengeschwindigkeit möglich.

Nach dem Erscheinen der elektrischen ICE-Züge der Reihen 411 und 415 kam bei der DB AG der Wunsch auf, eine dieselgetriebene Variante dieser Neigezüge für die nicht elektrifizierten Bahnstrecken beschaffen zu wollen. 20 dieser vierteiligen Triebzüge wurden in Auftrag gegeben. Die Herstellerfirmen waren Siemens, Duewag und Bombardier.

In ihrer äußeren Erscheinung ähnelten sie sehr ihren elektrischen Brüdern. Im Juni 2001 konnte der erste Dieseltriebwagen seinen Betrieb aufnehmen. Von Anfang an gab es massive Probleme. Einmal funktionierte die Neigetechnik nicht, beim anderen Mal gaben die Motoren den Geist auf. Nach langwierigen und aufwendigen Nachbesserungsarbeiten besserte sich die Situation, die Fahrzeuge funktionierten. Doch auf einer Fahrt von Nürnberg nach Dresden brach eine Achse, der Zug entgleiste. Sofort nahm das zuständige Eisenbahn-Bundesamt die Zulassung für die ICE-TD-Züge zurück und setzte die Garnituren außer Betrieb. Wegen all dieser unerfreulichen Ereignisse stellte die DB AG sämtliche Einheiten ab.

Oben: Noch fabrikneu präsentieren sich die beiden Diesel-ICEs 605 010-8 und 605 014-0 dem Betrachter. Noch mit geöffneter Bugklappe ist nicht zu ahnen, mit welchen Schwierigkeiten die Fahrzeuge dieser Baureihe in den folgenden Monaten zu kämpfen haben werden.

Bis zum Jahresanfang 2006 blieben die Diesel-ICE abgestellt. Nach umfangreichem Aufarbeiten entschloss sich die DB AG, diese Fahrzeuge wieder in Betrieb zu nehmen, waren sie doch erst einige Jahre alt. Zunächst verkehrten sie in Dreifachtraktion im Osterverkehr des Jahres 2006. Im gleichen Jahr fand in Deutschland die Fußballweltmeisterschaft statt. Hierbei fanden diese Züge Verwendung, um die an dem Turnier beteiligten Mannschaften zu ihren Spielstätten zu bringen. Ab Dezember 2006 wurden einzelen ICE-TD zwischen Hamburg und dem Ruhrgebiet eingesetzt. Ab dem Fahrplanwechsel 2007 verkehrten sie auf der Relation Berlin–Hamburg–Kopenhagen. Die Neigetechnik wurde ausgebaut.

Was bringt die Zukunft? Die Baureihe 407

Am 28. April 2010 wurden im Siemens-Werk Krefeld-Uerdingen die ersten Wagen der neuen ICE-Baureihe 407 präsentiert. Auf den ersten Blick gleichen diese Fahrzeuge dem Vorgänger ICE 3. Die Züge der neuen Reihe 407 gelten als aerodynamisch noch besser, als sparsamer im Energieverbrauch und als kostengünstiger in der Instandhaltung. Gegenüber dem ICE 3 haben sie hinter den Führerräumen keine Lounge. An ihre Stelle treten Schaltschränke. Zahlreiche Baugruppen finden ihren Platz im Dachbereich, was zu einer merklich höheren Kontur der Züge führt. Die Zahl der Sitzplätze in einem achtteiligen Zug beträgt 460. Der Zug verfügt über erste und zweite Klasse. Wesentlich verändert sind die Bugklappen, hinter denen sich die automatische Kupplung zum Fahren in Doppeltraktion verbirgt. Die Sitzanordnung im 407 kann nicht verändert werden. Die maximale Geschwindigkeit liegt bei 320 Stundenkilometern. Die Züge können nahezu in ganz Europa eingesetzt werden. Erstmals sollen die Züge der Reihe 407 für Deutschland, Frankreich und Belgien zugelassen werden. Auch an einen Einsatz in England ist gedacht. Vorzugsweise werden diese Züge von Frankfurt am Main nach Paris und Brüssel fahren. Insgesamt sollen 15 Einheiten beschafft werden. Die ersten Einsätze waren für Dezember 2011 geplant. Entgegen diesen ursprünglichen Planungen werden diese Triebzüge wohl erst Ende 2012 zur Verfügung stehen.

Oben: Präsentation des Velaro D auf der Innotrans 2010.

Baureihe ICx

Am 9. Mai 2011 hat die Deutsche Bahn mit Siemens einen Vertrag über die Lieferung von bis zu 300 Fernverkehrszügen mit dem Namen ICx unterzeichnet. Zunächst wurden 130 Züge dieser neuen Generation fest bestellt. Die Produktion erfolgt fast ausschließlich in Deutschland. Gebaut werden die Züge bei Siemens und Bombardier, wobei Siemens als alleiniger Vertragspartner fungiert. Bombardier liefert unter anderem die Wagenkästen sowie Laufdrehgestelle und wird die Endmontage aller Endwagen und einiger Mittelwagen übernehmen. Die Produktion erfolgt bei Bombardier in den Werken Hennigsdorf, Görlitz und Siegen. Siemens hat als Produktionsstätten das Werk Krefeld und Graz gewählt. Die Fertigung des ICx wird im Sommer 2013 beginnen. Auszeichnen wird diesen neuen Zug das sogenannte Powercar-Konzept. Es werden flexible Zugbildungen möglich sein, vom Fünf- bis zum 14-Teiler wird eine Vielzahl von Varianten möglich sein. Die Antriebsanlagen inklusive der vier Fahrmotoren sind in autonomen Wagen - den sogenannten Powercars - installiert und unterhalb der Wagen eingebaut. Der ICx soll ab Ende 2016 den größten Teil des Fernverkehrs der DB AG übernehmen und die IC-Wagenzüge sowie in weiterer Zukunft die Triebzüge ICE 1 und ICE 2 ersetzen.

Der ICx soll vorerst in zwei Varianten produziert werden. Die erste Variante ist ein siebenteiliger Triebzug mit drei angetriebenen Powercars. Verwendet werden soll er im heutigen IC-Netz. Die maximale Geschwindigkeit beträgt 230 Stundenkilometer. Er hat 499 Sitzplätze. Die zweite Variante ist ein zehnteiliger Triebzug mit bis zu fünf Powercars. Die Höchstgeschwindigkeit beträgt knapp 250 Stundenkilometer. Zahl der Sitzplätze 724. Die erste bis 2021 zu liefernde ICx-Serie über 130 Züge soll aus 45 siebenteiligen und 85 zehnteiligen ICx bestehen. Alle Siebenteiler erhalten eine Zulassung für Deutschland und Österreich, zwölf Siebenteiler sollen zusätzlich für Holland eine Zulassung erhalten. Die Zehnteiler sind für Deutschland, Österreich und die Schweiz vorgesehen. Für den Einsatz in Dänemark, Frankreich, Luxemburg, Polen, Tschechien und Italien können je nach Bedarf weitere Triebzüge diese Bauart bestellt werden.

Baureihe DBAG ICx

Baujahr:	ab 2016
Anzahl:	45 des 7-teil. Typs K1n; 85 des 10-teiligen Typs K3s
Länge über Puffer:	Kin: 202 Meter K3s: 288 Meter
Dienstgewicht:	K1n: 455 t; K3s: 659 t
Anzahl der Fahrmotoren:	K1n: 12; K3s: 20
Dauerleistung:	Kin: 4950 kW K3s: 8250 kW
Höchstgeschwindigkeit:	Kin: 230 km/h K3s: 249 km/h

Unten: Siemens baut in Deutschland bis zu 300 neue Fernverkehrszüge vom Typ ICx für die Deutsche Bahn.